珊瑚礁生物学

THE BIOLOGY OF CORAL REEFS

（第二版）
Second Edition

[英] Charles R. C. Sheppard　[新西兰] Simon K. Davy
[法] Graham M. Pilling　[英] Nicholas A. J. Graham　著

牛文涛　肖家光　王　伟　译
周秋麟　校

海洋出版社

2021 年 · 北京

图书在版编目(CIP)数据

珊瑚礁生物学 / (英) 查尔斯R. C. 谢泼德著 ; 牛文涛, 肖家光, 王伟译. -- 北京 : 海洋出版社, 2021.10
书名原文: The Biology of Coral Reefs
ISBN 978-7-5210-0496-0

Ⅰ. ①珊… Ⅱ. ①查… ②牛… ③肖… ④王…
Ⅲ. ①珊瑚礁-海洋生物学-研究 Ⅳ. ①P737.2

中国版本图书馆CIP数据核字(2021)第000704号

责任编辑: 苏 勤
责任印制: 安 森

海洋出版社 出版发行
http://www.oceanpress.com.cn
北京市海淀区大慧寺路8号 邮编: 100081
北京中科印刷有限公司印刷 新华书店北京发行所经销
2021年10月第1版 2021年10月第1次印刷
开本: 787 mm×1092 mm 1/16 印张: 21.5
字数: 340千字 定价: 298.00元
发行部: 010-62100090 邮购部: 010-62100072
总编室: 010-62100034
海洋版图书印、装错误可随时退换

序　言

珊瑚礁就像是一座座“海底城市”，为其千千万万“居民”提供着栖息地和庇护所，构筑起蔚为壮观的海洋文明。在你潜入海底的每一分钟，无处不充满着惊喜，多么美丽又多么陌生！

珊瑚礁支撑着世界上超过四分之一的海洋生物，是地球上最壮观、最多样化的海洋生态系统。然而，人类活动的综合影响已导致全世界珊瑚礁的健康状况迅速下降，许多珊瑚礁面临着灭顶之灾。虽然珊瑚礁濒临灭绝，但对珊瑚礁的研究却如火如荼。自 2009 年本书第一版出版以来，全球范围内的珊瑚礁退化和过度开发仍在继续，许多地区更是呈现加剧态势。与此同时，短短几年内，关于珊瑚礁生物学和珊瑚适应海洋变暖和酸化能力的科学论文数量也几乎翻了一倍。在此基础上，2018 年本书第二版进行了彻底修订和更新，纳入了过去十年间的大量成果，同时保留了原有重点，对珊瑚礁相关领域进行了全面概述。

本书的原著者中，Charles R. C. Sheppard 教授在群落生态学，特别是自然和人为压力对生态系统的影响方面取得了杰出成就。他花了 40 多年的时间研究珊瑚礁生态学及其在保护岛屿和沿海群落方面的作用，出版了许多极具影响力的著作。Simon K. Davy 教授在珊瑚-藻类共生和珊瑚疾病领域造诣非凡。Graham M. Pilling 博士在应用渔业科学方面有超过 20 年的经验，他的工作主要集中在渔业评估、渔业可行性管理以及气候变化对珊瑚礁生态系统的影响等方面。Nicholas A. J. Graham 教授致力于气候变化和人类活动背景下，研究珊瑚礁生态和社会生态间的关系问题。

为方便读者阅读，本书共分为 10 章，每章又分为不同小节。全书参考书目广泛，包括许多最近发表的文章和著作。本书涉及了珊瑚礁生物学和生态学诸

多知识领域，并阐述了目前珊瑚礁面临的威胁以及人类社会为保护珊瑚礁所做出的努力。

第 1 章为绪论，简要介绍了全球热带珊瑚礁的地质历史和地理分布。本章包括对珊瑚礁物种多样性中心的讨论以及对珊瑚礁起源过程的假设。此外，本章还提及了主要的珊瑚礁类型和珊瑚礁的基本特征。第 2 章介绍了珊瑚的种类，特别是造礁珊瑚的主要类别以及其他重要的礁栖生物，如海绵和软珊瑚等。珊瑚礁中一些能够自由活动的动物，如软体动物、甲壳动物和棘皮动物，本章也作了简要讨论。此外，本章还对珊瑚礁区的植物，如藻类、海草和红树林等进行了介绍。第 3 章讨论了限制热带珊瑚礁分布的非生物因素，如光照、水温、盐度、沉积物和营养物质等。第 4 章解释了珊瑚礁中常见的共生现象，包括石珊瑚和软珊瑚中藻类和无脊椎动物之间的共生以及珊瑚和海绵中微生物和无脊椎动物之间的共生，并阐述了共生作用对珊瑚礁生长的影响机理与过程。第 5 章详细介绍了水体中微生物（如细菌、真菌、原生动物、微藻和病毒）的生态作用。微生物在珊瑚礁生态系统的连通性上发挥有重要作用。当涉及珊瑚礁的连通性时，鱼类也起到了一定作用。作为第 6 章的主旨，珊瑚礁鱼类在珊瑚礁群落中扮演着重要角色。第 7 章和第 8 章指出了珊瑚礁在经济上的重要性以及人类社会对珊瑚礁资源的不可持续利用。第 9 章中，举例说明了环境压力对珊瑚礁群落的生态影响。随着珊瑚礁的消失，对海岸线保护作用的减弱，势必会对人类造成直接的经济影响。最后，第 10 章描述了珊瑚礁未来的前景以及人类为减缓珊瑚礁退化做出的保护和管理措施。

了解珊瑚礁生物学是研究和保护珊瑚礁的基础。本书几乎涵盖了珊瑚礁生物学的方方面面，对于珊瑚礁生物学家以及准备从事珊瑚礁研究的学生来说是一个不错的选择。

黄　晖

2020 年 12 月

译者序

珊瑚礁是地球上最壮观、最典型的海洋生态系统。珊瑚礁生态系统拥有惊人的生物多样性和极高的初级生产力，被誉为“热带海洋沙漠中的绿洲”。其面积虽不足世界海洋的0.2%，但却为近三分之一的海洋生物提供了生存家园。全球有近5亿人直接依赖于珊瑚礁生态系统生活。珊瑚礁每年能够提供数十亿美元的旅游和渔业产值，还具有保护海岸线、提供海洋药物和化学物质等重要功能。然而，受气候变化和人类活动的综合影响，全世界珊瑚礁的健康状况迅速下降，许多珊瑚礁面临着被完全破坏的风险。对此，各国领导与社会民众予以高度关注。在我国，研究和保护珊瑚礁生态系统既是国家战略需求和重大科技前沿需求，也是践行共建“21世纪海上丝绸之路”的郑重承诺，更是构建海洋命运共同体的重要内容。

本书为珊瑚礁生物的功能、生理、生态和行为提供了一个综合的概述。每章都有国际公认的专家撰写的精选“框架”作指导。这本书的主旨是研究海洋环境中的生物，也包括有关污染、保护、气候变化和实验方面的内容。事实上，由于珊瑚礁生境处于极度濒危状态，本书中还特别强调了保护和管理。本书采用了一系列全球性示例，使其更具国际性。

本书由牛文涛、肖家光和王伟主持翻译，周秋麟和肖家光主持审校。各章具体分工如下：第1章由牛文涛、肖家光与田鹏翻译审校；第2章由肖家光、郭峰与牛文涛翻译审校；第3章由牛文涛、肖家光与王伟翻译审校；第4章由王建佳、黄丁勇、王晓磊与郭峰翻译审校；第5章由王晓磊、肖家光与田鹏翻译审校；第6章由肖家光、田鹏与王晓磊翻译审校；第7章由王伟、田鹏与王

建佳翻译审校；第 8 章由田鹏、王晓磊与黄丁勇翻译审校；第 9 章由郭峰、肖家光与于双恩翻译审校；第 10 章由于双恩、黄丁勇与王建佳翻译审校。本书出版也得到海洋出版社的大力协助，在此一并表示感谢。

本书涉及内容颇为精深，部分专业词汇、物种名称和统计方法缺乏标准的中文译名，加上译者知识量和水平有限，疏漏和不足之处敬请广大专家、学者及读者批评指正。

译　者

2019 年秋于厦门

目　录

1 珊瑚礁——富饶的热带海洋生态系统

1.1 前言

珊瑚礁是热带海洋的标志性生态系统(图1.1)。珊瑚岛礁国家和其他拥有丰富珊瑚礁资源的国家以此养活着大部分人口。珊瑚礁丰富多产的物种资源是热带国家数百万人蛋白质摄入的主要来源，同时珊瑚礁也为更多国家提供着海岸线防护。每年成千上万名游客涌向那些拥有珊瑚礁的国家，绚丽多彩的珊瑚礁风光通过旅游杂志、自然历史杂志以及电视频道广泛传播。对大多数人来讲，正是因为珊瑚礁的美丽，加之人们对陌生环境的好奇心造就了其特有的吸引力。对部分人来说，珊瑚礁中潜在的一些危险生物，比如鲨鱼，还会给他们带来一丝兴奋。

图1.1　珊瑚礁多分布在破浪区以深，光照充足、沉积率低、盐度(31~34)和温度(20~29℃)适宜的水域

珊瑚礁对许多国家来说具有重要的经济价值。这些国家的财政总收入或外汇收入很大一部分依赖于以珊瑚礁为主的旅游业。例如，塞舌尔 1/3、马尔代夫 2/3 的外汇收入源于珊瑚礁旅游业。这些收入大部分来自游客礁区潜水，但也有一部分来自海滨度假消费。这些度假区坐落在珊瑚沙组成的白色海滩附近。海滩上的珊瑚沙是近海珊瑚在生长和侵蚀过程中自然形成的。

珊瑚礁是地球上至关重要的生命维持系统之一，本书旨在探讨珊瑚礁的造化运行。珊瑚礁是为数不多的能形成自身基质的生态系统之一。这类基质由来源不一但又相互关联的石灰岩构成，其中大部分石灰岩直接来自珊瑚骨骼，也有一部分来自其他海洋生物的残骸。这些生物残骸经过不计其数的生物侵蚀逐渐形成了碎石和沙。与此同时，还有一些不太为人所知的过程，即石灰岩“水泥”(limestone cement)把骨骼碎石和沙黏合为更加牢固的礁石基质的过程。这一过程使珊瑚礁不断向低潮线和深海区扩张，起到了与侵蚀等抑制因素相反的作用。珊瑚礁是一种生物礁，是由生物作用形成的。健康的珊瑚礁始终在平衡消长中构建基质，总体上保持增长速率高于侵蚀速率。鉴于石灰岩是一种软质岩石，如果不能不断地生长和更新，珊瑚礁很难在浅海长期生存。

本书的研究目标——珊瑚礁，属于热带海区的生态系统。世界上的确有许多珊瑚种类生长在寒冷的深水区，但这类珊瑚大多体型较小且生长缓慢，很少能够在深海形成大片珊瑚礁。这部分内容将在第 1. 6. 3 节中的“冷水珊瑚”一文中具体说明。

浅海的热带珊瑚礁接收到的太阳能很高，其中的生物种类比其他任何海洋生境都要多。不仅如此，就是在门和目等高阶分类水平上的种类数，也比任何陆地生境都要多。即使在一小片礁区，生物的摄食、繁殖、生长、共生和运动方式等也要比陆地或其他海洋生态系统更多样化。珊瑚礁对生物学家具有巨大的吸引力，尤其在 70 多年前水肺装备问世以来，人们可以近距离地观察珊瑚礁，这种吸引力更是呈指数级增长。

在水肺潜水直接观察之前，那些分布在最浅水域、可以步行到达的珊瑚礁被称为“*Mare Incogitum*”①。当时，人们的认识大多来自于珊瑚礁对航海活动的威胁，而非其丰富的生物资源。随后，珊瑚礁中沉淀的自然历史价值逐渐显露出来。

> 在旅行的过程中，我有幸见到层层叠叠的海洋生物形成的壮丽景观：广袤的珊瑚礁几乎占满了(整片海域)。面对此景，读者不妨想象一下，这片海域中会有多少珊瑚虫和多孔螅虫啊。(Niebuhr，1792)

① 源自拉丁语，意为海上的未知领域。

又过了50年，人们显然仍旧无法探索水下奥秘：

> 海洋表面和内部充满着奥秘，人类观察和研究未能触及的奥秘。而兴趣源于奥秘，奥秘越深，兴趣越强。(Wellstead，1840)

然后，达尔文开启了地质学和珊瑚礁科学的大门。他总结道：没有任何地方的生物学和地质学能像珊瑚礁那样相互交织在一起。他指出：

> 我满怀希望，从珊瑚形成研究中得出的结论，那些最初只是试图解释它们奇形怪状的结论，也许值得地质学家们注意。(Darwin，1842)

达尔文不仅论述了珊瑚礁的发展过程，而且还含蓄地挑战了当时关于地质构造本质不变的观点，即就人类有限的寿命而言，这些地质构造似乎是一成不变的。正如他在后来的一本书中详细解释的那样，物种在不断进化；但他同时也表明，整个人类社会赖以生存的这些广袤的地质结构，也不是永恒不变的。它们也在进化、生长，或因为气候和海床本身的下沉而减少。珊瑚礁已经存在了很长一段时间，其中一些显然是由那些已经灭绝的生物类群建造的(见下文“古生物礁”)。在当时，许多人对这些结论感到不可思议。

古生物礁

随着地质年代的推移，一些不同的生物类群陆续形成了礁石。这些生物虽然在分类学上差异巨大，但都具有从水中吸收碳酸钙并加以沉积形成固体骨骼的能力。古生物礁有的以文石晶体的形式出现(现代珊瑚便是如此)，有的以方解石或高镁方解石的形式出现。

在前寒武纪时期，叠层石就形成了大量的生物礁，时至今日，仍然可以看到活的叠层石，特别是在澳大利亚西部。那里的海湾盐度和水温较高，阻碍了对生物膜的摄食，尤其是摄食生物膜的蓝细菌的生存。众多生物捕获并堆积的颗粒沉积物形成了化石礁，现如今在不少海域仍然可见(见图1.2)。有些石藻也是最古老的造礁生物之一，它们可以追溯到寒武纪并一直延续至今。这些石藻在现代珊瑚礁的向海一侧形成抗浪能力极强的隆脊。在寒武纪末期，海绵状的古杯动物(Archaeocyatha)，在灭绝前的数千万年里不断造礁。紧接着腕足类动物(Brachiopoda)也不断造礁，这些有壳软体动物时至今日依然以适宜的密度存活着。

在奥陶纪和二叠纪之间的漫长岁月里，即大约5亿至2.25亿年前，苔藓虫、层孔虫、板珊瑚和四射珊瑚都可以形成生物礁。板珊瑚和四射珊瑚都是刺胞动物，但与现代珊瑚没有亲缘关系。苔藓虫是体型微小的原始群居动物，而层孔虫是一类原始的海绵动物。这些古老的造礁生物大多在二叠纪末期的大灭绝事件中消失。其后是三叠纪和侏罗纪时期的固着蛤礁，这是一种由现已灭绝的巨型双壳类软体动物建造而成的礁。再接着便是现今的石珊瑚礁。

图1.2 (a)纳米比亚纳马盆地(Nama Basin)叠层石构成的新元古礁；(b)澳大利亚西部坎宁盆地(Canning Basin)晚泥盆世礁群。层孔虫是该地区重要的古造礁生物(资料来源：照片由Rachel Wood博士拍摄)

所有这些由灭绝生物构建的生物礁都可以在各种地质结构中看到，普遍以低丘、悬崖或其他大型裸露石灰岩的形式分布在内陆地区。几种主要的造礁生物群在5次有充分记录的全球生物大灭绝事件中先后消失了，但连续灭绝的原因至今尚不清楚。可能的原因包括陨石撞击和剧烈的火山活动，而后者导致了海水pH值下降。目前，人们对大气二氧化碳含量上升引起的海水碱度下降问题开展了大量研究，这与海水pH测量值下降直接相关。历史上，生物礁由于这些灭绝事件停止生长时，需要成千上万年甚至数百万年，才可以恢复生长(Veron，2007)。和现代珊瑚礁一样，每一类古生物礁都支撑着其周边高度的生物多样性。

英国华威大学 Charles Sheppard 教授

尽管如此，人们对珊瑚礁生物学及其构筑机制的了解仍然极为有限。首先，人们并不能真正充分地观察珊瑚礁。海底挖掘出来的珊瑚礁块的石灰岩骨骼，其成分显然与化石礁和现代礁边海滩上的沙子相同。人们可以惊喜地看到庞大的鱼群以及大量海龟，还可以在平静的水面下看到珊瑚礁模糊的形状，这都是现如今无法想象的。但直到19世纪，人们还在争论珊瑚究竟是什么。许多著名的博物学家发现它们很迷人：

就像蜂鸟在热带植物间飞来飞去一样，小鱼也在花团锦簇的珊瑚间游来游去。它们身长不足一寸，虽不大但却鳞光闪亮，闪耀着金黄色、银白色、紫红色和蔚蓝色的光彩。(Ehrenberg，1834)

不过在当年，生物学家要进入珊瑚礁区依然面临诸多限制。一位著名的红海探险博物学家在一篇文笔轻松的文章中就曾作出如此解释：

将放大镜举到鼻子前方的珊瑚丛上观察——这对博物学家来说是小事——尽管他不得不趴着，但没有什么能比这更安静、更舒适地观察珊瑚的生活和属于它的一切。(Klunzinger，1878)

尽管博物学家们仍然只能在低潮时才能观察到浅水区的珊瑚礁，但珊瑚礁自然历史研究正不断发展。早期的珊瑚礁科学研究中，物种分类占了生物学的大部。事实上，为各种生物命名被视为一项非常高尚的使命。在19世纪，描述和插图最为重要，也是生物学家们最为熟练的(见图1.3)。因此，我们可能会发现一些有趣的描述。

图 1.3　早期珊瑚绘画作品

(资料来源：仿自 1852 年 Goldsmiths 根据 Cuvier 男爵的探险资料绘制的动画《自然》)

与此同时，地质学也在加速发展，围绕着珊瑚礁的形成出现了若干理论，其中有些与达尔文的理论相冲突，有些丰富了达尔文的理论。地质学在珊瑚礁研究中比在其他任何海洋领域都更为重要，因为珊瑚可以自我构筑基质。因此，这形成了生物学造就地质学，地质学又支撑着下一代生物学这样环环相扣的学科循环。大约在这个时期，人们开始认识到，海平面在历史上曾发生过大幅度波动，给珊瑚礁造成了巨大的影响。因此，在不同的历史时期，珊瑚礁的生长和侵蚀可能发生在不同的海拔水平上。Daly 于 1910 年提出的珊瑚礁“冰川控制”(glacial control)理论十分具有影响力，它丰富了达尔文的理论(或者根据部分人的观点，与达尔文理论相冲突)。根据这一理论，大量的海水周期性地从海洋中蒸发并禁锢在冰盖中，导致了海平面下降和海岸线后退，浅水区的珊瑚形成的石灰岩山脉逐渐暴露出来。历史海平面难以测量，但人们逐渐认识到，了解海平面历史变化对于了解珊瑚礁至关重要(见下文“珊瑚微环礁和海平面”)。

珊瑚微环礁和海平面

珊瑚微环礁(microatolls)是主要生长在热带礁坪上的珊瑚个体群落。之所以称之为微环礁，是因为它们体积小，形状像环礁；微环礁的外缘呈圆形，中部凹陷。许多物种都可以形成微环礁，但最常见的还是滨珊瑚(*Porites*)等巨型珊瑚形成的微环礁。珊瑚群落向上生长，形态正常，其生长在低潮时受海气界面的抑制。一旦珊瑚群落达到这一高度后，表面的珊瑚可能会死亡和侵蚀，但微环礁会继续向外生长，因为珊瑚群落两侧的珊瑚虫会一直淹没在水下。这就形成了特有的圆盘状、直径数米的环礁(见图1.4)。与此形成鲜明对比的是，一般的圆丘状珊瑚礁向上生长并不受潮汐影响。

鉴于活体珊瑚微环礁上表面与最低潮位附近的海气界面密切相关，微环礁广泛用于热带地区全新世海平面的重建。这使得微环礁成为探索珊瑚礁，特别是低潮差海域珊瑚礁，历史海平面变化的精确固定指标。然而，在解释低潮位时要格外注意：珊瑚微环礁可能分布在退潮时可以直接连接外海的地方，也可能分布在特殊地貌(如砾石脊)围隔成的水位高于外海低潮位的水池中。在印度洋的科科斯基林群岛(Cocos Keeling Islands)，一项针对280多个活珊瑚微环礁的研究结果表明，大洋区的微环礁通常形成在平均大潮低潮和平均小潮低潮之间，而有水池防护的微环礁可能生长在平均小潮低潮之上(Smithers，Woodroffe，2000)。科科斯基林群岛上无防护的活珊瑚微环礁高度不一，最多相差6 cm(Smithers，Woodroffe，2000)。这项研究表明，保存在无防护礁坪上的微环礁化石是非常精准的海平面指示物。

重建海平面变化

在许多热带海域，相对海平面在全新世中后期略有下降，珊瑚微环礁化石往往保存在高于其目前生长位置的礁坪上。如果一个地点以垂直顺序保存了一系列微环礁化石，就可以根据其水平高度和放射性测年结果，确定历史海平面位置。澳大利亚昆士兰州北部大堡礁沿海大量的珊瑚微环礁化石揭示，该地区相对海平面在过去6 000年间不断下降，这些珊瑚微环礁现在搁浅在它们目前的生长位置之上(Chappell，1983)。

在更小的尺度上，单个长寿命的微环礁会在上表面形态中保存年生长带，其中记录了近期水位变化。在构造稳定的大洋中部水域，微环礁是20世纪海平面变化的理想指标，这在没有长期潮位记录的水域尤为重要。如果在紫外光下测得每条年生长带的高度并计算其年龄，就可以对单个微环礁进行高分辨率的海平面重建(Smithers，Woodroffe，2001)。然而，对个别的微环礁来讲，这些生物只记录了一个残缺的海平面，因为珊瑚的生长速度限制了它们对海平面快速上升的响应，因此珊瑚微环礁不能记录海平面小幅度和频繁的波动。

图 1.4 澳大利亚昆士兰州北部大堡礁(Great Barrier Reef, GBR)中岛(Middle Island)的珊瑚微环礁化石图。图中 David Hopley 教授站在环礁上，对比身高可以看出微环礁的面积。这个特别的标本可以追溯出全新世中期的海平面高度，显示珊瑚礁生长过程中潮汐极限水平所形成的典型盘状结构。这样大小的标本要生长数百年才能形成(资料来源：照片由 Roland Gehrels 博士拍摄)

使用珊瑚微环礁作为海平面指示物的潜在问题

珊瑚微环礁虽然是热带地区精准的海平面指示物，但也存在一些潜在的问题和局限性。利用它们构建全新世连续的海平面变化历史取决于当地标本保存的完整性。在使用微环礁化石时，同样重要的是要确定它活着时是否能自由地与外海相连。在使用化石标本重建海平面变化之前，评估珊瑚生长的地形环境显然很重要。同样，标本的上表面可能已经腐蚀，或者整个标本在死亡后可能已经移动过。在热带地区，最强有力的海平面重建需要利用一系列来自不同替代品和直接指标的证据，包括固定的潮间带贝壳、沉积物、潮汐仪记录和珊瑚微环礁，从而构建海平面随时间变化的全貌。

英国杜伦大学 Sarah Woodroffe 博士

一方面，受海平面的波浪冲蚀；另一方面，酸雨也会侵蚀暴露在空气中的石灰岩。因此，人们对珊瑚礁形成的理论进行过各种各样的修正，尤其 Purdy(1974)提出，即使是环礁潟湖那么大的洼地也可能是由酸雨造成的。

真相总是逐步揭开面纱，认知在步步深化，有时由于科学阵地的争夺、失守或占领而步伐滞后，有时由于表面上相互矛盾的理论最终得以统一而发展。珊瑚礁，尤其是珊瑚礁区的生物，比最初想象的要复杂得多。例如，同样的结果或同样的珊瑚礁形状可能源于不同的原因，或者可能源于同一原因的不同形式。由于地理、纬度、气旋、降雨等因子，珊瑚礁生长和侵蚀的速率各不相同。达尔文关于环礁发展的基本设想在大约一个世纪后的钻孔活动中被证实，但是近期的和局部的变化大大影响了结果，并影响了今天所看到的珊瑚礁的形状。

和其他科学分支一样，在过去的几十年里，人们对珊瑚礁的研究和认知有了跨越式发展，而人类对珊瑚礁造成的环境压力也越发明显。随着水肺装备的发展，珊瑚礁研究水平也随之提高。水肺装备使科学家能够近距离地直接观察珊瑚礁及其物种。再加上分类学和目前广泛使用的仪器的改进，使得人们可以通过轨道传感器查看珊瑚礁的光学特性，支持测量许多关键的化学、物理和生物过程。这些方法不仅可以逐一研究每个物种，而且在研究不同物种之间以及这些物种与其环境之间的相互关系中发挥着重要作用。

珊瑚礁生物学的关键在波涛之下光线充足的水域。几个世纪以来，这片曾经让Klunzinger和其他博物学家着迷的水域的确生机勃勃；但现在，这片水域被公认为是生命万花筒中水深最浅、阳光最灿烂、雨水最充足的前哨站。这是大多数潜水科学家在考察地球上这一生物最丰富的生境时所必经之路。

本书着重探讨若干关键问题，特别是在珊瑚礁的功能和过程中发挥重要作用的问题。对于栖息在珊瑚礁区的动植物类群，本书不可能面面俱到地逐一描述，只能简明扼要地分类阐述。事实上，许多物种，甚至说是大多数物种，都还没有获得正确的鉴别和研究。现在，无论是从意想不到的研究方向，亦或是对以往被忽视物种的再研究，每年都涌现出许多新见解。珊瑚礁生态系统极其复杂，科学家们试图从整个结构中提炼其基本特征，以便了解珊瑚礁生态系统的作用机制，并最终确定其目前面临的巨大威胁，以便向管理部门提供建议。

1.2 珊瑚礁的面积与分布

珊瑚礁对全球生物多样性和生产力具有巨大贡献，对世界和人类社会都具有重要意义。由于测量方法不同，对珊瑚礁的测绘和对珊瑚礁总面积的精确计算结果各不相同，但是我们依然可以得出粗略的估算结果(见表1.1)。珊瑚礁边界的确定取决于所采用的测量方法，例如卫星影像(见第9章9.2.1节中的“珊瑚礁遥感”一文)或测深学。但无论采用何种方法，隆起的石灰岩结构上珊瑚群落的完整生态范围都难以准确测定。礁后区在生态学上与礁坡和礁冠的坚硬基底是密不可分的整体，但礁后区可能主要由

沙子组成，是否包括在珊瑚礁生态范围内则取决于调查需求。Spalding 等(2001)估算的全球珊瑚礁面积为 284 300 km^2，其中 91%位于印度洋-太平洋地区。Costanza 等(1997)在估算珊瑚礁的经济价值时使用了更大的面积(920 000 km^2)。对许多区域的估算结果表明，珊瑚礁面积的合理估算值应该在 500 000 km^2 至近 1 000 000 km^2之间。造成这种差异的原因不仅是由于测量方法的不同，还由于人们对“珊瑚礁”相关生境范围的认知不同。

表 1.1　世界各地的珊瑚礁面积

排名	国家	面积(km^2)	占世界总面积的百分比(%)
1	印度尼西亚	51 020	17.95
2	澳大利亚	48 960	17.22
3	菲律宾	25 060	8.81
4	法国(包括法属领土)	14 280	5.02
5	巴布亚新几内亚	13 840	4.87
6	斐济	10 020	3.52
7	马尔代夫	8 920	3.14
8	沙特阿拉伯	6 660	2.34
9	马绍尔群岛	6 110	2.15
10	印度	5 790	2.04
11	所罗门群岛	5 750	2.02
12	英国(包括英属领土)	5 510	1.94
13	密克罗尼西亚联邦	4 340	1.53
14	瓦努阿图	4 110	1.45
15	埃及	3 800	1.34
16	美国(包括美属领土)	3 770	1.33
17	马来西亚	3 600	1.27
18	坦桑尼亚	3 580	1.26
19	厄立特里亚	3 260	1.15
20	巴哈马	3 150	1.11
21	古巴	3 020	1.06
22	基里巴斯	2 940	1.03
23	日本	2 900	1.02
24	苏丹	2 720	0.96

注：估算珊瑚礁面积是一个难题，这取决于多个因素，其中一个重要因素便是如何确定珊瑚礁周边及礁后区的完整生境大小。对单一国家的估算通常显示出更大的珊瑚礁面积。本表以统一形式对这些国家珊瑚礁面积进行排名，无论采用何种测量方法，这一排名可能都没有变动。全球共有 80 个国家具珊瑚礁分布，表 1.1 列出其中的 24 个国家，这些国家的珊瑚礁面积都大约占世界珊瑚礁总面积的 1%或更多。

资料来源：http：//coral. unep. ch/atlaspr. htm，Spalding，M. D.，Ravilious，C.，and Green，E. P.（2001）. World Atlas of Coral Reefs. University of California Press。

珊瑚礁多分布于热带，基本在南回归线和北回归线之间的海域。鉴于珊瑚生长需要光照条件，因此珊瑚礁多分布在浅水海域(图1.5)。限制珊瑚分布的因素我们稍后再做说明，可以确定的是珊瑚对水温、盐度、光照和稳定的基底等有严格的要求。当暖流向极地流动时，珊瑚礁也随之向热带以外的海域延伸分布；同样，冷水侵入热带地区也会限制珊瑚礁的发展；洋流和上升流也可能侵入热带地区从而限制珊瑚礁的生长。印度洋及其周边海域的珊瑚礁分布北界位于苏伊士运河附近，红海近30°N的海域。在太平洋，珊瑚礁分布北界位于日本南部岛屿近31°N的海域。在大西洋，珊瑚礁分布北界位于百慕大群岛近32°30′N的海域。由于当地具体地理条件的不同，有些偏北方的水域也具珊瑚礁分布。在红海，海水受封闭的地理环境及红海内部的洋流影响；而在太平洋和大西洋，北向暖流使暖水水域向北延伸。在南半球，南向暖流可以使珊瑚礁生长到28°30′S的南非海域；在澳大利亚，珊瑚礁可以扩展到31°S的豪勋爵岛(Lord Howe Island)水域，这是世界上分布位置最南的珊瑚礁。在澳大利亚西部，位于29°S的霍特曼-阿布洛霍斯群岛(Houtman Abrolhos Islands)发现有珊瑚礁分布，有的珊瑚群落甚至可以延伸至珀斯附近的罗特内斯特岛(Rottnest Island)。在大西洋，巴西境内的珊瑚礁很少能超过18°S；在大西洋的非洲一侧，尽管在一些岩石基质上有珊瑚群落出现，但到目前为止并没有发现真正的珊瑚礁。由于非洲一些低盐的径流流入和一些海域的严重沉积作用，大西洋这侧的珊瑚和珊瑚礁生长受到严重抑制。除强降雨区外，寒流和上升流也会抑制珊瑚和珊瑚礁的生长。

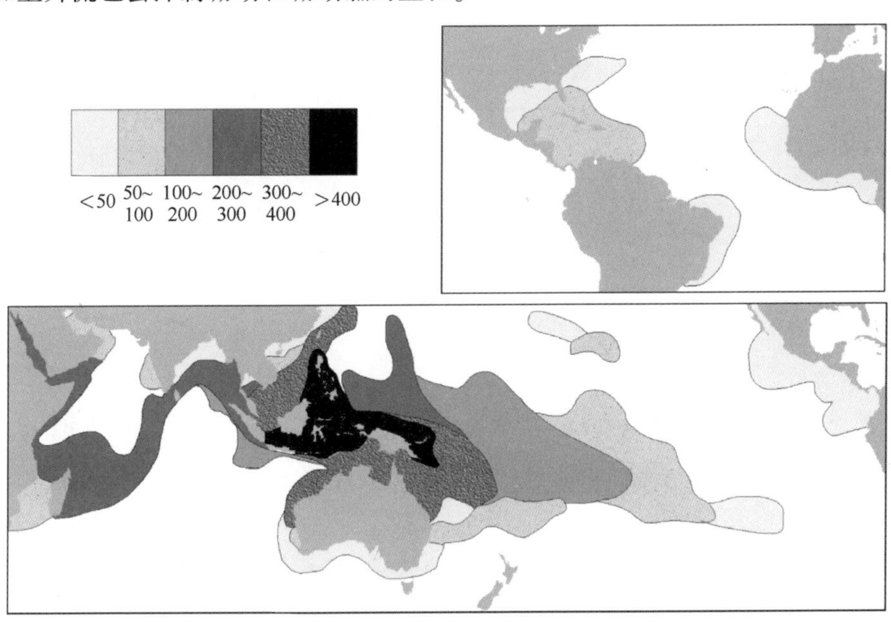

图1.5 珊瑚礁分布，色差代表造礁珊瑚的物种多样性

1.3 珊瑚礁生物多样性

在门一级分类水平上，珊瑚礁的物种多样性远远超过地球上其他任何生态系统(Porter, Tougas, 2001)。目前(据估计)共有34个动物门，其中32个门的生物出现在珊瑚礁中(另外两个门分别在森林和深海中)。除了拥有高度的生物多样性，珊瑚礁的生产力也非常高，它为热带国家的数百万人提供了蛋白质来源。世界上较贫穷的国家往往珊瑚礁较丰富。

据估计，全球珊瑚礁区的动植物种类从60万种到900万种不等(Knowlton, 2001)。真实的珊瑚礁生物多样性仍未可知，目前发现的生物种类可能仅占总数的10%左右。在广阔的生物地理尺度上，其分布模式如表1.2所示。例如，人们普遍认为，在印度洋-西太平洋海域种属一级的物种多样性水平最高，从东非一直延伸到夏威夷和东太平洋中部的复活节岛(Easter Island)。这片广袤的海域涵盖了热带地区的一半，包含了世界上大部分的珊瑚礁，这里的珊瑚和鱼类种类至少是东太平洋地区[如加拉帕戈斯群岛(Galapagos Islands)]珊瑚和鱼类种类的10倍(Briggs, 1999)。在印度洋-西太平洋，物种多样性最高的地区位于印度尼西亚-菲律宾(Gaston, 2003)，该地区被称为“珊瑚三角区”(Coral Triangle)。与印度洋-太平洋地区相比，整个大西洋地区珊瑚礁的物种多样性(就珊瑚礁而言)仅为太平洋物种最丰富地区的10%~20%(Karlson, Cornell, 1998)。

表1.2 珊瑚礁和相关生态系统(海草床和红树林)物种多样性的区域模式，揭示了印度洋-西太平洋地区为生物多样性“热点”

分类群	印度洋-西太平洋	东太平洋	西大西洋	东大西洋
石珊瑚	719	34	62	
软珊瑚	690+	0	6	
海绵	244		117	
腹足类				
宝贝螺	178	24	6	9
鸡心螺	316	30	57	22
双壳类	2 000	564	378	427
甲壳类				
螳螂虾	249	50	77	30
真虾	91	28	41 *	
棘皮动物	1 200	208	148	
鱼类	4 000	650	1 400	450

续表1.2

分类群	印度洋-西太平洋	东太平洋	西大西洋	东大西洋
海草ψ	34	7	9	2
红树林	59	13	11	7

注：海绵的多样性是属而非种。空白栏表示数据不可用。

*全大西洋分布的一种虾。

ψ海草包括暖温带分布的物种。

资料来源：Spalding, M. D., Ravilious, C., and Green, E. P. (2001). *World Atlas of Coral Reefs*. University of California Press。

从经度方向看，三个热带大洋的珊瑚礁主要集中分布在西侧。从某种程度上讲，这是由于岛屿的分布所造成的，但也受盐度、可溶性营养物质和水温的影响。一些沿岸海域全年或部分月份受上升流影响。上升流的特点是温度较低且营养丰富，这可以造就一些资源丰富的大渔场，但却对珊瑚的生长不利。例如北美洲和南美洲的西海岸是主要的远洋渔业区，但这些水域的珊瑚礁却只局限在相对较少的几个岛屿附近。非洲西海岸也是如此。印度洋的阿拉伯和北非沿岸有一股非常强的季节性上升流(见第3章和图3.1)，抑制了珊瑚礁的发展，这些水域仅见零星珊瑚分布而藻类却大面积生长。澳大利亚西海岸与这一模式有所不同，因为暖流从印度尼西亚沿西海岸向南流动。

印度洋-太平洋和大西洋珊瑚礁多样性的显著差异是由于地质构造和气候事件所造成的。首先，地质事件导致大陆漂移、海平面下降，曾经连接印度洋和大西洋的古特提斯海最终在中新世晚期(5 200万年前)完全封闭。这导致印度洋-太平洋与东太平洋和西大西洋分离。因此，这两大地区的珊瑚礁生物群出现了分化，并发展出各自特点。然而，大约300万年至350万年前，巴拿马地峡(Isthmus of Panama)也关闭了，从而将东太平洋的珊瑚礁与西大西洋的珊瑚礁分隔开。人们普遍认为，东太平洋和西大西洋的生物群最初更为多样化，上新世-更新世期间的冰川作用使得美洲太平洋沿岸的大部分珊瑚礁消失了。东太平洋海域后来被来自印度洋-太平洋的部分珊瑚礁生物重新占据，但由于其间辽阔的大洋阻隔(“东太平洋屏障”，East Pacific Barrier)，加之该海域洋流基本上是向西流动的，使得东太平洋地区尽管已经分化出一些特有种，但整体生物多样性依旧很低。大西洋珊瑚礁的低多样性也是上新世-更新世冰川作用以及随后冰川活动的结果。巴拿马地峡封闭所形成的屏障造成该地区的现有生物群与太平洋的生物群大不相同，至少在物种水平上如此。现如今，大西洋和印度洋-太平洋之间没有共同的造礁珊瑚种类，也几乎没有共同的软珊瑚种类。Veron(1995)对导致太平洋和大西洋珊瑚礁的独特生物多样性格局的地质构造和气候事件做了更详细的解释说明。

东南亚珊瑚三角区的高生物多样性模式早已为人们所认知(Stehli, Wells, 1971)。然而，海洋中洋流、盐度和营养物质的模式在很大程度上改变了珊瑚礁的分布以及珊瑚礁间物种的分布，无论在经度还是纬度水平。这种模式在陆地和海洋几乎所有的生物类群中都能看到。解释海洋生物分布格局的最重要假设有①东南亚区域是生物重叠或积累的中心，是太平洋西向洋流的“捕集袋”(catch bag)，因此具有高度的生物多样性；②东南亚地区的高度多样性是由于它在地质时期为较边缘地区的生物灭绝提供了庇护所，从而为物种形成提供了更多的机会；③由于与该生物多样性“热点”之间的距离增加，东南亚珊瑚三角区以外地区的生物多样性逐渐减少(Veron，1995；Palumbi，1997)。然而，所有这些最终都依赖于东南亚地区大量的浅水生境，这些生境可供珊瑚礁生存。Bellwood 等(2001)在对印度洋-太平洋鱼类和珊瑚分布的研究中指出，大尺度生境，特别是在一个特定研究地点 600 km 范围内的适宜生境，是目前为止生物多样性的主要决定因素。仅经度(即距离生物多样性“热点”的距离)远没有那么重要，珊瑚礁类型(即沿岸礁还是离岸礁)也有些许影响。值得注意的是，尽管东南亚地区以外的物种多样性降低了，但在一定程度上印度洋-太平洋地区的关键鱼类和珊瑚类群组成是稳定的。例如，6%~22%的鱼类种类一直是雀鲷，4%~28%为石斑鱼，14%~43%的珊瑚物种始终是鹿角珊瑚(*Acropora*)，7%~16%的珊瑚为滨珊瑚。尽管各种类组成浮动范围很大，但它们共同暗示了一个潜在的模式。

在从赤道向高纬度礁的纬度梯度上，大多数(但不是全部)分类群的物种多样性也明显下降。沿大堡礁向南，珊瑚物种多样性明显下降，从北部的 324 种到中部的 343 种，再到南部的 244 种；而位于 30° S 的豪勋爵岛只有 87 种珊瑚(Veron，1993；Harriott，Banks，2002；见表 1.2)。同样，位于北大西洋 32° N 的百慕大仅有 21 种珊瑚，加勒比海的大部分水域珊瑚种类是其 2~3 倍。

许多可能的原因可以解释为什么物种多样性在热带地区最为丰富，而在两极却逐渐减少。这些因素包括①热带生物群落年龄较大，为物种多样化提供了更多的时间；②热带物种多样化的速度比高纬度地区更快；③热带地区的环境比高纬度地区更稳定，为生态位分化提供了更多的机会；④热带等温带区的面积比高纬度地区大，因此物种的潜在生境更多。此外，还有一个直观的事实是，地球表面每单位面积的能量输入(来自太阳)在热带最多，向两极大幅下降(因为地球表面相对于太阳入射光线是“倾斜的”)。“盈余”发生在热带或纬度 35°之间，即输入辐射超过输出辐射或反射辐射；极地区域出现“赤字”，即输出辐射超过输入辐射。热带地区较高的能量输入可能是高物种形成和高生产力的基础。不管原因如何，在高纬度地区，随着环境变得越来越“边缘化”，分类群的物种多样性逐渐下降。

以珊瑚礁为例，物种多样性沿着珊瑚礁生长的纬度边缘逐渐下降，这是由多种非生物因素造成的。在边缘海域，现有的珊瑚物种必须能够忍受当前的非生物条件，而且生长速度必须足够快，才能抵御竞争，特别是在大型藻类过度生长的环境中。

在大尺度的纬度和经度变化范围内，也存在由较小尺度的非生物环境特征造成的局域模式。在热带地区，有许多特定的珊瑚种类难以生长，珊瑚礁发育不良或根本不发育。例如在阿拉伯海，由于上升流所造成的可溶性营养物质增加等因素，使某些海域的珊瑚礁多样性较低(见图 3.1)。极端的盐度和水温也限制了珊瑚的生长。虽然东南亚的生物多样性热点地区已记录有 400 多种珊瑚(Veron，1993)，但在高纬度相对炎热和盐碱化的波斯湾，只有大约 60 种珊瑚。冬天的低温就像夏天的高温一样限制了高纬度地区珊瑚的生长。一片水域的偏远程度也会影响当地的生物多样性，这涉及到幼虫和其他繁殖体能在多大程度上成功地从源头转移至该水域。例如，在巴西海岸，已知的珊瑚种类只有 19 种。在那里，由于东南洋流的西向流和北向流，以及亚马孙河(Amazon)和奥里诺科河(Orinoco)的淡水和沉积物输入造成了巨大的屏障。这些屏障导致了巴西地区珊瑚礁生物多样性较低，但地方化程度较高(Spalding et al.，2001)。同样在非洲西海岸，沉积作用和上升流也导致该海域珊瑚很少，几乎没有珊瑚礁生长(见第 3 章)。

1.4 珊瑚群落与珊瑚礁生长

珊瑚和珊瑚礁的分布都有其地理模式。珊瑚的多样性以及与之相关的无脊椎动物和鱼类，与珊瑚礁的面积或厚度都有着相当微弱的关系。某些最大和最坚固的珊瑚礁结构，例如许多太平洋环礁和所有大西洋珊瑚礁，都是由数量相对较少的物种建造的(图 1.6)。

图 1.6 加勒比海珊瑚礁的造礁珊瑚种类相对较少，但它们所产生的珊瑚礁和石灰岩滩十分壮观[英属维尔京群岛(British Virgin Islands)]

与之相反，在印度洋-太平洋生物多样性异常丰富的几片海域，珊瑚礁的发育可能仍然极其脆弱。因此，生物多样性高并不一定意味着珊瑚礁构造好或牢固。在一些高度多样化的东南亚地区，珊瑚可能根本无法形成生物礁。那里的珊瑚群落通常分布在其他岩石(可能是火成岩)上，珊瑚死后很容易从这些岩石上脱落，没有形成任何石灰岩礁结构(图 1.7)。在很早的时候，人们就已经开始对不成礁的珊瑚群落和真正

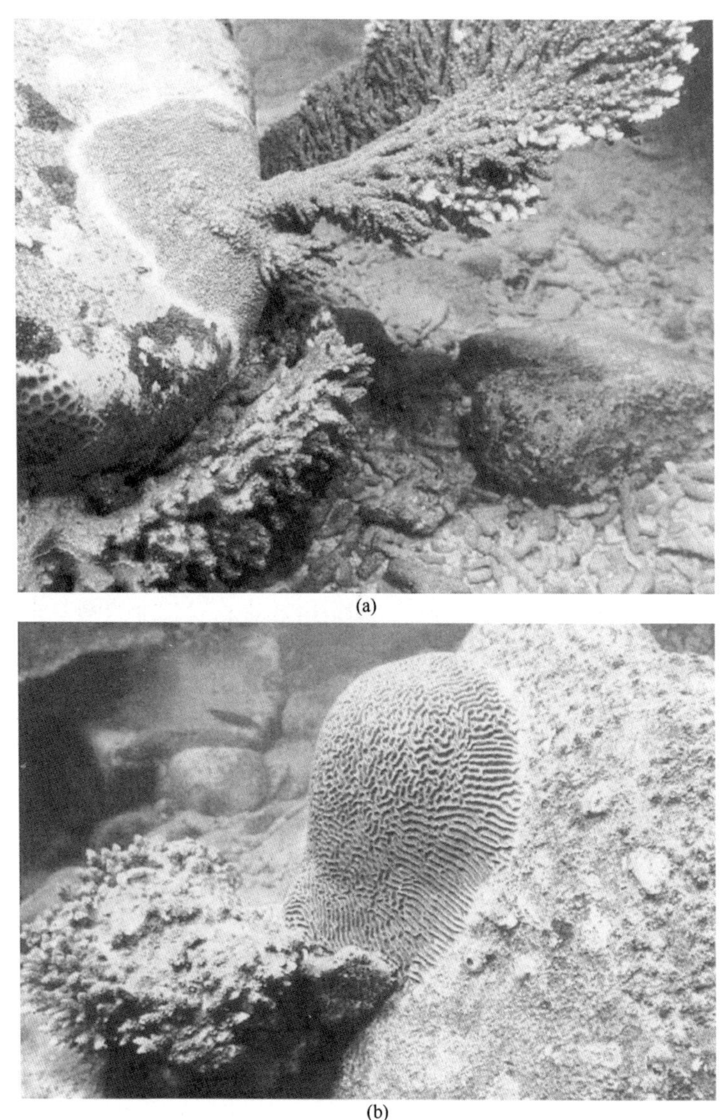

(a)

(b)

图 1.7　生长在火成岩区的种类繁多的珊瑚(马来西亚)。(a)鹿角珊瑚；(b)扁脑珊瑚(*Platygyra*)。尽管这里的珊瑚种类繁多，但由于未知原因(可能是可溶性营养物质含量过高)，这里并没有珊瑚礁生长的迹象。珊瑚一旦死亡，很容易从岩石上脱落

的珊瑚礁之间的差异展开研究(Wainwright，1965；Hopley，1982)。珊瑚群落的分布范围很广，有的与真正珊瑚礁上的珊瑚群落十分相似，有的则分散在褐藻或绿藻中与之共存。在这种情况下，基质可能几乎被珊瑚群落所遮盖，使整个珊瑚群落看起来像是真正的珊瑚礁。相关底栖生物和鱼类也逐渐聚集，然而附着在许多较老岩石上的珊瑚可能不会进一步发育。珊瑚礁的发展并不仅仅是"珊瑚生长在原有珊瑚上"那般简单。

另一种与常见的珊瑚礁生长类型不同，而且在许多水域都很重要的生长类型是"单一特定"的珊瑚礁，或者说是"近单一特定"的珊瑚礁。在这些珊瑚礁区，只出现一种珊瑚(或者至少是占优势的珊瑚)。例如，许多印度洋-太平洋环礁的大片水域可能只被一种鹿角珊瑚所占据，而在某些加勒比海礁区，滨珊瑚或非六珊瑚(*Madracis*)则可能占优势。阿曼沿岸有上升流的水域可能被蔷薇珊瑚(*Montipora*)或杯形珊瑚(*Pocillopora*)所覆盖(图 1.8)。

图 1.8 阿曼马斯喀特(Muscat)海岸戴曼尼亚特群岛(Daymaniyat Islands)鹿角杯形珊瑚(*Pocillopora damicornis*)形成的单一特定珊瑚礁。珊瑚礁中布满了这种珊瑚，从表面延伸到 8 m 深的水域，可以看到未固结的边缘

1.4.1 珊瑚石灰岩的命运

活体珊瑚死亡后遗留的大多数骨骼会被侵蚀，变成沙子和淤泥，其中大部分随水流完全离开原生地，最终也许沉降到深水区，或者沉积在陆地上形成白色的珊瑚沙滩。

但在生长着真正珊瑚礁的水域，大部分沙和泥会沉积在珊瑚礁裂缝里，藻类或其他结壳生物在这里大量生长，并最终固化成一体。随着细菌的代谢作用，沉淀物发生化学变化并再次固结，最终形成坚硬的石灰岩。在上述过程中，任何一个环节失败，都可能出现珊瑚大量生长，但珊瑚礁却不一定生长的现象。这时，珊瑚礁的生长与珊瑚的生长就会“脱钩”(Sheppard，1988)。这种脱钩现象在高纬度地区最为常见，水中营养水平增加、水温下降或碱度降低等因素，抑制了珊瑚礁的生长，但也存在造礁珊瑚继续向极地方向延伸分布几百千米的现象。在所有的珊瑚礁区，有相当数量的石灰岩被包括微生物在内的小型、微型生物反复加工，最终重新溶解。

1.5 珊瑚礁类型

珊瑚礁具有 3 种典型类型，即岸礁、堡礁和环礁。自达尔文给出原始描述(图 1.9)以来，一种珊瑚礁类型转化成另一种类型已经被描述和说明了几百次，因此下面仅进

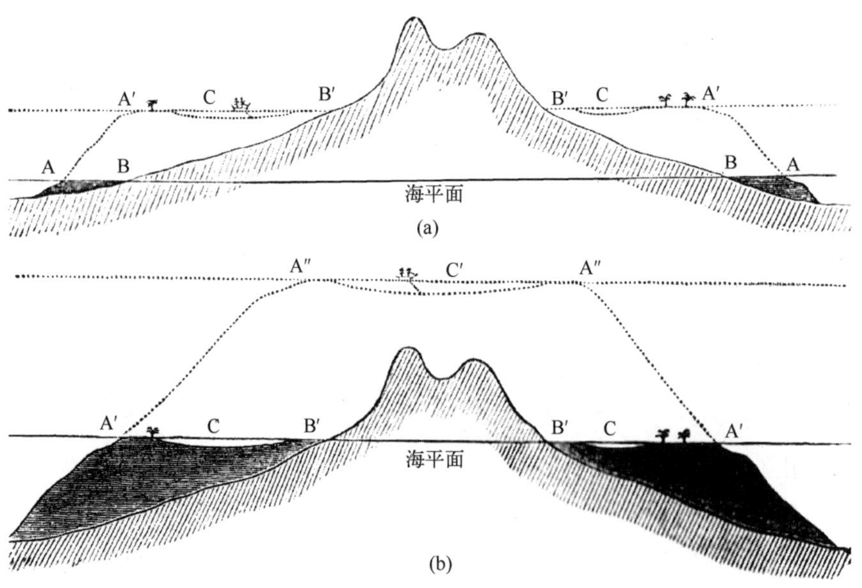

图 1.9 达尔文关于从岸礁，经堡礁到环礁过程的原始插图。(a)海平面位于 A 到 A 之间时，岸礁形成并包围着火山岛(阴影部分)。若岛屿进一步下沉，海平面位于 A′到 A′之间时，虚线表示正在发育的堡礁，B′为海岸线和礁坪，C 是可通航潟湖(注意字母 C 旁边的小船标志)，A′表示岛屿或珊瑚礁外缘。(b)当海平面位于 A′到 A′之间时，阴影部分表示堡礁。然后，随着岛屿完全被淹没，海平面位于 A″到 A″之间时(A″的位置可能有，也可能没有岛屿)，标志着环礁形成［资料来源：Darwin, C. (1842). *On the Structure and Distribution of Coral Reefs*. Ward, Lock & Bowden Ltd.］

行简单的总结。珊瑚若在岛屿边缘生长，则形成岸礁；若岛屿缓慢下沉，珊瑚礁的生长速率始终与海平面变化保持一致，而且珊瑚礁离海岸越来越远，则形成堡礁，此时珊瑚礁和海岸线之间会保持一条可通航的水道。最后，若岛屿完全沉没，形成的包围着中心潟湖的礁型称为环礁。这三种经典珊瑚礁类型根据发展阶段的不同可以相互转换。

珊瑚礁类型有很多变型。在冰河时期，海水被禁锢在冰盖中，海平面比现在低很多，雨水侵蚀裸露石灰岩的位置也不同。雨水的侵蚀作用形成了许多形状不同的潟湖洼地和水道。此外，局部地壳构造过程也可以影响珊瑚礁的发育。地壳隆起从根本上逆转了经典的下沉过程，一系列的边缘礁接二连三地向海发育。在长期稳定的地质时期，陆地变化不如海平面变化大，发育中的礁体可能会分裂成一系列的“斑块礁”(patch reef)。“斑块礁”这个名称本身也适用于几乎任何不符合3种经典珊瑚礁类型的礁。斑块礁可能达不到目前的海平面，或者本身支持孤立的岛屿，也可能是或不是堡礁的独立部分。

在许多情况下，环礁根本不支持任何岛屿，尽管它们的边缘可能有一部分被低潮所淹没，或者在各种潮汐状态下都可能有几米深。“环礁”这个名词来自马尔代夫语，意思是组成这个国家的丰富的岛屿环。澳大利亚西部的环礁是另一类环礁，这是在下沉的大陆斜坡边缘形成的，不符合达尔文关于围绕火山岛发展的定义。所以，有些人对“环礁”这个术语一直存有争议，但其下沉的基底与向上生长的原理仍然成立，而且它们具有环礁的所有外部特征。

许多其他形式的珊瑚礁也已获得命名。Guilcher(1988)将红海的“脊礁”(ridge reef)描述为“迄今为止被忽视的一种珊瑚礁”，它应该与经典的达尔文定义的岸礁、环礁和堡礁相并列。这种构造是沿红海轴线的纵向脊状结构，可能是由红海断层作用和海底盐层隆起作用共同造成的。红海唯一一个被描述的环礁，是位于苏丹港外的桑加奈布环礁(Sanganeb Atoll)，它位于脊礁之上。所以，在这种情况下，一个礁可以同时符合“环礁”和“脊礁”这两种定义。多年来被定义的其他类型的珊瑚礁还包括半月礁、带礁、平面礁、网状礁和法罗群礁(Faros，它是在马尔代夫环礁湖内发现的环状礁)以及其他一些珊瑚礁。定义的新类型珊瑚礁可能具有描述上的优势，但重要的是，这些珊瑚礁同样生长缓慢，并且通常是偶然发生的，它们的上升幅度受到当代海平面的限制，裸露的石灰岩受侵蚀速率相对较快。因此，珊瑚礁的形状反映了现代和历史的基底和海岸线状况。随着基底下沉，或因沉积物沉积而抬升，或在数千年的降雨中被侵蚀，珊瑚礁就在盐度、水温和浑浊度适宜的浅水中发育起来。当它们以无数种形状出现时，人们只能够从中辨别出少量的基本形态。

一个复杂的原因是，连续的冰河期导致海平面周期性大幅升降。在全新世，海平面比现在低 140 m，并且迅速(从地质学角度)上升到接近现在的水平(图 1.10)。当海平面较低时，珊瑚礁继续在较低的海平面生长，与现在的珊瑚礁一样，也是由类似的侵蚀过程形成的。当海平面上升时，珊瑚礁由于没于水下太深而不能生长，但却为较现代的珊瑚礁生长奠定了基础。因此，礁的形状也取决于历史平台条件。在最后一次冰期及之后，珊瑚礁的垂直跨度达到 150 m 或更大，这给珊瑚礁类型和深度的发展提供了广阔的空间。在所有这些发育和生长过程中，最重要的是珊瑚礁石灰岩是由生命过程形成的岩石，硬度相对较低，很容易被雨水、海浪、暴风雨和穴居生物侵蚀。

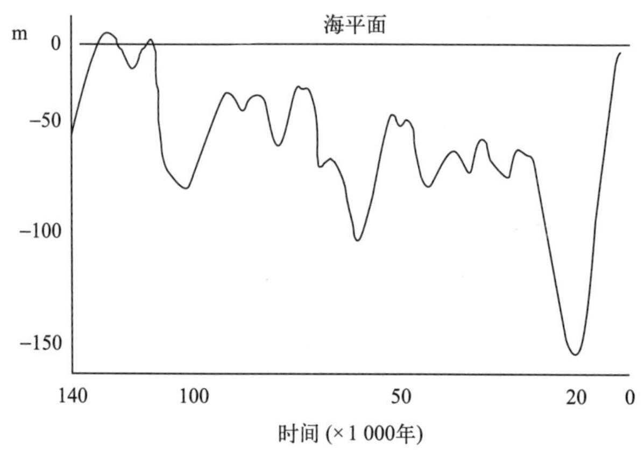

图 1.10　过去 14 万年间(从最近的冰期到全新世)的海平面变化

[资料来源：Sheppard, C. R. C. (2000). Coral reefs of the Western Indian Ocean: An overview. In: T. R. McClanahan, C. R. C. Sheppard and D. O. Obura (eds), *Coral Reefs of the Western Indian Ocean: Their Ecology and Conservation*. Oxford University Press, pp. 3-38.]

有时礁石会完全出露水面。这种由地壳抬升所引起的现象很常见，例如红海海域的岸礁。严格来说，红海是洋，不是海，因为海底扩张使红海正以每年约 2 cm 的速度变宽，这导致一系列由地质隆起造成的礁石出露水面。图 1.11 显示了过去 20 万年间，从红海不同地区相继隆起的一系列珊瑚礁的年龄和高度，还显示了现今深入红海的活礁。最近一次被抬升的礁石，高出现今海平面 3~4 m。

正是这些生长、侵蚀和地壳移动过程造就了我们今天所看到的多种多样的珊瑚礁。

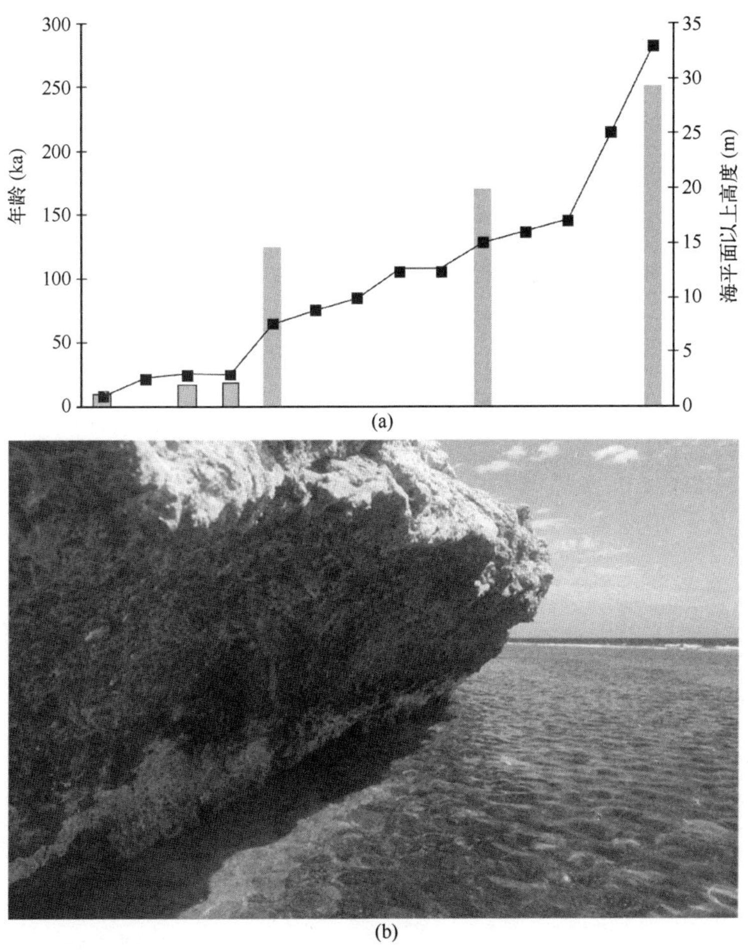

图 1. 11 (a)红海海域 14 个位于海平面以上的礁石，从左至右依次从最年轻至最古老。垂直柱依次表示其中 6 块礁石的年龄；(b)生长在礁坪上的活珊瑚，礁坪的一侧是最年轻的化石礁群，比现今海平面高出 3～5 m［资料来源：Sheppard，C. R. C.，Price，A. R. G. and Roberts，C. J.（1992）. *Marine Ecology of the Arabian Area*：*Patterns and Processes in Extreme Tropical Environments*. Academic Press.］

1.6 珊瑚礁的基本特征

尽管其命名方法和形式多种多样，但一般情况下珊瑚礁都具有特定的剖面结构。图 1. 12 示意了部分特征及其差异。

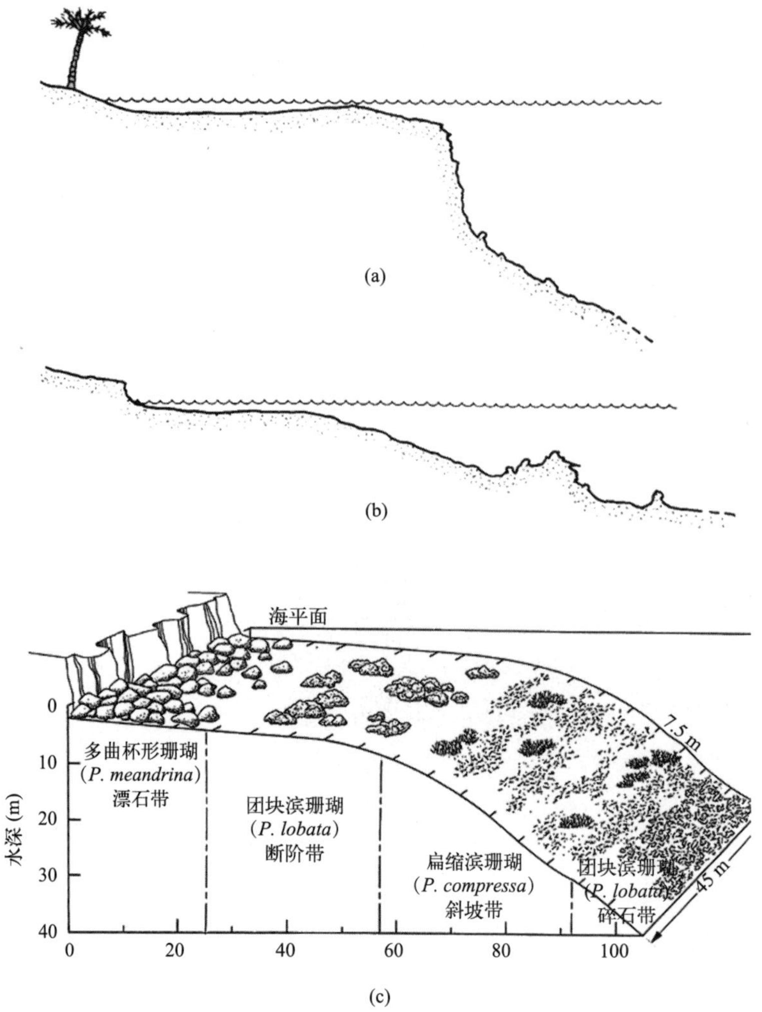

图 1.12　典型珊瑚礁截面示意图。(a)红海的一种典型岸礁，围绕着大多数环礁并从大陆沿岸向海延伸。礁坪宽度从几米到 1 000 多米不等。通常在礁坪和礁坡之间有一个明显的断带，局部有大量红藻分布，属于典型的高风浪区；(b)有些礁坪在向海一侧的边缘有不明显的断裂；(c)夏威夷珊瑚礁剖面图［资料来源：(a)，(b)Sheppard，C. R. C.，Price，A. R. G. and Roberts，C. J.（1992）. *Marine Ecology of the Arabian Area：Patterns and Processes in Extreme Tropical Environments*. Academic Press. (c)Steve Dollar 博士］

1.6.1　礁坪

几乎所有达到水面的珊瑚礁都有礁坪。礁坪位于海滩和陡降的礁坡之间，有的礁坪宽度可能仅有 10 m，一些常见的红海珊瑚礁就是这种类型；但通常，礁坪的宽度在 100~1 000 m 之间(见图 1.13)，有的能够延伸 1 km 甚至更远。珊瑚礁会随着珊瑚的生长继续扩大，由于珊瑚不能在水面上生长，所以礁坪只能向海延伸，使得礁坡倾角变陡。这样一来，珊瑚礁的某些部分可能会向下塌陷，大块的岩石向下滑动直至稳固。然后，浅处的礁坪又继续向海生长。

图 1.13 一段向海延伸约 300 m 的礁坪。破浪线标志出礁坪的边缘。破浪线向海一侧，礁坪会陡然向下倾斜。暗色部分是珊瑚，浅色部分是沙子。照片摄于中潮期，可以清楚地看到小船[塞舌尔普拉兰岛(Praslin Island)]

大多数礁坪的分布深度很少能超过 1~2 m，因此宽阔的礁坪在极端低潮时普遍干涸。有些礁坪可能在波浪或水流冲刷作用下会分布在较深水域。单就平面面积而言，礁坪是迄今为止大多数珊瑚礁中面积最大的结构。受到强烈的阳光照射，在低潮时，这里的水温可能会达到 40℃以上，给珊瑚和大多数礁栖生物(并非所有生物)造成致命威胁。此外，40℃海水的溶解氧含量较 20℃海水中减少 1/3，这也会增加生物所承受的压力。在炎热的太阳蒸发下，许多珊瑚礁区的海水盐度可能会提高到致命水平；而礁坪水域有时又会被降雨所淹没，导致盐度低于大多数海洋物种的耐受值。因此，礁坪环境相对恶劣，生物多样性相对较低。在过去，礁坪是被研究最充分的区域，因为它很容易接近；在某种程度上，早期对“珊瑚礁”的描述实际只涉及到了礁坪。

礁坪主要分布着两大类生物：一类是完全或几乎完全生活在礁坪，对礁坪的极端环境条件具有高耐受力的物种；另一类是主要分布在礁坡，但礁坪达到其正常分布极端条件的物种。第一类物种种类较少，但其中一些可能数量丰富。所有礁坪物种都能够适应高温、紫外线辐射、高盐度等极端环境，它们的优势是不需要面对那么多来自其他物种的竞争作用。

在水深较深，很少露出低潮面的礁坪区，生物种类相对较丰富。有时，环礁内的潟湖礁坪比环礁外向海一侧的礁坪略深一些。许多这样的礁坪分布着珊瑚丛。受遮蔽的礁坪，例如那些受岛屿防护免受大浪侵袭的礁坪，密集的鹿角珊瑚群高出水面。许多硕大的或圆丘状的珊瑚也会在此生长，但这些普遍呈半球形的珊瑚群会因低潮而扭曲成环状，即"微环礁"。由于低潮的限制，其上半部无法生长。

礁坪向海一侧的边缘，受到的波浪作用更为剧烈。这对礁坪上的生物至少造成两方面的影响。一方面，环境条件变得更加恶劣，特别是在高潮期，条件会更糟。这种环境下分布的都是强壮的珊瑚种类，因为受遮蔽水域的鹿角珊瑚在这里很容易被摧毁。但另一方面，较强烈的水体搅动可以加速水体交换，所以这片水域没有那么热，也不存在缺氧现象。此外，强烈的水体混合确保了盐度在大雨期间不会骤降。因此，不同的礁坪，按其波浪冲刷程度、总宽度、潮差和礁底相对于低潮位的高度，显示出不同的生物分带模式。

然而，在所有情况中，礁坪上的生物群几乎都是那些已经适应在极端条件下生存的生物群。尽管这意味着物种的总体多样性相对较低，但也意味着这些物种具有在压力条件下和气候变化条件下特有的生理特征和耐受性。

1.6.2 礁冠

礁坪向海一侧的边缘称为礁冠。这里的珊瑚礁生长旺盛，但珊瑚礁地势也急剧下降。礁冠的外围有时分布着珊瑚砾石和珊瑚群，它们都是被风暴抛到礁坪上的。水平礁坪与斜坡之间形成的夹角可能很大。这是珊瑚礁最易受海浪冲刷的部分，很少有珊瑚能在这里生长。在这些波浪冲刷强度大的地方，主要生物是石灰质的红藻类，它们具有极强的抗浪性，并沉积形成称为高镁方解石的石灰岩。这些藻类分布在非常暴露的位置，稍呈脊状隆起。由同种藻类组成的一系列坡脊并向海延伸形成"脊槽系统"(spur and groove system，见图1.14)。坡脊逐渐沉入更深水域，而槽沟坡度陡峭，外观通常呈现冲蚀痕迹。坡脊和槽沟的宽度在任何一段都是相似的，并且贯穿整个系统。在向海一侧的末端，坡脊在波浪衰减的深水区逐渐消失。

在这一系列的脊槽结构中，坡脊突出到盛行波中，而坡脊之间的槽沟将水高速向外输送。水在槽沟中振荡，流出的水与流入的水发生碰撞，导致能量的耗散。很明显，这种能量的耗散是珊瑚礁抵抗破坏的一种方式(见第3章)。

珊瑚藻属的孔石藻(*Porolithon*)在印度洋-太平洋大量分布；在大西洋，石叶藻(*Lithophyllum*)也广泛分布(Adey，1975)。脊槽系统中坡脊的形状是由藻类的生物构造决定的，而不是由槽沟的侵蚀形成的；槽沟通常位于与礁底相近的深度(Sheppard，1981)。这些藻类的生长需要强烈的水流运动和高曝气率(Doly，1974；Littler，Doty，

图 1.14 钙质红藻在许多暗礁的破浪区繁茂生长，形成略高于低潮位的脊。它们还形成了向海一侧延伸的坡脊。这在降低波浪能量方面发挥着重要作用

1975)。目前尚不清楚这些结构及其规则间距是如何形成的，但已经观察到的是这些坡脊的间距可能与海洋平均波长密切相关(Munk，Sargent，1954)。因此，间距的调节机制与波能相关。波能越大，坡脊的间距越大。无论什么情况，这种结构都能以一种自我维持的方式大大降低碎波的影响。即使是在潟湖礁，如果海水足够汹涌，也会呈现出小的、原始的坡脊结构(Sheppard，1981)，而在太平洋(Odum，Odum，1955)和印度洋(Pichon，1978；Sheppard，1981)，这种结构则更加明显。然而，对于一些大型结构来说，其形状可能是由更古老的、潜在的侵蚀作用造成的，它们可能被切割成许多石灰岩平台(Hopley，1982)。

虽然石质红藻是石灰岩沉积最明显的来源，但在一些水流湍急的海域，波浪促使颗粒沉积物进入石灰岩的裂缝和孔隙。然后这些岩石被重新胶结，形成非常坚固的岩石基质。其基本原理很简单，即通过压实作用，或通过红藻的大量生长，或通过其他胶结作用，使颗粒稳定并固定在一定位置，但其颗粒水平的机制尚不清楚。微生物的作用可能会改变颗粒表面的 pH，或者微生物的代谢作用会暂时溶解表面的石灰岩。其结果是在生长中的珊瑚礁表面形成了最坚硬的石灰岩，这是珊瑚礁最需要的结构。

1.6.3 礁坡

礁坪向海一侧边缘处，通常是陡峭的礁坡。礁坡可能是连续的或非常不规则的，在环礁上可能有第二个“边缘”或“陡降”，在其下面的礁坡更加陡峭(见图 1.15)。例如，在加勒比海大部分地区、红海和大多数环礁等清澈水域中，珊瑚可以分布到水深

50 m 甚至更深的陡峭礁坡。本书描述了发生在礁坡上的生物过程，因为这里是珊瑚礁的中心，是生物多样性、生长和活动水平最高的区域。

图 1.15　许多环礁的礁坡突然变陡，其深度在 4~20 m 之间。在较陡和较深的水域，光照减少，珊瑚群落会发生明显变化

若干个梯度参数定义了礁坡上的各个过程，其中波浪能随深度的增加而下降；光能随深度的增加而衰减；沉积作用普遍随深度增加而增加；水温也随深度增加而逐渐降低。此外，水温在温跃层之下会大幅度下降。这些参数控制着物种的分布范围。

浅水区光线充足，波浪的剧烈运动能阻止沉积物沉降在珊瑚上，从而避免珊瑚的生长抑制或窒息，但波浪过分剧烈很容易摧毁珊瑚，所以只有最坚固的珊瑚才能在礁坡最浅的地方生存。在礁坡最深处，也是最暗的地方，最常见的是叶状珊瑚，它们向外生长，以获取逐渐减弱的光线。但是要获得更多的光，就必须要水平延伸，这也意味着要接受更多的沉积物。因此，叶状珊瑚一般会呈 45°倾角生长，这不仅可以获得足够的光照，同时也能防止沉积物的沉积。

冷水珊瑚

虽然珊瑚通常分布在浅海，但在热带海域，超过一半的珊瑚种类都能够生活在水深超过 50 m 的海域(Cairna，2007)。其中一些种类能够在深海和冷水中形成大量稳固的栖息结构(Roberts et al.，2009)[见图 1.16(a)]。这些冷水珊瑚包括硬珊瑚［石珊瑚目（Scleractinia）］、纽扣珊瑚或“金珊瑚”［群体海葵目（Zoanthidea）］、黑珊瑚［角珊瑚目（Antipatharia）］、柳珊瑚或“软珊瑚”［八放珊瑚亚纲（Octocorallia）］和柱星珊瑚（Stylasteridae）。

自20世纪90年代以来，有关冷水珊瑚的研究呈指数级增长，人们对生长在峡湾、大陆架、斜坡、近海河岸、海底山脉和大洋中脊等生境的冷水珊瑚进行了探索。近年来，人们对包括 *Lophelia pertusa*，*Madrepora oculata*，*Solenosmilia variabilis*，*Goniocorlla dumosa* 和 *Enallopsammia profunda* 等石珊瑚在内的研究甚为关注。这些物种都形成了复杂的分枝骨骼，随着时间的推移，这些分枝骨骼会联合沉积物形成海底土丘，其形态往往由盛行的近海床水流控制。

冷水珊瑚不与营光合作用的微型藻类共生，而是依赖于表层海洋初级生产者提供的食物。对珊瑚生境周围水文状况的详细研究揭示了各种复杂的食物供应机制，这些机制往往与内波动力学有关（Davies et al.，2009）。甚至最近有人提出，一些深水珊瑚丘已经长得如此之大，以至于同珊瑚丘旁边的区域相比，它们更喜欢从表层水中汲取营养（Soetart et al.，2016）。这一现象对理解大陆架水域的碳通量具有重要意义，因为那里分布着大量的深水珊瑚丘。

石珊瑚礁结构支撑的动物群落，通常包括营悬浮物食性和滤食食性的珊瑚、海绵、苔藓动物和水生动物，它们的多样性可能是附近珊瑚礁外生境的数倍（Henry，Roberts，2007）。相比于珊瑚丘外区域，深水珊瑚丘密集的生物量和相对较高的食物通量使它们具有更高的碳周转率（Cathalot et al.，2015；Rovelli et al.，2015）。虽然冷水珊瑚的种类远没有热带珊瑚多，但它们也是深海鱼类的重要生境（Ross，Quattrini，2007；Milligan et al.，2016）［见图 1.16（b）］，并为某些种类提供重要的产卵场（Baillon et al.，2012；Henry et al.，2013）。

然而，在过去的20年间，随着对深水珊瑚生境的调查不断增加，被破坏的珊瑚生境或因底拖网作业而损毁的珊瑚生境数量亦有所增加（Fosså et al.，2002）。因此，人们呼吁不仅要在国家管辖水域，而且要在公海对它们加以保护并建立禁渔区。就在撰写本书的时候，联合国大会关于保护和可持续利用国家管辖范围以外海域的海洋生物多样性达成一项具有法律约束力的新规定的讨论达到重要的时间节点（Long，Rodríguez Chaves，2015）。

随着二氧化碳含量越来越高，全球变化对深海生态系统的影响日益明显，这种保护措施变得愈发重要（Sweetman et al.，2017）。在较低的水温和较强的环境压力下，冷水珊瑚比热带珊瑚更接近碳酸钙饱和状态。对于由更容易溶

(a)

(b)

图 1.16 (a)构成深海珊瑚礁的混合物种群；(b)深水珊瑚礁特有的生物群

解的文石碳酸钙形成的珊瑚礁骨骼来说，前景不容乐观。随着全球文石饱和层逐渐变浅，现今的许多礁群预计将在21世纪进入低饱和度状态(Guinotte et al., 2006)。室内研究表明，虽然还没有研究证实深水珊瑚对这些变化的适应能力，但海洋酸化会导致像 *Lophelia pertusa* 等种类的钙化模式更为混乱，并使其结构变得更加脆弱(Hennige et al., 2015)。

英国爱丁堡大学地球科学学院 J. Murray Roberts 教授

1.7 礁坡生物多样性

中等深度水域生物多样性最高。大多数珊瑚礁物种生长在中等深度水域，这意味着此处的空间竞争最为激烈。在这里，群体的生长、捕食、躲避天敌以及生殖策略多种多样，不同的物种以不同的方式维持着它们在珊瑚礁上占据的空间。

也许对大多数人来说，珊瑚礁区最直观的组成要素是珊瑚礁鱼类。在某种程度上，大多数珊瑚礁鱼类的颜色都异常鲜艳，这是其他任何海洋或淡水生境都难以看到的。健康的珊瑚礁充满了鱼类，有的单独生活，有的成群结队，有的生活在分枝珊瑚的单个群落中，有的生活在开阔水域，有的则在沙地上觅食。它们在珊瑚礁生态的各个方面都起到巨大的作用。它们有的以浮游生物为食，有的以其他鱼类为食，或以藻类为食(这些藻类会使大部分珊瑚窒息)。它们大多数是肉食性动物，在珊瑚礁的营养结构中发挥着主导作用。本书第 6 章详细描述了珊瑚礁鱼类的作用，而有关渔业的内容详见第 7 章。

珊瑚礁包含海洋中生物多样性最丰富的大型动物群。大部分珊瑚礁生物都是隐生生物，也就是说，它们占据着缝隙或者形成自己的缝隙。珊瑚礁区大约三分之二或更多的鱼类是肉食性动物，它们对食物的偏好各不相同。进化压力使隐生物种生存下来，而非隐生物种则寿命短暂，因此隐生生活方式大受欢迎。然而，这种生活方式有一个明显的缺点，即除了摄食漂流而过的食物外，不能捕获到其他食物。因此，许多隐生生物都是滤食动物，或用触须捕捉漂流而来的食物；或搅动自身周围的水流，从中捕食颗粒物。许多种多毛类是第一类滤食动物的主要组成部分，而海绵是第二类滤食动物的典型例子。其他种类的动物则在迷宫般的地下洞穴和通道中猎捕，它们中有的长有保护性外壳，例如软体动物和甲壳类动物。但对于每一种生物的进化，潜在的捕食者都会采取相应的对策：一些甲壳类动物会撕开甚至剥开软体动物的壳，而一些软体动物则会在其他动物的壳上钻洞，捕食里面的肉。以《爱丽丝梦游仙境》命名的“红桃 Q 皇后”假说(Red Queen)适用于珊瑚礁中的生物：“停滞等于灭亡，不进即是倒退”；即一种防御被另一种突破防御的方法攻击，一种攻击方式被新的防御方法反击，不断发生在物种进化过程中。任何物种如果不能持续进化或不能使自己免受捕食或消灭，就会灭绝。当我们意识到曾经生活过的 99%的物种在进化过程中已经灭绝时，就更容易理解珊瑚礁中物种持续进化的必要性。

物种在长期进化过程中发展的另一个重要形式是共同进化。一个物种与另一个物种一起进化，有时伴随着对捕食的防御反应或更好的捕食形式的发展。但在更多情况下，这导致了各种共生现象。有些种类是完全依赖其他种类的，而在所有种类中，珊瑚内的藻类是最重要的共生体之一(见第 4 章)。这种共生关系对珊瑚生长起到促进作用，它是石珊瑚和其他造礁物种能够造礁的主要原因，而珊瑚礁的这种三维结构又是丰富多彩的生命家园。

1.8 珊瑚礁对人类的价值

珊瑚礁的价值体现在若干方面，价值的重要程度取决于珊瑚礁分布的区域和实际需求。珊瑚礁提供了各种各样的“生态系统服务”，包括食物生产、防护海岸免受海浪的冲击、旅游以及通常称为高生物多样性的一般价值。生物多样性的一般价值这个术语相当模糊，但可以解释为包括从生物制药到更普遍的生物学和美学(以及各种未知的价值)等不容丧失的宝贵财富。

在许多热带国家，食物生产十分关键。珊瑚礁渔业涉及许多物种，包括脊椎动物和无脊椎动物。这些将在第 7 章中展开讨论。珊瑚礁的防浪作用在许多海域也很重要。大部分珊瑚礁，向上生长至水面，形成有效的天然防浪堤。与珊瑚环礁相比，岸礁对岛屿海岸线具有更实质性的保护作用。在健康的珊瑚礁中，这些天然防浪堤的自我更新速度略超过它们的受侵蚀速度。不幸的是，即使在自我更新能力减弱的情况下，波浪侵蚀和生物侵蚀仍在继续，这可能对有效的海岸线防护造成严重后果。第 9 章列举了一系列珊瑚礁被移除或破坏后海岸防护功效减弱的例子。

对许多国家来说，旅游业是一项重要的收入来源，有时是主要的外汇来源。事实一再证明，保持珊瑚礁的健康状态是值得的。在管理得当的前提下，旅游业是一种可再生资源，但如果是对海洋中获取资源的一次性利用，则往往导致生态系统破坏或衰退。最后，生物多样性的价值是难以量化的。当然，生物多样性价值与旅游价值和食物价值可叠加，但又具有独立的，甚至比旅游和食物更重要的价值。大量研究表明，珊瑚礁具有大量有趣和有用的生物化学物质，其中有些正不断被研究，有的甚至已经达到临床分析的阶段。此外，珊瑚礁生态系统具有无与伦比的美学价值，这是一个非凡的生态系统，我们需要更好地理解它，发现并保护好这些价值。

2 主要的造礁生物与礁栖生物

珊瑚礁区主要的生物类群分别为珊瑚、软珊瑚、海绵和藻类，它们的比例取决于不同海区、水质以及暴露度和水深等因素。“珊瑚礁”一词本身就强烈暗示珊瑚是大多数珊瑚礁区的主要造礁生物，但其他生物也是不可分割的组成部分。

造礁生物的生物量只是它们造就的珊瑚礁生物量的一小部分。正如 Hatcher(1997)指出的：

> 珊瑚礁是由石灰岩构成的巨大结构，表面覆盖着一层薄薄的有机生命体。对人类和自然界的其他生物来说，珊瑚礁所有的功能都是由这种有机薄层造就的，这种薄层大约仅相当于(就生物量或碳量而言)在每平方米的珊瑚礁上涂抹一大罐花生酱(或咸味酱)。

本章旨在介绍这些占据珊瑚礁空间的动物类群和植物类群。当然，这些底栖生物并非单独生存，所以我们在后面的章节中陆续介绍鱼类、浮游生物以及其他关键的生物类群和过程。

珊瑚礁中重要的刺胞动物共有三大类：第一类六放珊瑚(Hexacorals)，包括石珊瑚，它能沉积形成石灰岩质骨骼，其水螅体具 6 只或成 6 倍数的触手；第二类八放珊瑚(Octocorals)，包括传统的软珊瑚和海扇，其水螅体通常具 8 只触手；第三类包括黑珊瑚和海鞭。某些海鞭可能在外观上与细枝状的海扇相似。

造礁石珊瑚(石珊瑚目)在所有珊瑚礁区都大量存在，是最能产生碳酸钙的动物群，而珊瑚礁生长依赖于碳酸钙的积累。加勒比海与印度洋-太平洋地区的八放珊瑚种类大相径庭：在加勒比海地区，它们主要是高大的、分枝状的种类，像海扇等；但在印度洋-太平洋地区，其主要形式是表覆型、叶状和低分枝种类。而海扇在两大地区都有分布。

海绵是加勒比海珊瑚礁的主要组成部分，其数量显著高于印度洋-太平洋珊瑚礁区。最后，石质红藻在珊瑚礁最浅水域和最易受海浪影响的水域至关重要。它们遍布世界各地，但大多分布在印度洋-太平洋裸露的珊瑚礁区。这些内容已在第 1 章中有关珊瑚礁位置和结构的背景中做过阐述，这里不再进一步讨论。其他的大型藻类

也可能是珊瑚礁的主要组成部分(尤其在污染和过度开发的水域)，本章也涉及了这部分内容。

在这些主要造礁生物和组成成分中，还存在其他几个较小的群体，例如火珊瑚(*Millepora*)、苍珊瑚(*Heliopora*)、笙珊瑚(*Tubipora*)等，这些生物在某些海域非常重要(见下文“相关造礁生物：苍珊瑚，火珊瑚，笙珊瑚”)。最后，海草床和红树林这两类被子植物在大多数地区与珊瑚礁有着密切的联系，本章简要描述了它们对珊瑚礁的作用。

相关造礁生物：苍珊瑚，火珊瑚，笙珊瑚

珊瑚礁区大多数珊瑚是石珊瑚或六放珊瑚，少数是八放珊瑚或水螅类。与石珊瑚一样，八放珊瑚或水螅类也能产生骨骼，从而促进珊瑚礁的形成。石珊瑚是由具6只或成6倍数触手的珊瑚虫构成；而八放珊瑚的珊瑚虫仅有8只触手。八放珊瑚虫的侧枝细小，称为“羽片”(pinnae)。蓝珊瑚(*Heliopora coerulea*)和笙珊瑚(*Tubipora musica*)均可形成坚硬的骨骼。

蓝珊瑚

蓝珊瑚指由于铁盐(胆色素)沉积在文石骨骼上而呈蓝色的珊瑚。蓝珊瑚分布范围很广，从红海到美属萨摩亚(Samoa)，在马绍尔群岛、吉尔伯特群岛和图瓦卢等地也很常见，甚至在日本石垣岛(Zahn，Bolton，1985)的珊瑚礁中也可占优势。蓝珊瑚水螅体非常小，在浅蓝色到棕色的活体群落上呈白色绒毛状，群落可能很大，有垂直的分枝[见图2.1(b)]。化石记录表明，与其亲缘关系较近的物种可以追溯至1亿年前。

笙珊瑚

笙珊瑚的骨骼呈鲜红色，由垂直的管和水平的薄层连接而成。每个水螅体都生长在管的上端，并在其组织中分泌出微小的骨片或方解石刺，黏结在管上。水螅体呈灰色，直径为5～10 mm，覆盖着活体珊瑚群落，从而遮蔽了红色的骨骼。笙珊瑚群落呈圆形团块状，其地理分布范围与蓝珊瑚相似。

八放珊瑚

大多数八放珊瑚都被称为“软珊瑚”，因为它们的身体柔软，不能形成坚硬的骨骼(如柳珊瑚形成的柔软骨骼)。然而，它们中的大多数都能形成由方解石构成的骨片。某些种类将这些骨片聚集在群落软组织的基部附近，黏合成坚硬的骨针。在这些种类中，大多数珊瑚的底部是光滑的圆形卵石状表面；软珊瑚死亡后就可以看到这种表面。但在短指软珊瑚属(*Sinularia*)的少数种类中，胶结骨针的实心基部可形成一个高达 2 m 甚至更高的分枝结构(Schuhmacher，1997)。在一些水域，软珊瑚已存在了很长时间，以至于礁岩的主要成分是由软珊瑚形成的针状岩。这些珊瑚广泛分布在印度洋–太平洋地区(Fabriciusn，Alderslade，2001)。

火珊瑚

多孔螅属(*Millepora*)的“火珊瑚”[见图 2.1(c)]是水螅虫类，在加勒比海和印度洋–太平洋的珊瑚礁中十分常见(Lewis，1989)。已知的火珊瑚种类大约有 16 种，它们是珊瑚礁的主要组成部分，并含有虫黄藻(zooxanthellae)。之所以称为火珊瑚，是因为它们像许多水螅体一样，有发达的刺细胞，能够穿透人体薄薄的皮肤，引起灼烧感，但火珊瑚的刺细胞通常并不危险。它们的水螅体很小，在白天扩张，看起来像白头发一样。火珊瑚有两种水螅体：一种是较短的、有口的摄取食物的水螅体，称为营养个虫(gastrozooids)；另一种是长而细的有刺细胞但没有口的水螅体，称为指状个虫(dactylozooids)。每个水螅体都位于光滑的文石骨骼上的小孔中。珊瑚骨骼多孔，但空间封闭，虫黄藻光合作用产生的氧气可以在骨骼中积聚。

大西洋西部的火珊瑚种类与印度洋–太平洋的有所不同，巴西的部分种类在加勒比海并无分布。群落形状、水螅体所在气孔的大小和形状是鉴定火珊瑚的关键。其外形从表覆型到相交的扁平薄板状，粗大的桨叶形或圆枝条形、扇状亦或是团块状皆有。加勒比海的火珊瑚 *Millepora alcicornis* 通常长得比柳珊瑚还要高，就像长在树上的藤蔓一样。大多数火珊瑚种类呈黄色或棕褐色，但也有一些种类为粉色、红色或紫红色。火珊瑚在生物学和生态学上与石珊瑚有许多相似之处，但也有所不同。长棘海星不喜食火珊瑚，且火珊瑚不易生病，但它们同样是对白化最为敏感的珊瑚种类之一。火珊瑚通过产生小水母体进行繁殖，接着轮流释放配子。火珊瑚雌雄异体，和某些石珊瑚一样，火珊瑚卵中也含有虫黄藻。

其他造礁生物

与多孔螅属亲缘关系较近的两个属的生物体内不含虫黄藻，它们能够形成坚硬骨骼。柱星珊瑚[*Stylaster*，见图 2.1(a)]的分枝带花纹，且特别细；而侧孔珊瑚(*Distichopora*)的分枝更粗、更光滑。这两种珊瑚常分布在荫蔽的水域，如峭壁处，颜色多鲜艳明亮，如紫色、粉色、红色或黄色等。它们对珊

图 2.1 （a）加勒比海的 *Stylaster roseus*；（b）印度洋–太平洋的蓝珊瑚（*Heliopora coerulea*）；（c）加勒比海的 *Millepora complanata*

瑚礁的贡献很小。柱星珊瑚在加勒比海有一个浅海种，在印度洋–太平洋有若干种。侧孔珊瑚在印度洋–太平洋地区有若干浅海种（Veron，2000）。

美属萨摩亚帕果帕果 Douglas Fenner 博士

2.1 珊瑚

珊瑚的组成单元是珊瑚虫，珊瑚虫外形很像海葵。珊瑚虫的口周围有一只或多只通向体腔的触手。珊瑚虫以文石形式沉积碳酸钙，占据着向上或向外生长的石灰岩或珊瑚石。肉质水螅体通常在夜间出没（见图 2.2），白天则缩回到珊瑚杯中。

图 2.2 (a)加勒比海圆菊珊瑚(*Montastraea*)于夜间伸出的触手；(b)印度洋-太平洋地区软珊瑚 8 只羽毛状的触手

水螅体可以单独生活(图 2.3)，各自向上和向外生长，并在生长过程中沉积石灰岩。水螅体每隔一段时间就会分裂成两个或两个以上的子水螅体。这些子水螅体会继续生长，最终也开始分裂。在很多情况下，珊瑚虫通过一种称为共体(coenosarc)的薄组织与相邻的珊瑚虫相连，这种组织也可以在珊瑚虫下面沉积石灰岩，这样珊瑚虫之间的“缝隙”也能够充满石灰岩[见图 2.4(a)]。图中所示的加勒比海 *Dichocoenia* 珊瑚

图 2.3 加勒比海 *Eusmilia* 珊瑚。每个珊瑚杯中都有一个水螅体，而每个生长的管一分为二，有时分裂次数不止一次

伸长成椭圆形；然后，每个椭圆形水螅体在中间收缩，夹断成两个大小大致相等的水螅体。与此同时，它们向上生长，每一个珊瑚虫和与之相连的共体一起沉积石灰岩，从而扩大了珊瑚群落。这种挤断水螅体的过程称为内触手芽(intratentacular)萌发；具体地说，出芽是触手环内分裂的结果。其他种类表现为外触手芽(extratentacular)萌发，子水螅体出现在触手环外，形成新的小水螅体，或从上级水螅体的茎中萌发(见图2.9)。

许多种类把这种内触手芽萌发的过程发挥到淋漓尽致，以至于它们能够不停分裂，很少或几乎不会出现"夹断停止"现象。其结果是形成长而弯曲的水螅体带[如脑珊瑚(*Meandrina*)]；加勒比海的脑珊瑚就是一很好的例子[图2.4(b)]。脑珊瑚的每一个沟槽都包围在连续的触手环中，沟槽中可能有几十个甚至几百个口，并伴有相应的胃腔；它们同样可以被认为是一个多口的水螅体或多个水螅体，这被称为"中心"。中心处只

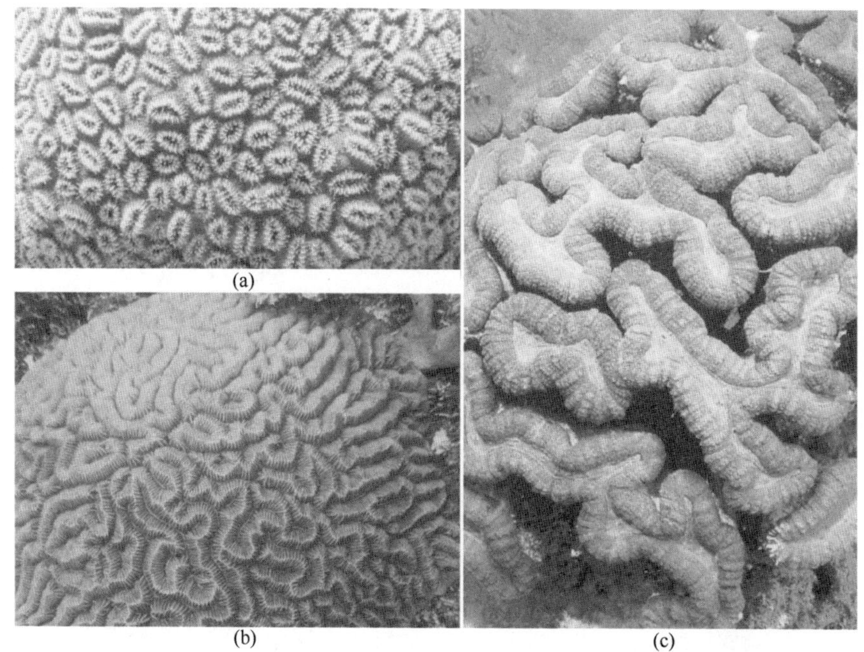

图2.4 (a)加勒比海 *Dichocoenia* 珊瑚，珊瑚杯中含有水螅体，水螅体与称为共体的组织相连接，共体也分泌石灰岩。因此珊瑚杯间和珊瑚杯内的石灰岩沉积速率一致。这些水螅体可以拉长成椭圆形，然后夹断产生两个子水螅体。珊瑚纤细的触手在白天伸展出来，刚好伸出珊瑚杯上方。(b)加勒比海脑珊瑚，有蜿蜒的水螅体链。它们没有分裂成单独个体，水螅体占据了整个沟槽(在白天紧紧缩回)。(c)印度洋-太平洋瓣叶珊瑚(*Lobophyllia*)，呈现迂曲的水螅体群，每个水螅体群都与相邻的水螅体群分离。这种珊瑚多肉质，隐藏着一排排的大隔膜(杯状结构中具放射状隔片)。在某些位置，可以看到珊瑚杯中间的珊瑚口

有部分组织与相邻水螅体分离。这种情况下，水螅体之间紧密相连，没有共体存在，因此相邻的沟槽壁之间没有缝隙。

这些出芽方式有许多组合类型。皱皱的珊瑚表面可以造成相邻的水螅体或沟槽断开连接[见图 2.4(c)]。沟槽可能很短——只有两三个中心。有些种类有非常小的水螅体和小的触手环，它们之间的组织扩张相对较大。许多水螅体紧密相连，有效地共用一道珊瑚孔壁。上述这些都是鉴定珊瑚种类的关键特征。

所有情况下，石灰岩的沉积都会导致水螅体分裂时群落呈放射状扩张，但不同种类的扩张程度有所不同，最终导致群落形状和大小的巨大差异。分裂均匀、生长规则的种类会形成光滑的圆顶状群落，如一些滨珊瑚属(*Porites*)的种类最终能形成非常巨大的群落(图 2.5)。虽然单个水螅体的直径只有 1~2 mm，但经过几百年的生长，这种群落可以达到数百万个水螅体规模。有的珊瑚向上生长得很缓慢，甚至根本不长；但其周围的珊瑚却大量萌芽，形成了叶状的珊瑚群落(见图 2.6)。叶状珊瑚通常分布在光线较弱的水域，每单位质量的珊瑚虫中石灰岩的含量可能非常少；在礁坡深处，其珊瑚群落大都由单一物种形成。

图 2.5　印度洋-太平洋巨大的滨珊瑚群。每个珊瑚虫直径约 1 mm。种群以 1 cm/a 的速度向外生长，所以像这样的种群可能已有几百年的历史，其中分布着数百万珊瑚虫。表面的裂隙被海绵或双壳类软体动物占据，它们附着在珊瑚死亡的部分上，然后随着种群的生长逐渐被埋藏起来

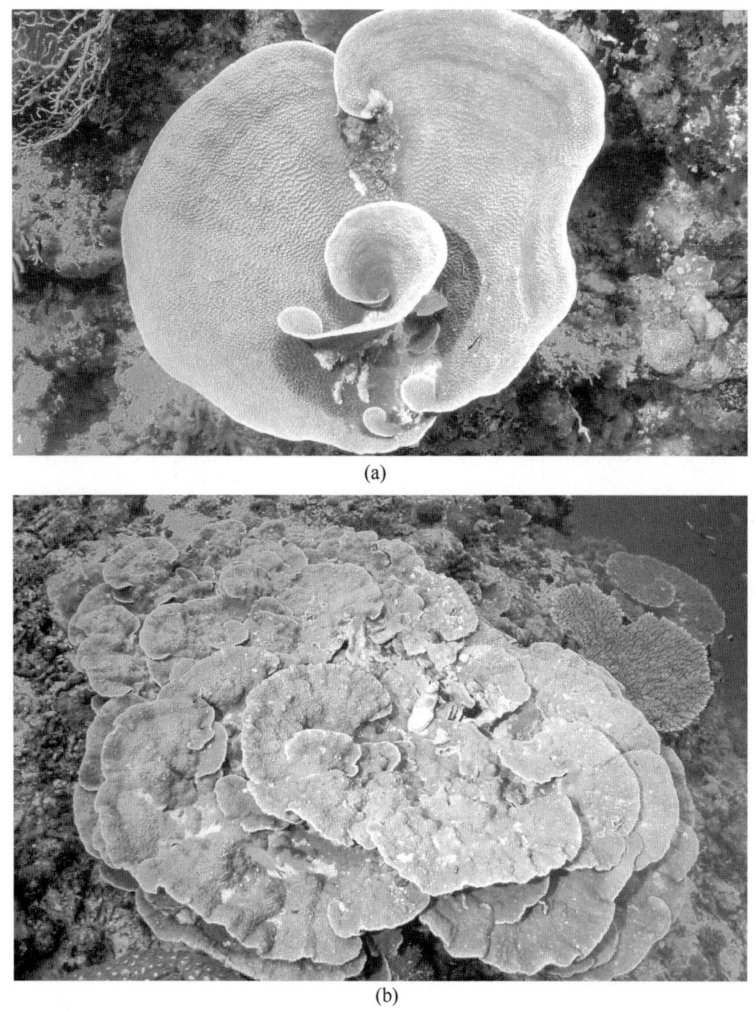

(a)

(b)

图 2.6　印度洋-太平洋地区的两种叶状珊瑚。(a)瓶状的陀螺珊瑚(*Turbinaria*)；(b)叶状的蔷薇珊瑚(*Montipora*)。在这两种珊瑚中，活珊瑚虫只分布在上表面。许多珊瑚的下表面或边缘完全为珊瑚组织覆盖，很少在下表面具有能捕捉浮游生物的活珊瑚虫

分枝珊瑚的生长形式最为多样，尤其是鹿角珊瑚属(*Acropora*)和杯形珊瑚科(Pocilloporidae)的大部分种类。其他属中某些类群也包含一些分枝类型的种类。不同于大多数珊瑚，鹿角珊瑚有两种水螅体。顶端水螅体位于每个小枝的末端，通常比其他水螅体大很多，使小枝不断伸长。其余的是放射状水螅体，个体较小，通常比较密集，覆盖在分枝的两侧(见图 2.7)。这些分枝珊瑚在大部分珊瑚礁中占优势，在一定程度上支撑着珊瑚礁的高生物多样性。

图 2.7 两种鹿角珊瑚。(a)加勒比海的摩羯鹿角珊瑚(*Acropora cervicornis*)，分枝可达 2～3 cm 厚，1 m 多长；(b)灌木状的印度洋-太平洋类型，水螅体清晰可见。由于虫黄藻还没有共生到快速生长的顶端组织中，所以尖端的水螅体颜色很浅。尖端的水螅体和珊瑚虫比轴上的大很多

珊瑚的繁殖方式为有性繁殖或无性繁殖。约四分之三的珊瑚是雌雄同体，其余则是雌雄异体。最近有研究表明，在一些自由生活的石芝珊瑚(*Fungia*)中，成年珊瑚虫会随着年龄的增长而改变性别。比如有两个物种开始时是雄性，后来变成了雌性；而其中的一个物种，可能又会重新回到雄性状态(Loya，Sakai，2008)。大多数珊瑚种类是“散播式产卵”(broadcast spawners)，它们将精子和卵子释放到水中，形成受精卵。因此，大多数珊瑚种类会在同一晚上释放配子，以确保即使存在捕食作用时仍有足够数量的配子存活下来。散播式产卵产生大量的配子和受精卵漂浮在水面上，如果风向发生不利变化，这些配子和受精卵可能会被冲上海滩。

珊瑚的幼虫为浮浪幼虫，在水中停留的时间通常只有数天至数周。幼虫呈椭圆形，只能游动有限距离，所以基本只能随波逐流地扩散。珊瑚幼虫在一定程度上还可以在水中作垂直运动。珊瑚幼虫表现出一定的趋化性和趋光性；准备附着时，还会表现出

一定程度的选址行为(Baird，Moorse，2003)。附着后，浮浪幼虫发育为珊瑚虫，并开始形成群落。

珊瑚在大量产卵时，为了保证精子和卵子最终相遇，表现出一定的同步性。这可能与日照时间、水温、月相周期有关，有时也可能与日落有关。

大多数散播式产卵珊瑚都是造礁珊瑚。珊瑚的另一种产卵方式是使用“孵卵器”(brooders)。这类珊瑚只释放精子，而把卵子留在母体中。其受精过程发生在体内，成熟的胚胎在发育成浮浪幼虫时再释放，浮浪幼虫一旦释放出体外，则很快就会附着。尽管一些常见和重要的造礁生物也在珊瑚礁区使用“孵卵器”产卵繁殖，但大多数采用这一模式的珊瑚种类是非造礁珊瑚，并没有共生虫黄藻。

在分枝珊瑚中，无性繁殖极为常见。有些种类通过海浪运送并分散断肢作为主要的繁殖方式。图 2.7(a)所示的摩羯鹿角珊瑚就是很好的例子。其结果是在某一片条件适宜的水域内遍布同一物种的不同种群，这些种群实际上源自相同的遗传个体。

珊瑚的分裂繁殖略有不同，如斯托科斯角孔珊瑚(*Goniopora stokesi*)。这种珊瑚数量众多，同属物种易于鉴定，因为延伸的长水螅体上覆盖着一圈相对较小的触手。该物种产生的这种“水螅体球”(polyp balls，图 2.8)是小球体状的骨骼。水螅体球在水螅体团内发育，但与主骨骼分离。长至一定大小时，它们会从母体群落中分离出来。通过这种成熟的繁殖和扩散手段，该种珊瑚能够在砂质条件下繁茂生长。因此，这对珊瑚礁意义重大，能够促进坚硬的石灰岩基质不断延伸，从而也扩大了珊瑚礁的规模。

图 2.8　印度洋-太平洋地区的斯托科斯角孔珊瑚。这个属的种类在平静水域非常丰富，有很长的水螅体，顶部有小触手环。它可以通过产生“水螅体球”(箭头所指)进行无性繁殖。这些水螅体球会分离、滚走，并在软质基底上形成新的群落

大多数珊瑚都是造礁珊瑚，它们含有大量鞭毛藻类的单细胞藻，称为虫黄藻。每个珊瑚虫都含有大量的虫黄藻，而这些虫黄藻的光合产物是珊瑚虫重要的营养来源。这种共生关系在珊瑚和珊瑚礁生长中发挥着重要作用，第 4 章将详细论述这一点。所有的珊瑚都具触手，不管它们是否具有这种共生关系，触手上有许多刺细胞用于捕捉浮游动物(见第 5 章，图 5.12)。不同的刺细胞功能也有所不同：有的主要是刺痛和注射毒素；而有的看起来更像“钩子”，抓住并留住猎物。捕获的浮游动物为珊瑚提供了额外的能量，主要是提供额外的化合物，这些化合物对珊瑚的生长是必不可少的。水螅体较大的珊瑚可以通过氨基酸残基感知浮游动物，并用触手捕捉它们。不能通过口腔的较大食物颗粒可以通过隔膜丝(mesenterial filament)在体外消化，这些细丝通过口腔或暂时的体壁开口伸出。这一结构也被用来伤害与其竞争空间的其他珊瑚(见下文“珊瑚之间的空间竞争”)。

就种类数量而言，不含虫黄藻的珊瑚和含有虫黄藻的珊瑚不相上下，但前者的生长速度远慢于后者。尽管如此，不含虫黄藻的珊瑚的骨骼也非常致密。它们不需要进行光合作用，可以在没有光的深水区生长，并且可以在靠近极地的海域生长。但在热带珊瑚礁区，它们仅占很小一部分。在阳光充足的水域，它们的竞争力低，但广泛分布在垂直斜坡、悬崖和那些光线较暗的水域(图 2.9)。不含虫黄藻的珊瑚种类在全球所有海洋环境中都有分布；有的个体很小且独立生长，有的种类个体很大且聚集生长，

(a)

(b)

图 2.9　珊瑚礁区最常见的不含虫黄藻的筒星珊瑚(*Tubastraea*)。(a)印度洋-太平洋的一种筒星珊瑚。珊瑚虫从触手环外萌芽，水螅体紧紧缩回；(b)夜间拍摄的加勒比海筒星珊瑚，它伸出了亮黄色的触手

也被称为珊瑚礁。这在第1章的“冷水珊瑚”中已作简要介绍。这些珊瑚完全依靠触手捕获的浮游动物提供营养，在浅水生境中它们通常在白天缩回触手以躲避捕食，就像珊瑚虫一样；不过在光线较暗的水域，它们白天也可能伸出触手。

珊瑚之间的空间竞争

珊瑚之间的空间竞争十分激烈。许多种类攻击性非常强，会杀死附近的珊瑚组织。这种竞争的结果通常是：两个不同种类彼此靠近生长，相较于占优势地位的珊瑚，在那些处于弱势地位的珊瑚附近会出现一道死的骨架带。珊瑚攻击其他物种的机制可分为4类。首先，优势种可以将消化道隔膜丝延伸到邻近的珊瑚组织上[见图2.10(b)]。这是一种短距离但能快速响应的机制，通常发生在晚上，攻击范围内的珊瑚组织被完全消化只需要几个小时。其次，珊瑚可以发展出带刺细胞的清扫触手(sweeper tentacle)，这些触手在夜间展开，落在附近的珊瑚组织上[见图2.10(a)]。当珊瑚发生空间竞争后，这些清扫触手可能需要几天或几周的时间才能形成，但它们的攻击范围更远。对任何一对物种来说，在给定的机制下，一个物种通常总是比另一个物种更占优势(Sheppard，1979)。在珊瑚礁区，较长的清扫触手可能先起作用，但如果同一对物种被人为地放置在一起(或者假设其中一种翻倒在另一种之上)，优势格局可能会发生逆转，因为尽管另一种的隔膜丝作用范围很短，但其作用速度更快。角孔珊瑚属(*Goniopora*)发展出了清扫触手的一类变型，它长出了非常长的“清扫水螅体”(sweeper polyp)，达到了类似效果。这种机制是组织学上的反应，但要产生效果，两种珊瑚必须几乎或实际上已经发生接触。第四种攻击方式是利用有毒化学物质杀死邻近珊瑚，这种方法在软珊瑚中最为常见。

不同珊瑚种类的侵略性不同。自由生长的石芝珊瑚(它们很容易被海浪或鱼移动)非常好斗。盔形珊瑚(*Galaxea*)同样具有较强的攻击性，它们利用这种优势来统治广阔的潟湖。褶叶珊瑚科(Mussidae)在加勒比地区很具攻击性，但在印度洋–太平洋地区攻击性减弱。许多科的种类同时显示出较强的和较弱的攻击性。但攻击性并不是影响珊瑚整体丰度的唯一特征。那些处于攻击弱势地位的物种可能会表现出其他特征，使它们能够维持规模，例如快速生长或高繁殖能力。

不断发生的竞争作用使珊瑚获得更大的生存空间并发生超越预期的空间变化：大约四分之一或三分之一的典型礁坡可能包含“裸露空间”，每一块裸露空间的具体位置是不断变化的，这是由一种珊瑚不断侵蚀另一种珊瑚造成的(Sheppard，1985)。

英国华威大学 Charles Sheppard 教授

图 2.10 (a)真叶珊瑚(*Euphyllia*)(右)珊瑚组织释放大约 8 根清扫触手攻击左侧珊瑚。触手上布满了刺细胞，离攻击者最近的组织已被杀死。在这种情况下，清扫触手需花两周时间才能长成。(b)瓣叶珊瑚(右)珊瑚组织释放的隔膜丝穿过体壁攻击蜂巢珊瑚的组织。后者的右半部明显受伤。这张照片是珊瑚放在一起 4.5 小时后拍摄的

2.2 软珊瑚和海扇

软珊瑚和海扇都隶属于软珊瑚目(Alcyonacea)。同石珊瑚一样，软珊瑚也多种多样(Fabricius，Alderslade，2001)，其中有的种类数量众多、引人注目，且非常重要；而另一些种类则相对较少。它们的骨骼由有机基质组成，其中嵌入了许多由方解石构成

的针状体。在一些水域，方解石在珊瑚礁形成过程中发挥着重要作用(Cornish, DiDonato, 2003)。但软珊瑚通常不是主要的造礁生物。

印度洋-太平洋地区和加勒比海地区的软珊瑚在外观上有很大不同。前者典型的软珊瑚呈表覆型、叶状或肉质分枝状；而在加勒比海地区，分枝状软珊瑚占优势。多年来，人们普遍认为软珊瑚、柳珊瑚和海扇之间存在着一个更明确的分类级别。但是，随着越来越多的物种描述和解剖工作的深入开展，人们已经证实从简单的软珊瑚到精致的柳珊瑚之间是一个连续的整体(Fabricius, Alderslade, 2001)。然而，在主要的外观形态上，加勒比海和印度洋-太平洋珊瑚之间仍然存在着显著差异(图 2.11)。

(a)

(b)

图 2.11　两种典型的软珊瑚。(a)印度洋-太平洋的肉芝软珊瑚，叶状或垫状；(b)加勒比海分枝状的 *Pseudopterogorgia acerosa*

大多数软珊瑚的珊瑚虫都是独立个虫(autozooid)，它们具8只触手，每只触手的两边都有小型羽状突起[见图2.2(b)]。一些软珊瑚(主要是印度洋-太平洋地区的大型软珊瑚)具有另外一种微小的珊瑚虫[管状个虫(siphonozooid)]，这种珊瑚虫没有或只有退化的触手。管状个虫数量可能很多。

大多数八放珊瑚雌雄异体，但也有些属的种类以雌雄同体为主。大多数种类同时将卵子和精子释放到水中，这与水温和潮汐相关；但也有些种类的卵子会暂时保留，只有精子被释放，这种现象通常发生在母体发育良好的实囊幼虫中。幼虫可以存活数天至数周，最终可能会漂浮扩散开来，在距离亲体数千米的水域发育成长。因此，其繁殖方式与石珊瑚的繁殖大体相似。八放珊瑚中存在一种在石珊瑚中难以看到的变异繁殖形式，称为“体外孵卵”(external brooding)。在这一过程中，受精卵会保存在母体外部的黏液囊中并开始生长。

软珊瑚能在一定程度上利用趋化性和趋光性感觉系统，积极寻找附着区。大多数选择坚硬的基底，也有一些选择结壳珊瑚藻。在发育成最初的水螅体后，虫黄藻可以通过口进入珊瑚体内；在其他情况下，它们可能已经含有来自母体的虫黄藻。随后水螅体开始分裂。

无性生殖在软珊瑚中也很常见，但在某些属中存有差异。叶形软珊瑚(*Lobophytum*)和肉芝软珊瑚(*Sarcophyton*)[见图2.11(a)]可以通过收缩成体，将成体分裂成两个独立的个体。*Efflatounaria* 属软珊瑚可以形成流道，扩展到亲体以外的新基质，然后通过流道将组织转移到新建立的基质上，最后流道被重新吸收或分裂(见图2.12)。还有一种方法是把成体边缘的小部分挤掉，然后漂走、附着和定居；如棘穗软珊瑚(*Dendronephthya*)会掉落小团的珊瑚虫，这些珊瑚虫会漂走、附着和定居。所有这些方法都可以在石珊瑚中看到类似过程。

大多数软珊瑚群落都摄食浮游生物，其捕捉浮游生物的方式与石珊瑚相似。它们的刺细胞通常比较脆弱，但能够捕获其他动物类群的幼虫，如软体动物和甲壳类动物的幼虫。有些种类也能够像石珊瑚一样直接从水中汲取营养物质。

最重要的是，它们中的许多种类都具共生虫黄藻，这与石珊瑚相似；但在大多数情况下，它们的共生程度要比石珊瑚低得多，而且光合作用的速率甚至可能不足以满足自身的呼吸需要。Fabricius 和 Alderslade(2001)指出，大多数具共生虫黄藻的石珊瑚具有一层薄薄的活组织覆于白色骨骼上，因此珊瑚虫可以很容易地通过虫黄藻的光合作用来满足自身呼吸需求。在印度洋-太平洋典型的软珊瑚中，其单位表面积内的组织生物量更大。这可能与软珊瑚光合作用效率相对较低有关。有证据显示，部分软珊瑚在日光下会通过注水扩大其群落大小，以增加暴露在阳光下的表面积。

分枝状的软珊瑚在加勒比海珊瑚礁区占优势，这是该地区的特点；但当这种情况

发生时，可供石珊瑚和其他造礁生物占有的空间就会减少(图 2. 13)。

图 2. 12　*Efflatounaria* 属软珊瑚可以通过排出附着在邻近岩石上的流道进行无性繁殖。流道组织在几周后消失，形成一个独立的新个体

图 2. 13　多种典型的加勒比海软珊瑚。尽管不造礁，但它们提高了当地的生物多样性水平。石珊瑚可能难以在这些海域生存

2.3 海绵

海绵隶属于多孔动物门(Porifera)，是最原始的后生动物(即多细胞动物)，其祖先可追溯到寒武纪(5.05 亿~5.7 亿年前)。它们的形状千差万别，有些看起来其实没有形状。在加勒比海地区，有些海绵像巨大的花瓶(图 2.14)，而有的则由单独的管道或一系列锥或管道组成[见图 2.15(a)]，呈垫状或穴状，或呈弯曲的绳状[见图 2.15(b)]。海绵在珊瑚礁生态系统中非常重要。海绵是滤食动物，其中一些是石灰岩礁的主要侵蚀者，它们占据了大量的基质空间，特别是在加勒比海地区。珊瑚礁海绵主要分为两大类：钙质海绵纲(Calcarea)和寻常海绵纲(Demospongiae)，几乎包含了绝大多数海绵种类。海绵的直径从几毫米到超过 1 m 不等。

图 2.14 一种大型的加勒比海海绵 *Verongula gigantea*

海绵没有真正的器官或组织，而是由一层单细胞皮层构成，包裹着胶原基质。后者包括由海绵硬蛋白纤维组成的有机骨骼和/或由矿物骨针组成的无机骨骼。这种被称为中胶层的基质还含有各种不同类型的细胞，具有吞噬、骨骼分泌甚至“肌肉”收缩等功能；在许多珊瑚礁海绵中，还含有共生的细菌和蓝细菌。作为滤食动物，海绵已经进化出一套复杂的水沟系统。水沟系统包括许多入水孔(ostia)，它形成一系列的管道和体内的一个或多个腔室，最后是数量较少的排水孔(oscula)。这些腔室含带鞭毛的领鞭毛细胞(choanocytes)，鞭毛在中央腔内搅动水流，使之不断渗透到海绵中。中等大

(a)

(b)

图 2.15　两种形态不同的海绵。(a)加勒比海 *Callyspongia longissima*。这种海绵的外侧包含成千上万个非常小的入水孔，只在管的顶部具一个排水孔；(b)绳状的 *Aplysina fulva*。这种海绵也都有相对较大的排水孔，而入水孔很小

小的颗粒(5~50 μm)会卡在水沟中，接近腔室的管道会变得越来越窄，以至更小的微粒(<5 μm)也会卡住。太大而不能进入管道的颗粒可能在海绵表面被领鞭毛细胞吞噬，进行细胞内消化(Ruppert et al.，2004)。

尽管在地质时期(如 5.5 亿年前的寒武纪早期和 2.1 亿~2.9 亿年前二叠纪—三叠纪)，海绵曾是占优势地位的造礁生物并构建了数百米厚的“海绵礁”(Wilkinson，1998)；但是海绵的钙质和硅质骨骼本身只占微量组分，所以海绵在造礁方面的贡献相对较小。现如今，尽管海绵的丰度和生物量在不同地理区域和个别礁石的不同部位间有很大差异，但其对珊瑚礁的作用依旧非常重要。加勒比海地区的海绵平均丰度是印度洋-太平洋地区的 5 倍(Wilkinson，1998)。通常，海绵也可以占据和珊瑚一样多的空间；尽管它们可能更喜欢浮游生物丰富的深水区，但在所有深度，海绵都具有许多种类(Lesser，2006)。在一些加勒比海珊瑚礁区，海绵的生物量近似甚至超过了珊瑚的生物量(Rützler，1978)。

从可获得的浮游食物角度，从大堡礁(GBR)近岸到离岸水域，海绵的数量减少了大约 4 倍；而在印度洋-太平洋的珊瑚礁区，海绵并不常见(Wilkinson，1998)。尽管在生物量上有如此差异，印度洋-太平洋地区的海绵物种多样性明显多于加勒比海地区，且大多数海洋生物类群都是如此。

到目前为止，全世界已经鉴定出 5 000 多种海绵，未鉴定的海绵种类可能是已知海绵种类的 3 倍，其中很大一部分分布在珊瑚礁区。在大西洋，超过 80 种海绵分布在佛罗里达珊瑚礁区，大约 300 种分布在巴哈马群岛水域(Lesser，2006)；而在印度洋-太平洋地区，大约 600 种海绵分布在新喀里多尼亚(New Caledonia)的珊瑚礁及周围水域，

其中近71%的物种为地方种；近830种海绵分布在生物多样性热点区——印度尼西亚周围海域(Hooper, van Soest, 2002)。

海绵有多种作用(Bell, 2008)，对珊瑚礁有重要的生态影响。这些作用中最重要的是：①过滤水；②生物侵蚀；③巩固底质。其他作用包括为其他礁栖生物提供生境和食物，参与氮循环以及在有微藻、蓝细菌或大型藻等光合共生生物存在的水域进行初级生产。

海绵的食物包括微微型浮游生物(picoplankton, 0.2~2 μm)，如异养菌和蓝细菌(Pile, 1997; Turon et al., 1997)。最近有证据表明，海绵甚至具有捕捉病毒的能力。例如，珊瑚礁海绵 *Negombata magnifica* 能够通过其过滤系统清除23%~63%的病毒(Hadas et al., 2006)。海绵利用其独特的水沟系统从水体中过滤颗粒物的速度和效率是惊人的。例如，加勒比海的海绵可以过滤掉水体中65%~93%的颗粒物(Lesser, 2006)，而在牙买加25~40 m处的礁坡，海绵群体每天几乎能够过滤完整片水体(Wilkinson, 1998)。海绵捕捉浮游生物是连接水体和底栖生物之间的一个关键环节(称为"海底-浮游耦合", bentho-pelagic coupling)，为颗粒碳和氮输送给食物链上层的捕食者提供了一条重要途径(Lesser, 2006)。海绵的捕食者包括裸鳃类软体动物、海胆、海星、甲壳类动物和鱼类以及玳瑁等(Wulff, 2006)。此外，海绵对悬浮物的有效吸附为珊瑚礁在营养不良的热带海域维持正常营养供应发挥了重要作用。

穿贝海绵科(Clionidae)和旋星海绵科(Spirastrellidae)种类是珊瑚礁的主要生物侵蚀体，它们借助特殊的"刻蚀细胞"(etching cells)产生的化学物质钻入碳酸钙结构中(见图2.16)。易受影响的结构包括珊瑚骨骼，死亡珊瑚的骨骼在初次接触海绵后的几周内就会被侵蚀，而活珊瑚的骨骼则在几个月内被侵蚀(Schönberg, Wilkinson, 2001)。然后，海绵的大部分时间都在珊瑚骨骼中度过，并在珊瑚骨骼中扩散。最终，这种行为会产生大量碳酸盐碎石和沙子。加勒比海的 *Cliona caribbaea* 和 *Cliona lampa* 以8~24 kg/(m^2·a)的速度侵蚀着所占据珊瑚群落的钙质基质(Acker, Risk, 1985)。这些海绵的生物侵蚀作用使珊瑚的骨骼更加脆弱，从而破坏了珊瑚礁的稳定性。

海绵生物侵蚀产生的细颗粒沉积物是珊瑚礁的"填充材料"。海绵能够将松散的珊瑚骨骼黏合在一起，在稳定珊瑚礁方面发挥更直接的作用。长期以来，人们已经认识到大型珊瑚通过包裹海绵来保持稳固。Wulff 和 Buss(1979)对此进行了实验验证，他们将部分加勒比海珊瑚中的海绵移除，结果显示：移除海绵6个月后，40%的珊瑚群落消失；而未移除海绵的对照组，只有4%的珊瑚群落消失。

海绵与细菌和藻类的共生关系同样丰富多彩，本书将在第4章加以描述。

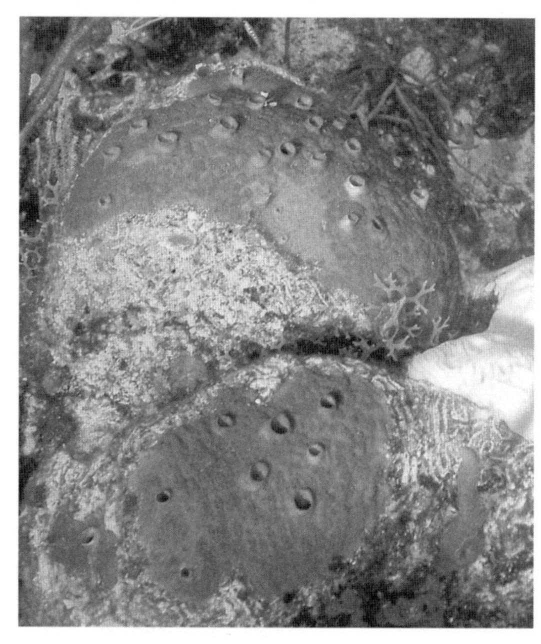

图 2.16 穿贝海绵属(*Cliona*)在加勒比海地区十分丰富。红穿贝海绵(*Cliona delitrix*)在巨大的珊瑚表面形成一层薄膜，只有通过红色薄膜或通过入水孔才能看到它的真面目。它身体的大部分都在被严重侵蚀的珊瑚骨骼内

2.4 其他动物

2.4.1 软体动物、棘皮动物、甲壳动物和多毛类动物

这 4 类动物组成多样、种类繁杂，在珊瑚礁生态系统中扮演着重要角色，我们不可能在一个简短的章节里对其进行详细描述。本书贯彻珊瑚礁生物学主旨，对这些动物的描述进行了必要的删繁就简。重点突出了在整个珊瑚礁生态系统中，这些动物作为“空间占用者”的生物学意义，而非面面俱到的阐述。

这 4 类动物的生物量在整个珊瑚礁生态系统中占有很大比例。而且，其中许多种类还具有大型无机外壳(见图 2.17)。生长外壳的目的显然是自我防护，而一些动物的爪子又能够攻破这种防护。于是，第 1 章提及的“红桃 Q 皇后”效应(Red Queen)又一次出现。但即便如此，有些软体动物仍旧在其他动物身上钻孔。例如海星撬开软体动物的壳，甲壳动物用大螯撕开猎物，同时也保护自己，这种现象比比皆是。甚至许多多毛类蠕虫也能够分泌石灰质管(见 2.4.2 节)，不过这样的管栖动物都是隐生生物。每

一类群都有几千种生物分布在珊瑚礁上或其周围的软质基底中。和其他类群的动物一样，它们在珊瑚礁的营养和食物链中发挥着关键作用。它们多滤食性动物，有许多摄食碎屑，有的也会侵蚀珊瑚礁。

图 2.17 珊瑚礁区有 3 类无脊椎动物具有高度多样性：棘皮动物，以色彩鲜艳的红棘海星(*Protoreaster linckii*)为例(a)；甲壳类动物，以螳螂虾[口足目(Stomatopoda)]为例(b)；软体动物，以肉食性地纹芋螺(*Conus geographus*)为例(c)（资料来源：螳螂虾由 Charles Delbeek 拍摄；地纹芋螺由 Anne Sheppard 拍摄）

2.4.2 隐生种和生物侵蚀性物种

隐生种和生物侵蚀种生物的总质量和总数量十分巨大，甚至超过了肉眼可见的生物类群(Glynn，1997)。珊瑚的生物侵蚀是一种持续的自然现象，对珊瑚礁的影响与物理侵蚀同样重要(甚至更重要)。受地理位置、深度和污染程度的影响，珊瑚的受侵蚀程度复杂多变。但总体上，生物侵蚀是持续现象，在自然界大量存在。无论是活体还是死亡的珊瑚都会受到侵蚀，但不同的水域，侵蚀性生物类群不同。重要的生物侵蚀性物种包括鹦嘴鱼、海胆、多毛类、海绵和软体动物等。与此相关的是珊瑚捕食者(如长棘海星和一些软体动物)，它们不会直接侵蚀石灰岩，但会杀死珊瑚组织，造成大片剥蚀的石灰岩裸露，进而使这些石灰岩更容易被生物侵蚀。

有人曾试图将生物侵蚀的程度与珊瑚礁的“健康”状况联系起来，但研究结果表明，两者的相关性太弱、可变性太强，无法看出任何明确的关系。更复杂的变化是，一旦发生生物侵蚀，石灰岩裸露的表面积进一步扩大，导致更多的直接物理和化学侵蚀(Hutchings et al.，2005)。此外，很难区分自然的生物侵蚀与人为影响(如陆地径流量增加)所加速的侵蚀，而有些人为影响通常同时起作用(见第9章)。

根据测算，生物侵蚀导致的珊瑚净损失量(即生物侵蚀损失量-沉积量)有时会超过 7 kg/(m^2·a)，大堡礁的统计显示该值一般在 1~4 kg/(m^2·a)之间，某些地区还会受人为因素影响(Hutchings et al.，2005)。与约 1 kg/(m^2·a)的珊瑚礁总生长速率相比，珊瑚礁的净生长率很容易发生大幅度逆转。在澳大利亚东部，巨大的侵蚀速率差异归因于陆地径流限制了植食性动物。因此，离河流羽流更远的海域，珊瑚受侵蚀程度更严重。在其他地区，如塔希提岛(Tahiti)，近岸植食性动物造成的侵蚀非常严重(约 7 kg/m^2)。这是由于这里的海胆密度非常高，它们的数量因其捕食者被过度捕捞而剧增(Pari et al.，2002)。因此，生物侵蚀量受多种因素影响，且与珊瑚礁健康状况的相关性不易测量，即使是健康的珊瑚礁也会受到相当程度的生物侵蚀。

2.5 大型藻类

大型藻类种类丰富、生产力高、功能多样，同样是珊瑚礁底栖生物群落的重要组成。据估计，全球范围内有 2000~3000 种大型藻类分布在珊瑚礁区，主要类群包括：①绿藻(Chlorophyta)；②褐藻(Phaeophyta)；③红藻(Rhodophyta)。

这些藻类按其功能可进一步分为肉质大型藻类、草皮藻类、结壳珊瑚红藻类、分枝状珊瑚红藻类和结壳褐藻等。有些藻类对珊瑚礁的构筑至关重要，另一些则是食物链的重要组成部分。还有一些藻类，尤其是较大型的褐藻，占据着珊瑚礁的大部分空间。

参与构筑珊瑚礁的大型藻类主要指红藻和绿藻。在红藻中，生长在珊瑚礁冠的石质红藻是最重要的藻类(见第1章和图1.14)。在绿藻中，一个特别重要的种类是仙掌藻(*Halimeda*)(见图2.18)，许多珊瑚礁的建造和泥沙的产生都依赖于仙掌藻。它们的钙质盘链可以在每条链上以每天一个新盘的速度生长。当脱离母体和死亡时，每个新盘都会形成粗糙的沙粒。例如，巴哈马群岛沿岸的大部分沙子都是由仙掌藻盘形成的。在印度洋-太平洋地区，仙掌藻也分布在巨大的“生物礁”中，其中澳大利亚东部的许多种类已被深入研究。

图 2.18 在印度洋-太平洋和加勒比海地区，礁壁上可能布满了大量的石灰质仙掌藻。每一片叶子都是一串小圆盘，由圆盘上绿色组织分泌的石灰岩构成。在良好的生长条件下，每条链每天都能产生一个新的圆盘，并产生大量的粗砂。插图：仙掌藻圆盘近照，几个死亡的圆盘逐渐形成了沙底

通常，褐藻的重要性低于红藻和绿藻，但诸如肉质叶状的棕色团扇藻(*Padina*)等少数几种也能产生细砂，这对高盐度的波斯湾部分地区的珊瑚礁生长十分重要。较大的肉质藻类往往是褐藻。马尾藻(*Sargassum*)在许多水域，尤其是那些珊瑚生长环境不佳的水域，能够形成超过 1 m 高的浓密藻丛。红海南部海域就是这类水域的典型代表。另一个大型肉质褐藻属是喇叭藻(*Turbinaria*)，它们具有特殊的三角形叶片或蕨形叶片。这些叶片同样可以密集覆盖在珊瑚礁上，从而使珊瑚无法正常生长。

就物种数量而言，红藻和绿藻最多，但它们的体型大都较小。来自澳大利亚和加勒比海的肉质蕨藻(*Caulerpa*)，作为一种入侵物种已在地中海颇具规模，覆盖了当地的生物群落；但在其原先的分布海域，它们的数量却很少。红藻也多种多样，许多种类具精细分枝，如仙菜目藻类(Ceramiales)。

通常情况下，由于大部分大型藻类可被植食性动物快速清除，对于一般的观察者来说，珊瑚礁的大型藻类并不能被一眼看出。有报道称，在 8~12 小时内，85%~100% 的肉质大型藻类可被植食性鱼类清除(Lewis，1986；Mantyka，Bellwood，2007)。然而，情况并非总是如此，因为大型藻类经常受到环境要素干扰，比如陆地径流和营养物质浓度升高等。例如，Fabricius 等(2005)在大堡礁北部的两个近岸海域发现，草皮藻类、

珊瑚藻和肉质大型藻类的覆盖度与营养水平呈正相关，其中草皮藻类覆盖度在 20.6%到 50.7%不等，差异尤为显著。藻类覆盖度、丰度和种类的变化主要表现在红藻和绿藻上，褐藻并无变化。一些珊瑚礁植食性动物的减少也可能导致大型藻类暴发。例如，大堡礁沿岸大陆架中部的珊瑚礁区，植食性鱼类最少，因此该处的马尾藻 *Sargassum siliquosum* 最为丰富(McCook，1997)。

显然，大型藻类不仅能够作为鱼类和海胆等植食性动物的食物，它们对珊瑚礁也具有极其重要的作用。例如，结壳珊瑚红藻会截留沉积物，有助于巩固珊瑚礁。事实上，所有珊瑚藻都为珊瑚礁沉积物提供碳酸钙，促进珊瑚礁的生长。在印度洋-太平洋西部的一些珊瑚礁区，大型藻类是主要的底栖生物，它们可能比珊瑚更有助于珊瑚礁的形成。大型藻类的另一个功能是能够吸收营养物质，从而有助于调控珊瑚礁生长的营养收支平衡(Raikar，Wafar，2006)。

少量的大型藻类与无脊椎动物相关联。其中，最著名的应该是印度洋-太平洋的伴绵藻(*Ceratodictyon spongiosum*)和莳萝蜂海绵(*Haliclona cymiformis*)之间的共生关系。大型海藻为海绵提供光合产物，而海绵在砂质潟湖和礁滩等不稳定的生境中难以附着，却能在藻类叶片上获得坚固底质；而作为回报，藻类可以从海绵中获取含氮废物，促进自身生长(Davy et al.，2002)。

2.6 海草床和红树林

这两类被子植物与珊瑚礁有关。海草分布于从热带到亚极地的软质沉积物上，在礁滩和潟湖中可大量分布，但海草的分布并不仅局限于珊瑚礁区。全楔草(*Thalassodendron*)大多数情况下生长在软质底质上，但也可以生长在坚硬的底质上，因此海草的生长与珊瑚密切相关[见图 2.19(a)]。它们是真正开花的植物(具有真正的根)，并具有很高的生产力。

除下述的两种脊椎动物外，很少有礁栖生物以海草为食，但有种“海龟草”为绿海龟所食，并因此得名。许多海草由完全依赖它们的海洋哺乳动物——儒艮所食。然而，大多数海草的叶片并非直接被吃掉，而是死亡后被微生物活动分解。有机物质通过微生物进入食物链(见第 5 章)。

海草偏好分布在从细泥到粗沙的生境，具体视物种而定。在礁区，海草最重要的作用之一是稳固软基底。这主要发生在“礁后”区、潟湖和有遮蔽的水域。在这些水域，波浪作用不断把大量沉积物从邻近珊瑚礁搅动、泵送出来。海草床中一半甚至更多的生物量包含在盘根错节的根系中，把原本高度流动的基质稳固下来。在因物理损伤致使海草受损的水域可以看到这些发达的根系[见图 2.19(b)]。在海草被移除或被杀死的水域，侵蚀作用会迅速破坏基质。

图 2.19　(a)塞舌尔群岛珊瑚礁区，两种海草混合生长在一起。针叶藻(*Syringodium isoetifolium*)为圆柱形，叶片吸管状，叶型是本种的鉴别特征。海龟草(*Thalassia hemprichii*)叶片扁平状；(b)一排海草正在被侵蚀，根系范围清晰可见

海草也常见于环礁的潟湖区、堡礁的礁后区，或岸礁的礁坪上，蜿蜒几千米。在这些水域，它们可以通过几种重要的方式与珊瑚礁发生联系。如前所述，它们接收并稳固来自珊瑚礁的沉积物，同时也可能是陆地径流输入的细颗粒沉积物的沉积场所。沉积物一旦陷落在海草区，就不会再向海悬移至珊瑚礁区。海草床与珊瑚礁之间也存

在着物种交流，有几种鱼类会在一天中的不同时间段在海草床和珊瑚礁之间来回游动。

红树林是珊瑚礁区的第二大类被子植物（图 2.20），它们与珊瑚礁密切相关，尤其是在近岸海域，红树林更易发育生长，但它们也可以在离岸的珊瑚礁区生长。红树林包含多种不同的盐生乔木和灌木，相互之间几乎没有分类学上的联系，但都具有生活在咸水中的能力。和海草一样，红树林也偏好生长在平静水域的软质基底上，比如岸礁和堡礁的向岸一侧。红树林与珊瑚礁没有直接联系，但值得注意的是，它们可以形成复杂的森林生态系统，并向河口发展。红树林沿着潮间带和海水盐度梯度呈现明显的分带现象。最后，红树林可能会在河口区转变成真正的热带森林。

红树林主要分布在从热带到亚热带的水域，但也有一些种类［如印度洋-太平洋广布种白骨壤（*Avicennia marina*）］分布可达到暖温带地区，如澳大利亚南部和新西兰北部。在海草床、红树林和珊瑚礁都有分布的海域，这 3 种生态系统能够以几种方式相互作用，其中最重要的是：①红树林和海草的根稳固软基质，防止沉积物在珊瑚礁区扩散；②珊瑚礁耗散波浪能量，为红树林和海草提供适宜的平静水体；③红树林和海草为珊瑚礁生物提供庇护，并提供丰富的食物。

图 2.20 （a）印度洋阿尔达布拉环礁（Aldabra Atoll）潟湖内潮间带高潮区的典型红树（*Rhizophora*）；（b）和（c）加勒比海的红树［巴哈马群岛圣萨尔瓦多（San Salvador）］，为许多肉食性鱼类的稚鱼和幼鱼提供了保护

关于前两种相互作用（即基质稳固和能量消减），在红树林被清除时，其重要性更为凸显。在这种情况下，沉积物会被大规模地快速冲刷。而当红树林外侧的防浪结构受到破坏时（如珊瑚礁被挖掘或被其他方式杀死），则需要红树林来消散更多的波浪能量。已实施的诸多红树林修复工作鲜有成功，因为很难使沉积物充分稳定下来，从而使红树林幼苗生根发育。

红树林也为珊瑚礁和其他礁栖生物提供了庇护场所。所有红树林都具有复杂的根系结构，这有助于其更好地生活在沉积物中。在很多情况下，红树林会在表层以下形成厌氧环境，这就需要垂直生长的气生根系统，把氧气输送到根系组织。盘根错节的根系结构还为许多鱼类提供了保护[见图2.20(a)和(b)]。许多鱼类在仔稚鱼阶段利用红树林的保护作用，提高了成活率。在长到足够大时，这些鱼类才会游到较开放的水域和珊瑚礁区。

2.7 珊瑚生长率和珊瑚礁生长率

钙化礁生物的生长速率比珊瑚礁生长速率大几个数量级。前者导致后者，这就是珊瑚礁存在的根本原因，甚至是三大洋热带区许多国家存在的基础。虽然珊瑚礁可能会或多或少地持续生长数千年，但珊瑚岛礁存在的主要原因是过去几千年间岩石、碎石和沙子的累积增长。

珊瑚的生长速率因属或种的不同而存在很大差异。滨珊瑚属中有些种类可以形成巨大的圆顶，半径可达数米(见图2.5)。就半径而言，它们的生长速率大约是1 cm/a。换句话说，珊瑚群落直径以2 cm/a的速度增长，高度以1 cm/a的速度增长。这些珊瑚很可能是现存最大、最古老的珊瑚，即使在四五百年后，许多珊瑚的半球形形状仍然非常一致。

滨珊瑚属的巨大群落结构有利于地球化学研究工作的开展。在这些群落上钻孔，可以在其珊瑚骨骼上看到类似树木年轮的生长环(见第8章8.5.1节中的“珊瑚是历史气候的档案”)。每个环宽约1 cm，代表着一年的生长量。由于季节的不同，这些石灰岩环的密度也会有所差异。因此，一个300 cm长的岩芯，可能会有300对疏密相交的密度带，代表有300年的历史。最上面的活组织条带显然是现今的条带，而下面的每个条带都包含着早些年相继沉积下来的物质。这种方法的意义在于可以获得所取石灰岩样本的年代。从每一龄开始，都可以对各种参数进行测量。例如根据^{16}O和^{18}O的不同同位素比值来判定污染物的沉积，测量某一特定沉积层的温度。

有些珊瑚的骨骼密度明显大于滨珊瑚。其他块状珊瑚的扩张速度较慢，尽管一些蜂巢珊瑚，如小星珊瑚属(*Leptastrea*)个体较小，但沉积的骨骼非常致密。其他珊瑚骨骼多孔，如穴孔珊瑚属(*Alveopora*)干燥的骨骼甚至可以漂浮。

大多数鹿角珊瑚骨骼多孔，再加上其分枝状的群落形状和沿轴向的快速生长，使它们的生长速率可以达到10 cm/a，甚至更快。因此，许多珊瑚物种可能会以10 cm/a的速度增长(假设没有损伤)。扁平状珊瑚的群落直径每年可以扩大20 cm(见图1.1)。枝状或桌状珊瑚的顶端含有石灰岩，但非常脆弱、容易折断。随着时间的推移，径向水螅体和共体组织不断沉积石灰岩，它们才逐渐变得坚硬。

珊瑚礁的生长速率显然没有那么快，垂直的珊瑚礁增长速率为 1~10 mm/a，有时甚至可以达到 20 mm/a(Glynn，1997)。造成差异的原因主要是以下几个方面：测量位置；是否只考虑了现代生长；其结果是否为数百万年来整个垂直范围内珊瑚礁的平均生长。在这种情况下，生长速率是某个珊瑚礁已经生长的平均速率，而并非它本来可以生长的速率，而且该速率在不同时期也各不相同。在任何情况下，珊瑚礁的生长速率都会因珊瑚礁而异，而且比珊瑚的生长速率慢 1~2 个数量级。当珊瑚礁受到各种污染影响时，快速生长的珊瑚甚至可能出现在正遭受净侵蚀的珊瑚礁(Edinger et al.，2000)。

珊瑚礁粘结是礁体生长的主要因素。在多孔石灰岩中，细颗粒沉积物被挤入孔洞中，逐渐变成坚硬的岩石。珊瑚(和其他钙质生物)是这种沉积物的主要来源。当石灰岩颗粒被雨水再次黏固，或者在微生物作用下颗粒周围的 pH 值发生变化时，会发生复杂的化学过程。但无论如何，石灰岩的初始生产是至关重要的。测量石灰岩总沉积量可以采取以下几种方法：通过珊瑚周边水体的化学变化；通过珊瑚群落生物量的增长；通过漂浮在珊瑚礁区的 pH 和碱度传感器，利用地质记录衡量整个珊瑚礁的生长。健康的珊瑚礁所产生的石灰岩为 1~5 kg/(m^2 · a)不等(Barnes，Devereux，1984；Barnes et al.，1986；Beanish，Jones，2002；Hallock，2005)。

然而，大部分沉积下来的石灰岩会降解。石灰岩降解过程十分重要。一般情况下，石灰岩会逐渐变成碎石，然后变成沙子，最后变成细沙(Wright，Burgess，2005；Hopley et al.，2008)。各阶段的驱动因素各不相同，从机械破坏到海洋生物不断研磨、混合和搅拌过程。潟湖中各过程占主导地位的水域也各不相同。当然，最初的破碎产物(巨石和碎石)不会移动太远。沙子大小的颗粒有时被堆积起来形成沙滩，但随着水深的增加，波能不断减弱，沙子的移动会减少。许多沙子能够穿过潟湖进入沉积区，许多生物对沉积区的沙子进行再加工，最终形成非常细小的颗粒，它们能够悬浮，并能在悬浮状态下停留数小时。许多珊瑚礁水域的悬浮物含量是已知的，但其浓度范围依实际情况而变化。清水通常含有 2.5 g/m^3 的悬浮颗粒；近岸通常含有 5~20 g/m^3；而风暴过后，悬浮颗粒通常达 200 g/m^3 甚至更多(Larcombe et al.，1995；Hoitink，2004)。同样，由于水体不断运动和生物扰动作用，每年每平方米约有 0.3 kg 的沙粒会重新进入潟湖(Tudhope，Risk，1985)。

所以在珊瑚礁生长和侵蚀之间有一个相对快速的动态平衡，比其他几乎所有地质活动都要快。一方面，石灰岩是一种相对较软的岩石，大量掘穴动物和钻孔动物能够在其中建立小生境，加速其侵蚀；另一方面，珊瑚礁是碱性的，易因 pH 变化而受到腐蚀。

2.8 软基底

由物理侵蚀和生物侵蚀产生的沙粒是珊瑚礁的重要建造材料之一。大多数珊瑚礁区的后方都有大量的沙子沉积，这些沙子在海水的往复泵送中悬浮或堆积成沙丘，或被裹挟到广阔的潟湖中。沙子中包含的生物群可能与珊瑚礁的生物群相互联系，但又保留有各自特点。与珊瑚礁直接相关并由珊瑚礁衍生而来的砂质区域面积，可能比珊瑚礁本身的面积大几个数量级。

无论沙子来源何处，都需要经过重要的分级和分选过程。小颗粒比大颗粒更容易被移动，所以只要有水流存在，就存在沙和泥沙颗粒大小梯度。水流中含有悬浮颗粒的混合物，当水流进入深水区时，流速下降，较大的悬浮颗粒先沉降，然后较小的悬浮颗粒再沉降。不同的物种偏好不同粒径的软质底质，因此形成了不同的生物分带现象。沙子中的物种通常适宜生活在软基质上。有几种藻类能在稳固的礁石上形成薄层，它们可以为许多植食性动物提供食物，特别是棘皮动物和软体动物。掘穴生物不断掘洞，以确保各底质层的稳步混合，这导致沉积物的持续氧化，有的地方的氧化层达半米深。就像海参和海胆一样，软体动物(特别是小型软体动物)种类丰富多样，它们在沙下生活和捕食。这里，有一个重要的动物群通常会被忽视：有孔虫(Foraminifera)，一类个体大小范围从小于 1 mm 到几厘米宽不等的原生动物。它们同样能够构成石灰岩骨骼。有些浮游有孔虫死后会沉入沙里，有些则聚集生活在软基底上，其中大部分沙子都是由它们自己形成的。整个微生物群落本身就是海参的食物。海参每天摄食大量的微生物，从中汲取营养并再次排泄沉积物，循环利用这些有机物质。

与珊瑚相关的块状沙滩生物量很高，生产力也很高。鉴于沙滩面积通常远远超过珊瑚礁面积，所以在珊瑚礁生态系统中，沙滩是一个关键组分。生长在其中的海草和藻类为许多礁栖生物提供了生境；而来自珊瑚礁的沉积物通过后期的固结，可能重新成为珊瑚礁的组成部分。

3 非生物环境

3.1 珊瑚礁分布的控制因素

珊瑚礁仅分布于热带浅海海域。影响珊瑚礁分布和生存的非生物因素主要包括：①盐度；②水温；③光照(时长和光强)；④营养物质；⑤暴露度和其他水动力学因素；⑥沉积物；⑦海水碳酸盐体系等。这些非生物因素控制着珊瑚礁在全球的分布。低温、高沉积率以及过高或过低的盐度都会减缓珊瑚礁的生长。在美洲西海岸，加利福尼亚寒流和秘鲁寒流带来的寒冷且营养丰富的上升流限制了珊瑚礁的形成，但促进了海藻的生长。同样，加那利寒流与本格拉寒流所带来的上升流限制了非洲西海岸珊瑚礁的形成，阿拉伯沿岸的季节性上升流也限制了该海域珊瑚礁的形成(图 3.1)。在南美洲东北部沿岸，亚马孙河(Amazon)和奥里诺科河(Orinoco)等径流流入大大降低了海水盐

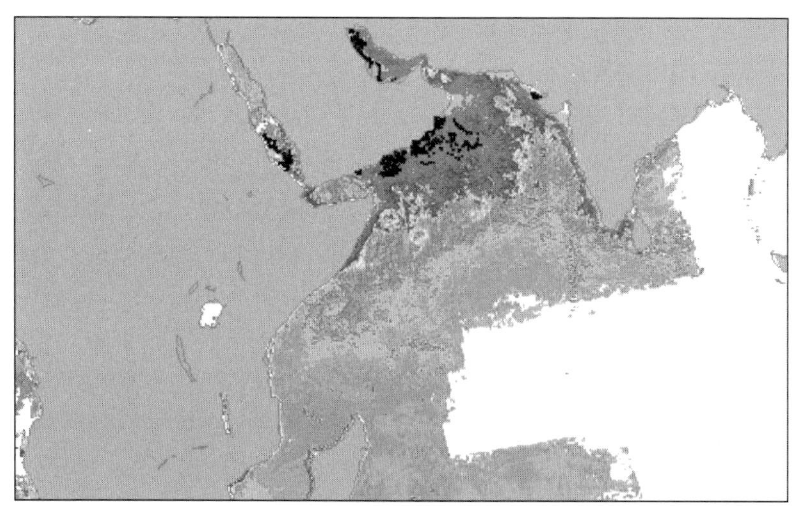

图 3.1 印度洋海洋生产力卫星图像。该图表明阿拉伯半岛海域每年 5—9 月间都有上升流，为阿拉伯半岛近岸水域带来了低温但富含营养物质的海水；从而解释了为什么尽管该海域的珊瑚礁处于温水中，但其生长仍然受到严重抑制。颜色越深，表示水体中的叶绿素浓度越高(右下方白色部分的数据不足，并非浮游生物贫乏)［资料来源：海岸带水色扫描卫星(Coastal Zone Color Scanner)］

度，并将遮光颗粒物输送到近岸水域，阻碍了珊瑚礁的生长。因此，充分了解珊瑚礁所处的非生物环境，对于了解其进化、功能和生物地理学以及珊瑚对环境的敏感性(如全球变暖、陆源沉积物排放)具有重要意义。表 3.1 总结了珊瑚礁生长的非生物条件的平均值以及临界极限值。

表 3.1 世界各地珊瑚礁非生物因素的平均值和极值(最小值和最大值)

变量	最小值	最大值	平均值	标准差
表层水温(℃，周值)				
平均值	21.0	29.5	27.6	1.1
最小值	16.0	28.2	24.8	1.8
最大值	24.7	34.4	30.2	0.6
盐度(月值)				
最小值	23.3	40.0	34.3	1.2
最大值	31.2	41.8	35.3	0.9
营养物质(μmol/L)				
硝酸盐	<0.001	3.34	0.25	0.28
磷酸盐	<0.001	0.54	0.13	0.08
文石饱和度				
平均值	3.28	4.06	3.83	0.09
最大透光深度(m)				
平均值	9	81	53	13.5
最小值	7	72	40	13.5
最大值	10	91	65	13.4

注：该数据不包括不成礁的珊瑚群落。

资料来源：Kleypas, J. A., McManus, J. W. and Meñez, L. A. B. (1999). Environmental limits to coral reef development: Where do we draw the line? *American Zoologist* 39: 146-59。

3.2 盐度

由于珊瑚无法耐受盐度的大幅变化，因此大多数珊瑚礁区的盐度都很稳定，珊瑚礁区正常海水的平均盐度为 34~36。在强降雨期间，浅水礁区的盐度可能会显著下降，特别是在低潮期或沿海河流洪涝期同步作用时尤为严重。这时，珊瑚礁水体盐度的稀释作用将持续数分钟至数小时，乃至数天至数周。短期洪涝会导致海水盐度下降，例如奥诺托阿环礁(Onotoa Atoll，基里巴斯)在一天的大雨后，其礁坪潮池的盐度下降了约 4(Cloud，1952)；雨季时，5 条河流同时流入泰国内湾，其浅海珊

瑚礁区盐度会下降 10 左右(Moberg et al., 1997)。这些极端盐度变化会因随后的潮汐和海流作用而消除。

大量珊瑚礁分布在南、北纬 7°~25°之间，这些水域飓风(也称旋风)频发。在广袤的珊瑚礁海域，飓风过后往往伴随着海水盐度的下降。1963 年 10 月飓风“弗罗拉”(Flora)袭击牙买加时，飓风过后的海水表层盐度(水深≤2.5 m)立即降至 3，而盐度低于 30 的时间持续了 5 周以上(Goreau, 1964)。1990 年末至 1991 年初，澳大利亚东海岸出现的飓风“乔伊”(Joy)造成了大堡礁(GBR)严重的洪水泛滥和低盐度羽流，持续了 3 周之久(van Woesik et al., 1995)。在极端情况下，如洪峰期间的克佩尔岛(Keppel)附近海域表层盐度为 7~10，水深 3 m 处的盐度为 15~28，水深 6 m 处的盐度为 31~34，而水深 12 m 处的盐度为 33~34(Brodie, Mitchell, 1992)。除了这些突发事件外，某些珊瑚礁可以长期存活于低盐度水域中，例如缅甸莫斯科斯群岛(Moscos Islands)的珊瑚礁区，月最低盐度为 23.3。值得注意的是，在孟加拉湾和东太平洋海域，某些珊瑚礁能在月最低盐度为 27 的海水中存活(Kleypas, McManus et al., 1999)。

另一方面，某些珊瑚礁可以在高盐度水域存活，如澳大利亚西海岸的某些水域，太平洋中的某些环礁和中东的一些半封闭水域(Jokiel, Maragos, 1978; Sheppard, 1988; Coles, Jokiel, 1992)。在中东，珊瑚礁可以存活于平均盐度超过 40 的海域，包括波斯湾、红海中部和北部、亚喀巴湾和苏伊士湾(Sheppard et al., 1992; Kleypas et al., 1999b; Coles, 2003)。其中，波斯湾珊瑚礁区海水高盐度情况最为显著。波斯湾海表蒸发率高、淡水输入量低，导致开放水域的平均盐度约为 42，而沙特阿拉伯沿岸以及萨尔瓦湾(Salwah, 位于沙特阿拉伯和卡塔尔之间)的盐度极值可达 50~70(Coles, 2003)。然而，这种极端盐度实在太高，珊瑚礁健康生长的最高盐度约为 45，因此，珊瑚礁在这里难以发育(见表 3.2; Sheppard, 1988)。同样，红海中部的珊瑚群落可以在盐度为 40~45 的水域中生长(Sheppard, Sheppard, 1985; Piller, Kleemann, 1992)。高盐度海域珊瑚群落中的物种多样性通常低于正常盐度水域群落的物种多样性。在 41~50 的盐度区间内，盐度每上升 1，珊瑚群落中就减少 1 个种类(Sheppard, 1988)。这反映了珊瑚物种间盐度耐受性的差异，极少数种类可以耐受高于 45 的盐度。Sheppard(1988)列出了能在盐度至少为 46 的环境中生存 1~3 个月或更长时间的 10 种珊瑚，其中 3 种珊瑚[网格铁星珊瑚(*Siderastrea savignyana*)，瘤形滨珊瑚(*Porites nodifera*)和小叶刺星珊瑚(*Cyphastrea microphthalma*)]能够在盐度高达 50 或者更高的水域中存活。在这些适应力强的珊瑚中，瘤形滨珊瑚主要在波斯湾内盐度为 43~45 的水域(水温在 35℃以上)成礁，并在海草中建立了高度多样化的“绿洲”(Sheppard, 1988)。

表 3.2 巴林近海和邻近的萨尔瓦湾 5 种不同类型珊瑚群落中盐度和浊度的关系

	群落类型 1	群落类型 2	群落类型 3	群落类型 4	群落类型 5
盐度	<43	<42	43	43~45	>45
浊度	正常	正常	高	正常	高
珊瑚多样性	中等	丰富	中等	匮乏	匮乏
总覆盖率	30~90	35~70	1~10	12~70	2~5
鹿角珊瑚(*Acropora* spp.)	20~75	5~15	–	–	–
扁缩滨珊瑚(*Porites compressa*)	–	8~20	–	–	–
瘤形滨珊瑚(*Porites nodifera*)	–	–	–	10~65	–
褐藻	–	–	+	–	++

注：多样性“丰富”和“匮乏”分别指每个地点>15 个物种和<5 个物种。数值为所有珊瑚或常见的珊瑚类群的覆盖率。褐藻：“+”表示高大但分散的植株，每 5 平方米<1；“++”表示高大的植株，每平方米>1，且形成了良好的冠层。浊度水平以“正常”或“高”表示。环境测量与覆盖率估算同时进行。盐度为 45 的水体环境是珊瑚大面积覆盖的上限值(至少 70%的覆盖率)，水体的高浊度限制了珊瑚的生长，但促进了褐藻的大量生长。

资料来源：Sheppard，C. R. C. (1988). Similar trends，different causes：Responses of corals to stressed environments in Arabian seas. *Proceedings of the 6th International Coral Reef Symposium* 3：297-302。这些数据的获取时间在 20 世纪 90 年代沉积作用和气候变暖造成珊瑚大规模死亡之前。

根据对盐度变化的敏感程度，珊瑚以及珊瑚礁区其他无脊椎动物和藻类可归类为“渗透压顺变生物”(osmoconformers)，它们与周围的海水等渗。珊瑚可以对细胞内水含量和渗透活性分子(“渗透物”，osmolytes)的浓度进行一定程度的调控，优化细胞内的生化反应，从而能在外部盐度发生波动时，防止细胞受到损伤。人们关于珊瑚保持渗透平衡的细胞机制知之甚少，但它们很可能合成所谓的“相容性有机渗透物”(COOs)来防止细胞功能障碍(Mayfield，Gates，2007；Yancey et al.，2010)。典型的 COOs 包括游离氨基酸、甘油、甘氨酸、甜菜碱和二甲基巯基丙酸。这些化合物由珊瑚及其共生微藻[共生鞭毛藻，或称为虫黄藻(zooxanthellae)]合成，它们在珊瑚细胞内含量丰富，并且可以发挥多种代谢功能。此外，有证据表明珊瑚可能通过热休克蛋白(如 Hsp60)来限制盐胁迫对细胞的损伤(Seveso et al.，2013)。

然而，珊瑚仍有渗透限制，无法忍受极端盐度或盐度的快速变化。在盐度非常低时(低渗压力)，由于渗透作用，珊瑚组织吸收水分太快而难以由相应的调节机制加以冲抵，珊瑚组织会发生膨胀并最终破裂(van Woesik et al.，1995)。同样，藻类细胞在低渗压下也会膨胀和破裂(Lobban，Harrison，1994)，甚至微小的盐度变化也可能会导致某些物种丧失光合能力。举例来说，采集自亚喀巴湾(红海)的柱状珊瑚(*Stylophora pistillata*)适应了盐度为 38 的环境后，将其暴露于盐度为 34~40 的环境中 3 周，结果显示其在盐度为 34、36、40 时的光合能力比在盐度为 38 时下降了 50%；在盐度为 40 的

环境中，光合作用已不足以维持珊瑚群落的代谢需求，结果导致珊瑚群落的整体死亡(表3.3；Ferrier-Pagès et al.，1999)。最终，渗透压带来的压力会导致珊瑚及其藻类共生体排出共生藻类(即白化)(Coles，1992；Kerswell，Jones，2003)，目前导致这一现象的原因仍然未知(Mayfield，Gates，2007)。

表3.3 印度洋-太平洋柱状珊瑚在四种不同盐度条件下(34~40)3周时间后的生理参数测量结果

生理参数	盐度				显著差异
	34	36	38	40	
$P_{grossmax}$[μmol O_2/(mg chl h)]	496±19	665±42	1103±62	318±6	38>34，36，40；36>34，40
$P_{grossmax}$[μmol O_2/(mg protein h)]	5.5±0.8	5.2±0.3	8.5±0.1	6.3±0.3	38>34，36，40
R[μmol O_2/(mg chl h)]	171±16	269±12	363±28	184±20	38>34，36，40
R[μmol O_2/(mg protein h)]	1.9±0.1	1.6±0.2	2.8±0.2	3.9±0.3	38>34，36；40>34，36，38
$P:R$	1.3±0.1	1.2±0.1	1.5±0.1	0.9±0.1	38>40

注：$P_{grossmax}$为最大总光合速率，R为呼吸速率，通过珊瑚蛋白或叶绿素含量完成速率标准化。$P:R$为300 μmol/(m^2·s)的光照下12小时内的总光合速率除以24小时内呼吸作用速率；$P:R>1$表示完全自养，光合生产超过代谢消耗。数值为平均值±标准差，每个盐度条件具5个珊瑚平行样本。

资料来源：Ferrier-Pagès，C.，Gattuso，J.-P. and Jaubert，J.（1999）. Effect of small variations in salinity on the rates of photosynthesis and respiration of the zooxanthellate coral *Stylophora pistillata*. *Marine Ecology Progress Series* 181：309-314。

正如珊瑚的生态分布所突出说明的，并不是所有的珊瑚都对生态环境的变化同样敏感，有的珊瑚对盐度波动和极端盐度的耐受性很高。例如，由于陆源淡水的输入，佛罗里达州比斯坎湾(Biscayne)海域常出现低盐度和异常的盐度波动情况。Manzello和Lirman(2003)在该海域采集的佛手滨珊瑚(*Porites furcata*)在盐度为20、25和45的非最适盐度环境中暴露2~24小时后，光合作用能力有所下降，但仍能满足其代谢需求，并且任何组织都不会退化或死亡。同样地，在佛罗里达海岸和加勒比海水域经常出现的另一种珊瑚——*Siderastrea siderea*，它可以耐受盐度突然升高9或降低10，其光合作用和呼吸作用不会受到损伤。当盐度突然变化且超出该范围时，光合作用和呼吸作用都有所降低(Muthiga，Szmant，1987)。此外，如果盐度变化的持续时间较长，一些珊瑚物种可以适应一定程度的极端盐度。例如，Muthiga和Szmant(1987)曾在30天内将环境盐度从32逐渐提高到42，*S. siderea*的光合功能和呼吸功能没有出现任何减弱；而当盐度突然激增到42时，即使是这种适应力强的珊瑚也可能死亡。这种耐受并适应盐度波动的原因尚未可知，但我们有理由相信，COOs的种间差异在其中发挥了一定作用。

3.3 水温

自19世纪初以来，人们普遍认为水温是影响珊瑚礁全球分布的主要决定性因素之一。珊瑚礁分布受到最低月18℃等温线的制约(见图1.5)，该最低月等温线同时受到暖流和寒流的影响，特别是沿大陆架斜坡的水域存在很大变化，导致珊瑚礁的分布分别向极地方向延伸或收缩(见下文“南非的高纬度珊瑚礁”)。珊瑚礁长期生长的最低平均水温约为21℃(Kleypas, McManus, et al., 1999)，这使得珊瑚礁基本限制在30°N和30°S之间生长。世界最南端的珊瑚礁位于澳大利亚的豪勋爵岛(Lord Howe Island, 31°33′S)，其最低平均水温约为17.5℃，该水域的珊瑚生长速率和珊瑚礁形成速率以及珊瑚物种多样性(与大堡礁的350多种相比，该水域约为80种)都相对较低(Harriott et al., 1995; Harriott, 1999)。热量需求同样是导致珊瑚礁主要在大陆东侧形成的原因。受西部边界暖流的影响，大陆西侧的珊瑚礁分布范围很小且更加片段化，并经常暴露在寒冷的上升流中。然而，澳大利亚西岸是一个例外，来自印度尼西亚的暖流向南流经该海域。在局部水域，热带海域水体的显著分层可能会产生一个浅层温跃层，使得下方的珊瑚即使在阳光照射下也无法生存。夏威夷群岛西北部的珊瑚礁即是如此，其分布深度不超过20 m(Grigg, 1981)。

南非的高纬度珊瑚礁

高纬度珊瑚礁通常仅生长在适宜生存的部分水域，诸如霍特曼-阿布洛霍斯群岛(Houtman Abrolhos Islands)，豪勋爵岛和百慕大群岛。低温、光照衰减以及文石饱和度降低通常会阻碍大部分珊瑚在这些水域生长，但这些条件却使另一些珊瑚可以成功存活。非洲南部珊瑚群落从莫桑比克热带海域一直蔓延到南非夸祖鲁-纳塔尔省(KwaZulu-Natal)边缘，即非洲最南端。它们的产生主要以厄加勒斯暖流为媒介，该洋流源自东马达加斯加暖流(或莫桑比克海峡涡流)，形成了最强的西部边界暖流之一(平均速度22 m/s，季节性输入$70\times10^6\ m^3/s$)。

因此，人们可以在世界遗产保护区——圣卢西亚湿地公园(IsiMangaliso Wetland Park)德拉瓜生物区内发现珊瑚。尽管是较为边缘化的珊瑚分布区，但其珊瑚群落生物多样性仍然很丰富(Schleyer, 2000)。就重要的生物类群而言，这里大约有40种软珊瑚和90种硬珊瑚，还有至少30种海鞘和30种海绵。总体而言，这里的珊瑚礁群落主要由热带和温带的印度洋-太平洋动物区

系混合组成，包括大量的特有无脊椎动物和鱼类。由于临界环境条件的限制，这里的珊瑚群落属于不增生群落。在由晚更新世沙丘岩和沙滩岩发育而成的砂岩礁区，珊瑚发育生长，并在全新世早期海岸线被淹没后形成早期的珊瑚礁体。由于生存环境的边缘性以及湍流的存在，软珊瑚在多数珊瑚礁群落中占优势。软珊瑚目(Alcyonacea)物种似乎可以耐受这些条件并在平坦的、扰动较大的珊瑚礁冠形成大面积的地毯状覆盖层。

南非珊瑚礁的面积只有 40 km^2，形成 3 个聚集区；北部和中部聚集区之间还星罗棋布有一些分散的珊瑚礁[见图 3.2(a)]。水深 8~27 m 的浅水区也有珊瑚分布。通过截线断面法对珊瑚礁电子影像数据进行分析(Schleyer，Celliers，2005；Celliers，Schleyer，2008)，结果显示共有 18 个不同的底栖生物群落，相似度达 55%。将其映射到地理信息系统(GIS)时，结果发现一个从北向南的梯度。所有珊瑚礁聚集区中只存在一种群落类型，且所有珊瑚礁群落都并非完全一致。这为人们在制定关于珊瑚礁的管理准则时提供了参考，包括在现有保护区中增加新的庇护所，从而加强对珊瑚礁生态系统生物多样性的保护。基于承载能力和珊瑚群落对伤害的敏感性，易接近的珊瑚礁区被划为休闲区(Schleyer，Tomalin，2000)。

在气候变化大背景下，人们自 1993 年便开始了对珊瑚礁的长期监测(Schleyer et al.，2008)。该监测利用固定样方中代表性珊瑚礁的高分辨率照片进行水温记录和图像分析。2000 年前，监测点的水温每年上升 0.15℃，之后每年下降 0.07℃[见图 3.2(b)]。1998 年的厄尔尼诺-南方涛动(EI Niño-Southern Oscillation)期间，与东非其他地区不同，该水域出现了轻微的珊瑚礁白化现象。然而，2000 年气候变暖期间，该水域发生了珊瑚礁大面积白化现象(Celliers，Schleyer，2002)。因此，南非珊瑚礁的最高水温似乎已经达到了该水域珊瑚的白化阈值。相较于其他人类因素对珊瑚礁的影响，水温升高对珊瑚的修复有着十分不利的影响。在 2004 年之前，该水域珊瑚的修复工作仍收效甚微，但随后有所改善。这种变化似乎造成了早期水温升高的“沉默”效应，通过照片监测到珊瑚补充前需有一定的发育时间，因此出现了一定的滞后现象。

整体来看，该水域珊瑚礁表现出的群落结构变化导致整体珊瑚总覆盖率下降了 5.5%[见图 3.2(c)]，包括硬珊瑚覆盖率的增加和软珊瑚覆盖率的下降。气候变暖可能会促进硬珊瑚的生长，但却以损失软珊瑚为代价。因此，南非的高纬度珊瑚礁或许可以作为一个研究多重压力对全球濒危珊瑚礁系统影响的模型。

南非德班海洋研究所 Michael H. Schleyer 教授

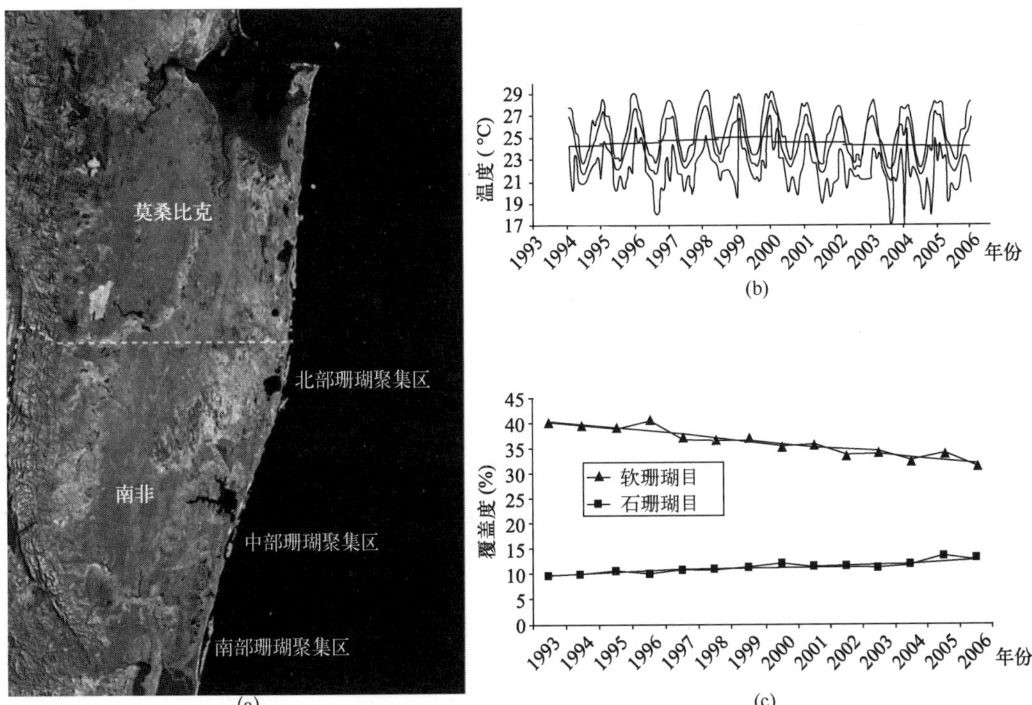

图 3.2 （a）南非东南海岸和莫桑比克南部的 Landsat 卫星图像；（b）1994—2006 年间南非珊瑚礁长期监测点记录的 18 m 水深的水温平均值、最小值和最大值。利用 2002 年 11 月至 2003 年 1 月间 1°×1°卫星数据的平均气温填补空白数据。与水温记录数据的对比结果表明，两者吻合良好；（c）1993—2006 年间，南非珊瑚长期监测点软珊瑚和石珊瑚覆盖率的总体变化［资料来源：Schleyer, M. H., Kruger, A. and Celliers, L.（2008）. Long-term community changes on high-latitude coral reefs in the Greater St Lucia Wetland Park, South Africa. *Marine Pollution Bulletin* 56：493-502；经《海洋污染通报》许可后转载］

低温对珊瑚礁分布的限制作用与珊瑚生理变化和生存直接相关。例如，在实验条件下，某些夏威夷和澳大利亚珊瑚只能在 18℃或更低的水温下生存 1～2 周（Jokiel，Coles，1977；Crossland，1984）。低温也会抑制珊瑚的摄食行为，在一系列研究中，当水温低于 16℃时，珊瑚会停止摄食（Mayer，1915）。即使是短期暴露在低温下，许多珊瑚也无法忍受，这很好地证明了寒流对珊瑚的灾难性影响。纬度相对较高海域的珊瑚礁偶尔会遭遇连续多天的 15℃以下的水温，在这样的情况下，佛罗里达群岛和波斯湾的珊瑚死亡率很高（Porter et al.，1982；Walker et al.，1982；Kemp et al.，2011；Lirman et al.，2011；Colella et al.，2012；Rodriguez-Troncoso et al.，2014）。同样，在大堡礁南部，暴露于冬季低潮期低至 12℃的水温下，潮间带珊瑚也会发生白化（Hoegh-Guldberg，Fine，2004；见图 3.3）。

波斯湾内主要的造礁珊瑚——哈里森滨珊瑚(*Porites harrisoni*)以及各种各样的角蜂巢珊瑚很好地诠释了珊瑚礁抵御低温的特性。这里的珊瑚能连续4天在低于11.5℃的水温下存活，并可在日平均水温为13℃或更低的情况下存活30天以上(Coles, Fadlallah, 1991)。波斯湾的所有珊瑚都显示出亚致死压力迹象(由白化指示)，但最终能得以恢复。然而，并非所有的珊瑚种类都能像哈里森滨珊瑚那样具有卓越的耐寒性，它们往往出现死亡率上升和藻类过度生长的现象。

(a) (b)

图3.3 寒冷天气下的珊瑚白化现象。(a)矛枝鹿角珊瑚(*Acropora aspera*)；(b)滨珊瑚(*Porites* sp.)。这两种珊瑚都分布在大堡礁南部的赫伦岛(Heron Island)水域，白化现象发生于2007年7月(冬季)。低潮时，部分珊瑚暴露于冷空气中，显示出白化迹象(变白)；部分珊瑚始终淹没在海水中，因此未受极端水温影响，没有发生白化（资料来源：照片由S. Davy拍摄）

在其他热带水域，诸如东太平洋的加拉帕戈斯(Galapagos)和珍珠岛(Pearl Islands, 巴拿马湾)，由于上升流带来的大洋深层水导致水温在温和冷之间大幅度波动。水温较高时，珊瑚有所生长；但在水温变得太冷时，生长可能会减缓甚至完全停止。因此，该海域内的珊瑚无法与其他底栖生物(如大型藻类)竞争，导致生物侵蚀不断加剧，限制了珊瑚礁的生长速率(Glynn, Stewart, 1973; Glynn, Ault, 2000)。当低温持续时间较长时，珊瑚可能会存活并形成高生产力的群落；但是由于碳酸钙沉积速率的降低和其他未知因素(Buddemeier, Smith, 1999)，这时珊瑚无法成礁。新西兰北部，澳大利亚南部和日本大陆邻近水域都有这种情况发生(Schiel et al., 1986; Veron, 1993; Davy et al., 2006)。某些热带地区也会出现类似的珊瑚生长与珊瑚礁生长之间的去耦合现象(见第1章)。

相比之下，许多珊瑚群落的发育并不仅受最高月平均水温的限制。在波斯湾和红海水域，超过50种珊瑚能生存在最大周平均水温34~36℃的环境中(Coles, Fadlallah, 1991)。虽然这些珊瑚在印度洋-太平洋动物区系中占比极低，但其种类却比加勒比海大部分水域还要丰富，所以珊瑚多样性与珊瑚礁的发育状况无关。此类高温是由于这些水体的半封闭性质导致的，不过在一些开放的水域也可能接近这一温度，如孟加拉湾的安达曼群岛邻近水域(Kleypas，McManus，et al.，1999)。珊瑚礁区平均水温为 27.6℃，平均最高水温为 29.5℃，而豪勋爵岛等附近的高纬度珊瑚礁的最高水温低至 24℃左右。事实上，诸如波斯湾和其他内湾水域的高温能够摧毁世界上多数的珊瑚礁。

许多适应力强的珊瑚物种的分布范围遍及暖水和冷水水域(Hughes et al.，2003)，这展现出了珊瑚的生理可塑性和对环境的适应能力。这种适应性极有可能与珊瑚及其虫黄藻的表型和遗传多样性相关(Brown，1997a；Howells et al.，2013)。不同种类的珊瑚和虫黄藻之间存在相当高的遗传多样性，从而表现出不同的生理特性(Ayre，Hughes，2000)。因此，如果拥有更耐热的共生藻类，珊瑚就能够在更极端的高温条件下生存(Rowan，2004；Berkelmans，van Oppen，2006；Silverstein et al.，2015)(见第 4 章)。决定珊瑚及其虫黄藻耐热性的具体生理机制尚不清楚，但应该包括：①可使变性细胞和结构蛋白重新折叠的热休克蛋白；②当热应激或其他生理活动干扰光合作用时，机体会产生抗氧化蛋白，去除有害的氧自由基(Fitt et al.，2009；Rosic et al.，2011；Krueger et al.，2015)。

3.4 光照

珊瑚礁区光线透射量足以维持高密度的光合生物，其中包括海草、大型藻类和微藻以及包含造礁珊瑚在内的许多无脊椎动物和共生藻类。珊瑚礁区的底栖光合作用贡献了总固碳量的 90%以上(Delesalle et al.，1993)，光照也增强了珊瑚和珊瑚藻的碳酸钙沉积速率，进而促进了礁石的形成。因此，光的利用率和水质情况严重影响着珊瑚礁状况。光照对珊瑚礁的分布深度和范围也起到了巨大作用。

珊瑚礁的生长深度很大程度上取决于到达海面的光合有效辐射(PAR；波长 400~700 nm 的光线)，而光合有效辐射与阳光入射角和大气衰减有关。据报道，珊瑚礁形成的最大水深为 30~50 m(Grigg，Epp，1989；Grigg，2006)，但在非常清澈的水中，珊瑚礁的分布水深可达 60~75 m(Jarrett et al.，2005)。珊瑚可能向更深的水域生长，但不能形成珊瑚礁。分枝珊瑚不具有致密骨骼，其最大生长速率通常为 10 mm/a 左右(Grigg，Epp，1989)，在最适宜环境中其生长速率可能更高(Buddemeier et al.，1974；Grigg，2006)；某些坚硬的大型珊瑚的半径延伸速率约为 1 cm/a。通常，这么快速的生长一般发生在 5~10 m 深的水域。低光照度限制了珊瑚在更深水域中生长；而较浅水域

的珊瑚生长通常会受多种因素的制约，包括有害的紫外线辐射(UV)和长时间暴露于湍流中。光照随着水深的增加而减弱，珊瑚的生长速率也急剧下降。在 30 m 深的清澈水域，珊瑚所接收到的光照只有表层的 30%~40%，珊瑚生长速率仅为表层的 15%~40%(Buddemeier et al., 1974; Dustan, 1975)。

在更深的水域，珊瑚礁增长速率不足以抵消物理和生物的侵蚀速率，因而净生长停止(即造礁停止)。夏威夷毛伊岛(Maui)奥奥海峡(Au'au Channel)中的主要造礁珊瑚——团块滨珊瑚(*Porites lobata*)，在水深 6 m 处生长速率最大，可达 13.5 mm/a；但在深度 50 m 以下的水中，生长速率减缓至不足 3 mm/a(见图 3.4；Grigg，2006)。在水质非常清澈的水域，团块滨珊瑚可以在 80~100 m 深的水下存活，该处的辐照度仅为表面的 5%~10%；水深 50 m 以下的珊瑚生长速率不足以抵抗钻孔生物(如各种穿贝海绵和双壳类生物)的侵蚀，从而无法造礁(Grigg，2006)。

水中的光衰减率与水体透明度直接相关，辐照度随水深呈指数下降。在清澈的热带海域，PAR 的垂直衰减系数，即 K_d(PAR)通常为 0.03~0.04/m(Gattuso et al., 2006；Grigg，2006)。因悬浮颗粒物增加造成水体透明度降低时，该系数有所增加。在温带近海和河口区，该系数可能分别高达 0.15~0.4/m 和 0.35~13.0/m(Kirk，1994)。因此，珊瑚礁区的光渗透深度变化很大，最深的珊瑚礁在赤道地区形成，如环礁岛；近岸海域和高纬度地区光透射率呈季节性变化，最浅的珊瑚礁在这里形成。Gattuso 等(2006)估算显示，在水深 30~40 m 的清澈水域，相关系数 K_d(PAR)为 0.04/m 的情况下，珊瑚礁至少需要 400~600 μmol/(m^2·s)光子的辐照度；而热带地区的最大表面辐照度为 1 500~2 000 μmol/(m^2·s)光子。Kleypas(1997)建立了一个以 PAR 系数为参数的全球珊瑚礁分布模型，估算结果显示珊瑚礁的形成至少需要接收 250~300 μmol/(m^2·s)的辐照度(或 7~8 mol/(m^2·d)的辐照度)。随后，Kleypas 等(1999)使用该值来确定珊瑚礁的辐照度限制深度，结果显示仅在深度 15 m 以内的水域，才具有珊瑚礁形成所需的充足光照。这样的珊瑚礁多出现在高浊度的热带近岸水域：比如大堡礁中部的波顿礁(Bowden Reef)，印度的卡奇湾(Kutch)和加里曼丹的东姑阿都拉曼公园(Tunku Abdul Rah)。而在许多水域，光透射深度可以超过 15 m；但对珊瑚礁的生长来说，这里的辐照度仍然太低。这一点在高纬度地区尤其明显，如豪勋爵岛和日本的琉球群岛(Harriott et al., 1995；Kan et al., 1995)。高纬度地区季节变化对水体浊度和日照时长的影响比热带地区更为明显。综上，水温造成了珊瑚礁发育的纬度限制，而光照很好地解释了极端纬度区域的珊瑚礁局限在较浅水域的原因。

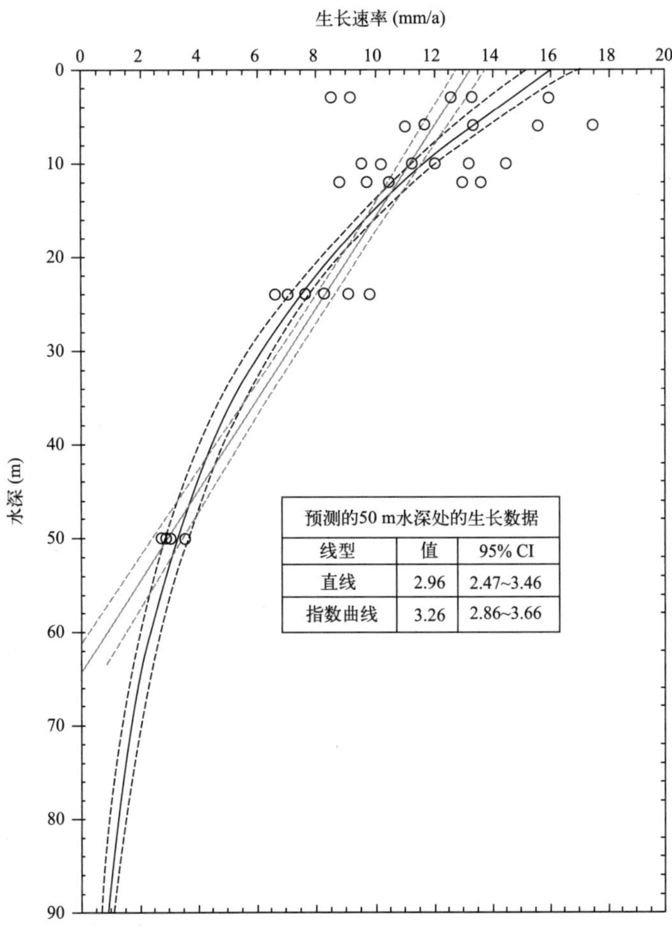

图 3.4　夏威夷奥奥海峡大型团块滨珊瑚的生长速率与水深之间的关系。圆圈代表不同深度的珊瑚群落的平均生长率(mm/a)；实线为最佳拟合回归线，虚线代表95%置信区间；灰色线为线性回归拟合，黑色线为指数拟合。回归线与直线(灰色)或指数线(黑色)拟合。在这两个回归线中，预测的 50 m 水深生长率已在图中内插表中展示。奥奥海峡具有良好的水体循环，使海水透明度和珊瑚的生长条件达到最佳。在奥奥海峡 50 m 以深水域，珊瑚群落不会附着在基底上，因为基底上的生物侵蚀速率超过了珊瑚的生长速率。因此，50 m 是该海域珊瑚礁正常生长的最大深度［资料来源：转载自 Grigg, R. W. (2006). Depth limit for reef building corals in the Au'au Channel, SE Hawaii. *Coral Reef* 25: 77-84.］

3.5　营养物质

对珊瑚、大型藻类和海草等光合生物来说，氮(N)、磷(P)和各种微量元素对其有机物质的生产至关重要。这些营养物质会以可溶性无机物、可溶性有机物和颗粒

状有机物(碎屑和浮游生物)等形式存在。其中，以硝酸盐(NO_3^-)和磷酸盐(PO_4^{3-})形式存在的可溶性无机氮(DIN)和可溶性无机磷(DIP)最为重要，可溶性有机氮(DON)也提供了重要的氮源。例如，在大堡礁的大陆架外侧，硝酸盐和可溶性有机氮分别占总氮的50%和43%，而磷酸盐占总磷的97%。铵盐(NH_4^+)，亚硝酸盐(NO_2^-)和颗粒氮、可溶性有机磷和颗粒磷分别占总氮和总磷的7%和3%左右(Furnas，Mitchell，1996)。

尽管营养物质在初级生产中起着关键作用，但珊瑚礁却能在营养不足(寡养)的水体中维持丰富的生产力和生物多样性。针对这种矛盾的状况，科学家们已争论了几十年。珊瑚礁水域中各营养盐的典型浓度分别如下：硝酸盐为0.6 μmol/L，磷酸盐为0.2 μmol/L；而深层水中的浓度分别为：硝酸盐10~40 μmol/L，磷酸盐1~4 μmol/L。北太平洋和南太平洋、印度洋中部和珊瑚海的营养盐浓度特别低(Kleypas，1994)。由于这些地区水环境中的氮磷供应不足，珊瑚礁区的藻类营养供应不足(Cook，D'Elia，1987；Lapointe et al.，1997)，而铁元素(以微量浓度存在于珊瑚礁水体中)可能进一步限制了藻类生长(Entsch et al.，1983)。若珊瑚礁水体中可溶性无机氮的浓度增加到1.0 μmol/L，珊瑚区大型海藻会过度生长，从而可能破坏许多珊瑚群落的稳定性(Lapointe et al.，1993，1997)。寡养珊瑚礁区的叶绿素a浓度范围为0.3~0.7 μg/L，低营养浓度限制了浮游植物的生产力(van Woesik et al.，1999；Fabricius et al.，2005)。

在这种情形下，珊瑚礁的"繁花似锦"主要归因于各种动物和光养型生物(如藻类和蓝细菌)共生体以及整个珊瑚礁系统中再循环过程的高效性和对营养物质的储存能力(D'Elia，Wiebe，1990；Furnas et al.，2011；Wang，Douglas，1998)。有机物的细菌降解过程在再循环过程中起着至关重要的作用，原因在于它们能在珊瑚杯(具有很高的孔隙度和渗透性)和珊瑚区沉积物之间的间隙孔隙水中再生营养物质(Rougerie et al.，1992)。事实上，有机物的累积和细菌矿化作用导致沉积物中的营养物质浓度比海水中的还要高。例如，大堡礁中部戴维斯礁(Davies Reef)的沉积物中含有高达8.4 μmol/L的硝酸盐，7.6 μmol/L的可溶性活性磷(SRP)和25.2 μmol/L的铵盐，这与只含有≤0.6 μmol/L的硝酸盐、≤0.14 μmol/L的可溶性活性磷和≤0.2 μmol/L的铵盐的珊瑚礁区海水形成了鲜明对比(Entsch，Boto，et al.，1983)。这些可循环再利用的营养物质有助于我们解释珊瑚礁生态系统中底栖藻类和海草的繁茂生长。此外，暴风对沉积物的再悬浮作用至少能够在短时间内提高海水中营养物质的浓度(Ullman，Sandstrom，1987)。

营养物质的循环利用对于寡养水域珊瑚礁的生长发育至关重要。但在大多数情况下，这套循环利用过程并非百分之百行之有效。更多时候，珊瑚礁处于无机和有机营养物质的净输出状态(Hatcher，1985；Hallock，Schlager，1986)。输出的营养物质通过湍流扩散到周边海域。因此，必须有一个定期的营养物质净输入过程来维持珊瑚礁生态系统。而鉴于周围海水营养低下，这似乎难以实现。然而，除了通过海流定期补充之外，珊瑚礁区还可以通过一些自然机制得到“新”的营养物质。

(1)固氮作用：通过大量海洋生物(底栖和中上层生物)和共生微生物(最明显的是蓝细菌)的固氮作用，珊瑚礁区会发生大气氮(N_2)被固定的现象(Wilkinson et al., 1984; Larkum et al., 1988; Furnas et al., 1997b; den Haan et al., 2014; Cardini et al., 2015)。在大堡礁的独树岛(One Tree Island)，底栖蓝细菌的固氮速率为8~16 kg N/(hm^2 · a)(Larkum et al., 1988)。法属波利尼西亚蒂凯豪环礁潟湖(Tikehau Lagoon)的固氮速率为0.4~3.9 mg N/(m^2 · d)，固氮作用占底栖初级生产所需氮总量的24.4%(Charpy-Roubaud et al., 2001)。受到高度扰动的表面为浮游蓝细菌的附着提供了空间，使得该水域内的底栖氮固定速率最高。这些海域通常包括被鱼严重刮食的底质(Wilkinson, Sammarco, 1983)以及由于长棘海星捕食(Larkum, 1988)或珊瑚白化(Davey et al., 2008)而失去覆盖组织从而暴露在外的珊瑚骨骼。浮游的蓝细菌也能为珊瑚礁区提供氮。Furnas等(1997b)曾估算得出，大堡礁中央海域的中上层蓝细菌束毛藻(*Trichodesmium*)每年以2~72 kmol N/m的速度固定氮，这可能是珊瑚礁生态系统中新氮的最大来源。而相比之下，底栖蓝细菌的固氮速率仅为每年0.5 kmol N/m。所有其他来源(包括天然和人为污染物)的氮输入量为每年24~27 kmol N/m(表3.4)。

表3.4 大堡礁中部海域氮(N)和磷(P)的输入、输出和循环通量

	氮	磷
输入		
上升流	2.7~5.0	0.2~0.4
河流	21.3	2.0
城市污水	0.14	0.02
降雨	0.84	0.02
束毛藻的固氮作用	2.0~72.0	—
珊瑚礁的固氮作用	0.5	—
需求量	165	10
循环通量		
浮游动物排泄	7.5	0.4
微生物矿化	61.0	?
底栖生物矿化	14.0	1.8
再悬浮	230	10.0

续表3.4

	氮	磷
输出		
上升流排出	1.9~3.7	0.1~0.2
陆架中的反硝化作用	13.4~19.6	—
珊瑚礁中的反硝化作用	0.003	—
埋藏	0.61	0.13
陆架坡折交换	?	?

注：所有数值都是陆架上的年通量，单位 kmol/m。

资料来源：Furnas，M.，Mitchell，A. and Skuza，M.（1997）. Shelf-scale nitrogen and phosphorus budgets for the Central Great Barrier Reef（16–19°S）. *Proceedings of the 8th International Coral Reef Symposium* 1：809–814。

（2）海洋上升流：营养丰富的上升流可以将营养物质运至礁区。在大堡礁北部和中部的大陆架外侧，由于内潮波和内波与陆架坡折水深突变的相互作用，每年夏天会多次出现营养丰富的上升流（Wolanski，Pickard，1983；Wolanski et al.，1988）。大型上升流可能会排走三分之一的外陆架海水，在输入大量的无机营养物质（如硝酸盐和磷酸盐）的同时，排走大量的有机氮和磷。这股营养丰富的水体可能会从陆架坡折向海岸移动 60~80 km，并穿过珊瑚礁区（Furnas，Mitchell，1996）。因此，Furnas 等（1997b）估算得出，大堡礁中央上升流分别提供了年均氮磷输入总量的 3%~19%和 7%~18%（见表 3.4）。但值得注意的是，在本章开头所述的上升流持续性和强度较强的海域，低温海水和营养水平的升高可以减缓甚至抑制珊瑚礁的生长。

（3）地热涌流：通过珊瑚礁骨架上涌的营养物质是地热活动区珊瑚礁重要的营养物质来源，如具有火山基础的太平洋环礁岛和堡礁岛[如塔希提岛（Tahiti）]。由于细菌矿化和代谢作用，珊瑚骨骼框架和沉积物的间隙水（孔隙水）富含营养物质和二氧化碳，与周围寡养海水形成了鲜明对比。此外，在具有火山基础的海域还有深层海流输入营养物质和二氧化碳。由于波浪湍流作用，骨骼框架上部 20 m 左右的孔隙水中的溶解氧普遍充足；而 20 m 以下的骨骼孔隙水较为缺氧，因为该水域低于珊瑚沉积物的顶部位置。包含溶解氧的水体支持高活性的好氧微生物和高速率的矿化作用（特别是硝化细菌的 NO_3再生）。相比之下，缺氧孔隙水是反硝化细菌的重要生境，它们有助于大气中氮的固定（Wiebe，1985），并含有高浓度的氨等还原化合物（Sansone et al.，1990；Rougerie et al.，1992）。存在于较大珊瑚礁腔体内的营养物质很容易通过潮流为表层礁石提供营养物质，而地热则有助于较小珊瑚礁腔体内和较深珊瑚礁基质内营养物质的释放。热量的积累导致了孔隙水密度的降低，从而建立起缓慢的对流循环，最终通过珊瑚礁的多孔石灰岩骨架向上运送营养物质（Rougerie et al.，1992）。在水体流动较少的海域，沉积物会堵塞珊瑚礁，富含营养物质水体的释放过程将受到抑制，最终迫使水体上升至潮流和海浪运动影响强烈的较浅水域(海藻或礁体顶端)，从而限制了该海域的沉积作用。Rougerie 等(1992)假定孔隙水凭借珊瑚基体以 1 cm/h 的速度作垂直流动，据此估算珊瑚礁区的这种地热涌流可能导致 10 L/(m^2 · h)的孔隙水泄漏。

(4)降雨和陆地径流：降雨为珊瑚礁提供了部分氮和磷，例如降雨为大堡礁中部海域提供了 0.8%~3%的氮和 0.7%~0.9%的磷(Furnas et al., 1997b；见表 3.4)。相较而言，陆地径流更为重要。除了浮游生物固氮为主的部分水域外，径流是沿海珊瑚礁区氮磷的最大来源。到目前为止，研究径流最多的珊瑚礁区是大堡礁，那里每年接纳从陆地流域输入的淡水约有 42 km^3(Furnas et al., 1997a)。这些径流输送了大量颗粒物质和营养物质。径流量存在明显的季节和年度变化，并受洪涝事件影响，这表明珊瑚礁区的营养物质输入并非恒定的。颗粒氮和磷的浓度随流量变化而变化，并在主要季节性洪涝期间达到峰值(Mitchell et al., 1996)。然而，在干旱季节，流域内的营养物质(硝酸盐)大量储备蓄积在土壤中；随夏天雨季的第一次主要径流输入，导致水域中可溶性无机营养盐(最常见的是硝酸盐，河流中最丰富的可溶性无机氮形式；较不常见的为磷酸盐)的浓度达到峰值。这时，径流中的可溶性无机氮和可溶性无机磷浓度可能分别超过 40 μmol/L 和 3 μmol/L。在这个峰值之后，溶解态无机营养盐浓度随着流域土壤中营养物质的消耗而下降。相比之下，溶解态有机营养物质的浓度往往随着洪涝事件结束而下降，特别是氨基酸和尿素形式的氮，这表明相对恒定的流域输入被稀释了(Mitchell, Furnas, 1997；Furnas, 2003)。营养物质浓度也会随着流域内不同性质的土壤生化过程，水土流失的程度和速度以及现有城市污水和化肥的输入量而发生变化(Brodie et al., 2007)。因此，来自不同径流或流域的营养物质输入可能截然不同(Furnas, 2003)。不管相差多少，径流流入都是全球范围内近海珊瑚礁营养物质的重要来源。例如对大堡礁中部海域的估算结果显示，径流流入每年提供了总氮磷输入量的 21.5%~82%和 71%~91%(Furnas et al., 1997b；见表 3.4)。

珊瑚礁通常被认为多分布在寡养水域，但实际上，它们在各类营养水平的海域都有分布，甚至有的珊瑚礁区营养物质浓度还很高(硝酸盐>2 μmol/L，磷酸盐>0.4 μmol/L；Kleypas, McManus, et al., 1999)。这些礁区包括沿中太平洋赤道带的诸多环礁岛[如圣诞岛(Christmas Island)]，风生海水辐散作用导致该水域具有稳定的、营养丰富的上升流。高营养的珊瑚礁区多分布于阿拉伯沿岸海域，但其发育程度与范围都非常有限，霍尔木兹海峡(Strait of Hormuz)的珊瑚礁区的营养物质浓度达到峰值(硝酸盐浓度为 3.34 μmol/L)，阿拉伯海的磷酸盐浓度达到 0.54 μmol/L。由于岛屿周围有上升流，加拉帕戈斯群岛(Galapagos Islands)的不成礁的珊瑚群落水域的硝酸盐浓度和磷酸盐浓度分别达到 5.61 μmol/L 和 0.54 μmol/L。在这些海域，珊瑚可与大型藻类共存(见图 3.5)。

事实上，珊瑚可以耐受不同的营养浓度，这表明珊瑚礁的分布与这些参数之间相对独立。然而，某些营养物质也很重要，例如一些大洋水域的铁元素可能会限制珊瑚礁的生产力(Entsch, Sim, et al., 1983; Kolber et al., 1994)。此外，高浓度的营养物质也会通过促进大型海藻和浮游植物的生长，抢夺珊瑚的空间和光照，从而间接限制珊瑚生长(Lapointe et al., 1997; Costa et al., 2000)。

图 3.5　在环境条件临界水域，珊瑚生长在大型藻类之间。例如在阿曼南部，大型海藻马尾藻(*Sargassum*)和该水域特有的褐藻 *Nizamuddinia zanardinii* 常在鹿角珊瑚附近生长(资料来源：照片由 Rob Baldwin 拍摄)

3.6　暴露度和其他水动力学因子

波浪和局部海流的强度和流向、潮差以及风暴的频率和强度也会影响珊瑚礁的形成。加勒比海的许多水域[如牙买加和开曼群岛(Cayman Islands)]在一年的大部分时间里都能免受海洋涌浪的侵袭，仅会暴露于低能量的信风风生海浪下。此外，这些沿岸水域的潮差也很小。相比之下，太平洋地区的珊瑚礁更可能遭受强大的海洋涌浪，且潮差变化范围相对较大，从而更易受到海浪损害的威胁。珊瑚礁对多种水动力环境的适应能力表明，与水温和文石饱和度等因素不同(见 3.3 节和 3.8 节)，水动力学因素在限制珊瑚礁全球分布方面几乎没有影响。但在更为局部的水域，波浪、海流、潮汐和风暴对珊瑚形态、珊瑚礁群落结构、沉积物分布格局、珊瑚礁早期成岩作用和幼虫传播途径等方面起到重要作用。

珊瑚礁普遍偏好高能量水域(如某些海岛和环礁的迎风侧)，波浪和海流可以将来自海上的浮游食物和营养物质提供给珊瑚礁，并使珊瑚礁得到充分冲刷和氧气供应(Jokiel，1978)，防止由沉积作用造成的窒息(Murray et al.，1977)。在涌浪和信风占主导的珊瑚礁区，向风一侧的“脊槽系统”(spur and groove system)提高了珊瑚礁抵抗大风巨浪的能力(见第 1 章)。这种脊槽系统由珊瑚礁槽沟分隔开的、平行排列的坡脊组成。在太平洋的高能量海域，坡脊通常由孔石藻属(*Porolithon*)和石枝藻属(*Lithothamnion*)的珊瑚红藻和结壳珊瑚形成；而在能量较低的加勒比海地区，坡脊主要由诸如 *Acropora palmata* 的珊瑚群落形成(Roberts et al.，1992)。同样，在高能量的太平洋珊瑚礁区，形成了一个明显的红色珊瑚藻脊(“礁冠”)，它通常稍高于低潮线，与珊瑚礁的边缘齐平；相比之下，加勒比海地区的珊瑚藻脊相对不常见。这显示了波浪作用对珊瑚礁形态和群落组成的影响。波浪作用和水流切应力的增加，总体上有利于增强珊瑚礁的结构强度，促进珊瑚礁形态从细分枝状向团块状转变。

珊瑚脊槽系统的突起程度和间距影响着波浪的摩擦衰减与散射。海浪与前礁区的相互作用导致波高降低了 20%～47%，消减量取决于珊瑚礁的结构和水深，而礁冠区域发生的波浪破碎又消减了剩余波浪能量的 50%～90%(Lugo-Fernandez，Roberts，Wiseman，1998)。总体而言，珊瑚礁减少了 72%～97%的入射波能(Roberts et al.，1992；Sheppard et al.，2005)。因此，这一结构可以保护礁后区，使之免受潜在的水动力破坏。同样，海流与粗糙海底和礁壁的互相作用大大削弱了海流，特别是与脊槽系统之间的作用。例如，在加勒比海大开曼岛(Grand Cayman Island)，海流的速度在前礁陆架(水深 22 m)至前礁浅滩区(水深 8 m)之间仅 400 m 的距离内降低了 60%～70%(Roberts et al.，1977)。珊瑚礁结构和粗糙度与吸收波浪的能力之间的关系表明，健康的珊瑚礁需要具有高珊瑚覆盖度和复杂的基质结构，并由多个具有明显孔隙的离岸礁石组成(如大堡礁)，尤其需要在消浪弱流方面作用突出。

波浪在前礁区和礁冠区的能量消散程度进一步受潮差变化的影响，水深会随着退潮而变浅，导致破浪区从礁冠向外海方向偏移，破碎波浪会以孔状波的形式传播更长的距离。这意味着即使在加勒比海等潮差变化范围较小的海域，相较于高潮时，低潮时的波浪破碎程度会得到加强，波浪能量也会得到更大的消减。据估计，在美属维尔京群岛的圣克罗伊岛(St. Croix)的不同水域，低潮时的波能衰减量比高潮时的波能衰减量分别高 15%(前礁和礁冠间)和 6%(前礁和潟湖间)(Lugo-Fernandez，Roberts，

Wiseman, 1998)。在低潮时，波浪破碎作用的加强也增强了相关涌流，从而使涌流能够直接越过礁冠进入潟湖。大堡礁中部的戴维斯礁，浪涌速度可达 180 cm/s(Roberts, Suhayda, 1983)，大约占整个礁冠输送水体的 40%(Pickard, 1986)。因此，作为冲刷环礁潟湖水体的重要机制，这有助于保持其水温、盐度、溶解氧和营养物质处于有利水平。涌流会将沉积物从珊瑚礁输送到潟湖，低潮时尤为显著。因此，涌流对于防止珊瑚和其他珊瑚礁生物的窒息十分重要。

风、波浪和潮汐是跨礁水流的主要驱动力，也会在毗邻陆架上形成环境压力梯度；海流也可以在环礁和台礁周围发挥类似作用(Andrews, Pickard, 1990; Lugo-Fernandez et al., 2004; Kench et al., 2009)。在特定的时间，跨礁水流的方向是上述因素与珊瑚礁形态共同决定的。礁冠或跨礁区域会发生明显的断带，这为跨礁水流的逆转提供了可能，该逆转过程会将海浪推向潟湖(Suhayda, Roberts, 1977)。这种情况在潮差较大和微风同步发生的海域特别常见。相比之下，当潮差变化范围较小或风力较强时，更有可能出现连续的流向潟湖的水流。强烈的季节性盛行风和季风引起强劲的潮汐波动，并在一年中的某些时间决定跨礁水流的流向(Yamano et al., 1998; Hoitink, Hoekstra, 2003)。珊瑚礁间发生的海洋学过程的物理学基础十分复杂，决定了跨礁水流的流向和流速(Andrews, Pickard, 1990; Roberts et al., 1992; Lugo-Fernández, Roberts, Suhayda, 1998; Fernández, Roberts, Wiseman, 1998; Wolanski, 2001)。

飓风(气旋)造成的巨浪和风暴潮非常具有破坏性(Done, 1992)，珊瑚礁向海一侧受到的影响最为严重。前礁区可能会遭受到高达 20 m 以上的巨浪影响，而风暴潮可能会比正常潮汐高 5 m(Scoffin, 1993)。这些风浪条件可以将前礁区 20 m 深处的珊瑚击碎，分枝珊瑚首当其冲。风暴期间，沙子会被冲走或冲扫略过礁坪，从前礁区和礁冠区冲扫出来的碎屑会堆积起来(Scoffin, 1993)。风暴在调节珊瑚群落密度、结构和局域分布方面发挥着重要作用(Massel, Done, 1993; Madin, Connolly, 2006; Perry et al., 2014)。珊瑚礁受飓风影响的程度并不一致。例如，在大堡礁海域，21°S 的珊瑚礁最易受飓风破坏，21°S 南北两侧的珊瑚礁受飓风影响的可能性较低(Massel, Done, 1993)。

3.7 沉积物

世界上大多数珊瑚礁分布的沿岸水域都受到陆地径流的影响。沿岸水域相对较浅，潮汐波浪作用强烈，风生浪和潮流会引起沉积物再悬浮(Kleypas, 1996; Hoitink, Hoekstra, 2003; Orpin, Ridd, 2012)。礁区水体中常含有各种比例的黏土、钙质或硅酸盐砂，以及有机碎屑和浮游生物。当河水流入大海时，吸附在微粒物质上的营养元素被生物群利用，微粒表面被微生物包裹，而微生物的黏液分泌物反过来又增加了微粒的黏性和聚集性(Wolanski, Gibbs, 1995; Fabricius, Wolanski, 2000)。而在现实情况中，许多沿岸水域早已不再是由水晶般清澈的蓝色海水所包围的近海珊瑚礁这样的经典形象(图 3.6)。

图 3.6 受沉积物影响的珊瑚礁。这张照片显示了印度尼西亚苏拉威西东南部瓦卡托比(Wakatobi)国家海洋公园内卡莱杜帕岛(Kaledupa)附近受沉积物影响而窒息的珊瑚和海绵群落。沉积物源自附近的红树林(包括红树林已被清除的水域)和城市污水排入等（资料来源：照片由 J. J. Bell 拍摄）

大堡礁可能是阐述从近岸到外海的珊瑚礁水体颗粒物变化的最好示例。Furnas (2003)估计，每年平均约 14.4×10^6 t 的陆源沉积物排放到澳大利亚大堡礁陆架区，其中 42%来自中部和南部地区的两个主要流域[伯德金河(Burdekin)和菲茨罗伊河(Fitzroy)流域]。沉积物的年输入量相当可观，但由于近岸水域的波浪作用较大，水深较浅，使得悬沙浓度中值(SSC)呈现出明显的梯度变化：近岸水域为 800~3 300 μg/L，陆架中部水域为 700~1 500 μg/L，陆架外部水域为 500~600 μg/L。悬沙浓度的峰值水平比中值浓度高得多，在近 2 m 深的近岸水域，峰值水平高达 1 000 mg/L(Wolanski, Spagnol, 2000)。随着洪涝和陆地径流强度的变化，大堡礁年沉积物输入量变化幅度可能会相差 20 倍左右；1987 年输入量为 3×10^{6}t，而 1994 年输入量达到 59×10^{6}t(Furnas, 2003)。局部水域，沉积物羽流会随着流域本身性质的变化而变化(Neil et al., 2002; 见表 3.5)。在持续湿润的“湿热带”，高径流量的小流域可能会遭受频繁但短暂的洪涝；而随季节变化的“干湿热带”大流域(如伯德金河和菲茨罗伊河流域)会出现不常见但历时较长的洪涝。因为植被覆盖率较低，水土流失率较高，这些大型干湿热带流域的径流沉积物浓度很高。

表 3.5　受自然和人为因素干扰(主要是农业)，
大堡礁 5 个气候区域的沉积量和流量加权后的沉积物浓度

地区	流域	流量 [ML/(km² · a)]	面积 (km²)	沉积量[kt/(km² · a)]		加权沉积浓度(mg/L)	
				未受干扰地区	受干扰地区	未受干扰地区	受干扰地区
北风/季风	Eastern Cape York	29	43 300	1.00	3.00	32.0	99.0
北风/湿润	Daintree-Murray	61	11 965	0.84	1.90	11.28	21.00~76.0
北风/干燥	Herbert-Don	71	150 515	9.50	37.60	29.0~225.0	100.0~906
环流/湿润	Proserpine-Pioneer	21	6 410	0.54	1.95	23.0~26.0	87.0
南风/干燥	Fitzroy-Burnett	25	202 610	5.80	23.0	43.0~461.0	147.0~1 800

资料来源：Neil, D. T., Orpin, A. R., Ridd, P. V. and Yu, B. (2002). Sediment yield and impacts from river catchments to the Great Barrier Reef lagoon. *Marine Freshwater Research* 53: 733-752。

通常情况下，来自河流的沉积物对珊瑚礁的影响比因波浪作用再悬浮的沉积物要小得多。据估计，在大堡礁边缘的礁区，只有不到 10% 的悬浮沉积物源自径流流入(Neil，1996; Neil et al.，2002)。而在大部分波浪作用较强的水域，即使附近有大量裹挟沉积物的径流羽流，这个比例还会更低(Larcombe，Woolfe，1999)。当然，径流羽流同样也很重要，因为它们能够输送大量沉积物并改变珊瑚礁的浊度水平。这是因为径流羽流的盐度相对较低(密度也同样较低)，它们具有一定浮力，可以扩散相当长的距离，从而长时间、大范围地提升表层海水的浊度，但不会提高近底层的浊度；再悬浮的沉积物则恰恰相反。这意味着即使珊瑚礁本身可能处于相对清澈的水中，羽流的存在也会降低到达珊瑚礁的辐照度。另一方面，羽流沉积物不会像再悬浮沉积物那样直接覆盖珊瑚群落(Neil et al.，2002)。

海草床和潟湖软底群落等相关生态系统极为依赖沉积物带来的营养物质及其形成的生境(Lee Long et al.，1993; Alongi et al.，2007)。Riegl 和 Branch(1995)模拟了不同光照和沉积环境下，一系列南非硬珊瑚和软珊瑚的能量收支状况(见图 3.7)。结果表明，沉积物不仅降低了珊瑚的光合作用，而且提高了其相对呼吸速率，将珊瑚黏液生产所需的能量从 35%提高至 65%，以便用黏液去除沉积物。因此，珊瑚必须限制或停止大部分正常的代谢功能，将能量用于黏液生产。毫无疑问，沉积物对珊瑚组织生长、钙化、健康状况和最终存活有着巨大的负面影响(Stafford-Smith，1992; Stafford-Smith，Ormond，1992)。

沉积物也会阻碍珊瑚幼虫的附着(Hodgson，1990; Babcock，Davies，1991)。然而，并非所有珊瑚种类，或同一物种的所有个体，都同样容易受到沉积物的影响。水温的季节性变化也会影响珊瑚对沉积物的清除速率(Ganase et al.，2016)。Stafford-Smith 和 Ormond(1992)研究了 42 种印度洋-太平洋珊瑚物种，发现了 4 种被广泛认可的沉积物

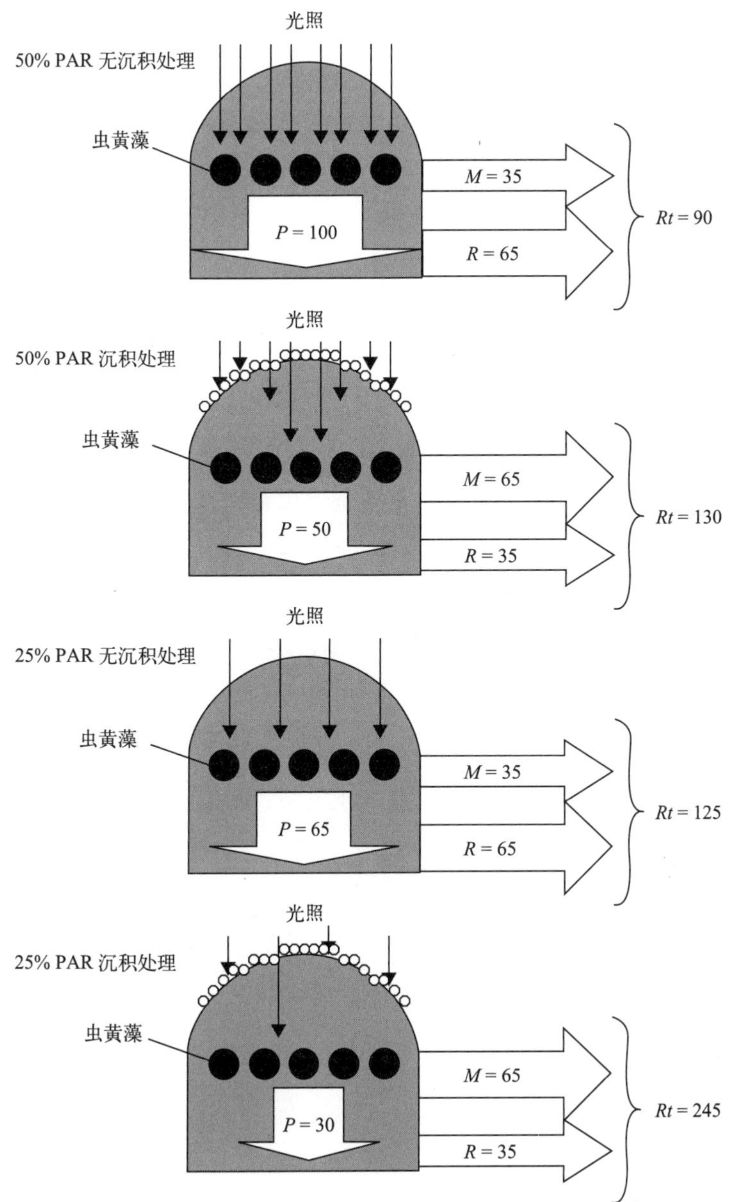

图 3.7　两种不同光照条件下沉积物对珊瑚能量消耗的影响(50%的光合有效辐射与 25%的光合有效辐射)。灰色穹顶状图形代表珊瑚，黑色圆圈(●)代表共生藻类(虫黄藻)，白色圆圈(○)代表珊瑚表面含有沉积物。细垂直箭头表示下射光线，而宽垂直白箭头表示光合生产力(该值是与 50%PAR 相比的生产率的百分比，无沉积物处理)。向外的箭头表示黏液合成(*M*)和其他能量需求(*R*)的呼吸消耗，这些值指分配给这些能量消耗过程的光合产物总百分比。*Rt* 是总呼吸，给出的值是呼吸所需的光合产物的百分比(如对于无沉积物状况下测得 50%的 PAR，需要相当于 90%的光合产物来维持珊瑚呼吸)［资料来源：Riegl, B. and Branch, G. M. (1995). Effects of sediment on the energy budgets of our scleractinian (Bourne, 1900) and five alcyonacean (Lamouroux, 1816) corals. *Journal of Experimental Marine Biology Ecology* 186：259-275. 经 Elsevier 许可后转载］

消除机制：①纤毛活动；②黏液包裹；③水螅体或共体组织扩张；④触手清洁。每种机制的效果在不同珊瑚物种之间各不相同。口杯直径大于 10 mm 的珊瑚[大水螅体，如直纹合叶珊瑚(*Symphyllia recta*)，联合瓣叶珊瑚(*Lobophyllia hemprichii*)]或口杯直径为 3.5~10 mm 的珊瑚[如盾形陀螺珊瑚(*Turbinaria peltata*)，加德纹珊瑚(*Gardineroseris planulata*)]都具有强烈的纤毛活动，去除沉积物的效果十分显著；而口杯直径小于 2.5 mm 的珊瑚及其小水螅体[如常见的团块滨珊瑚和澄黄滨珊瑚(*Porites lutea*)]，纤毛活动清除沉积物的效果不明显。一些珊瑚具有直立的、细分枝形态，不需要主动清除沉积物，它们能够被动地使沉积物散除。这些珊瑚包括广泛分布的鹿角杯形珊瑚(*Pocillopora damicornis*)和鹿角珊瑚属物种。然而，沉积物去除效率并不能代表珊瑚对沉积物窒息的耐受性强弱。例如，在窒息 6 天后，加德纹珊瑚组织出现死亡情况，而沉积物去除相对低效的团块滨珊瑚和澄黄滨珊瑚仅出现组织白化，并未出现死亡状况，一旦沉淀物去除便可恢复原状(Stafford-Smith，1993)。

鉴于物种间沉积物清除和耐受能力的固有差异，沉积物会对珊瑚物种分布和珊瑚礁群落组成产生潜在的决定性影响。肯尼亚的珊瑚暴露于河流输入沉积物梯度浓度中，沉积作用最低的珊瑚区[瓦塔穆国家公园(Watamu National Park)]内的优势种是对沉积物不耐受和中等耐受的珊瑚属物种；而沉积作用最强的珊瑚礁(马林迪国家公园 Malindi National Park)内主要分布着对沉积物耐受性较强或中等的珊瑚属物种或软珊瑚；没有证据表明高沉积作用水域的珊瑚礁会全面丧失生物多样性或生态健康(McClanahan，Obura，1997)。

所有珊瑚能耐受的沉积物总量都是有限的。在沉积物浓度较高的水域，珊瑚礁的覆盖度、密度和多样性可能会有所损失，而占优势的珊瑚物种和珊瑚形态能很好地应对当前的沉积物状况(Kleypas，1996；Dikou，Van Woesik，2006)。在最极端的情况下，沉积物会完全阻碍珊瑚礁的发育。事实上，相对于远离大陆径流的热带海岸，靠近大量陆地径流的热带沿岸水域不太可能存在珊瑚礁(McLaughlin et al.，2003)。

3.8 海水碳酸盐体系

碳酸盐体系对于珊瑚钙化和珊瑚礁的形成至关重要，特别是文石形式的碳酸盐。而其他海洋生物会沉积各种结晶形式的碳酸钙(见表 3.6)。沉积碳酸钙骨骼的能力与海水碳酸盐饱和度有关。也就是说，如果饱和度过低，碳酸盐会滞留在水中难以沉积。文石饱和度(Ω_{arag})由原位水温、盐度和压力下的钙离子和碳酸根离子浓度的乘积除以文石的平衡常数获得，即 $\Omega_{arag}=[Ca^{2+}][CO_3^{2-}]/K_{arag}$。Marubini 等(2003)证实了文石饱和度与珊瑚骨骼发育之间的密切关系。他们分别在“正常”($\Omega_{arag}=4.4$)和“低”($\Omega_{arag}=$

2.3)文石离子浓度下培养了一系列珊瑚物种，观察发现，低文石饱和度下珊瑚钙化率降低了13%~18%，骨骼结构变脆。Leclercq等(2000)的研究也发现，随着Ω_{arag}值从5.4降至1.3，珊瑚群落(包括珊瑚、钙质藻类、甲壳类动物、腹足类软体动物和棘皮类动物等)钙化率下降了约60%。文石饱和度在决定珊瑚礁全球分布方面与水温具有同等重要性(Kleypas, McManus, et al., 1999; Kleypas et al., 2006)。

热带地区的文石饱和度平均值约为4，珊瑚礁生长的"最佳"文石饱和度需大于4，而对于珊瑚礁生长来说，文石饱和度达到3.5~4时就"足够"了(Guinotte et al., 2003)。然而，某些珊瑚礁能够分布在文石饱和度低于临界值的水域。例如，西南太平洋(如豪勋爵岛)和西澳大利亚州的霍特曼-阿布洛霍斯群岛(印度洋最南端的珊瑚礁)的珊瑚礁就处于"临界"条件下，记录到的文石饱和度分别为3.28~3.35和3.36(Kleypas, McManus, et al., 1999)。同样，最近有证据表明，由于热力作用和径流的影响，大堡礁近岸水域的文石饱和度经常低于3.3(Uthicke et al., 2014)。另外，还记录到某些珊瑚群落在相近的低文石饱和度(3左右)水域分布，例如加拉帕戈斯群岛、复活节岛、日本大陆和新西兰北部(Kleypas, McManus, et al., 1999)。相比之下，红海的文石饱和度高达5~6(Kleypas, Buddemeier, et al., 1999)。

表3.6　不同生物类群的碳酸钙沉积形式

类群	光合作用	碳酸盐晶体	生态和钙化作用
珊瑚	共生藻类	文石	造礁
软珊瑚	部分	方解石针状体	造礁
大型藻类(绿藻/褐藻)	是	文石/方解石/镁方解石	造沙
钙化红藻	是	高镁方解石	构建礁冠
棘皮动物(Echinoderms)	否	高镁方解石	产生部分石灰岩
软体动物(Molluscs)	不常见，部分蛤类存在共生藻类	方解石/文石	产生部分石灰岩
甲壳类动物(Crustaceans)	否	高镁方解石	产生微量石灰岩
有孔虫类(Foraminifera)	部分	方解石	造沙
翼足类动物(Pteropods)	否	文石	浮游食物
颗石藻(Coccolithophores)	是	方解石	浮游食物

注：高镁方解石通常为3%~15% MgO。

文石饱和度的地理格局反映了珊瑚钙化率的差异。例如，尽管纬度相似且具有相近的光照和水温条件，红海的文石饱和度比夏威夷珊瑚礁区的文石饱和度更高(Heiss, 1995; Kleypas, McManus, et al., 1999)。另一方面，东太平洋和加拉帕戈斯海域的珊瑚沉积层较薄且黏性较弱，这可能是该水域文石饱和度相对较低的缘故(Kleypas, McManus, et al., 1999)。然而，这些结论还受到低水温和高生物侵蚀速率的影响，这些因素同样也限制了碳酸盐的吸收速率。

文石饱和度对珊瑚礁分布的重要性已得到广泛认可，目前人们愈发关注这一参数（见下文“珊瑚礁和不断变化的海水化学条件”）。这主要是因为随着大气二氧化碳排放量的不断增加，珊瑚礁水体的文石饱和度将会不断下降，21 世纪末该值可能会下降至珊瑚礁生长阈值，特别是在高纬度地区（Guinotte et al.，2003；Hoegh-Guldberg et al.，2007）。第 8 章中将对此展开更全面的讨论。

很明显，珊瑚礁具有非常特殊的非生物需求，非生物因子在促进珊瑚的生长和珊瑚礁净增长的同时，还有助于珊瑚战胜大型藻类等潜在的竞争对手，从而使珊瑚礁生态系统保持平衡。显然，这些非生物因子都不是孤立存在的。例如，透光性受悬浮物影响，而悬浮物又受水动力学条件影响。同样，表层高水温通过蒸发作用与高盐度相关联。了解这些非生物因子如何相互作用，以及非生物因子未来的变化（如气候变化）如何影响不同种类的珊瑚及整个珊瑚礁生态系统，对预测不断变化的环境条件下珊瑚礁的命运具有重要意义。

珊瑚礁和不断变化的海水化学条件

现代造礁石珊瑚分泌文石骨架，即碳酸钙的亚稳态形式。现存的珊瑚礁仅分布于温暖、光线强、文石饱和度高（其中钙离子和碳酸根离子浓度超过热力学矿物溶度积）的热带和亚热带浅水水域（见图 3.8）。珊瑚和其他钙化生物沉积碳酸根离子，驱使碳酸氢根离子主导的海洋无机碳体系再次平衡，这也是一个重要的二氧化碳来源。因此，珊瑚礁作为碳酸钙的净积累和二氧化碳源，反过来又能够对全球碳循环产生反馈调节（Buddemeier，1997）。

珊瑚礁钙化速率取决于表层水中的文石饱和度，若钙化速率下降，造礁能力也将下降。根据目前的趋势预测表明，二氧化碳浓度将迅速上升至工业化前水平的 2 倍。这对于珊瑚礁和现代碳酸盐系统来说是灾难性的，因为自然反馈调节所需的时间远远大于温室气体增加的速度。实验和模型结果都表明，二氧化碳浓度的增加降低了 pH 值，导致了海洋酸化的发生，热带地区文石饱和度下降了 30%，生物文石沉淀速率降低了 14%~30%（Kleypas，Buddemeier，et al.，1999；Kleypas，McManus，et al.，1999）。事实上，生物钙化率已比工业化前的水平降低了 10%~20%。由于大多数现代造礁生物都分泌亚稳态碳酸钙，因此珊瑚礁系统受到的威胁最为严重。

在地质历史过程中，沉淀结晶碳酸钙的主要形式发生了变化（Sandberg，1983）：在冰期，碳酸盐的形成以无机和有机文石和高镁方解石为主［冰室，

“文石”海(aragonite seas)]；在间冰期，碳酸盐的形成以低镁方解石为主[温室，“方解石”海(calcite seas)](见图 3.9)。这种矿化过程的变化被视为海水化学条件和气候变化的标志。

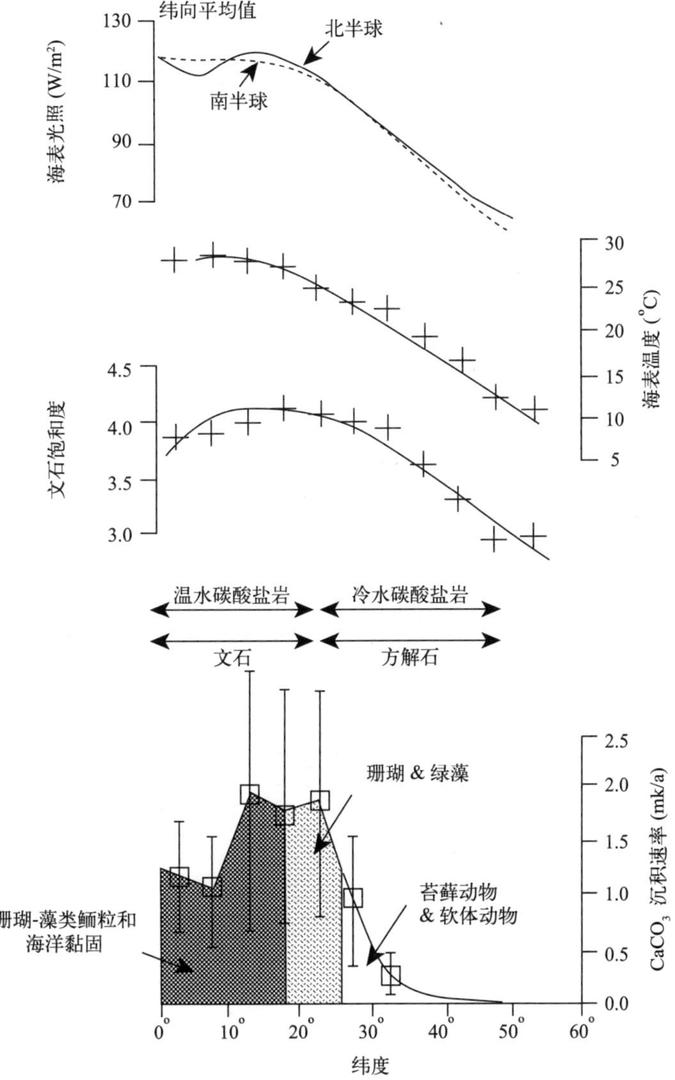

图 3.8 *X* 轴代表纬度。从上到下分别为：有效的表层光合辐射(400~700 nm)、表层水温、表层水的文石饱和度以及底层的碳酸钙沉积速率和类型，其中阴影部分表示主要沉积群落的相对重要性[资料来源：Buddemeier, R. W. (1997). Symbiosis: Making light work of adaptation. *Nature* 388: 229-230.]

研究指出，镁钙比(Mg : Ca)的变化决定了钙化产物主要为方解石还是文石，特别是主要造礁生物的钙化产物，因为高镁离子浓度对方解石分泌起到了抑制作用。海水镁钙比的变化可能受大洋地壳生产速率变化的调节，因为

海洋热液蚀变是镁元素的主要来源，也是钙元素的重要来源。随后的实验表明，海水镁钙比对现代造礁生物影响深远，包括造礁珊瑚(Ries et al.，2006)和仙掌藻(*Halimeda*)。

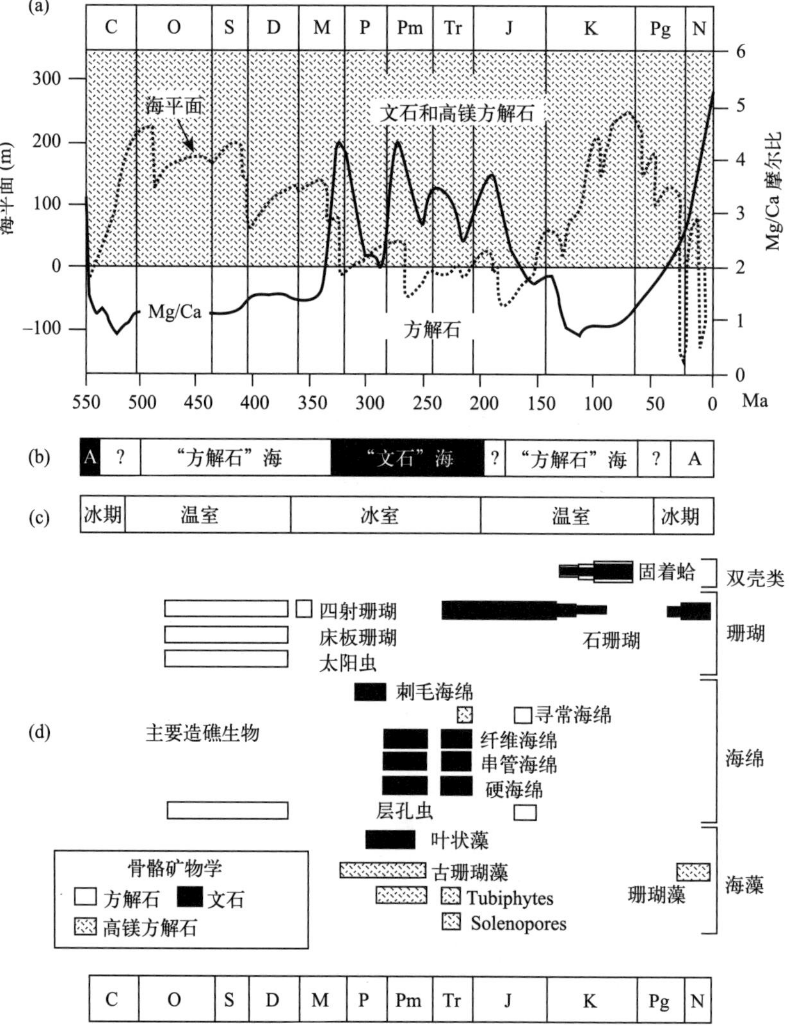

图 3.9　(a)海洋化学条件与碳酸盐矿化过程的对应变化关系，以海水中镁钙比和全球海平面高度的时序变化作为参数。方解石(<4 mol%的 $MgCO_3$)和高镁方解石(>4 mol%的 $MgCO_3$)以及文石之间的界限为 Mg/Ca=2 的水平线；(b)不同的主导非骨骼矿物质在海水中沉淀的时序变化(Sandberg，1983)；(c)全球气候和海洋周期；(d)多种造礁生物的矿化过程［资料来源：James，N. P. and Wood，R. A. (2010). Reef. In：R. Dalrymple and N. P. James (eds)，*Facies Models：Response to Sea Level Change*. Geological Association of Canada，p. 421-447.］

石珊瑚是侏罗纪时期的主要造礁生物，但在白垩纪的温室期间(方解石海)并没有出现广泛分布的珊瑚礁。与侏罗纪时期相比，白垩纪时期碳酸盐平台上的物种多样性仍然很高，但丰度较低，分布由平台边缘向外平台和高纬度水域(35°~45°N)转移。在白垩纪的大部分时间里，碳酸盐平台被厚壳蛤类等双壳类生物占据。人们提出了许多假说用以解释这些现象，包括高温环境和连通性限制。但最令人信服的解释是，海水化学条件的变化似乎有利于产生方解石的厚壳蛤类而非产生文石的珊瑚。事实上，当白垩纪晚期的海水中镁钙比异常低时，具有较厚外层钙质骨骼的双壳类动物经历了强烈的辐射(Steuber，2002)。

碳酸盐骨骼颗粒的主要成分随地质时期发生重大变化，这在一定程度上也反映了海水化学条件和气候的变化。但大规模灭绝事件也在其中起到了一定作用，因为它引发了海洋钙化生物主要碳酸钙产物形式的变化(Kiessling et al.，2008)。大规模灭绝事件后，文石生物丰度的变化主要受选择性恢复过程而非选择性灭绝过程的驱动。

英国爱丁堡大学地球科学学院 Rachel Wood 博士

4 共生作用

4.1 什么是共生

共生又称互利共生，是指两种或两种以上不同物种彼此互利地长期生活在一起，缺此失彼都不能生存的一类种间关系，由 Anton de Bary 于 1879 年首次定义(Paracer, Ahmadjian, 2000)。共生生物可能生活在另一生物体内[内共生(endosymbiosis)]或体外[外共生(ectosymbiosis)]；可能完全依赖共生关系来生存[专性共生(obligate symbiosis)]，也可能自由生存[兼性共生(facultative symbiosis)]。共生的 3 种主要形式是：①寄生，一方以牺牲另一方为代价获取利益；②偏利共生，一方受益而另一方不受此关系影响；③互利共生，即双方都获利，但程度不一定相同。本章将主要讨论互利共生关系，这是珊瑚礁在生态和进化上的一个主要且极其重要的特征。

珊瑚礁中最明显的两类共生现象包括：①真核微藻和许多无脊椎动物之间的共生，涉及所有造礁珊瑚和某些海绵；②原核蓝细菌(蓝绿藻)和异养菌以及大多数海绵之间的共生。在这两类共生现象中，无脊椎动物都获得了重要的额外营养(如光合作用或固氮作用)，这有助于它们在营养和浮游食物供应有限的环境中生存(Douglas, 1994)。事实上，若不是与各种藻类和微生物共生，构成珊瑚礁生态系统结构基础的珊瑚和海绵不可能拥有如此高的丰度。

4.2 石珊瑚和软珊瑚中藻类与无脊椎动物的共生

绝大多数的造礁石珊瑚含有内共生的腰鞭毛虫藻类(dinoflagellate algae)，称为虫黄藻(zooxanthellae)(见图 4.1)。某些珊瑚(如 *Pachythecalis major*)化石中的骨骼有机基质的稳定同位素($\delta^{15}N$)测定表明，这种共生关系早在 2.4 亿年前的三叠纪就已出现(Muscatine et al., 2005)。稳定同位素($\delta^{15}N$)在共生珊瑚和非共生珊瑚中明显不同。虫黄藻同样生活在其他无脊椎动物类群中，包括软珊瑚、海葵、水母、砗磲、海绵、原生生物[如有孔虫纲动物(foraminiferans)]和裸鳃亚目的软体动物。在硬珊瑚和软珊瑚中，虫黄藻都生存于动物的内皮细胞中，由一层或多层微小的动物起源的膜包裹，形成一个个空泡室，称为共生体。珊瑚的虫黄藻密度可达 0. 5×10^6 cells/cm^2 至 5×10^6 cells/cm^2 (Porter et al.，1984；Hoegh-Guldberg，Smith，1989a，1989b)，而且密度随季节相关变量(如辐照度和水温)的变化而波动(Fagoonee et al.，1999；Fitt et al.，2000)。值得注意的是，最新研究发现，共生固氮蓝细菌与加勒比海圆菊珊瑚 *Montastraea cavernosa* 和两种太平洋鹿角珊瑚(*Acropora*)中的虫黄藻能够共存(Lesser et al.，2004，2007；Kvennefors，Roff，2009)。这种共生关系类似于 4. 10 节中提及的海绵-蓝细菌的共生方式。

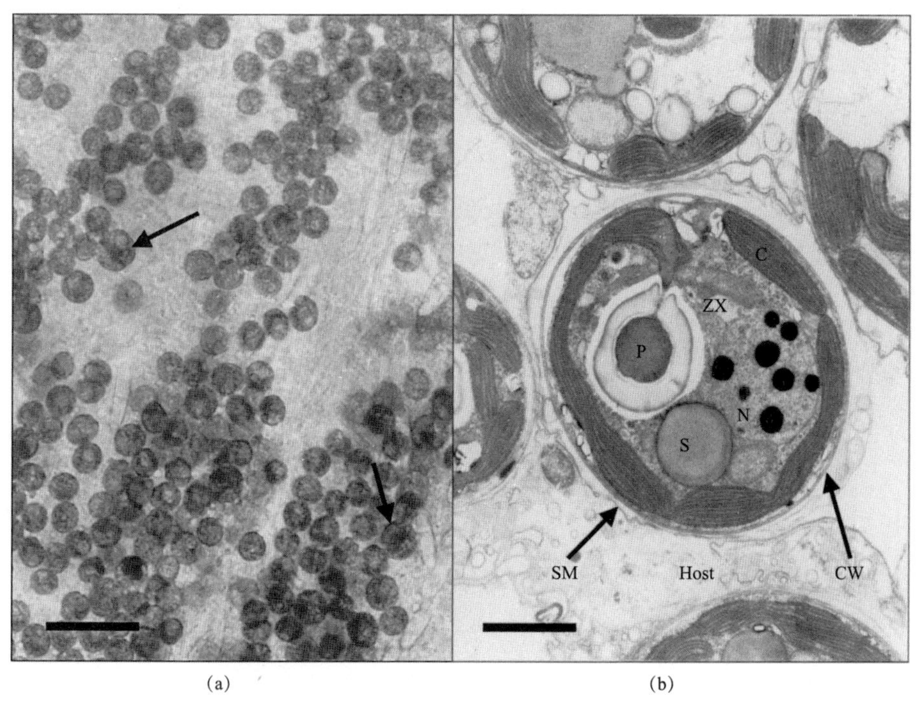

图 4. 1 共生藻属的共生腰鞭毛虫藻类(虫黄藻)。(a)珊瑚组织中的虫黄藻(球细胞)压片的光学显微照片。箭头所指为正在进行有丝分裂产生两个子细胞的虫黄藻细胞；(b)海葵 *Exaiptasia pallida* 切片上虫黄藻的透射电镜照片，显示了其细胞结构以及同样见于珊瑚中的宿主-共生排列。ZX：虫黄藻细胞；Host：动物组织；P：被淀粉鞘包围的茎状核酮糖；N：含深色、永久浓缩染色体的细胞核；C：外围叶绿体；S：淀粉储存颗粒；CW：细胞壁；SM：分隔虫黄藻与宿主组织的共生体膜。比例尺分别代表 20 μmol/L(a)和 2 μmol/L(b)［资料来源：照片由 O. Hoegh-Guldberg(a)；K. Lee 和 G. Muller-Parker(b)拍摄］

虫黄藻属于共生藻属 *Symbiodinium*［甲藻门(Dinophyta)，裸甲藻目(Gymnodiniales)］，直径 5~10 μmol/L、球菌状(球形)，在宿主内部时通常没有鞭毛，被纤维素细胞壁包裹。细胞内部有一个大核，核内含有永久浓缩的染色体，外周有一个被淀粉鞘包裹的裂片状叶绿体，叶绿体内具有一个明显的茎状核酮糖［该结构含有核酮糖酶-1、5-二磷酸羧化酶(RuBisCO)，用以固定二氧化碳］［图 4. 1(b)］。同其他进行光合作用的甲藻

(注意，一些自由生活的甲藻物种仅是异养型)一样，虫黄藻含有叶绿素 a 和叶绿素 c 以及辅助色素——多甲藻黄素和硅甲藻黄素，这些色素使得虫黄藻及其半透明的珊瑚宿主呈褐色。与在宿主体内的情况不同，当虫黄藻在宿主体外培养时，它们的形态在静球菌状和动鞭毛虫状之间周期性交替(图 4.2)。动鞭毛虫阶段的形态类似“典型”的甲藻，由两个明显的半片(上锥部和下锥部)和两条鞭毛组成，鞭毛推动细胞快速螺旋运动；细胞由一系列薄的膜板保护。直到最近，科学家才证实海水中存在自由生活的虫黄藻，而这些自由生活的细胞也可能经历静态和动态形式的周期性交替(Carlos et al., 1999; Gou et al., 2003; Cunning et al., 2015; Nitschke et al., 2016)。只有在球菌状态下，虫黄藻才会通过有丝分裂进行无性繁殖(图 4.2)。每个细胞通常经有丝分裂产生 2~3 个子细胞，并最终纳入共生体中。越来越多的分子证据表明，尽管目前配子发生和有性繁殖尚未得到最终证实，虫黄藻有时可能在其自由生活时期也会发生有性重组(Stat et al., 2006; Wilkinson et al., 2015)。

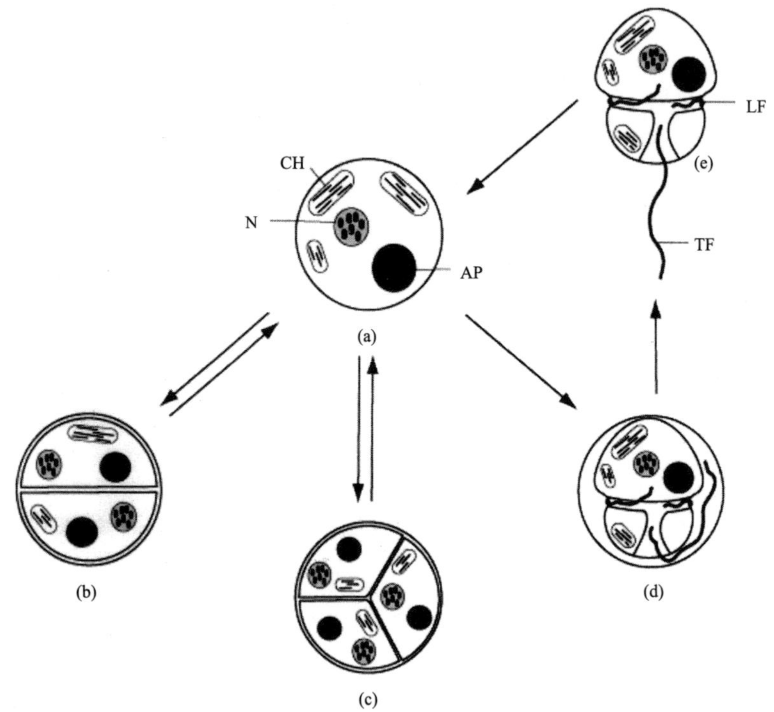

图 4.2　虫黄藻的生命史。(a)植物包囊(球菌状)；(b)植物包囊分裂形成两个子细胞；(c)植物包囊分裂形成 3 个子细胞；(d)发育中的游动孢子(动鞭毛虫状)；(e)游动孢子。CH，叶绿体；N，细胞核；AP，积累产物；LF，纵鞭毛；TE，横鞭毛。(a)到(b)和(a)到(c)阶段在宿主体内和培养中均有发生，而(d)到(e)阶段只发生在虫黄藻与宿主分离时［资料来源：Stat, M. Carter, D. and Hoegh-Guldberg, O. (2006). The evolutionary history of *Symbiodinium* and scleractinian hosts: Symbiosis, diversity, and the effect of climate change. *Perspectives in Plant Ecology, Evolution and Systematics* 8: 23-43.］

4.3 虫黄藻的多样性

最初，虫黄藻被认为只是一个物种——*Symbiodinium microadriaticum*，但形态、生化和分子研究结果显示，虫黄藻具有遗传多样性(见下文“虫黄藻的分子特征”)。共生藻属的许多物种已经被赋予了完整的学名(Trench，1993；Jeong et al.，2014；Hume et al.，2015；Parkinson et al.，2015)。根据虫黄藻的基因序列，系统发育分支结果显示共生藻属种类分为一系列不同类型(见图 4.3，Coffroth，Santos，2005；Pochon，Gates，2010)。不同类型的共生藻对其宿主珊瑚表现出不同程度的特异性(Baker，2003)。其中一些仅在单个珊瑚物种中出现(“专一种”)，另一些则在大量珊瑚物种中出现(“泛化种”)。例如，在大堡礁(GBR)中，C8a 型共生藻仅发现于柱状珊瑚(*Stylophora pistillata*)中，而 C1 型、C3 型和 C21 型则出现在许多种类的珊瑚中(LaJeumesse et al.，2003)。同样，某些珊瑚种类通常同时包含多种类型的共生藻，而另一些种类可能只与单一类型或一组密切相关类型的虫黄藻共生(LaJeunesse，2002；Baker，2003；Putnam et al.，2012；Lee et al.，2016)。

虫黄藻的分子特征

珊瑚和其他海洋无脊椎动物的共生鞭毛藻(虫黄藻)最初被认为是一个分布广泛的单一物种，即 *Symbiodinium microadriaticum* Freudenthal，1962。然而，早期的分子研究揭示了不同共生藻株间的酶亚型多态性，表现在大小、超微结构、分裂率和宿主特异性上的细微差异(Schoenberg，Trench，1980a－c)。这项开创性的工作为该共生藻可能隐藏着的丰富多样性提供了一些线索。20 世纪 90 年代初期，随着 PCR 技术愈发成熟，人们对核糖体亚基核 DNA 以及叶绿体 cp23S 基因的序列变异进行了检测(Wilcox，1998；Santos et al.，2002)。基于不同细胞器的多个基因构建的系统发育关系结果具有一致性，共生藻复合体的各主要分支显著分化，其中 9 个分支已获得识别(Clades A－I；Pochon，Gates，2010，见图 4.3)。这些分支由遗传距离支撑，自由生活的鞭毛藻和其他藻类之间的遗传距离接近目级甚至纲级分化水平(Blank，Huss，1989)。因此，目前的单属分类体系早已过时。然而，由于存在多水平的分支内遗传分化，在共生分类学上达成普遍共识仍是一项严峻挑战。

高分辨率遗传标记技术的发展(包括核糖体 DNA 顺反子的两个间隔区 ITS1 和 ITS2 以及叶绿体 psbA 小环的高变非编码区；LaJeunesse，2001；Moore

et al., 2003)发现了数百个新的亚分支类型，特别是在高度分化的C分支类群中。许多微卫星标记(散布在基因组中的短串联重复)也被用于一些支系重建，它们提供了分辨率更精细的系统发育信号。这些标记足够揭示种群层面的重要过程，包括模式宿主-共生体的共同进化(Baums et al., 2014)、入侵动态(LaJeunesse et al., 2016)甚至共生藻内发生的隐藏的性重组，而这一生殖模式曾被认为仅出现于克隆细胞分裂过程(LaJeunesse et al., 2014)。

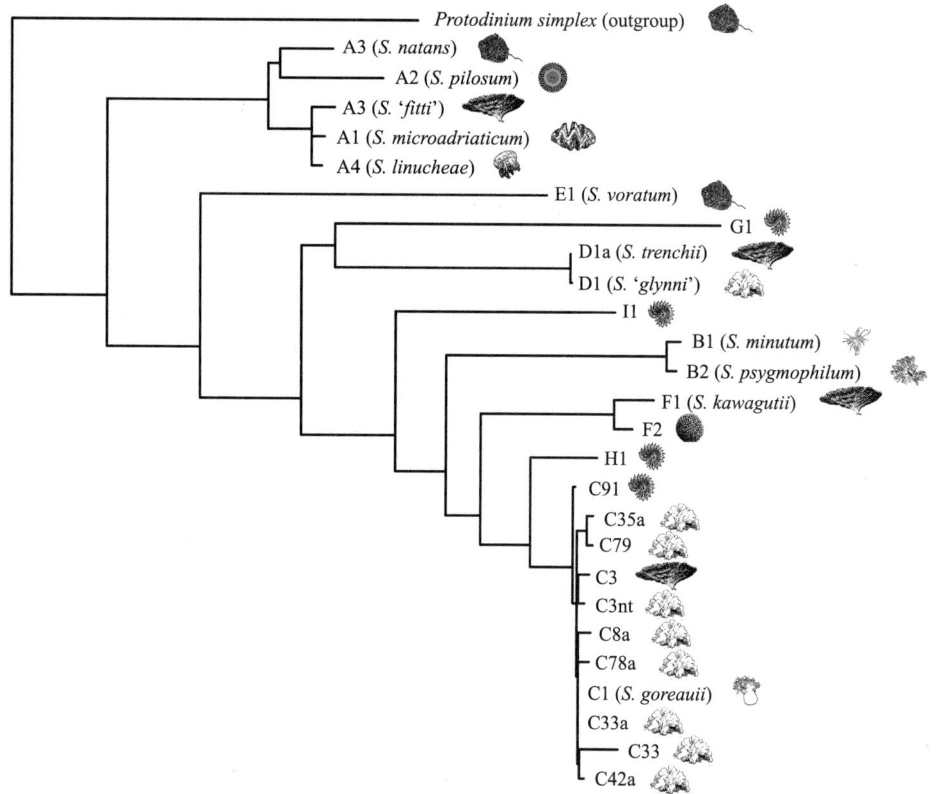

图4.3 共生藻属多样性。基于大核糖体亚基DNA中ITS2和D1/D2区的最大似然法系统发育树。共生藻属目前主要分为9个支系(A~I)，有几个嵌套的亚支系已被正式描述到种；或被指定为非正式的类物种名称(此处用引号表示)；或在缺乏足够的形态学和遗传学信息描述的情况下，使用指定的字母数字命名。在自由生活状态(*S. natans*和*S. voratum*)或与多种宿主共生的情况下，人们发现了不同的共生种类/类型，例如与纽扣珊瑚(*S. pilosum*)、砗磲(*S. microadriaticum*)、水母(*S. linucheae*)、有孔虫(G、I、H和C的多个成员)、海葵(*S. minutum*和*S. goreauii*)和各种珊瑚，包括软珊瑚(*S. psygmophilum*)及复杂支系硬珊瑚(*S.* '*fitti*', *S. trenchii*和*S. kawagutii*)以及强壮支系硬珊瑚(*Meandrina* sp., *S.* '*glynni*'以及F和C分支中的多种类型)。这些宿主的照片在系统树中每个共生藻分支的右侧显示

随着高通量测序(HTS)技术的出现，共生藻遗传学正在经历一场激动人心的变革。现在，只需几年前的一小部分成本，就可以快速生成数百万条DNA和RNA序列，从而解决一系列新的研究问题。高通量测序的应用包括从宿主组织和周围环境中对共生群落进行广泛的测序(环境DNA条形码；Cunning et al., 2015)、用以表征分子水平下应对环境刺激反应的细胞内RNA转录本的定量实验(转录组学；Palumbi et al., 2014)、大量的祖先信息标记(单核苷酸多态性或SNPs)的识别以及整个共生藻核和细胞器基因组的组装(Shoguchi et al., 2013)。这些新应用为研究共生系统的功能、生态和进化以及它们在珊瑚适应气候变暖和海洋酸化方面的潜在作用提供了有价值的见解。

新西兰惠灵顿维多利亚大学生物科学学院Shaun P. Wilkinson博士

在特定海域，盛行的共生藻类型与环境状况及其生理适应性有关。例如，隶属C分支的类型往往在“正常”、稳定的条件下占优势，而隶属B分支的类型则普遍存在于条件更严酷、水温更低的环境中。这种生理差异可用于解释这两个重要支系的生物地理分布，其中C分支在太平洋珊瑚礁中占优势，而B分支在加勒比海珊瑚礁更常见，这可能是因为加勒比海在上新世-更新世过渡期间经历了相对苛刻的环境条件(Baker, 2003; LaJeunesse et al., 2003)。同样，在分布广泛的印度洋-太平洋多孔同星珊瑚(*Plesiastrea versipora*)中，共生藻随纬度从C分支向B分支转变，这可看作是适应澳大利亚大堡礁热带水域向南澳大利亚温带多变水域的过程(Rodriguez-Lanetty et al., 2001)。虫黄藻D分支在高温和混浊环境中更占优势(Berkelmans, Van Oppen, 2006; Pettay et al., 2015; Silverstein et al., 2015)，这表明它们在有环境压力的海域会更加丰富，如在海水温度通常超过33℃的波斯湾海域(Baker et al., 2004)。

生理多样性也可以用来解释不同共生类型在采样区内的分布。研究发现，深度(即光照强度)和类型之间存在密切关联。Rowan和Knowlton(1995)发现加勒比海珊瑚(*Orbicella annularis*和*O. faveolata*)的A、B、C分支的相对比例随着深度而变化，其中C分支在深水区更为普遍(见图4.4)。此现象似乎表明某些虫黄藻是“喜阴”的，而另一些则是“喜阳”的。然而，需要注意的是，同一支系的虫黄藻不一定具有相同的环境偏好。例如，最近发现的C分支虫黄藻的嗜热共生菌*Symbiodinium thermophilum*在波斯湾南部极其温暖的水域中占优势(Hume et al., 2015)。此外，我们尚未完全了解遗传多样性和生理多样性之间的真正联系以及不同珊瑚品种的环境极限(如深度或纬度范围)在多大程度上是由虫黄藻种类的生理特性决定的。

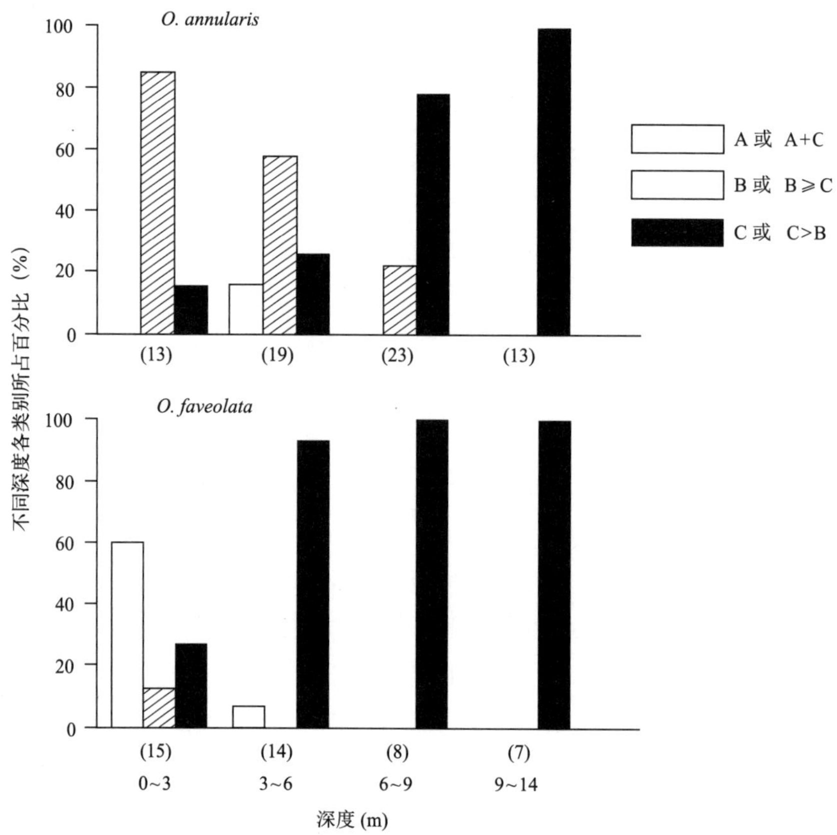

图 4.4 加勒比海两种珊瑚(*Orbicella annularis* 和 *O. faveolata*)的 A、B、C 三支系共生虫黄藻在不同深度(0~3 m、3~6 m、6~9 m、9~14 m)的分布情况。珊瑚含有支系 A 或支系 A 和支系 C；支系 B 或支系 B 含量大于等于支系 C；支系 C 或支系 C 含量多于支系 B；没有珊瑚同时拥有支系 A 和支系 B。柱状图表示包含各分支(或多个分支组合)的珊瑚百分比，括号内的数值表示在每个深度范围内采集的珊瑚群落总数［资料来源：Rowan, R. and Knowlton, N.（1995）. Intraspecific diversity and ecological zonation in coral algal symbiosis. *Proceedings of the National Academy of Science of the United States of America* 92：2850-3.］

4.4 珊瑚钙化生理学

珊瑚的骨骼是两相复合的，包括：①有机基质，其中包括各种黏多糖、蛋白质、糖蛋白和钙结合磷脂。②碳酸钙($CaCO_3$)质的纤维状文石晶体(Goreau, 1959; Constantz, Weiner, 1988; Muscatine et al., 2005; Tambutté et al., 2011)。有机基质由钙母上皮细胞(calicoblastic epithelium)构成，然后分泌到下层的亚表皮腔。基质促进$CaCO_3$成核，并为文石晶体提供框架。虫黄藻通过光合作用提供有机碳，从而直接与有机基质的合成建立联系。当然，外源食物供应也提供了一些所需材料。利用^{14}C标记的碳酸氢盐和食物，分别在鹿角杯形珊瑚(*Pocillopora damicornis*)和楯形石芝珊瑚(*Fungia scutaria*)中追踪有机碳的上述结合反应(Muscatine，Cernichiari，1969；Pearse，1971)。虫黄藻还从海水中吸收无机氮，合成并释放有机氮(即氨基酸)用于基质的形成(Muscatine et al.，2005)。然而，外源性食物可能是某些含氮成分更为重要的来源，如天冬氨酸(在骨架基质蛋白中富含的一种酸性氨基酸)(Allemand et al. 1998；Houlbreque et al.，2004)。

珊瑚中碳酸钙沉积(即钙化)的机制尚不清楚，其中虫黄藻的作用一直是饱受争议的话题(Allemand et al.，2011；Tambutté et al.，2011；Davy et al.，2012)。所有石珊瑚的表皮都能分泌碳酸钙，但共生珊瑚的分泌速度要快于非共生珊瑚，而且绝大多数(>90%)光照下的共生珊瑚比其在黑暗中分泌碳酸钙的速度更快(Gattuso et al.，1999)。例如，在光照下，珊瑚 *Manicina areolata* 中^{45}Ca的合成速率比其在黑暗中快了近 6.5 倍；而同样的光照条件下，有虫黄藻的珊瑚比没有虫黄藻的快 16.5 倍。此外，在有光照的条件下，柱状珊瑚中^{45}Ca的合成速率比其在黑暗中快 4 倍(Furla et al.，2000)。因此，钙化和光合作用明显存在耦合关系，如下列反应式：

$$Ca^{2}+CO_2+H_2O \rightarrow CaCO_3+2H^+ \text{（反应式 1，钙化）}$$

$$2H^+ +2HCO_3^- \rightarrow 2CO_2+2H_2O \text{（反应式 2，碳酸氢盐转换）}$$

$$CO_2+2H_2O \rightarrow CH_2O+O_2 \text{（反应式 3，光合作用）}$$

$$Ca^{2}+2HCO_3^- \rightarrow CaCO_3+ CH_2O+O_2 \text{（反应式 4）}$$

然而，这种耦合关系的确切性质尚未完全被认识，人们已经提出一些不同的机制用于解释为什么光照条件下珊瑚的钙化比在黑暗中更快。其中最著名的两个模型是光照加强钙化(light-enhanced calcification)和反式钙化(trans-calcification)。在光照加强钙化模型中，光合作用的消除和珊瑚组织中 CO_2分压的降低造成了碳酸钙饱和度的升高，也就是发生了一种有利于碳酸钙分泌的平衡转变(Goreau，1959，1961)。这个模型有个明显的问题：钙化通常发生在珊瑚分枝的尖端，而那里的虫黄藻密度相对较低(Smith，Douglas，1987)。在反式钙化模型中，Ca^{2+}-ATP 酶(钙泵)将 Ca^{2+}传递到钙化位点，并在碳酸钙析出时携带 H^+释放到腔肠，从而使 HCO_3^-脱水产生 CO_2(McConnaughey，1991；McConnaughey，Whelan，1997)。因此，反式钙化可以通过增加 CO_2的可获得性来增强光合作用，这表明珊瑚控制钙化过程。这样一来，虫黄藻的光合作用就可以得益于光照条件下碳酸钙的快速沉积；然而，支持反式钙化模型的证据模棱两可，抑制柱状珊瑚的钙化过程并不会对虫黄藻的光合速率产生影响(Gattuso et al.，2000)。对珊瑚在光照条件下比其在黑暗中钙化速率更快的机制解释还包括：①光合作用中 OH^-(即碱性)的释放中和了钙化过程中产生的 H^+(即酸性)，创造了有利于碳酸钙沉积的环境

条件；②黑暗抑制钙化；③光照增强了虫黄藻消除干扰钙化物的能力；④虫黄藻提供光合产物用于有机基质的合成或为主动运输提供能量；⑤通过光合作用产生 O_2维持组织中的氧环境(Gattuso et al., 1999; Holcomb et al., 2014)。在珊瑚钙化过程中，很可能多个机制同时起作用，但它们的相对贡献尚不清楚。

4.5 光合作用和碳通量

珊瑚和虫黄藻均从共生关系中获得了许多益处(见表 4.1)。珊瑚的主要受益为获取了虫黄藻光合固定的有机碳化合物(光合产物)，这补充了珊瑚摄食浮游动物而获得的相对较少的有机碳量。换句话说，虫黄藻使珊瑚具有营养多样性(即自养和异养)，从而在浮游生物有限的环境中增加了摄食选择。几乎没有证据显示健康的虫黄藻会被珊瑚消化。相反，虫黄藻会利用部分光合产物进行新陈代谢、生长和储存，然后把多余的物质释放给珊瑚(见下文“放射性同位素标记”)。

放射性同位素标记

将光合作用固定的碳从虫黄藻转移到珊瑚(或者实际是自光合共生体到宿主)是珊瑚礁生态演替的基础。然而，直到 20 世纪 50 年代末，这种有机碳的转移才通过碳 14(^{14}C)同位素标记在共生无脊椎动物中获得直接证明(Muscatine, Hand, 1958)。放射性同位素以溶解的^{14}C-碳酸盐或更常见的^{14}C-碳酸氢盐的形式供给，然后通过光合作用进入有机化合物。既可以用放射自显影技术(autoradiography)观察组织切片，也可以通过测量分离的动物和藻类每个部分的放射性水平，通过追踪^{14}C 标记化合物确定转移过程(见图 4.5)。

该技术已在定量藻类或蓝细菌共生菌转移到其宿主的光合产物(Trench, 1971; Muscatine et al., 1981; Wilkinson, 1983)以及确定共生关系中释放的碳流通(如在配子或黏液生产中所利用的碳)(Crossland et al., 1980; Rinkevich, 1989)方面被证明。此外，通过在宿主组织匀浆中培养分离藻类并随后对其^{14}C 标记产物进行放射色谱分析，可以识别共生藻类释放的光合化合物(Muscatine, Cernichiari, 1969; Trench, 1971)。类似的方法首次证明了珊瑚组织中存在宿主释放因子(HRF)(Muscatine, 1967)，并同样应用于表征该分子(Grant, Remond, et al., 2006; Grant, Trautman, et al., 2006)。

最近，稳定同位素标记(如^{13}C 或^{15}N)，已用于进一步了解虫黄藻及其宿主珊瑚之间的营养流动(Grover et al., 2003, 2008)。特别值得注意的是，稳定同位素标记已经与纳米级次级离子质谱仪等尖端技术相结合，在细胞水平上可视化共生伙伴之间和共生伙伴内部的营养通量(Kopp et al., 2013)。

新西兰惠灵顿维多利亚大学 Simon Davy 教授

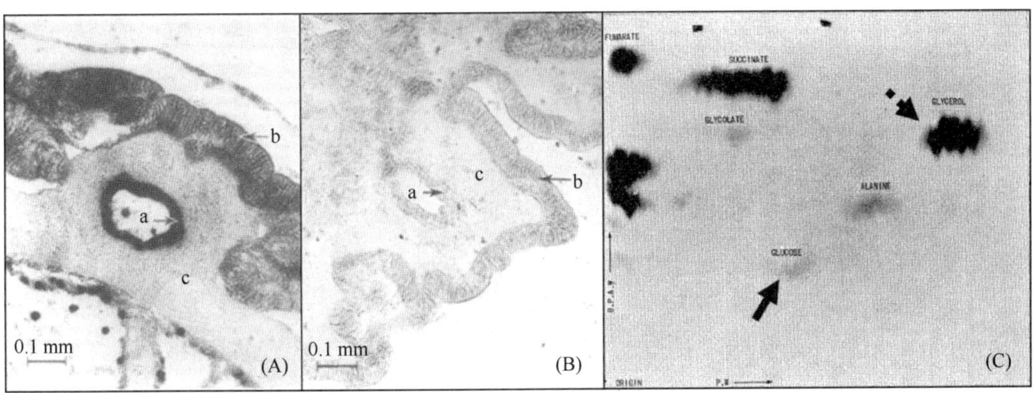

图 4.5　襟疣海葵(*Anthopleura elegantissima*)中共生虫黄藻放射性标记(^{14}C)的光合产物的转移。(A)在^{14}C中孵育4周后的海葵组织切片。暗色区域(与未标记的图B形成对比)显示放射性示踪剂的存在，这种放射性示踪剂通过光合作用结合到虫黄藻中，集中在消化道表皮(a)，然后转移到周围的消化道表皮细胞、上皮(b)和中胶层(c)。(B)未在^{14}C放射性示踪剂中孵育的海葵组织，a，b，c。(C)放射色谱图，展示了刚分离的虫黄藻在海葵的组织匀浆中孵育时释放出的^{14}C标记化合物。两种主要的释放产物(葡萄糖和甘油)分别用实线箭头和虚线箭头指示［资料来源：照片(A)和(B)来自 Muscatine, L. and Hand, C. (1958). Direct evidence for the transfer of materials from symbiotic algae to the tissues of a coelenterate. *Proceedings of the National Academy of Sciences of the United States of America* 44: 1259-63. 图(C)来自 Trench, R. K. (1971). The physiology and biochemistry of zooxanthellae symbiotic with marine coelenterates. II. Liberation of fixed ^{14}C by zooxanthellae in vitro. *Proceedings of the Royal Society of London. Series B, Biological Sciences* 177: 237-250.］

表 4.1　珊瑚-虫黄藻共生的益处

营养上的益处	**自养型**，由虫黄藻产生的能量丰富的光合产物(如甘油、葡萄糖)转移到珊瑚，支持珊瑚的呼吸、组织生长、配子的产生和生存。 **增强营养物质的有效性和保有率**，来源于： 珊瑚**捕捉浮游生物食物**，并向虫黄藻提供排泄物(含氮及其他元素，例如磷)。 **氮的保留**，因为珊瑚呼吸会优先利用能量丰富的光合产物而非氨基酸。 **氮的循环**，源于虫黄藻吸收珊瑚的含氮废物，这些废物与氨基酸结合后再转运回珊瑚

续表4.1

珊瑚骨骼的形成和礁体的积累	**光照加强钙化**(即 $CaCO_3$沉积)为珊瑚骨骼有机基质提供光合固定碳
其他益处	为虫黄藻提供**水体内的固定位置**和有利的光照环境，由于珊瑚的物理性质(例如分枝朝向、骨骼散射的光或组织内的荧光色素)优化了光的收集。 珊瑚组织保护虫黄藻免受植食性浮游动物的摄食。 **珊瑚细胞的解毒作用**，通过虫黄藻吸收和利用可能有毒的含氮(NH_4^+)废物。 虫黄藻的光合作用为珊瑚的新陈代谢**提供氧气。** 珊瑚的呼吸作用为虫黄藻的光合作用**提供二氧化碳**

注：这些益处的重要性各不相同，其中与营养、钙化和提高虫黄藻光获取的有关益处可能最为显著。

虫黄藻通过 C_3 卡尔文-本森循环(Calvin-Benson)固定二氧化碳(Streamer et al.，1993；见下文“脉冲调幅荧光法测量”)。二氧化碳可以从以下途径获得：①珊瑚和虫黄藻的呼吸作用(Harland，Davies，1995)；②珊瑚骨骼形成期间，钙化过程产生的二氧化碳(Ware et al.，1991)；③海水碳酸氢盐(HCO_3^-)。在最后一种途径中，珊瑚和虫黄藻通过所谓的碳浓缩机制将碳酸氢盐转化为二氧化碳，如通过虫黄藻和珊瑚中的碳酸酐酶，以及通过珊瑚中的空泡质子泵酸化包围着虫黄藻的共生体，创建一个有利于光合作用的环境(Weis，1991；Bertucci et al.，2013；Barott et al.，2015)。光合作用与辐照度之间为典型的渐近关系，在达到平衡(即光合饱和)前呈线性增加，此时辐照度为200~300 μmol photons/(m^2 · s)。较之于浅礁水域晴天的表面辐照度来说，上述值相对较低，浅礁水域晴天的表面辐照度可超过2 000 μmol photons/(m^2 · s)(Muller-Parker，Davy，2001)。

脉冲调幅荧光法测量(PAM)

自20世纪90年代初以来，珊瑚生理研究中对叶绿素荧光的测量为了解珊瑚共生鞭毛藻对抗热带浅海特有的、潜在的受损光水平的机制提供了重要依据。这些技术为研究珊瑚白化机制和污染物如何影响共生藻类，进而影响宿主珊瑚提供了有价值的见解。这些技术的应用得益于便携式叶绿素荧光计的发展(Maxwell，Johnson，2000，如图4.6)。

在光合作用中，天线色素吸收光，激发能被转移至两个光系统的反应中心，并在其中驱动光合作用的光化学反应。3%~5%的激发能被荧光耗散，主要来自于光合系统II(PSII)的叶绿素 a。荧光发射与另外两个去激发过程产生竞争，使得叶绿素的激活态失活。这些过程降低(或猝灭)荧光量，称为光化学猝灭和非光化学猝灭。光化学猝灭反映了有用的光化学(即同化电子流)，非光化学猝灭则反映了吸收的过剩能量作为热的光保护耗散。在光照条件下，叶绿素荧光表现出特征性变化，反映了光合系统 II 激发特性和能量转换的变化。区分这两种主要的猝灭成分有助于理解光合作用发生的控制过程，特别是在胁迫条件下的控制过程。

利用高选择性调制技术(脉冲调幅)测定共生藻的叶绿素荧光。这使得荧光信号可以从激发光中分离。光由高频发光二极管(LED)的调制光束提供。荧光通过放大器进行测量，它也可以在非调制和散射光下选择性地接收荧光信号，从而测量光合系统 II 电子传输的效率(Schreiber，2004)。利用一系列饱和光脉冲和光化光，可以测量光化学效率的最大量子产额(Fv/Fm)和有效量子产额。

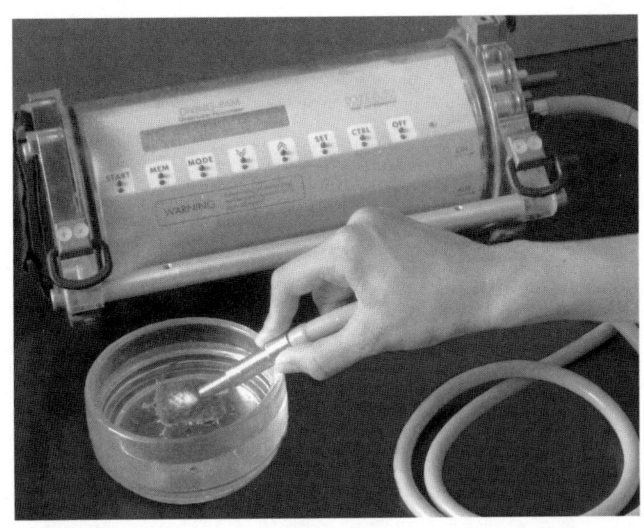

图 4.6 水下脉冲调幅叶绿素荧光仪(DIVING-PAM)(Walz GmbH，Effeltrich，Germany)，使用光纤探针在测量一小块硬珊瑚 *Orbicella franksi* 组织内共生鞭毛藻的叶绿素荧光。该装置可在 50 m 水深使用

叶绿素荧光技术反应快速，可在几秒钟内得出可靠的估计。该方法是一种非破坏性和非侵入性的方法，可以直接评估珊瑚宿主细胞内的藻类，而无须将生物体重新安置到实验室或将它们封装在密封容器中(如基于 O_2/CO_2 交换的光合作用测量)。多种光源集成化和微型化促进了紧凑的便携式仪器的发展，增加了实时测量自然环境中珊瑚光合作用的可能性。其他系统可以检查共生藻类个体、极低浓度的新分离或培养的共生藻类的悬浮液，并可以通过

获取二维图像检查珊瑚分支或碎片(可达 20 mm 或 30 mm)光合作用的空间变化。

在自然条件下，珊瑚中的鞭毛藻可以经受的光照强度高至足以启动下调光抑制过程。将更少的能量分配到光化学反应，而将更多的能量分配到非光化学猝灭的光保护过程，从而减少长期损伤。一旦光线恢复到较低水平，上述过程即可快速恢复。培养共生菌的工作以及最近对宿主组织内部的研究皆表明，在热胁迫和光/水温相互作用的条件下，这会对光合系统Ⅱ反应中心造成不可逆的损伤，并导致白化。同样，这也有可能是由氰化物、除草剂、海洋石油和天然气工业的废水、低盐度、微振动和低温胁迫造成的(Jones, 2005)。

澳大利亚海洋科学研究所 Ross Jones 博士

辐照度随深度增加呈指数下降。为了对抗弱光，珊瑚-藻类共生体采用多种方法来优化光的利用。其中最重要的是虫黄藻的光适应作用，即光合单位(PSUs)的大小以及每个虫黄藻中叶绿素 a 的数量均随着辐照度的降低而增加，从而提高采光效率。光照充足时，光合单位(PSUs)较小但数量较多，这意味着采光效率较低但最大固碳率较高。这种光适应响应解释了为什么适应阴暗环境的珊瑚比适应光亮环境的珊瑚颜色更深(见图 4.7)。例如，柱状珊瑚适应阴暗和适应光亮的群落含有相似密度的虫黄藻，但适应阴暗环境的群落明显呈深色，其单位生物量中叶绿素 a 的含量是适应光亮环境珊瑚群落的 7 倍以上(Falkowski, Dubinsky, 1981)。通过增加虫黄藻的密度来提高珊瑚组织中叶绿素的浓度会导致自我遮光。珊瑚应对可获得光线下降的另一种方法是选择“喜阴”的虫黄藻，这与浅水珊瑚选择“喜阳”虫黄藻的情况相反(Rowan, Knowlton, 1995)。此外，珊瑚可能会策略性地将荧光色素置于虫黄藻后面或旁边，以此来加强光的捕获率(Salih et al., 2000)，色素将光转换成可用波长并将其散射回虫黄藻进行光合作用。

相反，在强光条件下，荧光色素发出的不可用波长的光位于虫黄藻上方，它们将光线反射到远离细胞的地方，从而使珊瑚免受光合有效辐射(PAR)和紫外光(UV)的潜在损害(Salih et al., 2000)。珊瑚组织和虫黄藻中吸收紫外线的类菌胞素氨基酸提供了进一步屏蔽有害波长辐射的方法(Dunlap, Shick, 1998; Banaszak et al., 2000)，而且珊瑚也可以通过收回触手和收缩息肉来保护自己。这种光调节机制相当重要。

向宿主释放的光合产物主要由低分子量、能量丰富的化合物组成，通常包括葡萄糖和甘油，但这种低分子量化合物的重要性近年来饱受质疑(Burriesci et al., 2012; Davy et al., 2012)。释放的光合产物也包含了几乎所有的必需氨基酸(通常为蛋白质/糖复合物的形式)、有机酸和脂质(Markell, Trench, 1993; Trench, 1993; Muscatine et

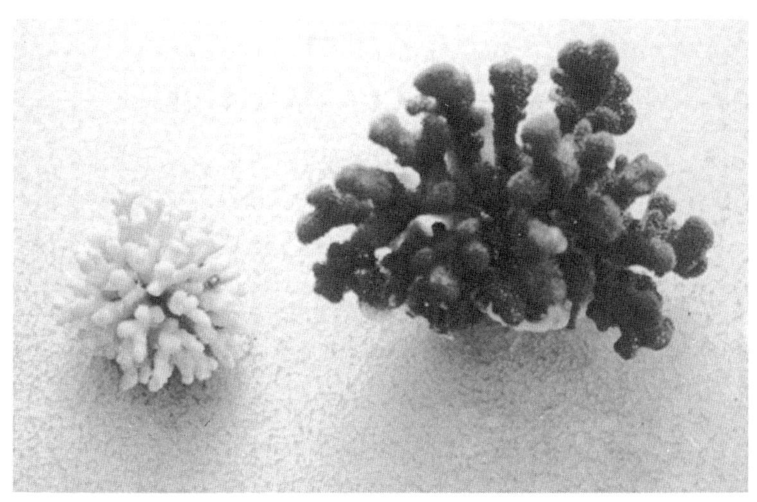

图 4.7 红海的柱状珊瑚在阴暗和强光条件下的适应情况。这两个珊瑚含有密度相近的虫黄藻，但适应阴暗环境的群落颜色明显较深(右)，其单位生物量所含叶绿素多于适应浅色光亮的群落(左)(资料来源：照片由 Z. Dubinsky 拍摄)

al.，1994；Peng et al.，2011)。据估计，某些珊瑚体内的虫黄藻释放给珊瑚宿主的光合产物高达 78%～98%(Davies，1984；Muscatine et al.，1984；Edmunds，Davies，1986)，而与之形成鲜明对比的是，自由生活的微藻类通常只释放不足 5% 的光合产物。多年来，刺激共生虫黄藻释放光合产物的因素一直存在争议，其中一种观点认为：珊瑚(以及其他含虫黄藻类的无脊椎动物，如砗磲和海葵)会产生一种化学信号，即所谓的宿主释放因子(Hinde，1988；Gates et al.，1995；Cook，Davy，2001)。将分离出的虫黄藻置于宿主组织匀浆中并用放射性示踪剂(即^{14}C)标记，以其结果表征宿主释放因子的活性。在此条件下，虫黄藻光合产物的释放量远超其在海水中培养时的释放量。来自多孔同星珊瑚的证据表明，宿主释放因子刺激甘油的合成。因此，这种化合物在虫黄藻中浓度高，进而导致甘油从藻类向宿主动物扩散(Grant et al.，1998)。然而，目前对于其他光合化合物释放的诱导尚不清楚，而多孔同星珊瑚中的这种机制是否存在于其他种类的珊瑚和无脊椎动物中同样未知。

除了仅占光合产物小部分的氨基酸外，释放的碳化合物都不含氮，因此被称为“垃圾食品”(Falkowski et al.，1984)。这意味着它们可以直接支持珊瑚的呼吸作用，并用于合成能量丰富的储存产物，如淀粉和脂质(特别是三酰基甘油和蜡酯)，但在获得氮的情况下，例如珊瑚捕获食物，这些光合产物就只能用于珊瑚的生长和繁殖。光合产物对珊瑚的呼吸作用相当重要；在阳光充足的浅水区，珊瑚的代谢能量需求可以通过虫黄藻光合作用得到满足；但在阴暗或浑浊的水域，亦或深水区，呼吸需求可能难以

满足。例如，印度洋-太平洋的鹿角杯形珊瑚，其虫黄藻在晴天时能够提供珊瑚呼吸所需的135%的碳，而在阴天时只能提供79%的碳，此时珊瑚不得不利用其储备的脂质(Davies，1991)。当有足够的光合产物支持珊瑚的呼吸时，盈余部分即可自由地用于珊瑚的生长和繁殖(两者的碳利用汇都相对较小)、储存或分泌黏液脂质(mucus lipid)。事实上，在光线充足的浅水区，珊瑚分泌出大量的黏液脂质，能够达到光合作用固碳量的45%(Crossland et al.，1980；Davies，1991)。鹿角杯形珊瑚在晴天和阴天的全部碳/能源消耗如表4.2所示。

表4.2　夏威夷3 m水深处的鹿角杯形珊瑚在晴天和阴天每日(24小时)的能量消耗

	虫黄藻				珊瑚		
	光合作用	呼吸作用	生长	转移至珊瑚的过量部分	呼吸作用	生长	失去的过量部分(如黏液)
晴天	355.2(100%)	29.5(8.3%)	1.2(0.3%)	324.5(91.4%)	241.1(67.9%)	12.4(3.5%)	71.0(20.0%)
阴天	224.7(100%)	29.5(13.1%)	1.2(0.5%)	194.0(86.3%)	241.1(107.3%)	12.4(5.5%)	(-59.5) (-26.4%)

注：单位为J，以骨骼重量为10 g的珊瑚小碎片来计算能量消耗。括号中的值是该过程中利用的光合产物的百分比。从虫黄藻转移到珊瑚的能量(以光合成固定的、富含能量的碳化合物的形式)被认为是虫黄藻在呼吸和生长利用后仍可获得的能量。珊瑚的能量损失(如黏液)按照珊瑚呼吸和生长后的剩余能量(自虫黄藻转移的总能量)计算。能量消耗显示，晴天时，珊瑚虫体内有过量的富含能量的光合产物，因此可以通过自养来满足呼吸和生长的需要；而在阴天时，珊瑚虫则必须利用体内的脂质储备来满足自身的需要。

资料来源：Davies，P. S.(1991). Effect of daylight variation on the energy budgets of shallow-water corals. *Marine Biology* 108：137-44。

4.6　氮的获取和通量

珊瑚获取氮有多种途径：①海水中的可溶性无机氮(DIN)；②海水中的可溶性有机氮(DON)；③珊瑚表面的沉积物(颗粒有机氮，PON)；④被珊瑚虫捕获的浮游生物及悬浮微粒。可溶性无机氮是从海水中吸收的铵盐(NH_4^+)(Grover et al.，2002)和硝酸盐(NO_3^-)(Wilkerson，Trench，1986；Grover et al.，2003)，而可溶性有机氮是从海水中吸收的氨基酸，如甘氨酸和丙氨酸(Ferrier，1991；Grover et al.，2008)。沉积物中含有多种颗粒有机氮源，包括碎屑、细菌、原生动物、微藻、小型无脊椎动物和被吸附的有机物(Lopez，Levinton，1987)。珊瑚表面的沉积物，在被珊瑚虫吞食或脱落之前，被黏液所包裹；珊瑚可以从沉积物中吸收氮，同化氮量可达30%～60%(Mills，Sebens，2004)。珊瑚以各种浮游动物为食，尤其是在浮游动物最活跃的夜间，摄食活动最为强烈。被摄食的浮游动物包括全浮游性桡足类和樽海鞘类以及各种涡虫、多毛类、藤壶、苔藓虫和珊瑚的其他阶段性浮游幼虫；珊瑚还能够捕捉从海底搅动进入水体的各种动物(Porter，1974)。所有这些氮源都支持珊瑚群落的生长和繁殖，而被同化的氮以有机氮的形式随黏液从群体中流失，如表 4.3 所示加勒比海鹿角珊瑚(*Acropora palmata*)的碳和氮的输入/输出值。

表 4.3 加勒比海鹿角珊瑚(*Acropora palmata*)的年均碳氮输入/输出值

	输入			输出			
	光合作用	悬浮微粒	溶解的营养物质	呼吸作用	组织生长	配子生产	溶解的有机物损失
碳	16.40 (91.1%)	1.60 (8.9%)	0.00 (0.0%)	11.50 (63.2%)	2.10 (11.5%)	1.60 (8.8%)	3.00 (16.5%)
氮	0.00 (0.0%)	0.50 (71.4%)	0.20 (28.6%)	0.00 (0.0%)	0.30 (40.0%)	0.10 (13.3%)	0.35 (46.7%)

注：单位为 g C/a 或 g N/a，珊瑚的初始骨骼重量为 250 g。括号中的值是占全部输入或输出值的百分比。

资料来源：Bythell，J. C.（1988）. A total nitrogen and carbon budget for the elkhorn coral *Acropora palmata*（Lamarck）. *Proceedings of the 6th International Coral Reef Symposium* 2：535-40。

然而，与所有营养物质一样，在许多珊瑚礁水域，氮(无论是 DIN、DON 还是 PON)通常都十分短缺。因此，珊瑚与藻类共生的一个极为重要的特征是，它们能够以各种形式收集氮并加以保存和循环利用，加上光合碳(photosynthetic carbon)的自养供应，共同解释了珊瑚为何能在寡养热带海洋水域中成功生存。关于珊瑚氮同化的大多数研究都集中在铵(ammonium)上，无论是来自外源性海水供应还是来自珊瑚排泄，铵都是动物细胞分解代谢(或更具体地说是氨基酸脱氨)的最终产物。珊瑚与虫黄藻之间铵氮的同化和转化如图 4.8 所示。珊瑚宿主及其共生虫黄藻都能吸收铵盐并把这些铵盐及时扩散到细胞内。在动物体内，一方面，同化主要通过 NADP-谷氨酸脱氢酶(NADP-GDH)途径发生，该酶催化铵转化为谷氨酸(Miller，Yellowlees，1989；Roberts et al.，2001)，然后谷氨酸可以合成其他氨基酸。另一方面，虫黄藻通过谷氨酰胺合成酶/谷氨酰胺 2-氧戊二酸酰胺转移酶(GS/GOGAT)途径同化铵，最终产物也是谷氨酸(Roberts et al.，2001)。珊瑚和虫黄藻都能主动吸收硝酸盐，但只有虫黄藻才能将硝酸盐转化为铵态氮，然后同化为氨基酸，这种转化是通过硝酸盐和亚硝酸盐还原酶进行的(Miller，Yellowlees，1989；Grover et al.，2003；Leggat et al.，2007)。

由于铵的同化涉及氨基酸的合成，有机碳骨骼必须具备进行同化作用的条件。这就解释了为什么铵的吸收不仅依赖于虫黄藻，还取决于光合作用的光照条件。放置在黑暗中的共生珊瑚显示，一旦所有储存的有机碳耗尽就会出现铵的净释放，尽管这些储存可能足以支持铵同化几个小时甚至一整夜(Muscatine，D'Elia，1978)。因此，光合

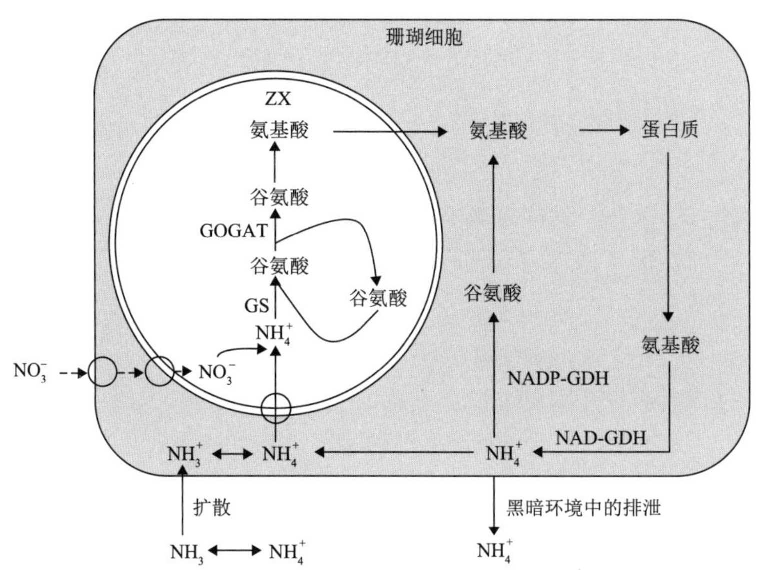

图 4.8 珊瑚-虫黄藻共生过程中的氮通路。ZX，虫黄藻细胞；GS，谷氨酰胺合成酶；GOGAT，谷氨酰胺 2-氧戊二酸酰胺转移酶；GDH，谷氨酸脱氢酶。细胞表面的小圆表示特定的膜转运机制。虚线箭头表示尚不确定的硝酸盐摄取途径。注意，虫黄藻的蛋白质合成和分解代谢途径并没有在图中显示［资料来源：Davies，PS.（1992）. Endosymbiosis in marine cnidarians. In：D. M. John，S. J. Hawkins and J. H. Price（eds），*Plant-Animal Interactions in the Marine Benthos*. Clarendon Press，pp. 511-540.］

碳的固定不仅支持了虫黄藻及其珊瑚宿主的代谢和结构需求，而且对于保存有价值的氮也至关重要，否则这些氮将被排泄到海水中(Wang，Douglas，1998)。支撑氮同化的外源碳供应量可能相对较低。因为珊瑚优先利用虫黄藻光合产物而不是氨基酸作为呼吸底物，所以也使得氮得到进一步保存。Wang 和 Douglas(1998)发现，在黑暗中添加外源性有机碳化合物，海葵 *Exaiptasia pallida* 的组织中氨基酸浓度升高，铵离子浓度降低，这证明了氮的维持机制。

氮一旦被珊瑚或虫黄藻同化为氨基酸，就可以直接与蛋白质结合参与生长过程。另外，有机氮和前面描述的各种富含能量的非氮化合物会从虫黄藻传递到珊瑚中(Davy et al.，2012；Kopp et al.，2013)。例如，在多种不同宿主珊瑚的组织匀浆培养液中，识别出了虫黄藻释放的^{14}C标记光合产物中的丙氨酸(Lewis，Smith，1971；Sutton，Hoegh-Guldberg，1990)。免疫定位技术(immunolocalization techniques)表明，含有所有必需氨基酸的糖复合物会从虫黄藻转移到宿主中(Trench，1993；Markell，Wood Charlson，2010)。虽然尚不清楚虫黄藻能否从珊瑚中吸收氨基酸等含氮有机化合物，但有证据表明，在其他藻类-无脊椎动物共生关系中，氮会发生这种反向转移(reverse translocation)

(Douglas, 1983)。珊瑚细胞内的氨基酸分解代谢产生了铵废物，这些铵废物又可被珊瑚及其共生虫黄藻吸收。尽管，尚不清楚这种氮循环在对珊瑚的生态效益重要性上是否与氮保存相当，但它是珊瑚-虫黄藻共生的最重要的特征之一(Wang, Douglas, 1998; Piniak, Lipschultz, 2004)。

宿主对氮的同化及截留可能在控制虫黄藻生长中发挥作用。环境中的氮供应不足可能是影响虫黄藻生长的主要因素。氮缺乏的间接证据来自珊瑚和其他含虫黄藻的无脊椎动物，当可溶性无机氮浓度升高或提供更充足的食物后，虫黄藻的生长速度和密度也随之增加(Hoegh-Guldberg, Smith, 1989a; Muscatine et al., 1989)；每个虫黄藻的叶绿素水平也升高了(Cook et al., 1988; Dubinsky et al., 1990)；虫黄藻的各种超微结构也发生变化，如叶绿体中类囊体的堆积更密集、有机碳(脂质和淀粉)的储量减少，这些有机碳在可获得氮时则用于生长过程(Berner, Izhaki, 1994; Muller-Parker et al., 1996)。氮缺乏的直接证据来自大西洋珊瑚 *Madracis mirabilis* 和 *Orbicella annularis* 的虫黄藻，在虫黄藻被分离出来并暴露于铵补充物下，暗碳(dark carbon)的固定率会升高(Cook et al., 1994)。本实验基于克雷布斯酸循环(Krebs Cycle acids)的胺化反应和二氧化碳的冷凝来取代胺化酸(Cook et al., 1992)。限制虫黄藻的生长对于防止珊瑚组织中虫黄藻的过度生长具有重要意义。虫黄藻也能够释放有机碳，以便将其转移到珊瑚宿主，但这方面的证据尚不明确(Falkowski et al., 1993; Davy, Cook, 2001a, 2001b)。

4.7 磷

和氮一样，磷对于珊瑚礁的结构和功能也是必不可少的。珊瑚和其他含共生虫黄藻的无脊椎动物可以通过可溶性无机磷(DIP；主要为磷酸盐 PO_4^{3-})、可溶性有机磷(DOP)、颗粒有机磷(POP)等途径获取(Ferrier-Pagès et al., 2016)。磷酸盐最容易被珊瑚吸收，珊瑚甚至能在极低浓度(0.2～0.3 μmol/L)的海水中获取磷酸盐(D'Elia, 1977)。有证据表明，这种吸收主要是由虫黄藻驱动的，因为没有共生关系的宿主(Muller-Parker et al., 1990)和非共生种类的珊瑚(Pomeroy, Kuenzler, 1969)无法从海水中吸收磷酸盐，而人工培养的虫黄藻却能够吸收(Deane, O'Brien, 1981)。此外，在光照条件下，虫黄藻吸收磷酸盐的能力会增强；在黑暗条件下，虫黄藻宿主会排出磷酸盐(D'Elia, 1977; Cates, McLaughlin, 1979; Godinot et al., 2009)。然而，对柱状珊瑚吸收动力学的分析表明，虫黄藻及其宿主珊瑚都具有磷酸盐转运蛋白。事实上，磷酸盐必须能够主动转运到珊瑚中，因为磷酸盐是沿着浓度梯度从海水到珊瑚细胞的细胞质中的(Jackson, Yellowlees, 1990; Godinot et al., 2009)。虽然需要更多的研究来阐明此共生系统获取磷的机制，但可以明确的是，尽管虫黄藻体内的磷含量十分有限，

但它们在磷酸盐的摄取和保留中起着至关重要的作用(Godinot et al., 2011; Ferrier-Pagès et al., 2016)。虽然磷是 ATP 和磷脂质(phospholipids)的重要组成部分，但人们对磷在珊瑚-虫黄藻共生体中的后续机制尚不清楚。磷脂质有助于稳固动物组织的细胞膜，也有助于珊瑚骨骼的有机基质形成(Allemand et al., 1998; Watanabe et al., 2003)。磷也会流向珊瑚组织的膦酸酯(phosphonates)中，借以增强珊瑚的结构强度(Godinot et al., 2016; Ferrier-Pagès et al., 2016)。

4.8 共生关系的建立与稳定

珊瑚进行无性繁殖时，亲代组织中的虫黄藻会直接传递给新珊瑚群体。珊瑚进行有性繁殖或通过未受精的胚胎发育[即孤雌生殖(parthenogenesis)]进行无性繁殖时，情况就变得更加复杂。在这两种情况下，虫黄藻或是通过配子从亲代转移到后代[“垂直传播”(vertical transmission)]，或是从周围海水中重新获得[“水平传播”(horizontal transmission)]。在珊瑚中，垂直传播并不常见(Babcock et al., 1986)。垂直传播包括虫黄藻从母体组织进入发育中的卵母细胞，并被包含在卵的细胞质中(Hirose et al., 2001)；而珊瑚的精子太小，不能共生虫黄藻。在水平传播中，浮游幼虫或新附着的珊瑚虫对虫黄藻的吸收对于珊瑚的存活至关重要，这取决于水体中虫黄藻的可获得性。虫黄藻的来源众多：①健康的珊瑚能将虫黄藻排入海水中，以控制细胞内虫黄藻的密度(Hoegh-Guldberg et al., 1987)；②不健康的珊瑚因整体的应激反应将虫黄藻排出体外，即珊瑚白化(Jones, 1997)；③被珊瑚吃掉的浮游生物食性的动物内含物(Fitt, 1984)；④某些食珊瑚的鱼类和无脊椎动物的食物残渣和粪便(Muller-Parker, 1984)。虫黄藻培养实验结果表明：有活动能力的虫黄藻可以利用趋化作用来定位潜在宿主，因为它们会游向珊瑚和其他海洋无脊椎动物的含铵盐的排泄物(Fitt, 1984)。当虫黄藻与珊瑚接触时，它必须被珊瑚吞噬以避免随后被消化或排出。这一过程中涉及的分子和细胞机制尚不清楚(Weis et al., 2008; Davy et al., 2012)，但可能涉及藻类细胞中的分子，这些分子与动物细胞中的受体分子相互作用，从而触发吞噬作用(Markell et al., 1992; Lin et al., 2000; Kvennefors et al., 2008; Logan et al., 2010)。该过程还能够发出抑制吞噬溶酶体融合的信号，从而防止虫黄藻一旦进入珊瑚细胞就被消化(Fitt, Trench, 1983; Chen et al., 2004; Fransolet et al., 2012)。

共生关系一旦建立，宿主通过主动减缓藻类共生体的生长来控制其细胞内的藻类共生体的增殖(Smith, Muscatine, 1999)，消化和排出多余的藻类(Titlyanov et al., 1996; Baghdasarian, Muscatine, 2000)，从而维持“正常”条件下的共生稳定性。然而，这种宿主细胞与藻类共生生长之间的稳定关系可能会受到环境胁迫的显著干扰(Weis,

2008)。现如今，珊瑚白化是影响珊瑚的最重要的现象之一，它包括珊瑚失去虫黄藻，或者失去其虫黄藻的光合色素。其他的含虫黄藻生物，如砗磲、海葵和海绵等也可能会发生白化。白化最终造成珊瑚组织逐渐变得半透明，露出白色的碳酸钙骨骼(图4.9)。由于珊瑚白化，其组织生长、繁殖力、钙化以及最终的生存都受到严重损害，整个珊瑚礁生态系统的健康也受到威胁。引起白化的压力源包括高温或低温、强光或弱光(光合有效辐射)、紫外线辐射、盐度降低、微生物感染以及各种海洋污染物，如铜和氰化物(Hoegh-Guldberg，1999，2004)。这些压力中最主要的是与全球变暖有关的表层水温升高，它被认为是造成越来越频繁暴发的大规模白化的主要原因。在全球范围内，大片珊瑚礁在短短几个月的时间内就发生了白化(Hoegh-Guldberg，1999；Hoegh-Guldberg et al.，2007)，强烈的光照进一步加剧了水温的影响。

图4.9 珊瑚白化现象。在环境压力下，当虫黄藻(插图)从组织中被排出时，这种鹿角珊瑚的褐色(a)消失，透过半透明组织可以看到白色的珊瑚骨骼(b)(资料来源：由O. Hoegh-Guldberg提供)

虽然高温压力对珊瑚宿主的直接影响也可能在珊瑚白化中发挥重要作用(Hawkins et al.，2013；Krueger et al.，2015)，但白化过程主要与虫黄藻的光抑制有关(Jones et al.，1998；Smith et al.，2005；Weis，2008)。光抑制模型假设水温限制了CO_2的获取和同化，说明激发速率(即光捕获速率)超过了光合作用中的光利用速率。部分多余的能量可以通过将叶黄素硅甲藻黄素(xanthophyll diadinoxanthin)转化为硅藻黄素(diatoxanthin)以热能的形式耗散掉(Brown et al.，1999；Venn et al.，2006)；但剩余的能量被传递给氧气，导致活性氧(ROS)的积累。在正常情况下，活性氧产生的影响因活性氧清除酶的活动被降至最小，但是与热白化相关的活性氧的过量产生会导致蛋白质变性和光合器官的损伤。光抑制模型有助于解释为什么较高的光合有效辐射水平会加剧高温的影响(Fitt，Warner，1995)，以及为什么珊瑚群落的上部会比其他部位更容易白化(图 4.10)。

图 4.10 印度洋的菊花珊瑚属(*Goniastrea*)珊瑚群落。许多珊瑚只在光照最强烈的浅水区被杀死，在阴暗的深水区仍能够存活

虽然人们对高温光抑制在珊瑚白化中的作用具有普遍的共识，但对光合作用破坏的起始部位还没有明确的认知。这其中可能包括光合系统Ⅱ和相关 D1 蛋白(D1 protein)的功能障碍(Warner et al.，1999)、类囊体膜稳定性的丧失(Tchernov et al.，2004)和二磷酸核酮糖羧化酶(RuBisCO)活性的丧失(Jones et al.，1998；见图 4.11)。RuBisCO 是一种控制固定二氧化碳的酶，任何活性的丧失都会打断光合作用暗反应中的能量流动。与温度有关的酶活性的降低还可以解释低温光抑制和白化现象(Saxby et al.，2003；Hoegh-Guldberg，Fine，2004)。

光抑制作用不仅直接影响虫黄藻的生理过程，还会对宿主细胞的健康产生影响。珊瑚细胞在高温下会发生凋亡[“程序性细胞死亡”(programmed cell death)]，这可能是由虫黄藻产生更多有毒活性氧导致的(Dun et al.，2004)。此外，受热胁迫的虫黄藻会产生一氧化氮(NO)，这是一种可以穿透细胞膜的毒性分子，有可能杀死宿主细胞(Hawkins，Davy，2012；Hawkins et al.，2014)。因此，整体的白化反应很可能是由虫黄藻及其宿主珊瑚的共同影响造成的。

珊瑚能否承受白化的影响并从白化中恢复过来，是一个极为重要的课题。珊瑚本身有一定的热适应能力，从而降低了热胁迫的影响(Berkelmans，Willis，1999；Williams

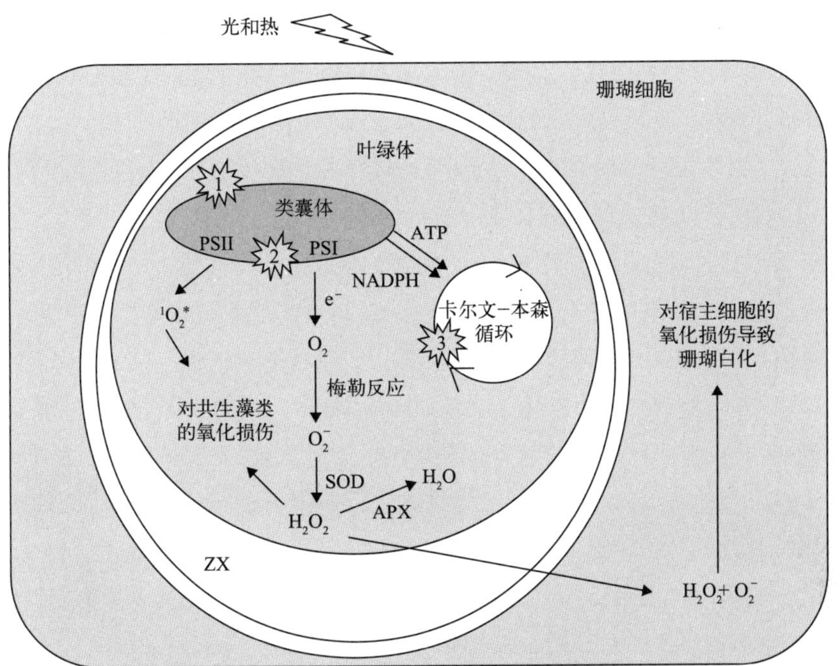

图 4.11 珊瑚白化机制示意图。图中显示虫黄藻光合系统受到温度影响的 3 个主要位点：①光合系统Ⅱ功能障碍及相关的 D1 蛋白的降解；②类囊体膜完整性丧失，从而导致类囊体膜的能量解耦；③对卡尔文-本森循环的损害。光合系统的损伤意味着光激发速率（即光捕获速率）超过光合作用中的能量利用率，导致光合系统 I 中 O_2还原生成超氧化物自由基（O_2^-）［"梅勒反应"（Mehler reaction）］。有些超氧化物自由基分解为过氧化氢（H_2O_2），然后与抗氧化剂超氧化物歧化酶（SOD）、抗坏血酸过氧化物酶（APX）共同作用生成水。然而当产生的超氧化物自由基超过了这些抗氧化剂所能处理的量时，氧化损伤就会在虫黄藻和珊瑚宿主中发生，从而导致珊瑚白化。单线态氧（$^1O_2^*$）是一种高能量、有毒的氧气，在受损的光合系统Ⅱ反应中形成，它的产生会造成进一步的损害。这种单线态氧能够使蛋白质（如光合系统Ⅱ反应中的 D1 蛋白）变性，并引起叶绿素和其他辅助色素的白化。值得注意的是，也有一些证据表明热胁迫对宿主珊瑚有直接影响，图中没有显示这种影响的可能位点［资料来源：Venn，A. A.，Loram，J. E. and Douglas，A. E.（2008）. Photosynthetic symbioses in animals. *Journal of Experimental Botany* 59：1069-1080.］

et al.，2010）。但大多数人关注的是虫黄藻多样性在决定珊瑚白化易感性和恢复力中的潜在作用。如前所述，虫黄藻在遗传和生理上存在多样性。这种多样性有助于解释为什么一些珊瑚群落比其他群落更易白化（即胁迫耐受性由它们所包含的虫黄藻类型所决定），以及由于珊瑚在同一群落的不同部位拥有不同的虫黄藻，这就是为什么会出现斑块状白化现象的原因。例如，加勒比海珊瑚 *Orbicella annularis* 和 *O. faveolata* 同时含有多种类型的虫黄藻，在环境胁迫下，更喜阴的虫黄藻会从群落中最明亮的部位消失，而更具耐受力的虫黄藻随后会扩散到这些空出的部位(Rowan et al., 1997)。这种由于环境变化而导致的共生关系的调整构成了“自适应白化假说”的基础(ABH；Buddemeier，Fautin，1993)。“自适应白化假说”基于5个假设(Fautin，Buddemeier，2004)：①多种宿主-共生体类型同时存在；②宿主可与各种各样的虫黄藻形成共生关系；③不同的宿主-共生组合体在生理上存在差异；④白化提供了一个契机，使不同的优势共生类型的种群得以重新聚集，这些种群或来自衰退共生体的残余，或来自周围环境；⑤在无胁迫的条件下，对胁迫敏感的宿主-共生体组合更具竞争优势。尽管“自适应白化假说”仍然存在争议，但有证据支持其中的几个假设。特别是，“自适应白化假说”假定共生体系对环境变化的快速适应(LaJeunesse et al., 2003)，这尽管可能受到宿主-共生体的识别和特异性方面的阻碍(Hoegh-Guldberg，2004；Weis et al., 2008)，但至少在从周围环境中获取新的共生体以及某些宿主-共生体的次要功能的确如此(Starzak et al., 2014)。此外，鉴于全球白化事件的增加，自适应白化可能太过缓慢，以至于跟不上当前全球变暖的速度(Hoegh-Guldberg，2004)。这个有趣而又具争议的话题已引起了广泛争论(Baker，2001；Hoegh-Guldberg et al., 2002；Baker et al., 2004；Fautin，Buddemeier，2004)。

4.9 珊瑚-微生物的关联性

珊瑚还与大量微生物有关，而我们对这些微生物知之甚少。已知细菌(包括蓝细菌)都分布在珊瑚的外表面，特别是外黏液层以及珊瑚组织中(Blackall et al., 2015；Thompson et al., 2015)。将细菌培养技术应用于珊瑚黏液样本，首次证实了与健康珊瑚有关的细菌群落的多样性和宿主特异性(Ducklow，Mitchell，1979；Ritchie，Smith，1997)。而随着DNA非培养技术的出现，珊瑚相关微生物群落潜在的多样性得以清晰阐述。例如，Rohwer等(2002)测量了从巴拿马和百慕大水域采集的大型珊瑚 *Orbicella franksi*、*Diploria strigosa* 和 *Porites astreoides* 健康群体中相关细菌的多样性(包括异养菌和蓝细菌)。他们从总共14个组织样本中发现了430种不同的细菌类型，其中一半可能为新的细菌属和种。此外，对这些珊瑚样本进行更全面的DNA测序，获得了6 000种不同的细菌核糖体基因型。同样值得注意的是，巴拿马的细菌多样性大于百慕大群岛的细菌多样性，这与后生动物的多样性模式一致。与珊瑚相关的细菌至少隶属12个细菌分支，这突显了与健康珊瑚礁珊瑚相关的新细菌和特异性细菌的高度多样性(Knowlton，Rohwer，2003)。其中，发现于澳大利亚大堡礁的鹿角杯形珊瑚中的γ和α变形菌门，分别在珊瑚组织和表面黏液中占优势(Bourne，Munn，2005)。

除了细菌，越来越多的证据表明，其他原核生物也与珊瑚有关。Wegley 等(2004)通过测定，证明了采自巴拿马、波多黎各和百慕大水域的珊瑚是否存在古菌。这些珊瑚相关的古菌分布广泛、新颖、种类繁多(仅 3 种珊瑚就有 93 种古菌类型)。但与珊瑚相关的许多细菌相比，它们并不具有物种特异性。此外，古菌丰度很高，在芥末滨珊瑚(*Porites astreoides*)中发现其密度大于 10^7 cells/cm^2，几乎占原核生物群落的一半。

病毒可能是造礁珊瑚中最不为人所知的微生物群落，人们正慢慢了解有关病毒在珊瑚礁生态系统中的多样性和作用(Vega Thurber et al., 2017)。Davy 和 Patten (2007)首次研究了与野外健康珊瑚黏液相关的病毒群落。他们报道了采自大堡礁的美丽鹿角珊瑚(*Acropora muricata*)和滨珊瑚表面黏液中共 5 个形态学类群 17 个亚群的病毒。此后，在其他健康的珊瑚组织和黏液中也发现了病毒(Patten, Harrison, et al, 2008; Nguyen-Kim et al., 2014; Lawrence, Davy, et al., 2015)。特别是宏基因组学、转录组学和蛋白质组学方法的出现，提高了我们对珊瑚病毒的认识。迄今为止，在珊瑚及其共生藻类中已发现了约 60 个病毒科(约占所有已知病毒科的 58%)。其中 9~12 个病毒科特别占优势，如短尾噬菌体科(Podoviridae)、肌尾噬菌体科(Myoviridae)、藻类去氧核糖核苷酸病毒科(Phycodnaviridae)和痘病毒科(Poxviridae)。这些优势种隶属以下 3 种病毒谱系：双链 DNA(dsDNA)病毒、单链 DNA(ssDNA)病毒、逆转录病毒。与珊瑚疾病和健康关系最密切的是类疱疹病毒(Wood Charlson et al., 2015; Correa et al., 2016; Vega Thurber et al., 2017)。

原生动物也存在于健康珊瑚的表面组织和黏液中。例如，不同种类的原生藻菌有时会聚集在一起，覆盖大面积的珊瑚表面(Kramarsky-Winter et al., 2006)。

微生物群落不仅与珊瑚表面和组织相关，也与珊瑚骨骼相关。约 98%的造礁珊瑚骨骼中含有丝状绿藻、蓝细菌、真菌和细菌，它们在骨骼中形成一系列不同的水平条带(Le Campion-Alsumard et al., 1995; Bentis et al., 2000; Marcelino, Verbrugger, 2016; 见图 4.12)。内生藻类能够适应非常低的光照水平(低于 1%的表面辐照度)和有限的水体交换(如氧气和营养物质)，因此其代谢率非常低(Shashar et al., 1997; Ralph et al., 2007)。最常见的内生藻类是太平洋和大西洋都有分布的绿藻纲绿藻 *Ostreobium quekettii*，而与之相似的 *O. constrictum* 只在加勒比海珊瑚中有发现；*Ostreobium* 的主带通常距离骨骼表面 5~30 mm。一些红藻的丝状体阶段(生命史中非常细的丝状阶段)也存在于珊瑚骨骼中。这些内生藻类不像营自由生活的藻类那样对珊瑚礁的生产力具有重要意义，但对植食性动物(如珊瑚礁鱼类鹦鹉鱼和海胆等)，它们仍是重要的食物来源。这些内生藻类还为上层覆盖的珊瑚组织提供光合产物，支持着珊瑚的新陈代谢(Schlichter et al., 1997)。

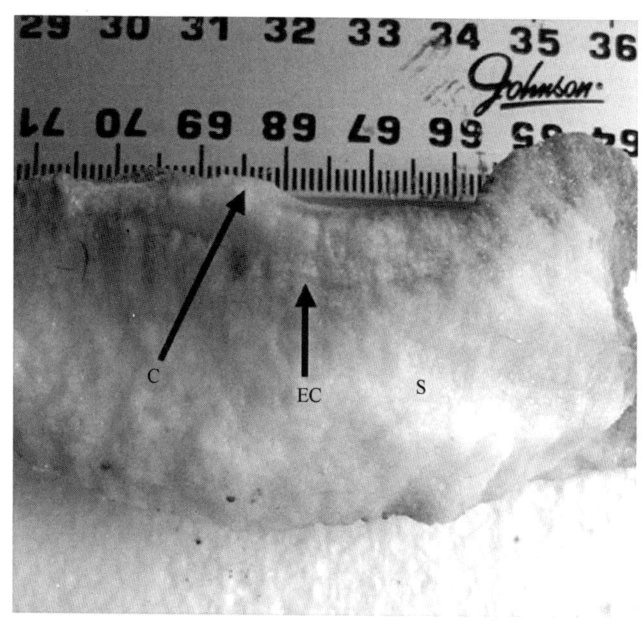

图 4.12　印度洋-太平洋滨珊瑚骨骼的横截面，显示了表层下的骨骼内生物群落。这些群落可能包含各种微生物，包括丝状绿藻、红藻、真菌、异养菌和蓝细菌。骨骼内生物群落在珊瑚骨骼内形成明显的水平条带。在这个标本中，图像中间位置的生物条带特别明显，该处表层的珊瑚组织已被破坏，使得更多的光线能够透过并抵达骨骼内进行光合作用的生物表面（如丝状绿藻 *Ostreobium quekettii*）。EC：骨骼内生物群落；S：骨骼；C：表层的珊瑚组织。比例尺以厘米为单位（资料来源：图片由 J. Davy 拍摄）

这些微生物中的大多数种类，与其健康的珊瑚宿主之间的相互关系尚不清楚，但生活在珊瑚表面的原核微生物可能发挥着某些重要作用，包括：①当蓝细菌存在于珊瑚组织或者珊瑚骨骼内生物群落中时，珊瑚会获得新的代谢功能，如光合作用和固氮作用（Tribollet et al.，2006；Lesser et al.，2007）；②营养物质的清除和循环利用（Ceh et al.，2013）；③通过竞争、生产抗生素或占领生态位防止机会性病原体的侵入（Rohwer，Kelley，2004；Krediet et al.，2013；Raina et al. 2016）。原核生物群落与珊瑚宿主的这种共生关系，引出了珊瑚“共生总体”（holobiont）的概念（Rohwer et al.，2002），它包括珊瑚、虫黄藻和原核微生物（见图 4.13）以及内生藻类、真菌、原生动物和病毒。尽管人们越来越认识到，这些生物之间的相互作用对我们了解珊瑚礁的功能和健康至关重要，但珊瑚共生总体各成员之间的相互作用在很大程度上仍然未知。

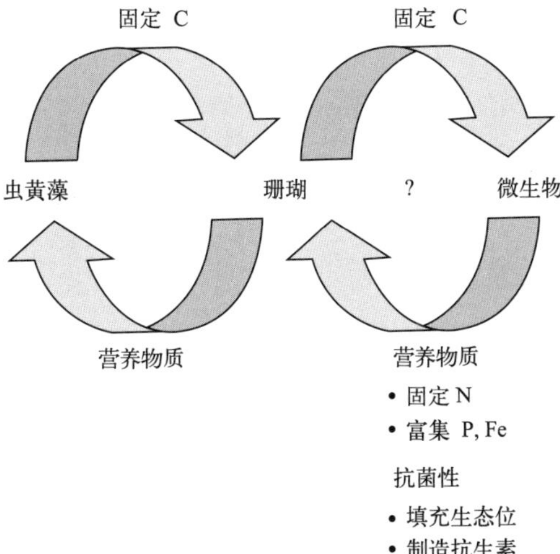

图 4.13 珊瑚群落"共生总体"模型。该模型展示了已被充分研究的珊瑚及其虫黄藻之间的相互作用，同时还包括了珊瑚与其原核微生物群落之间的相互作用。共生总体还包括模型中其他几种没有显示的生物，如骨骼内生藻类、真菌、原生动物和病毒[资料来源：Rohwer，F.，Seguritan，V.，Azam，F. and Knowlton，N.（2002）. Diversity and distribution of coral-associated bacteria. *Marine Ecology Progress Series* 243：1-10.]

4.10 与海绵共生的非光合细菌、蓝细菌和藻类

海绵也与微生物共生，包括细菌、古菌、单细胞藻类和真菌(Webster，Taylor，2012；Thomas et al. 2016)。几乎所有的海洋海绵都与非光合细菌共生(Wilkinson，1984)，大量的珊瑚礁寻常海绵纲(Demospongiae)海绵也与藻类或蓝细菌[通常是聚球藻属(*Synechococcus*)]形成共生关系[见图 4.14(a)；Usher et al.，2004]。例如，珊瑚礁陆架中部和外侧分布的海绵种类中，约 50%的种含有细胞内生蓝细菌、甲藻(即虫黄藻)、硅藻或单细胞绿藻(Wilkinson，1987；Trautman，Hinde，2001；Schonberg，Loh，2005；Webster et al.，2013)。此外，某些海绵与大型海藻形成细胞间共生，特别是与红藻或绿藻[见图 4.14(b)；Bergquist，Tizard，1967；Davy et al.，2002]。这些藻类和蓝细菌占到所有共生关系中的 75%(Wilkinson，1987；Davy et al.，2002)，而且在许多珊瑚礁中，海绵在空间占用方面仅次于造礁石珊瑚(Wulff，Buss，1979)。因此，海绵共生生物在珊瑚礁中具有高度的生态重要性。正如在大堡礁的独树岛(One Tree Island)，莳萝蜂海绵(*Haliclona cymiformis*)和伴绵藻(*Ceratodictyon spongiosum*)之间的共生关系[图 4.14(b)]。在这一海域礁坪的沙/碎石区，海绵-大型藻类共生体的初级生产力远

远超过了珊瑚(珊瑚不适宜在松散的基质上附着和生存)(Trautman, Hinde, 2001)。海绵对于珊瑚礁的沉积物和碎石的固结以及生物侵蚀也很重要(Bell, 2008),伴生藻类对这两者都起促进作用。例如,虫黄藻提高了穿贝海绵 *Anthosigmella varians* 的生长速率和生物侵蚀速率,也提高了海绵的整体适应性(Hill, 1996)。海绵的生长和共生蓝细菌之间也有类似的联系(Wilkinson, Vacelet, 1979)。此外,海绵可以通过营光合作用的共生伙伴减少主动滤食,以节省能量(Pile et al., 2003)。

图 4.14 海绵-光能细菌共生体。(a)澳大利亚海绵(*Chondrilla australiensis*)内的蓝细菌(箭头);(b)在大堡礁独树岛的潟湖内,伴绵藻和莳萝蜂海绵的共生体。共生体形态展示了大量分枝状的大型藻类,细胞间的结壳海绵分布在藻的小分枝周围和之间,包裹了大部分藻类;只有位于共生体顶部的藻类小枝没有海绵。刻度条分别代表 200 nm(a)和 5 cm(b)[资料来源:(a)照片由 K. Usher 拍摄;(b)照片由 D. Trautman 拍摄]

共生现象与海绵在珊瑚礁区取得的巨大成功密切相关,但海绵与共生生物之间的相互作用远不如珊瑚-藻类的相互作用那样为人所知。共生异养菌的作用尤其不明确,它们能够吸收海水中的可溶性有机物并将其传递给海绵(Reiswig, 1971)。此外,某些细菌能够在海绵的氮代谢中起重要作用(Webster, Taylor, 2012)。例如,某些异养菌共生体能够将氨基氮硝化成硝酸盐,然后这些硝酸盐被蓝细菌或共生虫黄藻同化,或被排泄到周围的海水中。因此,异养菌共生体对珊瑚礁的生产力具有一定贡献(Corredor et al., 1988)。

与异养菌相比，海绵的光合自养型共生生物更容易被理解，它们与海绵的相互作用方式可能与我们所见的珊瑚-虫黄藻共生方式类似。例如，蓝细菌向宿主海绵释放主要含甘油的光合产物。但与珊瑚相比，这种释放的程度可能较小(占光合产物的5%~12%，Wilkinson，1980)。同样，伴绵藻以低于1.3%的速率把光合产物释放到宿主莳萝蜂海绵中(Pile et al.，2003)。这种低释放率可能会限制蓝细菌和藻类为海绵提供营养的程度。不过在这种共生关系中，光合速率通常超过海绵的呼吸速率，有时可高达4倍。这说明整个共生体是净初级生产者(Wilkinson，1983；Cheshire et al.，1997)。

海绵和光合自养型共生生物之间的氮转化过程与珊瑚-虫黄藻共生关系也十分相似。特别是，海绵排泄的氮能够被光合自养型共生生物所利用，正如海绵在其光合自养型共生生物被移除(Sara et al.，1998)或光合作用受到暗抑制时(Davy et al.，2002)会向海水释放更多氨那样。此外，虽然在这种共生关系中，氮的循环利用(即从海藻释放出的废氮经同化后重新返回海绵)的潜力有限(Davy et al.，2002)，但在莳萝蜂海绵-伴绵藻共生体中，海绵排泄的氮足以支撑海藻生长对氮的需求。尽管蓝细菌共生体可以固氮(Wilkinson，Fay，1979；Fiore et al.，2010)，还能够将有机氮转移到宿主海绵中，然而我们对其他海绵-光合自养共生体内的氮循环却一无所知。

除了营养作用，海绵及其光合自养型共生生物可能还具有其他益处。其中最广为人知的是有毒化合物的生产，尤其是蓝细菌，它们能保护海绵免受捕食者的伤害(Unson，Faulkner，1993；Unson et al.，1994)。作为回报，海绵尖锐的骨针可以阻止其他生物捕食蓝细菌和共生藻类(Scott et al.，1984)。在某些情况下，特别是涉及到共生海藻时，海绵能够从海藻提供的结构支持中受益。例如，莳萝蜂海绵通过改变细胞间伴绵藻的生长形式，为海绵提供坚硬的藻类框架。这种共生关系经常在不稳定的砂质潟湖中发挥作用(Bergquist，Tizard，1967；Trautman，Hinde，2001)。

4.11 “宏观”或标志性的共生(如鱼和海葵，虾和鱼)

珊瑚礁区还存在许多其他的内、外共生现象，其中最有趣的例子发生在鱼类和各种无脊椎动物之间。与无脊椎动物形成内共生的鱼类包括各种体型较小、形似鳗鱼的隐鱼科鱼类[Carapidae，见图4.15(a)]。隐鱼栖息在棘皮动物(如海星和海参)体内，或以棘皮动物的组织为食(即寄生)，或在不捕食时寻求庇护(即共生)(Parmentier，Das，2004；Parmentier，Vandewalle，2005)。多种虾虎鱼能够与无脊椎动物形成外共生。例如，虾虎鱼可与虾形成一种互惠共生，虾能挖出它们共同生活的洞穴，而鱼能用尾巴轻拍虾的触须，为虾提供危险警告(Karplus，1979；Thompson，2004)。虾虎鱼还能与石珊瑚形成专性共生关系，虾虎鱼只对一种或两种硬珊瑚，甚至只对一种珊瑚的特定颜色具专性共生关系(Munday et al.，1997，2001)。

(a) (b)

图 4.15 鱼类-无脊椎动物的共生关系。(a)纤细隐鱼(*Encheliophis gracilis*)及其共生的棘皮动物。这种罕见的印度洋-太平洋鱼类栖息在棘皮动物中，可寄生于海星 *Culcita discoidea* 和海参中[糙海参(*Holothuria scabra*)和蛇目海参(*H. argus*)]；(b)澳大利亚东南部豪勋爵岛(Lord Howe Island)珊瑚礁区的麦氏双锯鱼(*Amphiprion mccullochi*)。这种特殊的鱼类与樱蕾篷锥海葵(*Entacmaea quadricolor*)形成了互惠共生关系。麦氏双锯鱼只分布在豪勋爵岛和澳大利亚东海岸的其他几个亚热带水域[资料来源：(a)照片由 E. Parmentier 拍摄；(b)照片由 J. Davy 拍摄]

鱼类-刺胞动物共生最典型的例子是小丑鱼与海葵之间的互惠共生[图 4.15(b)]。目前已知的小丑鱼有 28 种，全部分布在印度洋-太平洋地区，而只有 10 种海葵(即仅占已知海葵种类的 1%)与这些小丑鱼形成共生关系(Fautin，Allen，1997)。值得注意的是，这些海葵的组织中都含有虫黄藻。有些小丑鱼“极度专一”，它们只与一种海葵形成特定的共生关系，而另一些小丑鱼则“极其花心”，它们与所有 10 种海葵均能形成共生关系(Mariscal，1970；Fautin，Allen，1997)。在宿主海葵的海葵棘刺保护下，小丑鱼从浮游幼鱼蜕变为底栖幼鱼(Elliot，Mariscal，1996)；这一过程可通过行为策略(如在共生关系建立的初期试验阶段的驯化)和先天的化学机制实现(Fautin，1991)。宿主海葵增加触手扩张的频率(Porat，Chadwick-Furman，2004)保护小丑鱼免受捕食者的攻击(Fautin，1991)，同时小丑鱼通过阻止蝴蝶鱼等捕食者来提高海葵的存活率(Porat，Chadwick-Furman，2004)。此外，小丑鱼因浮游动物食性排出的氨，可以促进虫黄藻和海葵的生长(Porat，Chadwick-Furman，2005)。

鱼类-鱼类共生最著名的例子发生在不同种类的清洁鱼和其他较大型的礁栖鱼类之间。尽管许多非共生的清洁鱼类通常在指定的部位发挥作用，但䲟科(Echeneidae)鱼类，却能够通过背鳍特化形成的吸盘长时间吸附在宿主(通常是大型鲨鱼)身上，而作为回报，䲟鱼获得食物和保护。

5 微生物、微藻和浮游礁栖生物

5.1 礁栖微生物

细菌、古菌、病毒、真菌和原生生物(简单的真核微生物)是珊瑚礁区种类和数量最丰富的生物类群。这些微生物具有一系列重要的生态功能，包括参与初级生产、固氮以及珊瑚礁区大部分死亡生物的周转、分解和循环过程。此外，微生物是许多礁栖生物的重要食物来源，在某些情况下也是珊瑚疾病的病原体。微生物在水体中异常丰富，但其生物量主要集中在底栖生物表面或表层沉积物中(Ducklow，1990)。

许多浮游和底栖微生物种类与珊瑚密切相关(分布在珊瑚表面、组织和骨骼中)，并与其他礁栖生物(如海绵和海鞘)形成内共生体，共同实现一系列代谢和生态功能(见第4章)。

5.1.1 细菌和古菌

细菌在底栖和浮游生物群落中数量丰富(见下文“海洋微生物群落的分子特征”)。其中，数量最多的是微微型浮游生物(picoplankton，0.2~2 μm)，主要由异养菌和蓝细菌组成，其生物量和生产力都超过了小型浮游生物(microplankton，20~200 μm)。由最小的原生生物组成的微型浮游生物(nanoplankton，2~20 μm)也具有相对较高的丰度。细菌的细胞较小，因此具有较大的表面积/体积比，这有助于细菌在寡养珊瑚礁水域中摄取营养物质。尽管细菌的多样性尚未全面量化，但其仍是珊瑚礁群落中最多样的组成成分之一(Rohwer et al.，2002；Blackall et al.，2015)。古菌虽不如细菌知名，但在海洋环境中也很常见，并在深海区的浮游生物群落中占优势(Karner et al.，2001)。古菌在珊瑚礁区同样丰富多样(Tout et al.，2014；Frade et al.，2016)。

海洋微生物群落的分子特征

人们早已知晓海洋生态系统中的微生物，但直到最近我们才开始探索它们的生态功能。传统的培养技术存在局限性，因为环境微生物的培养率不足

1%(Amann et al., 1995)。随着分子技术的发展，人们不断增强对微生物及其在海洋生态系统中作用的认知。我们既可以分析浮游微生物，也可以分析附着于底质和动植物组织内的微生物，并为单个物种及固氮细菌等功能类群的鉴定提供一系列特异性指标。

利用一系列微生物遗传物质分析方法，我们可以确定海洋环境中复杂微生物群落中的成员组成。分析的第一步需要从环境样品中提取遗传物质(DNA 或 RNA)。提取自环境样品的 DNA 可以直接作为聚合酶链式反应(PCR)的模板；而 RNA 需要先逆转录成 DNA(RT-PCR)，获得拷贝 DNA(cDNA)后再进行 PCR 扩增。提取方法通常遵循 3 个基本步骤，并可根据需要进行调整，包括：①细胞破裂；②从其他细胞成分中分离遗传物质；③纯化并回收遗传物质。纯化后的遗传物质可用于鉴定群落多样性或确定群落组成成分的相对丰度。

PCR 支持扩增总基因组中特定的 DNA 片段[见图 5.1(c)]。它是基于引物(DNA 短序列，位于目的序列的两端)的循环酶催化扩增过程，并最终实现目的序列的数百万份拷贝。因此，即使目的 DNA 处于非常低的水平，也能够通过 PCR 扩增实现对目标片段的分析。扩增目的片段的引物是按照微生物遗传序列的特定区域进行设计的，用于识别低变区，可以针对单一物种(Kim et al., 2015)亦或是某古菌类群中的所有种类(Gantner et al., 2011)。

PCR 还可与变性梯度凝胶电泳(Denaturing Gradient Gel Electrophoresis, DGGE)等其他方法结合使用(Muyzer et al., 1987)。变性梯度凝胶电泳根据凝胶中变性剂的电泳迁移率差异，分离出 PCR 的扩增片段，从而为样品建立一个“群体指纹图谱”(community fingerprint)。当片段通过电泳在凝胶中迁移时，具有相同序列的片段将停在同一点，形成明亮的条带，从而产生指纹。指纹分析支持对多个样本进行比较，从而快速评估群体之间的相似性和差异性[见图 5.1(a)]。

PCR 产物也可以进行测序，从而确定扩增 DNA 片段的遗传编码。目前，已有几种不同的 DNA 测序方法，包括焦磷酸法、鸟枪法和链终止法。测序前，单个序列类型可以通过基于质粒的载体克隆、克隆文库的构建和变性梯度凝胶电泳进行分离，其中每个条带由序列相同的 DNA 片段组成。将获得的序列与在线数据库(如 NCBI 数据库)进行比较，从而确定 DNA 所属物种或与其最近的近缘种类。此外，二代测序技术(也称为高通量测序技术 HTS)可以对混合群体中的 PCR 产品进行测序。然后可以使用诸如 QUIME 这样的开源计算机程序对扩增序列进行分析(Caporaso et al., 2010)。QUIME 可用于识别一系列群体指数，例如个体的相对丰度、群体丰富度和多样性水平、核心微生物的识别等。从系统发育分析中获得的结果可以帮助开发培养微生物所需的特定条件。

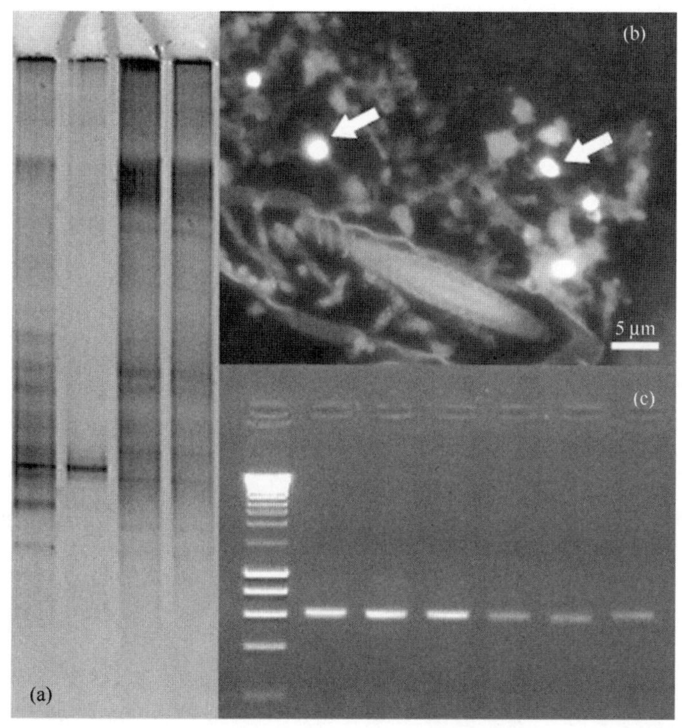

图 5.1 海洋微生物群落的分子特征。(a)河口沉积物和海草叶片中细菌群落的变性梯度凝胶电泳图谱；(b)使用通用的细菌探针探测珊瑚组织的原位杂交荧光图像。标记的细菌细胞(用箭头标记)在珊瑚组织的自发荧光中很明显。可清楚看到一个刺细胞；(c)使用细菌特异性引物从 6 个海洋微生物中扩增出的长度约 400 bp 的 PCR 产物。左侧胶孔为 Marker，每个条带代表不同大小的片段，用于确定 PCR 产物的大小。条带亮度反映了 PCR 产物的浓度

在描述微生物群落特征时，重要的是既要清楚存在的个体数量，也要明晰它们的种类。普通肉眼观察方法很难区分单个物种。将浮游微生物过滤到 0.02 μm 滤膜上，经通用核酸染料染色，如 SYBR ©-Gold™或 DAPI(4′, 6-二氨基-2-苯基吲哚)，通过表面显微镜镜检对其进行定量检测。使用超荧光显微镜可以很容易地观察和计数染色后的微生物。为了确定环境样品中的微生物多样性，可以利用一系列分子探针进行原位杂交实验[Gall, Pardue, 1969; 图 5.1(b)]，从而识别异质群体中的特定细胞，并可识别一个基因是在许多细胞中低水平表达还是在少数细胞中高水平表达。该技术也被称为杂交组织

化学(hybridization histochemistry)或者细胞学杂交(cytological hybridization)，最初用于识别细胞DNA序列的位置，现广泛应用于薄组织切片中定位病毒DNA序列、mRNA、rRNA、染色体区域及整个细胞。因此，这是一项研究微生物与其环境之间相互作用的强大技术手段。与PCR引物相类似，这些探针的特异性基于物种在遗传水平上的差异和相似性，因此可以针对不同系统发育水平设计不同的探针。目前，随着发表的核苷酸序列越来越多，探针的特异性也大为提高，使其能够检测更多的目标。使用各种不同的探针可以实现探测的可视化，包括放射性的、荧光的或彩色的沉淀标记，或在合成过程中与探针结合，或在序列后期制备的一端与探针结合。同时使用多个不同的探针可以使不同的序列目标同时被染色和可视化，不同的探针具有不同的“颜色”，从而可以定性和定量地确定群落组成。分子标记的选择取决于组织的颜色和荧光性质。例如，在过滤后的样本上捕获的某些组织或浮游植物可能会自动发出荧光，从而遮蔽了微生物，导致荧光标记可能不适用。然而，有几种方法可以放大信号，使探针的信号强于背景信号。

新西兰波里鲁阿环境科学研究中心 Olga Pantos 博士

沉积物中的细菌组成受地域和环境条件影响。人们对大堡礁(GBR) 4 个珊瑚礁的碳酸盐沉积物中的底栖细菌进行了调查，结果显示其中两个近岸珊瑚礁明显受陆地径流影响；另外两个位于离岸水域的珊瑚礁受影响不明显(Uthicke，McGuire，2007)。研究发现了高度多样的异养菌和光合细菌，其中最常见的类群是γ-变形杆菌(γ-Proteobacteria，占总多样性的29.4%)和类噬细胞菌-黄杆菌-拟杆菌群(CFB；占总多样性的20.4%)。研究还发现细菌群落组成由近岸珊瑚礁向离岸珊瑚礁发生转变：酸杆菌科(Acidobacteriaceae)和δ-变形杆菌(δ-Proteobacteria)在近岸珊瑚礁区沉积物中最常见，该水域更容易发生缺氧现象；而蓝细菌在离岸寡养珊瑚礁区更常见，该海域水质好、光合作用强，且蓝细菌的固氮能力有助于提升其竞争优势。大堡礁赫伦岛(Heron Island)发现了局部尺度的沉积菌群的零星分布。波能和沉积物深度等非生物环境条件可能会导致细菌群落组成的空间差异(Hewson，Fuhrman，2006)。

珊瑚礁沉积物中的细菌数量远高于上覆海水，如赫伦岛珊瑚礁区沉积物中的细菌密度约为$1\times10^{8}/cm^{3}$。珊瑚大规模产卵后，由于产卵物质沉入支持细菌生长的海底，细菌密度增加了4.6倍；期间也有可能出现一些浮游细菌通过下沉过程转移到底栖环境的现象(Patten et al.，2008)。此外，营养水平的升高会导致底栖细菌大量繁殖，其中最显著的是蓝细菌，例如*Lyngbia* spp.(见图5.2)。

图 5.2 底栖丝状蓝细菌——巨大鞘丝藻(*Lyngbya majuscula*)。水体营养水平的升高是藻华发生的主要原因，此时蓝细菌的生长超过了珊瑚的生长。图中蓝细菌暴发发生在澳大利亚昆士兰州的大克佩尔岛(Great Keppel Island)附近(资料来源：照片由 S. Albert 拍摄)

即使一些底栖微生物会被大潮等搅动到上覆水体中，浮游细菌群落与底栖细菌群落也并不相同(Hewson et al., 2007)。事实上，大堡礁沉积物中的细菌群落更类似于南极沉积物中的细菌群落，而非该区域的珊瑚礁上覆水体中的细菌群落(Uthicke, McGuire, 2007)。例如，大堡礁海水中可能含有与其沉积物中相似比例的 α-变形杆菌(α-Proteobacteria，占总多样性的 6.8%)，但并未检测到大量的 δ-变形杆菌和 CFB 菌群(Bourne, Munn, 2005)。海水中的细菌群落组成也随水域的变化而变化。例如，在大堡礁区，开放水域和潟湖水域的细菌主要以寡养微生物为主(这些细菌偏好寡养水体)；而靠近珊瑚礁的水体中主要以共生微生物为主(这些细菌偏好营养更丰富的水体，Tout et al., 2014)。

就丰度而言，珊瑚礁区的浮游细菌密度变化很大，参考值通常在 2×10^5/mL 到 9×10^5/mL 之间。某些潟湖内或邻近红树林的珊瑚礁水域浮游细菌密度更高(>2×10^6/mL)(Gast et al., 1998)。在远离人为干扰的珊瑚礁区，浮游细菌的丰度低于"正常"水平。位于太平洋中部的莱恩群岛(Line Islands)珊瑚礁区证实了上述结论(Dinsdale et al., 2008)：从无人居住的金曼礁(Kingman Reef，世界上最偏远、最原始的珊瑚礁之一，浮游细菌丰度为 0.72×10^5/mL)到更大的圣诞岛(Kiritimati，居民约 5 500 人，无污水处理设施。浮游细菌浓度增加了 10 倍，达到 8.4×10^5/mL)，细菌和古菌的数量显著增加(见图 5.3)。

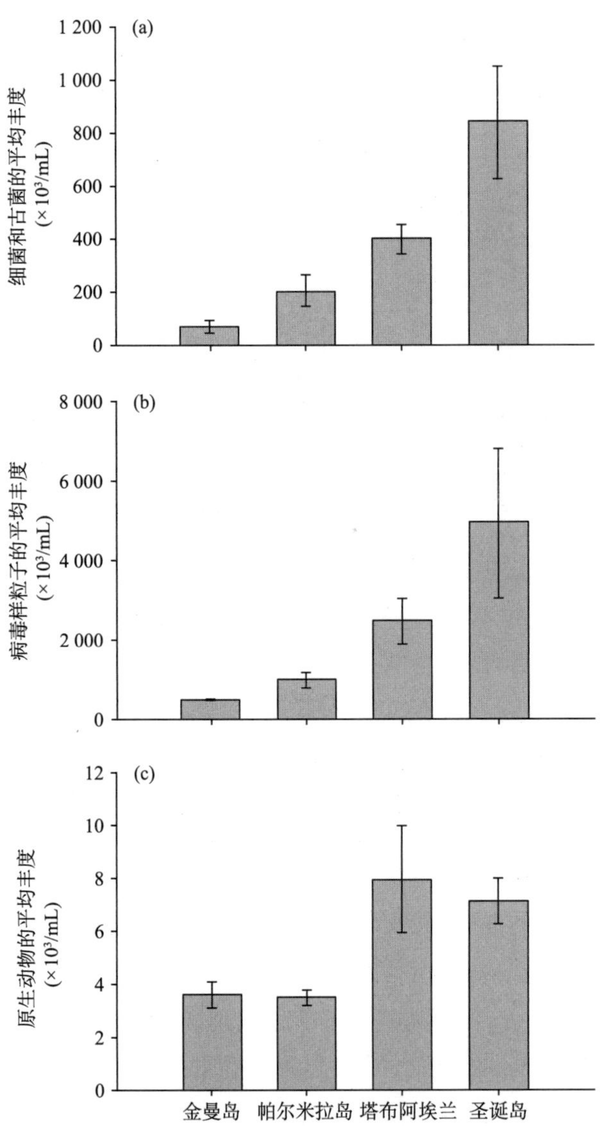

图 5.3 (a)微生物细胞(细菌和古菌)；(b)病毒；(c)太平洋中部莱恩群岛中四个小岛附近海域原生生物的平均丰度(±标准差)。金曼岛和帕尔米拉岛(Palmyra)极少或没有受到人为影响：金曼岛上无人居住，帕尔米拉岛曾经有约 20 人居住并具有大量海鸟。而塔布阿埃兰(Tabuaeran)和圣诞岛皆为基里巴斯共和国的一部分，岛屿面积较大且都有人居住。塔布阿埃兰约有 2 500 人，圣诞岛约有 5 500 人。这些海岛上没有污水处理设施［资料来源：Dinsdale，E. A.，Pantos，O.，Smriga，S.，Edwards，R. A.，Angly，F.，Wegley，L.，et al. （2008）. Microbial ecology of four coral atolls in the northern Line Islands. *PLOS ONE* 3：e1584.］

各个珊瑚礁区浮游细菌的丰度也随时间和空间的变化而变化。由于底栖滤食动物的消耗作用，上覆水体和珊瑚礁缝隙水体中的浮游细菌差异特别显著。例如，在加勒比海库拉索岛(Curaçao)的珊瑚礁区，珊瑚礁缝隙、珊瑚下方或珊瑚之间狭窄空间水体中的细菌丰度为 4.5×10^5/mL 甚至更低，但在珊瑚礁区上覆水体(珊瑚礁上方 4~6 m 的水层)或下层水体(从海底到最大珊瑚顶部的水层)的细菌丰度却高达 8×10^5/mL 到 9×10^5/mL 之间(Gast et al.，1998)。珊瑚礁上覆水体中的细菌丰度与周围开放海域中的大致相当。时间尺度上，浮游细菌的丰度会随着季节的变化而变化，如大堡礁利泽德岛(Lizard Island)(Moriarty，Pollard，Hunt，et al.，1985)，冬季和夏季间的细菌数量差了 3 倍；而当细菌附着在珊瑚卵等沉降有机物上时，其丰度也会上升。受穿过珊瑚礁的海洋水团的质量和大小以及营养丰富的淡水径流影响，浮游细菌丰度也会在时间尺度上产生差异(Gast et al.，1998；Cox et al.，2006)。然而，细菌和其他微型浮游生物成分受营养物质输入的影响程度往往不如较大的浮游生物那般明显，因为较大的浮游生物从寡养水中获取营养物质的能力更强。

浮游细菌中，蓝细菌因其在初级生产和固氮中的作用而备受关注。常见的浮游细菌属包括聚球蓝细菌(*Synechococcus*)和原绿球蓝细菌(*Prochlorococcus*)，约占浮游蓝细菌种群的 90%。原绿球蓝细菌的细胞为 0.5~0.8 μm，是最小的光合作用型生物，也是地球上数量最多的物种之一。它们几乎遍及整个热带和亚热带水域，并在有珊瑚礁覆盖的寡养温暖水域中占优势。有的菌株或种类还可以分成暗光型和亮光型生活类群(Kettler et al.，2007)。

聚球蓝细菌是一组与原绿球蓝细菌类似的蓝细菌，它们的细胞略大，在 0.6~1.5 μm。聚球蓝细菌能够分布在各种营养水平的水域。迄今为止，已经确定了两类菌株：沿海型和大洋型(Dufresne et al.，2008)。这两个属(*Prochlorococcus* 和 *Synechococcus*)的蓝细菌都是微微型浮游生物(<2 μm)的重要组成成分。在许多海洋环境以及营养贫乏的海域中(如那些覆盖着珊瑚礁的海域)，其巨大的生物量和快速周转能力造就了三分之二的初级生产力。这能够提高 80%左右的浮游初级生产力。

与异养菌相比，蓝细菌对微微型浮游生物的生物量贡献要小得多。例如，在大堡礁区的独树岛(One Tree Island)，无论季节如何变化，聚球蓝细菌和原绿球蓝细菌都只占浮游生物量的 3%~6%，而异养菌却占了 88%~90%(Pile et al.，2003)。然而，蓝细菌在微微型真核藻类和各种大小的浮游植物中常占优势。例如，在法属波利尼西亚的几个环礁上，所有类型的聚球蓝细菌和原绿球蓝细菌的密度均达到 210×10^3~370×10^3 cells/mL，而微微型真核藻类的峰值仅为 7.4×10^3 cells/mL(Charpy，2005)。在日本冲绳岛的珊瑚礁区，微微型浮游植物占浮游植物总生物量的 45%~100%(Ferrier-Pagès，Gattuso，1998)。

细菌和古菌对生态系统的功能极为重要。异养种类对有机物(如珊瑚黏液和藻类碎屑)的分解和循环以及营养物质的再生至关重要。细菌通常会消耗1/3~2/3的初级产物。细菌和古菌体积小，下沉速率非常低，因此其在水体中的位置通常比其他大型浮游生物靠上。它们更容易被较大的生物摄食，并成为其重要的食物来源(Pile et al., 1996; Houlbreque et al., 2004)。蓝细菌和其他固氮细菌是氮进入珊瑚礁生态系统的重要途径，而蓝细菌本身也是重要的初级生产者。本章后续将详细介绍微生物生产力、营养链和通过食物网的能量传递。

5.1.2 病毒

病毒广泛存在于海洋环境中，在海水中的密度可达到10^6~10^8/mL，并能够感染所有细胞生物(Fuhrman, 1999; Wommack, Colwell, 2000)。此外，病毒在许多生态过程中发挥重要作用，包括调节种群动态、群落结构以及海洋微生物群落中的营养循环(Fuhrman, 1999)。病毒可能先于海绵出现(Hadas et al., 2006)。然而，尽管病毒数量众多且具有重要的生态意义，但它们却是珊瑚礁生态系统中最少获得研究的组成成分。直到最近人们才开始充分认识到病毒在珊瑚礁生态系统中的多样性及其功能(Vega Thurber et al., 2017; 见图5.4)。

不仅珊瑚表面和珊瑚内部的病毒多样性很高(见第4章)，周围海水中的病毒多样性也很高。例如，Lawrence, Wilkinson等(2015)在夏威夷卡内奥赫湾(Kaneohe Bay)对珊瑚黏液和海水中的病毒进行对比研究，通过透射电镜发现了26种不同形态的病毒，包括二十面体形或球形病毒以及柠檬形、丝状和杆状病毒。珊瑚上和珊瑚礁上覆水体中的病毒形态多有重叠，但并非全部相同。此外，水质(浑浊度和叶绿素a含量)和温度影响着病毒团的组成。例如，大型柠檬形病毒(>100 nm)的丰度在较浑浊的水域会增长，这种增长可能与古菌(作为病毒的潜在宿主)数量的增长有关。除了诸如此类的形态学研究，包括宏基因组在内的分子研究还揭示了珊瑚礁水域中含有大量的单链和双链DNA(ssDNA, dsDNA)病毒，这些病毒能够感染一系列原核生物、真核原生生物和浮游植物等(Vega Thurber et al., 2017)。

在大堡礁和佛罗里达珊瑚礁区测定的浮游病毒平均浓度范围为1×10^6~14×10^6/mL，其浓度是浮游细菌浓度的7倍(Patten et al., 2008)。浮游病毒的浓度在整个水体中分布并不均匀，接近底栖生物和珊瑚表面的水域浓度最高。例如，在大堡礁的马格内蒂克岛(Magnetic Island)，浮游病毒的浓度在距离珊瑚表面4 cm以上水域为0.5×10^6~1×10^6/mL；而在离珊瑚表面最近的4 cm内达到峰值，约为1.5×10^6/mL(Seymour et al., 2005)；浮游病毒的密度在患病珊瑚的表面可能更高(Patten et al., 2006)。在莱恩群岛周围10~12 m深度的浮游病毒密度与之类似，并且从无人为干扰的金曼礁

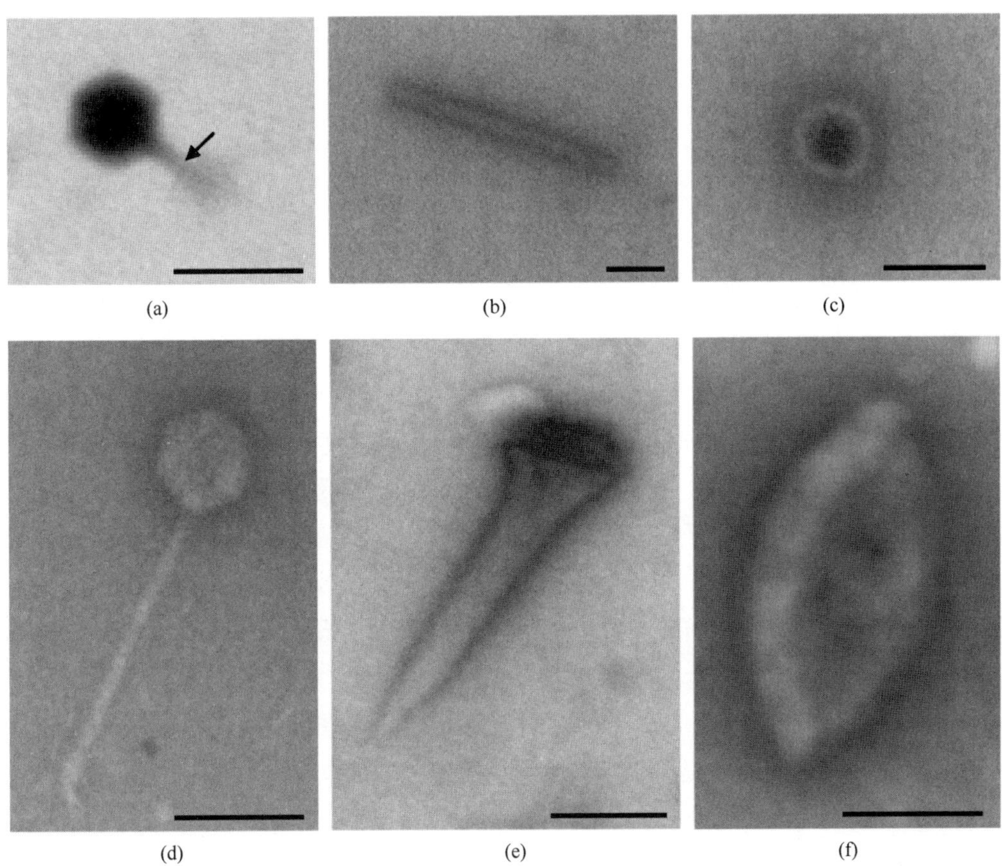

图 5.4 珊瑚礁病毒。在水体、沉积物、珊瑚和其他生物表面存在着种类繁多的病毒样颗粒物(VLPs，尚未通过适当的分子方法对病毒的性质进行确认)。(a)~(c)大堡礁南部赫伦岛水体中的病毒样颗粒物，(d)~(f)赫伦岛珊瑚表面的病毒样颗粒物。(a)类肌尾病毒样的噬菌体，呈螺旋对称的收缩尾(箭头标记)；(b)丝状病毒样颗粒物；(c)球形病毒样颗粒物；(d)具有丝状、非收缩尾和等距衣壳的类长尾病毒样的噬菌体；(e)钩形病毒样颗粒物；(f)柠檬形病毒样颗粒物，类似于极端环境中感染古菌的梭形病毒 SSV1。刻度尺代表 100 nm（资料来源：照片由 J. Davy 和 N. Patten 拍摄）

(5.1×10^5/mL)到受人为干扰的圣诞岛(4.9×10^6/mL)，浮游病毒密度呈增多趋势(Dinsdale et al.，2008)。

底栖病毒的丰度通常比水体中的还要高，珊瑚礁碳酸盐沉积物中的病毒密度通常比上覆水中的病毒密度高两个数量级(Paul et al.，1993)。大堡礁赫伦岛沉积物中的病毒丰度为 3×10^8~12×10^8/cm^3，相比于海水的 1×10^6~5×10^6/mL(Patten et al.，2008)要高得多。佛罗里达州基拉戈(Key Largo)珊瑚礁区的病毒丰度约为 5×10^8/cm^3，而水体中的病毒丰度仅为 1.5×10^6~1.8×10^6/mL(Paul et al.，1993)。然而，与细菌一样，病毒的丰度也不固定。例如，由于有机物(如珊瑚卵)从水体中渗出，底栖细菌数量可能会增加。与此同时，浮游病毒的丰度不断下降(Patten et al.，2008)。

5.1.3 真菌

除了加勒比海柳珊瑚海扇的病原体——萨氏曲霉(*Aspergillus sydowii*)外，珊瑚礁区的真菌很少受到关注。真菌也存在于石珊瑚中，常与珊瑚骨骼中的内生微生物群落紧密相关(见第4章)，并寄生于藻类内岩生微生物和珊瑚虫中。这些内生真菌的生物侵蚀行为会导致珊瑚(尤其是死亡珊瑚)骨骼的溶解，有些真菌还能穿透贝壳。真菌疾病也会影响结壳珊瑚藻(CCA)，从而对珊瑚礁的结构稳定性造成潜在影响(Williams et al.，2014)。

尽管珊瑚礁真菌的分布广泛且数量丰富，但目前针对珊瑚礁真菌的研究十分有限。Morrison-Gardiner(2002)对澳大利亚珊瑚礁真菌的研究结果显示，在56个已鉴定出的真菌分类单元中，有35个是从沉积物中分离出的，其余真菌则是从一系列的藻类、海绵、刺胞动物、苔藓虫类和脊椎动物中分离获得。其中，最常见的真菌为交链孢霉(*Alternaria*)、曲霉(*Aspergillus*)、枝孢菌(*Cladosporium*)、旋孢腔菌(*Cochliobolus*)、弯孢霉(*Curvularia*)、镰刀菌(*Fusarium*)、腐殖霉(*Humicola*)和青霉菌(*Penicillium*)。在所有已鉴定的类群中，46%属于上述菌属。近岸水域真菌多样性大于离岸水域。尽管如此，我们对珊瑚礁真菌多样性和功能的了解还远远不足。

5.1.4 原生动物

原生动物是异养原生生物。原生动物为海绵和珊瑚等底栖滤食性动物(Pile et al.，2003；Houlbrèque et al.，2004)以及桡足类等浮游植食性动物(Sakka et al.，2002)提供食物来源，并在微生物食物链中扮演降解者和消费者的角色。原生动物也可能与珊瑚礁区的无脊椎动物(如珊瑚)和脊椎动物(如鱼类)的疾病有关(Bernal et al.，2016；Sweet，Sere，2016)。

珊瑚礁原生动物无疑是多种多样的，其中纤毛虫和鞭毛虫经常出现在热带海水和海洋沉积物中(Ekebom et al.，1996)。只有极少的珊瑚礁原生动物被详细描述过，但在这些类群中，底栖纤毛虫——海洋喇叭虫(*Maristentor dinoferus*)和钩状游仆虫(*Euplotes uncinatus*)都共生有腰鞭毛虫藻类，这有助于珊瑚礁的初级生产[Lobban et al.，2002，2005；见图5.5(a)]。

有孔虫(Foraminifera)是一类变形虫状的原生生物，个体尺寸小至1 mm以下，大至15 mm以上，既可生活在浮游环境中，也可生活在海底。其中一些类群还与包括鞭毛藻在内的各种微藻形成共生体。重要的是，大多数有孔虫能够产生碳酸钙外壳或称“介壳”[图 5. 5(b)]，这对珊瑚礁的沙沉积过程具有重要作用。放射虫(Radiolarians)，另一类变形虫状的原生动物，也能产生精细的外骨骼。这些骨骼通常为刺状，由二氧化硅构成。放射虫是具浮力的动物，通常生活在浮游生物中，也可能含有共生的鞭毛藻。由于该类群具硅质骨骼，对于其他浮游生物捕食者来说，放射虫并不是特别重要的组成成分。但与有孔虫一样，它们在海底累积的沉积物已被证明是研究气候变化史的非常有用的指示物。

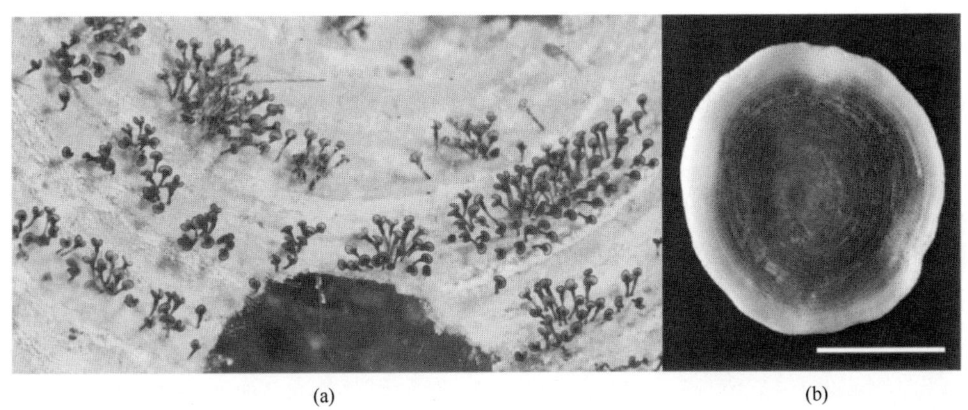

图 5. 5　珊瑚礁原生动物。(a)关岛一珊瑚礁区的褐色团扇藻(*Padina* sp.)叶片上的巨大异养纤毛虫海洋喇叭虫。每个纤毛虫约 1 mm 高，帽长 300 μm；包含 500~800 个虫黄藻；(b)采自印度洋留尼旺岛(Réunion)的有害有孔虫 *Marginopora vertebralis*。比例尺代表 5 mm（资料来源：照片由 T. Schils 和 X. Pochon 拍摄）

无论是在浮游生境还是底栖生境中，原生生物的数量都不像细菌、古菌和病毒那样丰富。Dinsdale 等(2008)在莱恩群岛的调查中发现，浮游原生生物密度(包括微藻)从最原始海域的约 3.5×10^3/mL 到受人类影响较大海域的约 8×10^3/mL(见图 5. 3)。在受人类影响较小的金曼礁，66%的原生生物是纯异养生物(即它们不含叶绿素，因此不是微藻)，而在圣诞岛附近，只有 22%的原生生物是严格的异养生物。更确切地说，珊瑚礁区浮游鞭毛虫和纤毛虫的密度分别为 180 ~ 193/mL 和 1. 0 ~ 1. 2/mL(Moriarty，Pollard，Hunt，et al.，1985)。

5.1.5 微藻

微藻是光合型原生生物。珊瑚以及其他礁栖生物(如砗磲、海绵和海葵)中的内共生微藻，对营养贫乏的热带浅水水域中珊瑚礁的生长和存活至关重要。这些微藻是共生虫黄藻，我们在第 4 章中已详细介绍了它们的多样性、生理学及其与珊瑚的共生关系。然而，各种各样的微藻对珊瑚礁生态系统至关重要，这包括沉积物中的微藻、水体中的微藻(即真核浮游藻类)以及在珊瑚、大型藻类、海草和其他礁栖生物表面的微藻。

自由生活的底栖微藻以及底栖蓝细菌，共同形成了所谓的“底栖微藻”(microphytobenthos)。在大堡礁区，约有40%的珊瑚礁适合底栖微藻附着(Uthicke，Klumpp，1998)，而礁间水域也支持底栖微藻的初级生产。Gottschalk 等(2007)在大堡礁中部和北部、近岸和离岸水域的上层沉积物中(1 cm 内)共鉴定出209种不同类群的硅藻，其中优势类群为羽状硅藻，如双壁藻(*Diploneis*)、菱形藻(*Nitzschia*)、双眉藻(*Amphora*)和舟形藻(*Navicula*)(图5.6)。同样，在大堡礁南部的赫伦岛，Heil 等(2004)记录了珊瑚礁1 cm 内的表层沉积物中一系列羽状硅藻和各种鞭毛藻。

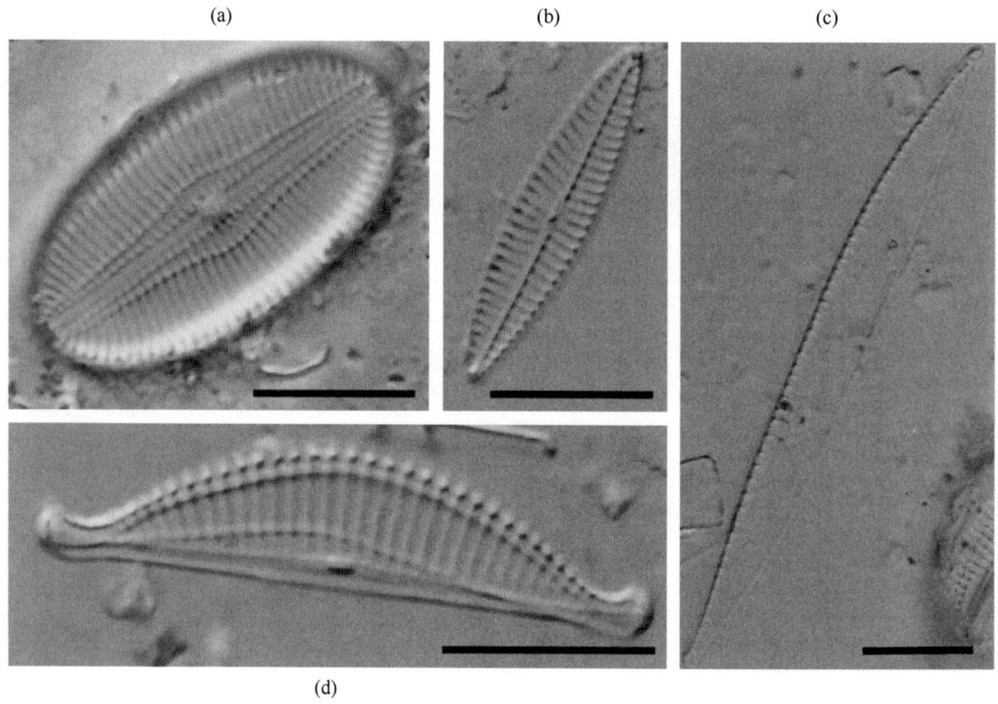

图5.6　大堡礁沉积物中的底栖硅藻。(a)双壁藻；(b)舟形藻；(c)菱形藻；(d)双眉藻。比例尺代表20 μm［资料来源：照片由澳大利亚詹姆斯库克大学北昆士兰藻类识别/培养组织(NQAIF)的 S. Gottschalk 提供］

佛罗里达珊瑚礁区的底栖微藻对其珊瑚礁生物多样性的重要性同样不言而喻，Miller 等(1977)对该海域与珊瑚、珊瑚沙和海草 *Thalassia testudinum* 表面相关的硅藻展开了调查。结果发现珊瑚表面的硅藻有331种，沙中有292种，海草上有207种。与大堡礁相比，双眉藻属和双壁藻属的硅藻普遍分布在佛罗里达珊瑚礁区的沙中，而与珊瑚相关的硅藻类群主要为马鞍藻(*Campylodiscus*)、足囊藻(*Podocystis*)和三角藻(*Tricera-*

tium)。事实上，Miller 等(1977)只在珊瑚上发现了三角藻属硅藻，这表明一些类群可能对活珊瑚和珊瑚骨骼来讲非常特殊。海草叶片又以其他硅藻为主，如胸隔藻属(*Mastogloia*)的硅藻。

这些底栖微藻不仅具有高度的物种多样性，而且其密度和生物量都非常高，生产力也非常高。例如，大堡礁中部和北部的沉积物中硅藻细胞的平均密度为 2.55×10^6/mL，近岸珊瑚礁区是离岸珊瑚礁区的 2 倍。这反映了在远离陆地径流的海域营养物质可获得率较低(Gottschalk et al.，2007)。同样，世界各地的底栖微藻叶绿素 a 浓度在 8~995 mg/m^2 之间，这反映了营养盐、沉积类型、水文及竞争性海洋植物等因素在各海域之间存在差异。总而言之，底栖微藻贡献了珊瑚礁总初级生产力的 20%~30%(Sorokin，1993)。在赫伦岛，这相当于光合速率达到 110 mg O_2/(m^2·h)(Heil et al.，2004)。

珊瑚礁浮游藻类包括一系列硅藻、鞭毛藻和其他微藻，它们是微型和小型浮游生物的重要组成部分(Sadally et al.，2014；Kurten et al.，2015)。鞭毛藻是一个复杂的类群：约有一半的鞭毛藻营光合生活，这可能与其祖先摄取并与藻类结合有关，其中一些是珊瑚和其他底栖无脊椎动物体内发现的共生虫黄藻；另一些是营自由生活并以其他原生动物为食的异养捕食者。自由生活的鞭毛虫依靠两根鞭毛提供的动力运动，它们也称为鞭毛藻。有些鞭毛藻偶尔会出现暴发现象(即每毫升水体中出现数百万个细胞)，这称为“赤潮”，有时赤潮会绵延数千米。该现象可能会产生神经毒素，或者因其将氧气耗尽导致鱼类大量死亡。在较低的浓度下，毒素也能在滤食性动物(尤其是贝类)体内积累，然后被人类食用。常见的有毒鞭毛藻包括冈比亚藻(*Gambierdiscus*)、*Coolia* 和蛎甲藻(*Ostreopsis*)，这些鞭毛藻都能产生“雪卡毒素”(ciguatera toxin)。其中毒性甘比尔鞭毛藻(*Gambierdiscus toxicus*)最为知名。这些有毒的鞭毛藻可以营浮游、底栖或附生生活(分布在大型藻类或海草的表面)。

5.1.6 微生物的生产率和转化率

海底细菌的密度很高，中上层水域的细菌密度也同样惊人，甚至在清澈的海水中，细菌密度也可能超过每升 10 亿个。即便细菌密度如此高，在一升体积中，海水所占比例仍高达 99.99999%(Pomeroy et al.，2007)。许多浮游微生物附着在悬浮粒子上，更多的可能会聚集在一起，但微生物在很大程度上仍然是“自由生活”的。包括病毒、细菌、古菌和原生生物在内的微生物加在一起在生物多样性、生物量和代谢过程等几乎所有的尺度上都远远超过了现有的宏观生命形式。毕竟，微生物是生命的最初形式，它们能够在没有任何宏观生命体的情况下独立生存，微生物在地球生存的时间是地球总寿命的一半以上。但由于难以监测，微生物研究相对匮乏，因此，它们的重要性仍需要进一步研究认识。

浮游藻类的密度通常远少于底栖微藻密度。例如，赫伦岛的底栖微藻叶绿素 a 的浓度大约是水体中的 100 倍(Heil et al., 2004)。然而，与底栖微藻一样，浮游藻类的丰度也受水体中营养物质浓度的影响。因此，在接近海岸和河流入口的海域，浮游藻类丰度较高。在大堡礁南部和中部海域，水体中叶绿素 a 的浓度随着离海岸距离的增加而降低(Brodie et al., 2007)。大堡礁最北部海域的叶绿素 a 的平均浓度(0.23 μg/L)约为大堡礁南部和中部海域(0.54 μg/L)的一半。此外，叶绿素 a 浓度随着季节的变化而变化。夏季湿润季节径流流入的增加和养分的输入，使得叶绿素 a 浓度比冬季干燥季节增加了 50%。在这种情况下，叶绿素 a 浓度反映了蓝细菌和真核微藻的丰度，蓝细菌(非微藻)是珊瑚礁浮游藻类的主要组成成分。

原核和真核微生物构成了珊瑚礁食物网的基础，它们的生产力是生态系统功能的重要影响因素。然而在珊瑚礁研究中，原核和真核微生物常常被忽视。浮游生物的生产和生长速率不容忽视，但热带珊瑚礁海域通常非常清澈，从而被误解为水体中只有低密度的微生物。珊瑚礁区水体之所以如此清澈，部分原因在于大多数浮游生物的个体都非常小(生产量却可能很大)，其消耗量和转化率非常快。

在大堡礁区，水体的平均光合速率为每天 0.68 g C/m^2(= 1.57 μmol C/L)，每天的光合速率范围在 0.1~1.5 g C/m^2 之间(Furnas et al., 2005)。近海水域(距离海岸小于 15 km)的初级生产受季节性降雨和陆地径流的影响而存在差异，降雨和径流会将营养物质带入珊瑚礁水域。但无论季节如何，由于大陆架中部和外部的光辐射更强，所以这里的光合生产力最高。因此，在水质清澈的海域，初级生产发生的深度也会增加。从平均生产率来看，Furnas 等(2005)计算得出大堡礁水域中的浮游植物每天需要 0.24 mol N/L 的氮，这意味着在 50%的调查地点，浮游植物可能在 8 小时或更短的时间内就能够消耗尽可溶性无机氮(DIN)。这彰显了持续输入“新”氮或加速现有氮循环的重要性以及氮对浮游植物生长的限制。另一方面，在磷需求量为 0.015 mol P/(L·d)的情况下，80%以上调查站点的可溶性无机磷(DIP)储量可以维持 24 小时以上。这表明浮游植物的生长很少受到磷限制。

对于大型硅藻、鞭毛藻和其他微藻来说，潜在的氮限制尤为重要。这些微藻在可溶性无机氮浓度小于 0.05 μmol/L 时表现出氮限制的迹象，而该浓度恰好是大堡礁氮浓度的下限。然而，在大堡礁海域，主要是相对较小至中等大小的微藻[如直径只有 5~16 μm 的链状硅藻——丹麦细柱藻(*Leptocylindrus danicus*)]，特别是浮游的微型蓝细菌(直径小于 2 μm)占优势。这些小型微藻和蓝细菌的种群最大倍增率分别为每天 2~4 次和 2~3 次，但受日光周期限制，实际倍增率通常接近每天 1 倍。这些小型浮游藻类的生长在可溶性无机氮浓度低至 0.02~0.05 μmol/L 时接近最大值。但由于它们具有较大的表面积与体积比以及具有清除营养盐的能力，因此很少出现氮限制现象。

受食物供给和物理条件的时空差异影响，水体中异养菌的倍增率为每日 0.0625~12 倍(Gast et al., 1998)。在大堡礁的利泽德岛，细菌产量的季节性变化显著：冬季为每天 4 μg C/L，春季为每天 37 μg C/L，夏季为每天 56 μg C/L。这种季节性增长很可能是由于春季和夏季有机质(如藻类渗出物及碎片、珊瑚黏液)的增多，而非温度的升高所造成(Moriarty, Pollard, Hunt, et al., 1985)。上述研究者还测量了细菌产量的日波动，由于藻类和珊瑚释放出光合产物，白天的波动是夜间的 4 倍。珊瑚礁表面的细菌生长速率高于潟湖水域和珊瑚礁外，这可能与食物来源的可利用性有关。

底栖细菌的生产率高于浮游细菌，大堡礁夏季和冬季沙中的底栖细菌生产率分别为 0.12~0.50 g C/(m^2·d)和 0.01~0.12 g C/(m^2·d)(Moriarty, Pollard, Hunt, et al., 1985; Moriarty, Hansen, 1990)。该比率约为底栖微藻初级生产力的 30%~40%。细菌的生产力在一天中的不同时段也有差异，白天约是晚上的 4~5 倍。夏季细菌产量的增加与细菌生长所需食物(特别是藻类分泌物和碎屑)的供应量升高有关，典型的细菌倍增时间为 1~2 天(夏季)和 4~16 天(冬季)。在坚硬的基质(主要是死亡珊瑚)上，夏季细菌生产力为每天 0.04~0.12 g C/m^2，是邻近沉积物中细菌产量的 2~14 倍(Moriarty, Hansen, 1990)。

5.2 营养链

5.2.1 微生物循环

微生物群落(尤其是细菌)是珊瑚礁碳循环和有机化合物循环的关键组成部分。“微食物环”(microbial loop)或“微生物食物网”(microbial food web)指的是微生物吸收碎屑和可溶性有机物(DOM)并将其消耗的过程(见图 5.7)。考虑到珊瑚礁通常生活在寡养水体中，有效地循环营养物质变得尤为重要。病毒在该循环中也起到重要作用，因为它们“捕食”异养菌和蓝细菌(感染它们的病毒分别被称为噬菌体和噬藻体)，这会导致细胞裂解(膜破裂引起的细胞裂解)以及可溶性有机物释放到海水中。病毒本身最终也会成为可溶性有机物的一部分(Rohwer, Kelley, 2004; Vega Thurber et al., 2017)。微食物环是食草动物、食腐动物和食肉动物组成的食物网的一部分。微生物食物网在许多方面都是主要的营养网络，而由大型生物群构成的营养网络出现时间相对较晚。

细菌可以分解动植物遗骸。重要的是，细菌可以分解一些(如褐藻)生物种类——它们拥有极高的生物量，但因高等动物缺乏相应的酶而不能被直接摄取。这些细菌的另一种营养来源包括细胞裂解，或活细胞内的营养物质(如藻类和珊瑚的光合产物)渗

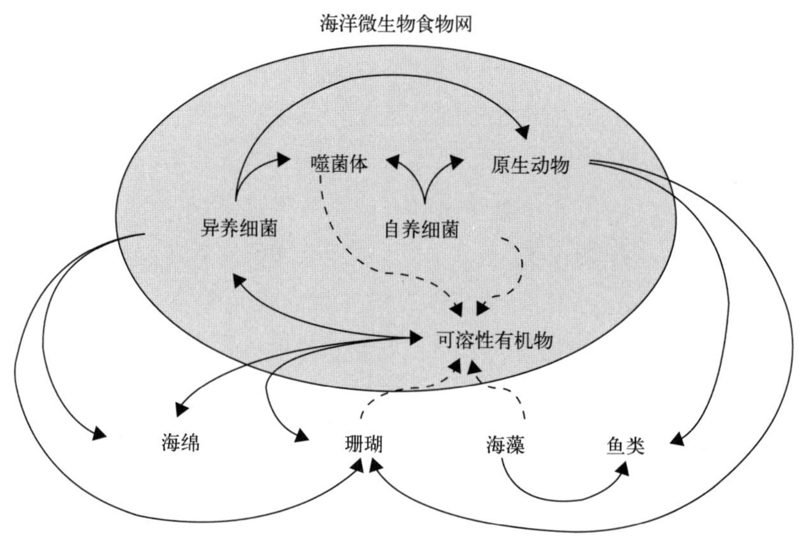

图 5.7 海洋微生物食物网(微食物环)及其与“口壁”(wall of mouths)间的营养链。微食物循环的关键步骤是异养菌对可溶性有机物的吸收以及随后原生动物和病毒(噬菌体)的捕食过程。可溶性有机物具有多种来源，包括细菌的病毒裂解、(蓝细菌、微藻和海藻的)光合作用产物以及珊瑚等生物的黏液。因此，异养菌在珊瑚礁生态系统的物质循环中起着至关重要的作用。大型珊瑚礁生物(包括珊瑚、鱼类、海绵和其他底栖滤食性动物)共同构成了“口壁”，并大量消耗细菌、原生动物、病毒和可溶性有机物。值得注意的是，并非所有营养链都这般明显。例如，海绵可以吞噬像病毒一样小的微粒，而珊瑚则可以吞噬细菌 [资料来源：图片修改自 Rohwer, F., Kelley, S. (2004). Culture-independent analyses of coral-associated microbes. In: E. Rosenberg and Y. Loya (eds), *Coral Health and Disease*. Springer, pp., 265-278.]

透到水中，或动物粪便及其他废物中的可溶性有机物和矿物质。虽然人们早已认识到海洋中的细菌在矿化过程中起着关键作用(即有效的分解作用)，但直至 20 世纪 70 年代，一个由异养微生物驱动的重要循环——“微食物环”才获得定义(Pomeroy, 1974)。这个术语特别指细菌对可溶性物质的循环利用，有时分解过程在这个术语中也会被提及。事实上，从生态学角度来讲，这两者有时很难区分。

转化率因所转化物质的不同而不同，可能从几秒钟到数年不等(表 5.1)。微生物的快速再生是这一循环的关键。

表 5.1 在不同礁区不同转化过程中的碳、氮、磷的转化率

转化率的估值	物质	转化或生物体的性质
秒-分钟	关键营养物质	溶解的营养物质，如珊瑚礁区水体中的磷
小时	微生物群落中的碳	微生物群落中的转化
天	潟湖水体中的氮和磷	浮游植物的再生

续表5.1

转化率的估值	物质	转化或生物体的性质
周	浮游生物中的碳	小型底栖动物、远洋无脊椎动物及底栖微藻的生命周期
月	大型生物中的碳	大型藻类、许多无脊椎动物的再生和大型动物代谢产物的转化
	沉积物中的碳、氮和磷	沉积物中以微生物和小型无脊椎动物为媒介的转化
年	碳，所有的有机物质	大多数大型生物群的更替、牧食和自然死亡事件，深层或相对静止的沉积物中的转化

资料来源：Hatcher, B. G. (1997). Organic production and decomposition. In C. Birkeland (ed.), *Life and Death of Coral Reefs*. Springer, pp. 140-174。

5.2.2 微生物的消耗量

水体中，原生动物(浮游原生动物)是浮游微生物(异养菌和蓝细菌)的主要摄食者。例如，在法属波利尼西亚的蒂凯豪环礁潟湖(Tikehau Lagoon)中，人们发现吞噬型纳米鞭毛虫是蓝细菌的主要摄食者，而纤毛虫和异养鞭毛虫则主要摄食自养和异养的微型浮游生物(如小硅藻和鞭毛藻)(Gonzalez et al., 1998)。同样，Ferrier-Pagès 和 Gattuso(1998)在日本宫古岛的研究结果显示，异养鞭毛虫和纤毛虫摄食了蓝细菌产物的30%~50%，而异养鞭毛虫和纤毛虫50%~70%的产物又被更高营养水平的生物所捕食。各种各样的原生浮游动物对于控制微微型浮游生物种群至关重要，其潜在的生长速率(每天增长1~3倍)可以有效防止蓝细菌赤潮的形成。

相比之下，虽然其他原生动物(包括多种珊瑚礁生物的幼虫和较大的原生动物)能以微藻为食，但浮游微藻(如硅藻)主要被小型甲壳动物捕食，尤其是桡足类(后生浮游动物类群)。桡足类也会摄食原生动物。桡足类动物多种多样，它们的生物量比其近缘种类更高。尽管桡足类动物的生长速率相对较慢(繁殖时间约为1周)，且在营养水平较高时无法抑止微藻的繁殖，但这些小型甲壳类动物在调控微藻数量方面仍发挥着重要作用(Furnas et al., 2005)。

原生动物和后生动物对浮游初级生产者的捕食是重要的营养环节：通过鱼类和底栖滤食性动物的捕食，促使碳向珊瑚礁生态系统其他部分输出；通过碎屑(如浮游生物的粪便)下沉促使碳向其他层面输出。在对法属波利尼西亚塔卡波托环礁(Takapoto Atoll)潟湖的研究中，Sakka 等(2002)(见图5.8)计算出浮游植物净产量(PTNP，颗粒和溶解物质)的70%都用于浮游生物的异养呼吸，剩余30%用于营养输出。这种输出的价值很高，并与该水域异养浮游细菌的活性较低有关。原生浮游动物强大的捕食压力对初级产物的输出有很大作用，它们每天可以消耗掉浮游植物微粒净产量(PPNP)的41%，而它们本身又被后生浮游动物所捕食。事实上，后生浮游动物每天消耗的能量相当于整个原生浮游动物的产量。

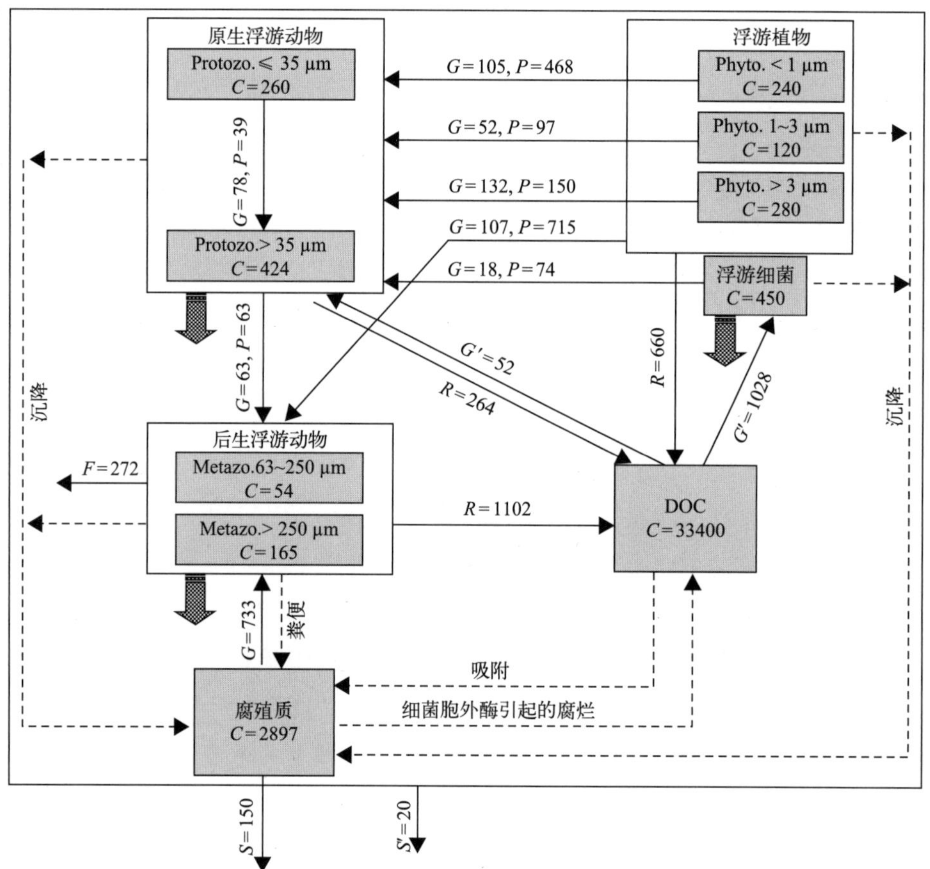

图 5.8　法属波利尼西亚塔卡波托环礁潟湖内浮游生物食物网的碳收支。方框表示碳固定量(mg C/m^2)，箭头表示碳通量[mg C/(m^2 · d)]。实箭头表示碳通量估算值，虚箭头是碳通量的非估算值。由于浮游植物颗粒产量的估算值为净值，因此该估算值不包括自养呼吸，异养呼吸用向下指向的粗箭头表示。微食物环表示细菌对可溶性有机碳(DOC)的吸收以及浮游生物对可溶性有机碳的消耗，这些生物又被较大的浮游生物(如桡足类)捕食。C=碳储量；F=食物网转移量=后生浮游动物的生产量；G=颗粒有机碳的消耗量；G'=可溶性有机碳的消耗量；P=颗粒有机碳的生产量；R=可溶性有机碳的释放量；S=碎屑的沉降量；S'=有机体的沉降量［资料来源：Sakka, A., Legendre, L., Gosselin, M., Niquil, N. and Delesalle, B. (2002). Carbon budget of the planktonic food web in an atoll lagoon (Takapoto, French Polynesia). *Journal of Plankton Research* 24: 301-320.］

浮游细菌、原生浮游动物、浮游植物和后生浮游动物都是大型礁栖生物的食物来源，特别是共同构成“口壁”的鱼类和底栖滤食性动物的食物来源(见下文“珊瑚对浮游生物捕食量的测定”)。浮游生物是大多数珊瑚礁鱼类早期幼虫阶段的主要食物来源。

当鱼类幼虫从吸收卵黄储备逐步转变到主动进食阶段时，该食物来源变得越来越重要。浮游生物也是许多成鱼的主要或唯一的食物来源。

珊瑚对浮游生物捕食量的测定

造礁石珊瑚是一类固着底栖生物，能以多种食物为食：从可溶性有机物和细菌到大型浮游动物(图 5.9)。异养是其氮、磷等必需营养物质的主要来源，并在白化等胁迫事件中维持珊瑚的新陈代谢。珊瑚的摄食率可以在受控的实验室条件或原位条件下，采用不同的方法加以测量。

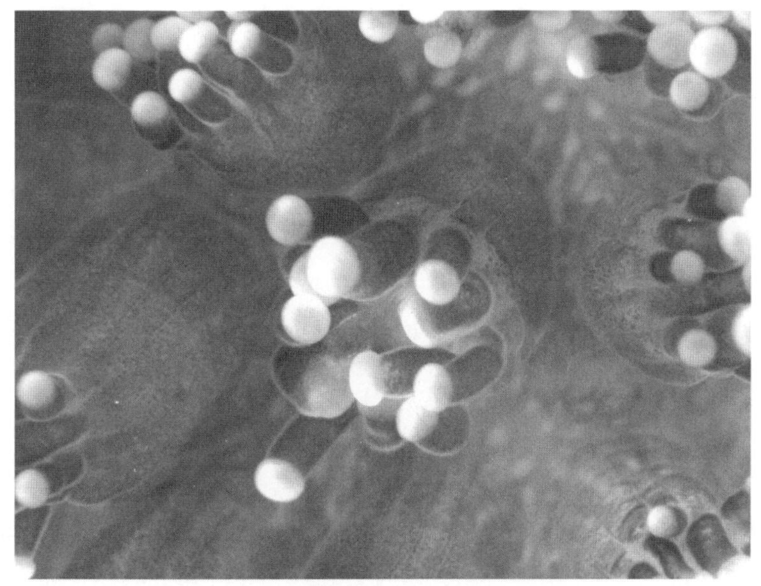

图 5.9　捕食鳃足虫的柱状珊瑚水螅体
(资料来源：照片由 E. Tambutté 拍摄)

根据 Vogel 和 LaBarbera(1978)的方法，Levy 等(2001)在实验室中使用计量罐或计量管对浮游动物的被捕食量进行了估算。这些计量罐大小不一，足以容纳一个或多个珊瑚群落。由于珊瑚依赖水流捕获颗粒物，因此计量罐中配备了可设定转速的电动螺旋桨。最大颗粒物获取能力取决于珊瑚种类和食物类型。计量罐中的捕食率是根据在单位时间内被捕食者的消失量推算出来的。或者说，捕食率是每个水螅体每小时或单位骨骼表面积上的被捕食者捕食量(或碳氮摄取量)。同时，需要一个被捕食者浓度相同但没有捕食者的对照组，借以评估由于实验设置而引起的被捕食者本身的浓度变化。该对照组对小型被捕食者(如小型浮游生物)尤为重要，因为内部捕食(微食物环内)可在不受珊瑚捕食影响的情况下，引起小型被捕食者的浓度变化。

估算原位条件下个体水平的捕食率比在实验室条件下困难得多，因为珊瑚群包含在底栖生物群落中，它们或多或少地以相同的浮游生物种类为食。一种方法是对珊瑚虫取样，在显微镜下用解剖针和细钳探查每个珊瑚虫。先从腔肠中取出所有明显的食物，然后刮出其余的被捕食者。浮游动物的食物在酒精中鉴定、计数和保存。由于珊瑚消化所需时间不足2小时，所以腔肠内发现的食物一般是珊瑚虫在取样前的最后一小时内摄入的。然而，这项技术不适用于测量微小的被捕食者(如微微型和微型浮游生物)，因为它们非常易碎而无法被观察。另一种方法是在半球形有机玻璃孵化室中就地培养珊瑚群落，并配备用于更新水体的泵水系统。在这种情况下，浮游生物样本是在孵化开始和孵化结束时采集的，其差异与珊瑚的捕食过程相对应。

最后，按照Yahel等(1998)的方法，在珊瑚礁上方分断面测量估算整个珊瑚礁群落的浮游生物捕食率。第一条断面设置为对照组，应在只由岩石或死亡珊瑚构成的礁石部分进行。第二条断面设置为实验组，应在礁坪或礁坡上方进行。各种滤食性生物的覆盖率和丰度可以通过截线断面法得出。使用流量计测量水流和方向后，沿着样带不同的点(如礁坡前、礁坡上和礁坡后)采用“拉格朗日抽样法”(lagrangian sampling)或“跨岸线截面法”(cross-shore transects)对浮游生物进行采样。上游和下游浮游生物的浓度差异决定了珊瑚群落在水体穿过珊瑚礁时被捕食的浮游生物的数量。通常使用浮游生物网采集浮游动物，采集时间5分钟，样品用甲醛保存。然后，在解剖显微镜下确定浮游生物的种类和数量。使用Niskin瓶采集海水中的微微型及微型浮游生物样本，使用甲醛和DAPI染色保存，并用荧光显微镜或流速细胞仪计数。

值得注意的是，摄食率与食物的吸收率不同，因为被摄食的食物相当一部分可能通过不同的过程(即未被消化的颗粒或通过呼吸亦或排泄过程)而损耗。评估异养对珊瑚营养的重要性最有效的工具是放射性或稳定同位素。食物可以使用这些同位素中的一种或几种进行标记/富集(^{14}C，^{13}C，^{15}N；Benavides et al.，2016)，通过追踪珊瑚组织内的信号，从而直接估算分配给珊瑚生长的异养营养成分的比例(Tremblay et al.，2015)。稳定同位素也可以在自然丰度中用于追踪特定环境中自养和异养的重要性(Ferrier-Pagès et al.，2011；Nahon et al.，2013)。

总而言之，要准确估算石珊瑚的摄食能力和异养程度，需要综合运用各种不同的技术，而每项技术都代表了珊瑚营养动态的不同方面。

摩纳哥科学中心 Christine Ferrier-Pagès 博士

法国巴黎卓越实验室和新喀里多尼亚努美阿太平洋和印度洋热带海洋生态学联合研究所(UMR ENTROPIE) Fanny Houlbrèque 博士

滤食性无脊椎动物包括石珊瑚、软珊瑚(见第 2 章，图 2.2)、海绵、海鞘、多毛类、苔藓虫、砗磲和海百合。海绵在水体中滤食浮游生物的效率惊人(高达 65%~95%)(Yahel et al., 2003; Lesser, 2006; McMurray et al., 2016)，海绵甚至可以吞噬病毒大小的颗粒(Hadas et al., 2006)。珊瑚还可以从水体中滤食微微型和微型浮游生物。在柱状珊瑚(*Stylophora pistillata*)、丛生盔形珊瑚(*Galaxea fascicularis*)和圆筒星珊瑚(*Tubastraea aurea*)等珊瑚中，细菌、蓝细菌和微型鞭毛虫占其微微型和微型浮游碳摄入量的 1%~7%。相比之下，较大的纳米型鞭毛虫分别占其碳和氮摄入量的 84%~94% 和 52%~85%(Houlbrèque et al., 2004)。这种滤食高效性意味着当海水流经珊瑚礁时，浮游生物会被迅速清除，而"底栖-浮游耦合"(benthic-pelagic coupling)是该生态系统的一个重要特征。例如，在亚喀巴湾(红海)，Yahel 等(1998)检测到海水流经底栖珊瑚礁生物群落时，珊瑚礁附近的浮游植物(真核及原核生物)丰度和叶绿素 a 浓度比邻近的开放水域低 15%~65%。在海床 1~3 m 范围内，浮游植物的丰度下降尤为明显。通过一段 5 m 长的珊瑚礁时，浮游植物的损耗率约为每分钟 20%。相比之下，研究人员发现，当海水流经缺少珊瑚礁覆盖的沙底海域时，浮游植物的丰度并没有明显减少。Yahel 等(1998)根据测量结果估算出浮游植物的年损耗率为 719 g C/(m^2 · a)，而珊瑚礁浮游动物的年损耗率仅为 200 g C/(m^2 · a)(Glynn, 1973; Johannes, Gerber, 1974)。该研究凸显了浮游植物对珊瑚礁营养结构的潜在重要性。

许多滤食性底栖无脊椎动物属于"隐生动物"(cryptofauna)，它们生活在暗礁区，特别是珊瑚下的洞穴和礁石骨骼的孔隙中。这些孔隙的体积从几升到数百升不等，占珊瑚礁总面积的 30%~75%，并提供了约 75%的表面积供底栖生物栖息(Ginsburg, 1983; Scheffers et al., 2004)。因此，珊瑚礁孔隙是摄食上覆水体中浮游生物的重要场所，特别是结壳海绵摄食微微型和微型浮游生物的重要场所。在荷属安的列斯群岛(Netherlands Antilles)的库拉索礁，Scheffers 等(2004)封闭了 70 L 容积的礁洞，并测量了水体中异养浮游细菌的消耗情况。结果显示，30 min 后 50%~60%的细菌消失，消耗率为 1.43×10^4 ind/(mL · min)[0.62 mg C/(L · d)或 30.1 mg C/(m^2 · d)]。据测算，这一消耗率可以满足 60%~70%隐生动物的氮需求，仅剩下 30%~40%的氮需从异养浮游细菌以外的来源获得。因此，浮游细菌对底栖滤食性生物的营养至关重要。

与浮游细菌相比，我们对底栖细菌的消耗情况所知甚少。然而，底栖细菌的产物是生活在沉积物中的食腐生物和其他生物的重要食物来源。图 5.10 显示了不同珊瑚礁对底栖细菌的消耗情况，同时显示了它们对水体中细菌的消耗情况。珊瑚礁区最引人注目的食腐动物是海参，它能消耗珊瑚礁沉积物中 10%～40%的细菌(Moriarty, Pollard, Alongi, et al., 1985; Moriaty, Pollard, Hunt, et al., 1985)。海参常占据礁后沙区，它们摄食大量的沙子并消化其中的有机物(主要是细菌)，然后排泄出“干净”的沙子。其他可以摄食沉积细菌的消费者包括原生动物(5%～30%)，桡足类(3%～100%)和线虫(1%～10%)(Moriarty, Pollard, Alongi, et al., 1985)。

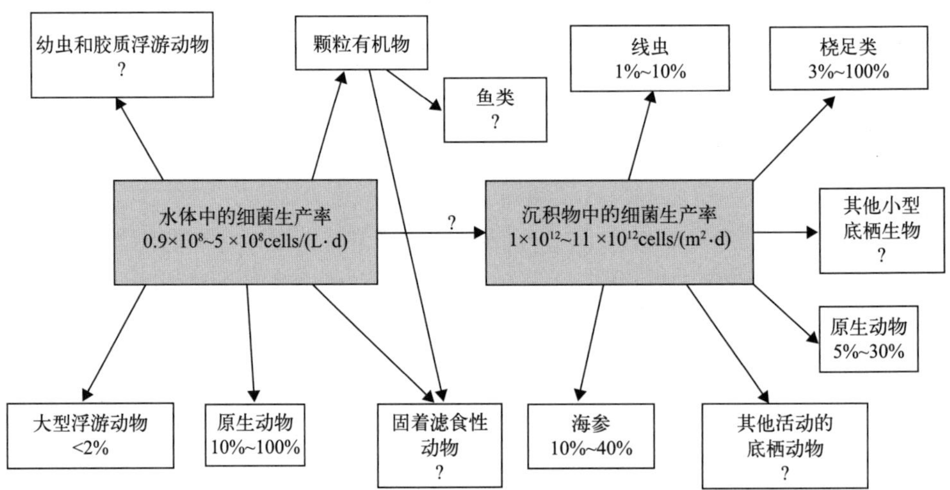

图 5.10 珊瑚礁水体和沉积物中细菌产物的主要消费者。Moriarty 等(1985)通过一系列已发表的研究及其对大堡礁的估算结果(每个系统消耗的细菌产量百分比)得出。值得注意的是，虽然这些作者没有计算出固着滤食性动物的消耗量，但海绵和珊瑚等生物对细菌的消耗作用是非常重要的。此外，这些滤食性无脊椎动物以及鱼类可能会消耗附着在细菌上的微粒有机物(POM)。水体中多达 50%的细菌可能附着在微粒有机物上［资料来源：Moriarty, D. J. W., Pollard, P. C., Alongi, D. M., Wilkinson, C. R. and Grey, J. S. (1985). Bacterial productivity and trophic relationships with consumers on a coral reef (Mecor I). *Proceedings of the 5th International Coral Reef Symposium* 3：457-462.］

底栖微藻和其他原生生物为各种捕食者提供食物来源，其中的关键种类是微型软体动物(主要是腹足类)。同桡足类等微型甲壳类动物一样，这些微小的捕食者多种多样，它们的生物量甚至比那些个体更大、肉眼可见的近缘物种还要多。

5.3 浮游动物的行为学与生态学

5.3.1 幼虫的浮游期及浮游扩散

较大型的浮游动物指整个生活史都营浮游生活的物种，也指固着或底栖物种的幼虫或幼体阶段。这一浮游阶段，即固着生物和自由游动物种的幼虫或幼体阶段，对于物种的扩散具有重要的影响。虽然许多种类的浮游幼虫可以游动(因体型微小而显得游动非常剧烈)，但通常其运动在很大程度上受水流的影响。许多动物调节其垂直运动比调节水平运动的效果好得多，而且可以利用不同深度水体的不同流速。

浮游阶段的持续时间差别很大。例如，一种大型的珊瑚礁鱼类——雀鲷的幼体浮游期在12~39天不等(Wellington，Victor，1989)。在浮游期，即使流速缓慢的海流也可以将幼体扩散到几百千米之外。珊瑚的幼虫期一般为2~4周，这对其扩散过程十分重要。幼虫的浮游时间长短与其潜在的扩散范围有关，而这又大致与该物种的总体分布范围有关。

总体分布范围具有重要的进化意义，因为更广的分布范围预示着更强大的基因流。然而，浮游阶段与物种的地理分布之间相关性较低的案例也有很多(Paulay，Meyer，2006)。许多珊瑚礁鱼类的研究结果表明，有些珊瑚礁鱼类的幼虫期与其地理分布范围之间并无明显关联。其他因素也很重要，包括延迟附着的能力、水体中垂直移动的能力、沉降和变态为成虫前幼虫感知有利(或不利)底质的能力。

少数物种已被证明能够在必要的时候长时间暂停附着行为(如当它们处于大洋区)。这并不影响它们最终附着后的寿命，反而能够因延长的幼虫期而进一步扩散。这样的幼虫被称为“虚拟永生”(virtually immortal)幼虫(Paulay，Meyer，2006)，而一些棘皮动物也表现出克隆繁殖，进一步延长了幼虫的附着时间。在一定程度上，幼虫期的长短可能取决于其所含的能量储备以及它们在附着过程中蜕变为成虫(可以有效地进食)所需的能量。卵较大的类群可能会推迟一年或更长时间才附着。当然，许多幼虫也会摄食。卵黄营养幼虫从巨大的卵黄中孵化出来，以卵黄为最初的营养源，这足以支持个体在浮游阶段进一步发育。有些物种在幼虫阶段根本不需要食物。与此相反，从营养供应有限的较小的卵中孵化出来的浮游幼虫，在幼虫阶段就严重依赖于捕食浮游生物。当食物短缺时，其中某些类群可能会缩短幼虫期。

和幼虫期的持续时间一样，物种的幼虫行为对其扩散也很重要。许多幼虫是趋地性的，也就是说它们对重力存在响应。具有正向趋地性的物种会迅速在它们亲体附近定居下来，这种定居方式的明显优势是它们更有可能定居在有利的生境。具有反向趋地性的幼虫向上移动，其优势在于具有更长的扩散时间，但明显错过了更有利的生境。

其他感官机制也会影响幼虫期的持续时间和附着过程。石珊瑚和软珊瑚偏好附着在石灰岩上，许多(也许是大多数)珊瑚种类能够感知结壳珊瑚藻的存在(Morse et al.，1996)。许多属的珊瑚具有这种能力，印度洋-太平洋和加勒比海域的浮浪幼体也具有这种能力。判断珊瑚礁底质是否合适受结壳珊瑚藻相关的化学线索(也许还对与这些藻类相关的微生物)的化感作用控制。和光谱的吸引作用一样，浮浪幼体会优先被红色表面吸引(Sneed et al.，2015；Foster，Gilmour，2016)。随着幼虫年龄的增长，这种对底质的化学感知能力会下降，因此更有利于早期附着和变态发育。由于每个物种的浮游期在时间和强度上各不相同，感知能力的变化在一定程度上避免了附着幼虫的种间竞争。许多结壳珊瑚藻(并非全部)都对珊瑚幼虫具有吸引力，类似的诱导作用也出现在珊瑚碎块和骨骼上(Heyward，Negri，1999)。然而，这种吸引力很容易受到石油等污染物的损害，其损害程度甚至比抑制受精还要严重(Negri，Hayward，2000)。

珊瑚幼虫接收到的其他信号(如声音)能够使其滞留在珊瑚礁区附近或游向珊瑚礁。珊瑚礁区的声音嘈杂繁多，由破碎的波浪和多种生物发出的声音共同组成(Radford et al.，2014)。这种听觉诱因可能会吸引幼体，例如珊瑚幼虫或鱼类幼体被吸引到珊瑚礁附近水域，而不会继续向前运动，继而最终可能消失在大洋区(Parmentier et al.，2015；Lillis et al.，2016)。

5.3.2 底栖浮游生物的昼夜循环

5.3.1节中的大部分内容都与鱼类幼体有关，这也是许多研究的重点。但许多浮游动物的垂直洄游同样重要，无论是幼虫(幼体)还是整个生活史营浮游生活的生物。珊瑚礁上方的浮游动物由底栖浮游动物、释放在礁区的幼虫和穿越珊瑚礁区上方的中上层浮游动物混合组成。其中底栖浮游动物占有很大比例，且大多数为夜间活动。白天，底栖浮游动物生活在珊瑚礁缝隙中；夜间，它们洄游到珊瑚礁上方的水体中。这类动物主要是糠虾、线虫和小型多毛类蠕虫以及各种各样的微型甲壳类生物：端足类、介形亚纲、等足类和桡足类(Porter，Porter，1977)。与大多数永久性浮游动物相比，底栖浮游动物个体较大，是植食性鱼类的主要食物来源。

浮游动物具有重要的生态作用，大部分礁栖动物都以浮游动物为食。许多礁栖动物(如海百合和筐蛇尾)只在夜间出现并摄食浮游动物，而在白天隐藏起来(见图5.11)。浮游动物的垂直洄游已广为人知。长期以来，由于浮游生物探测难度高、捕集效率低，严重妨碍了人们对其数量的有效评估以及对其在生态系统中可能发挥的作用

(a)

(b)

图 5.11 滤食。(a)黄昏时分，大堡礁出现的海百合，它正在捕食浮游动物。海百合是一类古老的棘皮动物。它的触手形成了滤食网，用来捕捉夜间游动的浮游动物。随后，将捕获的浮游生物扫到底部的口中；(b)筐蛇尾，也是一类棘皮动物。筐蛇尾的触手不断分叉，形成一个复杂的网络。图为金色的加勒比海筐蛇尾 *Astrophyton muricatum*，它全天都紧紧地盘绕在一起。到了夜晚，它会展开身体，伸向水流中，其触手网能捕捉浮游生物

的估计。Madhupratap 等(1991)使用传统的浮游动物采集方法(即在沙地上设置陷阱)在环礁潟湖中采集了浮游动物，并计算了白天从砂质底质中捕获的浮游动物数量。岩心取样结果显示，实际生活在沙地上的浮游动物密度是浮游生物捕集器的估计密度值的25 倍。每平方米浮游动物的数量有几千个，且其中 80%在日落后一小时内洄游到水体中，并在接近黎明时返回。显然，从珊瑚的角度来看，这也是一个扩张触手捕捉浮游动物的好时机(见第 2 章图 2. 2)。夜间，珊瑚礁表面覆盖着各种底栖动物，它们能有效地捕获浮游动物。此外，珊瑚碎石之类的基质上浮游动物密度比沙子中的密度更大(Porter，Porter，1977)，这为夜间活动的浮游动物的摄食做出了重大贡献。

在亚喀巴湾，多种主要的浮游动物类群的垂直洄游距离超过 25 m(Schmidt，1973)。在同一水域，距离海底 1 m 以内的水中，浮游动物的数量和上方水体相比已经被摄食殆尽，上方水体的大型浮游动物的数量在夜间会增加一倍，并在黎明前后恢复到白天的水平，表现出昼夜循环现象。大多数浮游动物在夜间洄游到近表层，导致浮游动物浓度的梯度分布(Yahel，Yahel，Berman et al.，2005；Yahel，Yahel，Genin，2005)。由于滤食性动物以及靠近海底的大量以浮游生物为食的鱼类的存在，珊瑚礁表面附近缺乏浮游动物。

红海中浮游动物的出现时间是非常精确和一致的(Yahel，Yahel，Berman，et al.，2005)。声背散射强度检测发现：浮游动物在日落时分前后 4 分钟从珊瑚礁中出现，并在日出前 82(±5)分钟再次消失，一年四季时间一致。较小的浮游动物(500~700 μm)先增加。日落后，底栖浮游动物也随后增加。令人惊讶的是，尽管进食效率不断下降，但以浮游动物为食的鱼类在日落之后仍在进食。此时，大多数珊瑚尚未伸出捕捉浮游生物的触手。因此，这为浮游动物提供了一个时间窗口，使其能够上浮到更高、更安全的水域。

据推测，躲避捕食者是大量微型浮游动物昼夜洄游的主要驱动力。一个可能的原因是，这种行为避免了在夜间接近海底时可能出现的缺氧情况，尽管珊瑚礁区的水体交换和附着形态表明，该水域应该很少出现缺氧情况。另一个可能的原因是，通过垂直运动游向浮游植物或小型浮游动物。相反，为了避免日间成为浮游鱼类的猎物，许多微型浮游动物选择在海底生活，尤其是在沙子和碎石的孔隙中。无论原因为何，微型浮游动物已被认定为珊瑚礁营养网络的重要组成部分。令人惊讶的是，夜间活动的动物很容易被手电筒的光所吸引。如果在夜间将一束光打到正在摄食的珊瑚附近，大量的浮游动物会被光线吸引。一旦接触到珊瑚，就会被捕捉，并立即被固定在珊瑚触手上，其速度足以说明珊瑚捕食浮游生物的能力和效率(见图 5. 12)。

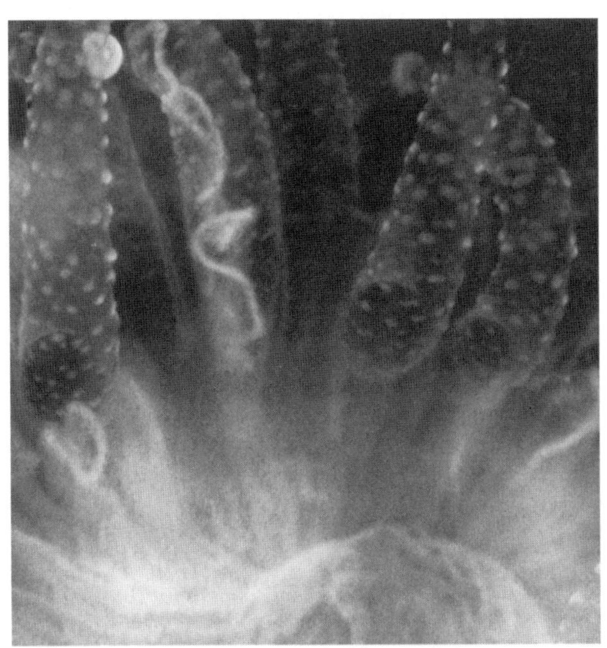

图 5.12 珊瑚虫触手的特写(夜间拍摄)。触手上的白点是刺细胞。有些触手上可能困住了一些微小的蠕虫(线虫或多毛类)。照片底部可见珊瑚虫的口在圆锥体的顶部，约 2 mm 宽

5.3.3 珊瑚礁的连通性

浮游生物并不只是由海流裹挟的颗粒物组成。生物分为主动游泳生物和被动裹挟的生物(浮游生物)的旧观点已站不住脚。长期以来，人们一直认为扩散能力较弱的物种更容易灭绝，这是因为物种灭绝不可预测而大规模的影响会周期性地发生，导致局部水域种群消失。这种影响包括飓风、洪涝或海平面的剧烈变化。相比之下，扩散能力强的物种更可能在距离危害足够远的地方繁衍生息，并可能在贫瘠的水域重新定居。

就珊瑚礁而言，还面临另一种复杂因子。在大部分热带海域，各珊瑚礁中都密集着各种生物，但珊瑚礁之间却隔离着数百或数千千米的风高浪急的大洋区，如环礁链就处于这样的环境中。即使是大堡礁或中美洲珊瑚礁等明显连续的珊瑚礁也很难长距离延续，它们由许多更小的单元组成，各单元间的“空隙”面积比珊瑚礁面积更大。珊瑚礁之间的间隔也许较紧密，但原则上，甚至不是在空间尺度上，块状分布但相互关联的生境肯定为条件恶劣的生境所隔离。

如 5.3.1 节所述，大多数幼虫表现出不同的，有时甚至是显著的独立游泳能力。某些刺尾鱼的幼虫可以连续游动近 200 小时，其中某些种类可以游 8～60 km。这样的距离似乎已经超出了最适的扩散范围，实验表明，在珊瑚礁生态系统中斑块礁(patch reef)的形成主要依靠“自我播种”(self-seeded)。也就是说，通常珊瑚幼虫明显偏好定居在亲体附近。然而，利用遗传技术的研究发现，某些鱼类在不同海域间具有高度的遗传连通性，这表明这些鱼类不同种群之间存在高度的幼虫交换。该结论也适用于同一海域(墨西哥)的鹿角珊瑚。无论是珊瑚还是鱼类，影响珊瑚礁间连通性的因素包括幼虫的浮性和其他生态因素(如浮游阶段和附着后的生存能力)。就这方面而言，最为重要的问题是空间尺度问题。

珊瑚礁生态系统的持续生存依赖于繁殖种群的连通性，这涉及几个重要的过程：成功繁殖、扩散、附着以及附着后的生存。在所有这些过程中，营养物质显然也是必不可少的。

早期对珊瑚礁鱼类的研究假设鱼类处于平衡状态，稳定共存是其基本特征，珊瑚礁鱼类的高度多样性是其存在于多种生态位空间的基础。Sale(2002)对珊瑚礁鱼类的研究结果指出：珊瑚礁是一个充满着地方性种群的开放系统，这些种群来自不同的海域，有时来自遥远水域的幼虫附着为其提供了幼虫补充。这同样适用于珊瑚和其他底栖生物。幼虫的繁殖方式应确保物种能很好地混合。但如前所述，各种化学感应和游泳行为可能造成了许多种类的最大扩散潜力大打折扣。珊瑚礁呈块状分布且在任一珊瑚礁区都存在适合鱼类的生境，这使得鱼类种群在许多空间尺度上比较分散。而且许多鱼类一旦蜕变成幼鱼，就再不会远离它们最初的生境。有些鱼类为了繁殖而洄游到其他生境(如海草床和红树林)，或长途跋涉到其他水域产卵，但这种现象极少发生。因此，珊瑚礁区鱼类、珊瑚或其他底栖生物的成年种群可能在当地受到限制，但它们能够从其他种群接收并向其他种群输出幼虫，这些种群可能在附近或几千米之外。至少对珊瑚礁鱼类来说，它们的水平分布受珊瑚礁分布的影响越来越清晰。幼体扩散远不止被动地随波逐流，而是主动地寻找机会接近适宜的生境。

6 珊瑚礁鱼类的进化、多样性和功能

在珊瑚礁区浮潜或深潜时，你会被周围各种各样的鱼类所震撼。这些鱼类千姿百态、色彩鲜艳又大小不一。从小型雀鲷类和色彩缤纷的鹦嘴鱼，到大型的石斑鱼等，生物多样性极其丰富。尽管珊瑚礁占全球海洋面积不足0.1%，但却是大约三分之一已鉴定的海洋鱼类的家园(Helfman et al.，1997)。事实上，鱼类是地球上种类最多的脊椎动物类群。珊瑚礁具有强大的驱动力，促使着鱼类发育出各种形态和功能。本章将详细介绍珊瑚礁鱼类的进化和生物地理学；基于幼鱼生态学，讨论珊瑚礁鱼类的年龄和生长。此外，本章还将讨论珊瑚礁鱼类极高生物多样性的驱动因子以及多彩体色的用途；研究珊瑚礁鱼类类群的丰度、生物量和营养结构等科学问题，详细介绍鱼类食性和生态功能。最后，对可能影响珊瑚礁鱼类群落的因素和问题展开讨论。要在一个章节内充分讨论珊瑚礁鱼类的生物学和生态学不太现实，想要获取更多详细信息，请参阅 Mora(2015)。

6.1 进化和生物地理学

尽管现代珊瑚礁鱼类起源于0.66亿~0.9亿年前(Bellwood et al.，2015)，但早在0.9亿~2.3亿年前，作为硬骨鱼类的早期形式——坚齿鱼 pycnodonts(现已灭绝)，就显现出了一些可能与珊瑚礁鱼类相关的形态学特征。直到0.34亿~0.66亿年前的恐龙灭绝时期，珊瑚礁鱼类才在形态、系统发育和功能方面完成了统一，形成了现代珊瑚礁鱼类的雏形。不同科的珊瑚礁鱼类的起源时间不同。例如，隆头鱼科(Labridae)的共同祖先出现在0.5亿~0.66亿年前，而蝴蝶鱼科(Chaetodontidae)直到0.32亿年前才开始出现。珊瑚礁鱼类分化的最初阶段发生在西特提斯海(West Tethys Sea)，即现在的欧洲地区。0.05亿~0.34亿年前，珊瑚礁鱼类的摄食开始特异化，以珊瑚、碎屑和草皮藻类为食。在过去的500万年间，珊瑚礁区形成了大量的鱼类物种。然而，除了那些从0.05亿年到0.34亿年进化而来的鱼类之外，并没有出现多少新增的广食性鱼类种群(Bellwood et al.，2015)。

这一进化历史与海洋生物多样性的"热点跳跃"(hopping hotspots)有关——生物多样性的中心从特提斯海转移到东南亚和美拉尼西亚(Melanesia)西部海域。现如今，这里的物种最为丰富(Remena et al., 2008)。在较近的进化时期，大尺度生物地理模式逐渐隔离开物种库。一个关键事件发生在0.12亿~0.18亿年前，当时非洲大陆板块和欧洲大陆板块相互碰撞，在中东形成了一座分离印度洋和大西洋的陆桥(图6.1)。另一个主要屏障形成于310万~350万年前，巴拿马地峡(Isthmus of Panama)的抬升导致东太平洋与加勒比海地区隔离开来(见第1章)。这些屏障有效地隔离了不同海域并限制了物种转移。在现代，分隔印度洋和东太平洋地区的“东太平洋屏障”(East Pacific Barrier)通过大面积深海区限制了物种转移。该海域约5 000 km宽，对许多鱼种形成了有效隔离。

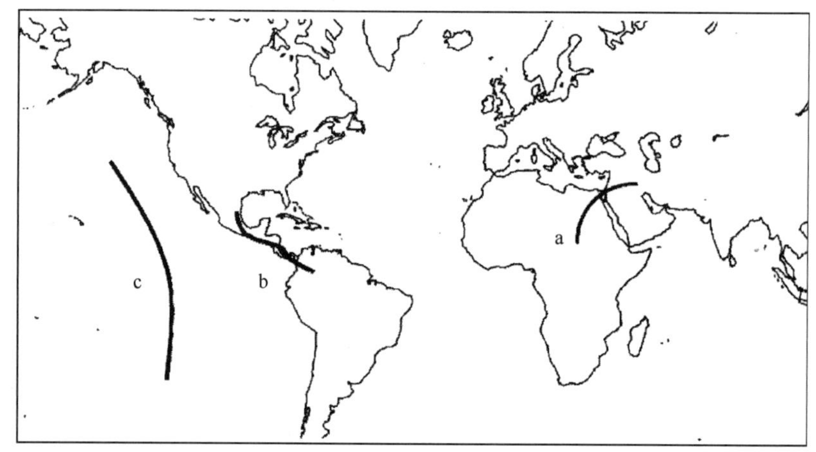

图6.1 珊瑚礁鱼类类群的主要生物地理隔离：(a)特提斯海关闭形成红海路桥；(b)巴拿马地峡；(c)东太平洋隔离［资料来源：Blum, S. D. (1989). Biogeography of the Chaetodontidae: An analysis of allopatry among closely related species. *Environmental Biology of Fishes*, 25: 9-31; Bellwood, D. R. and Wainwright, P. W. (2002). The history and biogeography of fishes on coral reefs. In: P. F. Sale (ed.), *Coral Reef Fishes: Dynamics and Diversity in a Complex Ecosystem*. Academic Press, pp. 5-32.］

随着物种库的大规模分离，地方驱动因素和自然选择开始发挥作用，促使物种群体分化(Rocha, Bowen, 2008)。例如，加勒比海珊瑚礁区的鱼类数量远少于印度洋-太平洋地区的鱼类数量。这可能是由于海平面下降导致的物种灭绝事件造成的。在一些海域，鱼类多样性可能进一步受到局部海流的限制，并与生物因素密切相关，例如物种的游动能力和幼鱼期的长短等。较短的幼鱼期和不利的海流将减少物种扩散，从而降低特定水域的鱼类多样性。因此，随着物种地理分布范围的缩小，生物和物理因素日益严重地影响生物多样性和物种进化。上述所有因素共同造成了珊瑚礁鱼类物种的地理分布范围差异。即使是亲缘关系很近的物种，其活动范围也可能大不相同。例如，在隆头鱼科中，紫额锦鱼(*Thalassoma purpureum*)的分布范围横跨了整个印度洋-太平洋，从非洲东海岸一直延伸至中美洲西海岸；而罗伯逊锦鱼(*T. robertsoni*)的分布范围却仅限于一个 6 km 长的太平洋环礁岛(Ruttenberg，Lester，2015)。

6.2　鱼类年龄和生长率

测定鱼类年龄的主要方法是通过耳骨或耳石。就像树木一样，耳石也有其独特的生长年轮，可以用来评估年龄。这些年轮与生长速率和关键的生活史阶段有关，如成熟年龄和寿命。在幼鱼和一些短寿命鱼类中，部分物种的日生长年轮可以被识别；而在寿命较长的鱼类中，年生长年轮则更容易被识别。虽然鳞片和鳍棘在某些物种中也有明显的生长带，但这些方法存在一些问题，特别是在热带鱼类的年龄测定中。因此，耳石在鉴定鱼类年龄和生长率方面更有效。

珊瑚礁鱼类的寿命差异很大。大印矶塘鳢(*Eviota sigillata*)在脊椎鱼类中寿命最短，只有 8 周(见图 6.2；Depcznski，Bellwood，2005)。其中 3 周的时间为幼鱼期，后经 1~2 周成熟，成熟后只能存活 3.5 周左右。反之，有些珊瑚礁鱼类的寿命可以超过 40 年。同科的鱼类寿命往往相差不多，例如，鹦嘴鱼的寿命(大多不足 20 年)通常短于刺尾鱼的寿命(大多长于 20 年)。然而，有些科的鱼类寿命也会存在明显差异，例如，隆头鱼的寿命在 3~25 年之间，刺尾鱼的寿命在 10~40 年不等(Choat，Robertson，2002)。

就生长而言，温带鱼类的生长是无休止的，它们终生都在生长。有些珊瑚礁鱼类，如某些石斑鱼，显示出类似的生长模式；但许多珊瑚礁鱼类表现出不同的生长模式。例如，刺尾鱼和鲷科鱼类在幼鱼期生长迅速，一旦达到成熟，体长生长速率骤然下降，此后随着年龄的增长，它们的长度保持稳定(Choat，Robertson，2002)。体长生长减缓的鱼类体型大小或年龄在同科不同种类之间，甚至在不同水域的同一物种之间，都可能具有非常大的变化。例如，栉齿刺尾鱼(*Ctenochaetus striatus*)在巴布亚新几内亚部分水域的生长速率在体长 100 mm 时趋于平缓；而在大堡礁(GBR)外侧水域，该鱼在体长略低于 140 mm 时生长速率趋于平缓；在大堡礁近岸的暗礁区，该鱼在体长接近 180 mm 时生长速率才趋于平缓(Choat，Robertson，2002)。

6.3　幼鱼生态学

有些珊瑚礁鱼类，如雀鲷科鱼类和炮弹鱼等，会将它们的卵黏附在基质上并加以保护。还有些鱼类(如天竺鲷)是口育鱼，即雄鱼把受精卵含在口中，甚至在孵化后一

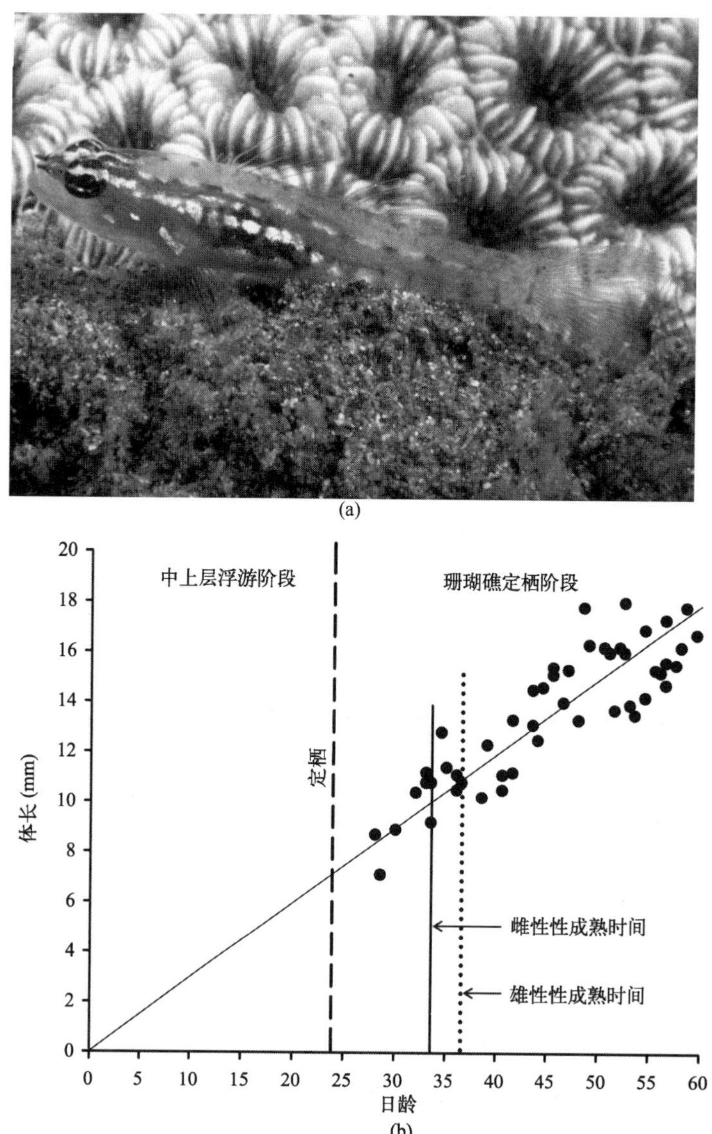

图 6.2 (a)寿命最短的脊椎鱼类，大印矶塘鳢。(b)不同生长时期的大印矶塘鳢的体长(n=50)：浮游幼体阶段(约 24 天)；珊瑚礁定栖阶段；性成熟期(34~38 天)；死亡(59 天内)[资料来源：(a)照片由 J. E. Randall 拍摄。(b)Depczynski, M. and Bellwood, D. R. (2005). Shortest recorded vertebrate lifespan found in a coral reef fish. *Current Biology* 15：R288-289. Figure 1 in http：//www.cell.com/current-biology/pdf/S0960-9822(05)00, 387-8.pdf.]

段时间内仍把幼鱼含在口中。海马也是由父亲照料受精卵，雄性海马有一个育儿袋，雌性海马把卵子产在育儿袋中，交由雄海马受精和哺育。最终雄海马产下完全成形的仔海马。尽管存在这么多由父母哺育后代的案例，但大多数珊瑚礁鱼类会直接在水中产卵。据测算，大约有 120 种鱼类以聚集形式产卵，即同一种鱼类的个体聚集在一个特定水域产卵，有些鱼甚至要游经相当长的距离进行聚集产卵。对某些种类来说，这种方式可能会聚集数十条、数百条甚至数千条个体。受精卵转为浮游生活后，将造就珊瑚礁鱼类一分为二的生活史，其中幼虫阶段营浮游生活，而成鱼阶段则在礁区生活。

鱼类的浮游期指鱼类幼体在定居前营浮游生活的时间，平均约 30 天，但物种间差异很大。有的种类浮游期只有短短一个星期，有的则可能长达 100 天。珊瑚礁鱼类的幼体并不是被动漂浮，而是具惊人的游泳能力，这种能力可以持续很长一段时间，使它们能够超越主导水流流向，改变其扩散模式。这种能力随着幼鱼的发育而增强。例如，安邦雀鲷(*Pomacentrus amboinensis*)的幼体从卵中孵化出来后，能以 3.5 cm/s 的速度游动 0.11 小时；但当它们准备在礁石上定居时，则以 30.3 cm/s 的速度游动，并能坚持 90 小时(Fisher et al., 2000)。这意味着它们的幼体在第 20 天能游出 40 km。

幼鱼也有一定的感觉能力，可以帮助它们定位珊瑚礁和其他适宜定居的生境(Atema et al., 2015)。许多鱼类具有高度发达的嗅觉，使它们能够找到合适定居生境。例如，黑斑小丑鱼(*Amphiprion melanopus*)可以通过嗅觉识别其所属的宿主海葵。在水槽实验中，幼鱼可以选择不同的通道逆流而上，不同种类的幼鱼展现出对同种类个体、珊瑚甚至相同海滨植物叶子气味环境的偏好。许多种鱼类也具有高度发达的听力。珊瑚礁是一个嘈杂的环境，其中既有海浪的冲击声，也有许多动物的咔哒声、咕噜声和刮擦声等。实验表明，如果在礁石旁边播放鱼虾发出的声音，与没有声音的对照组相比，将有近 4 倍多的幼鱼聚集在实验礁石上(Simpson et al., 2005)。某些鱼类也具有一定的视觉，使幼鱼能够选择同类群体或某些特定的生境类型。珊瑚礁上的定居过程像一场严酷考验，许多捕食者埋伏在此，等待着这些“天真的”猎物到来。

这些游泳能力和感觉能力赋予了幼鱼选择其最终定居生境的能力。事实上，尽管有些珊瑚礁鱼类的幼鱼要经过长途跋涉才能在礁石上定居，但令人惊讶的是，许多珊瑚礁鱼类的幼鱼会在父母的帮助下定居下来。Jone 等(1999)通过在雀鲷 *Pomacentrus ambionensis* 胚胎中的耳骨做标记，然后在同一礁区捕获返回的幼鱼，结果显示高达 15%~60%的新补充个体正在返回它们出生时的珊瑚礁区。这一领域的研究已经转向分子水平的亲缘关系分析，从而将幼鱼和亲鱼联系起来。这项研究表明，即使是大型的珊瑚礁鱼类(如拟花鮨 *Plectropomus* sp.)也有很大比例的幼鱼定居在出生时的珊瑚礁区，但它们的可扩散范围很广。目前记录的与亲鱼的最近距离小于 200 m，而最远距离可达 250 km(Williamson et al., 2016)。

6.4 珊瑚礁鱼类的多样性

据估计，目前全球共有6 000~8 000种珊瑚礁鱼类。全球珊瑚礁鱼类的分布并不均衡，加勒比海域有500~700种，而印度洋-太平洋海域有4 000~5 000种。在大尺度上，珊瑚的多样性反映了礁栖鱼类的多样性。东南亚和美拉尼西亚群岛西部海域珊瑚礁鱼类多样性最高，距离这片水域越远，珊瑚礁区的鱼类多样性越低。在小尺度上，珊瑚礁的可利用面积和孤立性变得十分重要。例如，澳大利亚大堡礁大约有1 500种珊瑚礁鱼类；而地理位置更近，但规模较小的新喀里多尼亚(New Caledonia)堡礁仅有约1 000种珊瑚礁鱼类。

在个别珊瑚礁区，珊瑚礁鱼类的分布和多样性会受到水动力条件、珊瑚礁分带和深度的影响。栖息在外礁区恶劣环境条件下的珊瑚礁鱼类与较隐蔽的礁坪或潟湖区的鱼类有所不同。在珊瑚礁区，不同位置存在着不同的鱼类群落，通常礁冠和礁坡水域的鱼类多样性最高。虽然有些鱼类分布的水深范围较广，但一般情况下，珊瑚礁鱼类分布在特定深度。这导致在珊瑚礁礁坡深处具有某些特殊的鱼种[如肉食性的大型笛鲷(*Pristipomoides* spp.)]，而浅水区的特有种类又有所不同[某些摄食浮游生物的雀鲷，如双斑光鳃鱼(*Chromis margaritifer*)](Jankowski et al., 2015)。

我们还可以在小尺度上进一步探究鱼类多样性组成的驱动过程。早期的研究提供了一种假设，即鱼类会以先到先得的方式占据某一珊瑚礁区。这个假设假定鱼类普遍兼具生境利用和竞争能力(Sale, 1977)。然而，随后的研究表明，鱼类间的竞争行为导致明显的资源分区和不同的鱼类栖息于不同的生态位。生态位与某些基本属性有关，例如食物或生境空间等。事实上，大量的研究表明，鱼类的多样性由珊瑚礁的三维结构及其提供的各种生态位牢牢控制(Graham, Nash, 2013)。珊瑚礁结构越复杂，其间的珊瑚礁鱼类多样性越高。这与丰富的石珊瑚、基底地形以及珊瑚内部为不同物种提供庇护和栖息的缝隙数量及范围有关(Nash et al., 2016)。珊瑚礁的结构复杂程度降低了捕食作用的影响，为珊瑚礁鱼类提供了更多的生境以及种内及种间的竞争性互动。有些干扰能够降低活珊瑚的覆盖率，例如长棘海星暴发(见下文“长棘海星”)，这会导致珊瑚礁结构复杂度下降，最终导致珊瑚礁鱼类生物多样性降低。珊瑚礁鱼类丰富的生物多样性及维持多样性的机制是珊瑚礁科学中非常重要的研究领域。

长棘海星

长棘海星通常被称为 *Acanthaster planci* (Linnaeus, 1758)，最早由

Plancus 和 Gualtieri 描述(Vine, 1973)。然而，分子研究结果表明长棘海星至少存在4个不同的地理种，分别为：①红海的 *Acanthaster* sp.；②北印度洋的 *Acanthaster planci*；③南印度洋的 *Acanthaster mauritiensis*；④太平洋的 *Acanthaster* cf. *solaris*(Vogler et al., 2008; Haszprunar, Spies, 2014)。关于长棘海星的模式物种描述目前仍在进行，它们在生物学和行为学上的具体差异还有待探索，但所有的4种长棘海星都生活在珊瑚礁环境中，几乎完全以石珊瑚为食。

长棘海星(CoTS, *Acanthaster* spp.)因其在暴发期间严重破坏整个珊瑚礁生态系统而闻名于世(Prachett et al., 2014；图6.3)。暴发期的2~3年内，其局部密度可增加100倍以上(Chesher, 1969)。长棘海星是石珊瑚最大的和最具威胁的捕食生物。

图6.3 2014年大堡礁的太阳长棘海星(*Acanthaster* cf. *solaris*)暴发
(资料来源：照片由 Ciemon Caballes 拍摄)

大多数其他捕食珊瑚的生物[如蝴蝶鱼(*Chaetodon*)和核果螺(*Drupella*)]只造成局部组织损伤(Cole et al., 2008)，但大型长棘海星能够杀死整个珊瑚，甚至能够杀死大片的珊瑚群落。因此，高密度的大型长棘海星可以迅速导致珊瑚大面积死亡。例如，在法属波利尼西亚(French Polynesia)的莫雷阿(Moorea)附近，最近一次的长棘海星暴发杀死了96%以上的珊瑚(Kayal et al., 2012)，给珊瑚礁生态系统的生物多样性和生产力造成了巨大影响。

通常，长棘海星的暴发归因于人为活动导致的海洋及沿岸环境的退化。解释长棘海星暴发的首要假设是“捕食者清除假说”(predator-removal hypothesis)(Endean，1977)，即对假定的捕食者的过度捕捞(如大法螺和肉食性珊瑚礁鱼类)，使得大量的成年长棘海星得以存活和繁殖。另一假设为“幼虫饥饿和陆地径流假说”(larval starvation and terrestrial run-off hypotheses)(Birkeland，1982)。该假说认为，从陆地获得的营养物质输入导致长棘海星大量繁殖，使其幼虫能够快速生长并具有较高的存活率。然而，对这些假说的检验产生了不同的结果(Wolfe et al.，2015；Cowan et al.，2017)，要了解长棘海星种群动态的内在复杂性，还需要进一步研究。

鉴于长棘海星的生活史特征，其种群波动是可以完全预测的(Uthicke et al.，2009)。值得注意的是，*Acanthaster* spp. 是所有海星中最高产的(图6.4)：一只雌性海星一次能产下1亿枚以上的卵(Babcock et al.，2016)。然而，长棘海星的繁殖能力取决于它们近期的摄食历史，这一重要信息有助于解释长棘海星的数量与其偏好摄食的珊瑚[主要是鹿角珊瑚(*Acropora* spp.)]覆盖率之间的耦合关系。

图6.4　2014年11月大堡礁太阳长棘海星(*Acanthaster* cf. *solaris*)膨大的卵巢组织
(资料来源：照片由Ciemon Caballes拍摄)

不管长棘海星暴发的原因是什么，人们认为预防这类事件是减少印度洋-太平洋地区珊瑚持续损失的最直接和最有效的机制之一(De'ath et al.，2012)。

清除长棘海星的最有效的方法是在成体和较大的幼体体内注射胆盐或更容易获取的酸(Rivera-Posada et al., 2014; Buck et al., 2016)。即便如此，在海星暴发后，人们仍需要付出相当大的努力持续、全面清除海星(以及有效保护珊瑚)。预防暴发的最佳方法是将防控工作集中在已知的暴发起源地区(Wooldrige, Brodie, 2015)。

澳大利亚汤斯维尔詹姆斯库克大学 Morgan Pratchett 和 Ciemon Caballes

6.5 珊瑚礁鱼类的色彩之谜

五彩斑斓的颜色为珊瑚礁鱼类提供了一系列进化和生态上的优势。研究表明，某些珊瑚礁鱼类可以看到颜色，这表明外观标记和色彩能够用来为其他鱼类提供信号(Siebeck et al., 2008)。鱼类的外观颜色受光波长的影响。水中光线的质量随着深度的增加而变化，波长较长的光(红光、橙光和黄光)比蓝光和绿光等波长较短的光吸收得更快。某些珊瑚礁鱼类还具有一种人眼看不见的紫外线反射光。这些珊瑚礁鱼类的眼睛中有 4 种感光细胞，而人类只有 3 种；第 4 种感光细胞常常使它们对紫外线敏感。这些种类可以使用紫外线波长和标记进行交流(Siebeck, 2004)。然而，有些鱼类虽然能够显示紫外线标记，却无法看到紫外线(Siebeck, Marshall, 2001)。鱼类对紫外线的敏感度也可通过与背景产生对比来感知浮游动物，浮游动物在明亮的背景下呈现暗色调。因此，有些鱼类也能够看到紫外线而不显示这些颜色。

鱼类的体色可以在珊瑚礁生态系统中发挥一系列作用，在寻找配偶和繁殖潜力展示方面具有重要作用，例如某些鹦嘴鱼在成熟期会变得异常鲜艳(见图 6.5)。许多鱼类颜色杂乱无章，体表布有粗条纹、条带或斑点等。鱼类使用此类混淆伪装图案具有许多作用：它能使鱼看起来比实际更大；让其他鱼类觉得它正朝着与真实情况相反的方向游去，从而得以逃脱；保护头部，给捕食者一个假目标，增加生存的机会。下面将介绍 3 种不同的体色功能。

6.5.1 有毒鱼类和攻击性鱼类

许多攻击性(接触中毒)和有毒(食用中毒)鱼类的体色往往十分鲜艳。一个典型的色彩鲜艳的攻击性鱼类的例子是魔鬼蓑鲉(*Pterois volitans*)——俗称狮子鱼，具有独特的鳍片和红白黑色相间的条纹，且在背鳍鳍棘基部具一毒腺。当面对潜在的捕食者时，这些鳍棘会朝向捕食者。如果捕食者进一步靠近，毒腺上的压力会触发毒素，沿着鳍棘向上射进攻击者体内。狮子鱼利用鳍条捕食小鱼，杀死后吞食。这种

(a)

(b)

图 6.5 (a)初期(雌)鹦嘴鱼体色往往呈褐色；(b)末期(雄)鹦嘴鱼体色明亮，通常有鲜艳的绿色、蓝色、黄色和红色（资料来源：照片由 Nick Graham 拍摄）

印度洋-太平洋鱼类最近已被引入到加勒比海地区，也可能是从水族馆中逃逸的。总之，其数量在不断增长，分布范围也不断扩大(Schofield，2009)。事实证明，魔鬼蓑鲉在捕食加勒比海本地鱼种方面十分有效。狮子鱼并不是加勒比海肉食性石斑鱼的主要猎物，但有证据表明石斑鱼摄食狮子鱼。因此，这可能对加勒比海石斑鱼造成致命后果。

6.5.2 伪装

伪装是珊瑚礁鱼类生存的关键机制，鱼类通过伪装隐藏起来以躲避捕食者和潜在的猎物。色彩斑斓的体色可以使鱼类直接伪装在它们所居住的五颜六色的珊瑚背景下。体表图案也可用于伪装，篮子鱼就是一个很好的例子：它们可以像变色龙一样改变体色，与所处的背景颜色相融合，从而起到自我保护的作用。狗母鱼也可以伪装自己，隐藏在背景环境中以捕食猎物。在毒鲉属鱼类(*Synanceia* sp.)中可以看到更为直接的伪装过程。这种肉食性鱼类被认为是世界上最毒的鱼类，它们长有带剧毒棘刺并生活在珊瑚礁底部，绿色-棕色相间的体色帮助它们在热带珊瑚礁的岩石中隐藏。它们的皮肤上甚至可以长有藻类，以增加隐蔽性。

6.5.3 拟态

拟态即一个物种(模仿者)通过复制不同物种(原型)的颜色、形态或行为来迷惑其他生物。贝氏拟态(Batesian mimics)属于无害拟态，鱼类通过不断变化的体色和体表图案使自己看起来不可食用以躲避捕食者。攻击性拟态(Aggressive mimics)是使自己看起来无害以接近猎物，继而进行捕食。两者组合的例子是纵带盾齿鳚(*Aspidontus taeniatus*)。这种鱼通过使自己的外表和行为看上去像无害的鱼医生——裂唇鱼(*Labroides dimidiatus*)以获取食物(大型鱼类的鳍条和表皮)(Randall，Randall，1960)。这种捕食方式还降低了被捕食的风险，因为鱼医生本身不会因清洁活动而被捕食。研究已识别了多达 60 种鱼类具有拟态行为(Moland et al.，2005)。

6.6 珊瑚礁鱼类的丰度、生物量和营养结构

丰度和生物量是评估珊瑚礁鱼类群体的两个常用指标，它们提供了互补但又不同的信息。丰度(通常以密度表示)是单位区域内个体的数量，而生物量是单位区域内全部个体的总质量。珊瑚礁鱼类的生物量通常是用已建立的体长-体重方程进行计算，这种关系因不同种类的生长形态而有所不同。大型鱼类对生物量的贡献与其数量不成比例，几只大型鱼类的生物量可能比大量小型鱼类的生物量更高。在珊瑚礁的小空间尺度上，鱼类的丰度和生物量受珊瑚礁分带影响，礁坡上的鱼类比礁坪上的鱼类多。鱼类的丰度和生物量同样也受珊瑚礁结构复杂性影响，结构复杂的珊瑚礁的鱼类数量更多。在较大的空间尺度上，海洋生产力开始发挥作用(Nadon et al.，2012)。然而，正如第 6.8 节和第 7 章所述，人类也是珊瑚礁鱼类丰度和生物量的主

要驱动因素，特别是渔业捕捞过程。

通过营养级的分布可以探究珊瑚礁鱼类的丰度和生物量模式。营养级反映了生物体在食物网中的位置。例如，以藻类为食的鱼类处于底层营养级，因为它们以初级生产的藻类为食；而像鲨鱼这样的掠食性鱼类则处于顶层营养级，因为它们以其他鱼类为食；而其他鱼类又以更小的生物和藻类为食，并沿着食物链向下传递。营养级之间的物种丰度或生物量分布可用于估算食物网中的能源储备。营养级分布的经典造型呈金字塔形，底层是大量的低营养级生物。随着营养级的升高，每一层的生物数量逐渐减少，顶层的生物数量最少(图 6.6)。由于系统中的可利用能量通过新陈代谢和其他营养过程逐步散失，因此，这种金字塔式的营养分布合乎逻辑。珊瑚礁食物链遵循金字塔营养结构。但早期关于珊瑚礁营养级的研究工作受到各种人为因素影响，如过度捕捞和污染。

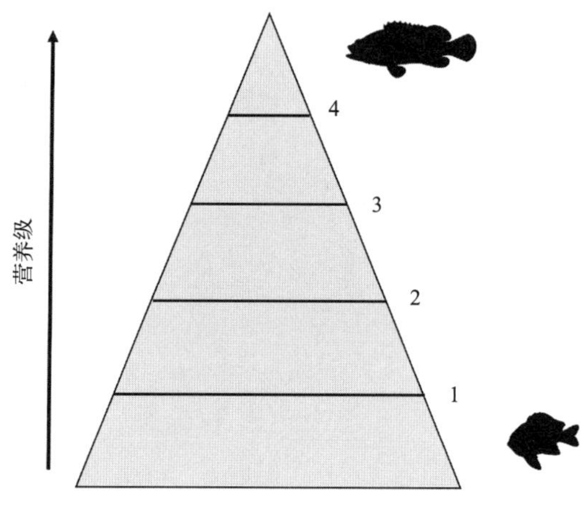

图 6.6　珊瑚礁鱼类营养金字塔

近年来，太平洋偏远珊瑚礁的研究表明，在未受捕捞影响的珊瑚礁区，顶层捕食者的占比较大。在中太平洋莱恩群岛(Line Islands)的金曼礁(Kingman Reef)，鲨鱼等肉食性鱼类占鱼类总生物量的 85%。而在其他受保护的太平洋珊瑚礁区，石斑鱼和笛鲷等大型顶层肉食性鱼类占总生物量的 56%。相比之下，在受捕捞影响的珊瑚礁区，该比值不足 10%(Stevenson et al.，2007)。夏威夷西北部偏僻的无人海岛周边海域，这些顶层捕食者同样占有很大比例(Friedlander，DeMartini，2002)。这一模式代表了倒置的金字塔营养结构，即顶部比底部“更宽”。依据能量学很难解释倒置的营养结构，其中不能只考虑生物量，更需要关注周转率。特别是低营养级的种类周转率更快，顶层捕食者积累生物量的时间更长，这都有助于解释这一模式。然而，潜水员在一个非连续区域内对鱼类的采样可能会偏离真实情况，因为顶层捕食者经常在大范围内觅食，获取非礁源性食物和能量，而大型捕食者的数量也会因其吸引潜水员的注意而导致计数增加(Bradley et al.，2017)。

太平洋和印度洋的研究结果也表明，在大量大型鹦嘴鱼的驱动下，植食性动物的生物量很高。这表明，尽管有大量的顶层捕食者，植食性动物仍然可以繁衍生息(Graham et al.，2017)。这可能是由于当植食性动物体型较大时，顶层捕食者的直接捕食率较低；或者直接或仅以植食性动物为食的顶层捕食者放过了这些被捕食者；或者仅仅是因为对所有营养级被捕食者的捕食强度都下降了。这与受捕捞影响的珊瑚礁区形成了显著差异：大多数营养级的生物量大幅度减少，而较上层营养级的鱼类几乎全部消失。金字塔结构的底部在渔业捕捞加剧之前更加沉重，金字塔底部可能会因为相对大型的植食性刺尾鱼和鹦嘴鱼被捕捞而衰竭。这种情况下，植食性海胆的数量往往会增加，取代先前鱼类作为藻类啃食者的角色(Graham et al.，2017)。

6.7 摄食与生态功能

珊瑚礁鱼类的摄食方式多种多样，这反映了复杂食物网中的多种能量传播途径。鱼类是珊瑚礁食物链的关键组成部分，它们能够确保能量通过珊瑚礁系统进行传递。在食物链的顶端，大鱼以小鱼为食，影响了个体较小鱼类的群落结构和丰度。在食物链的下游，鱼类可以啃食藻类，控制大型藻类的生长，防止珊瑚窒息。有些鱼类可能会直接影响珊瑚礁本身的结构和功能。本节将对常见的摄食类群进行描述，然后研究珊瑚礁鱼类在生态系统中的作用以及科学家们如何获取这些信息。

6.7.1 碎屑食性鱼类

底栖生物中特别值得注意的是草皮海藻，它在大多数没有被更大的生物(如珊瑚)占据的表面上都能生长。草皮海藻表面的碎屑、沉积物和鱼粪的含量可达草皮海藻内有机物总量的10%~78%，比藻类本身的营养价值更大。至少有5科26种鱼类以碎屑为营养来源，另有约30种鱼类以碎屑为重要食物来源。在以大堡礁藻类基质为食的鱼类生物量中，包括鹦嘴鱼科(Scaridae)和刺尾鱼科(Acanthuridae)在内的鱼类至少占了20%~40%。许多这样的鱼类以基质中的碎屑为食，特别是那些小于125 μm的有机小颗粒，这些有机小颗粒提供了等同于(甚至多于)丝状藻类的营养价值。栉齿刺尾鱼等种类，具有长长的专属进食器，可以在草皮海藻中梳理出碎屑加以摄食(见图6.7；Bellwood et al.，2014)。这些鱼类对碎屑的摄食和同化是将能量从沉积物中的有机物和岩石礁底传递给次级消费者的重要途径。考虑到珊瑚礁周围寡养水域内，碎屑对碳、氮生产的重要性，碎屑食性鱼类被认为是珊瑚礁营养动力学的重要组成部分(Wilson et al.，2003)。

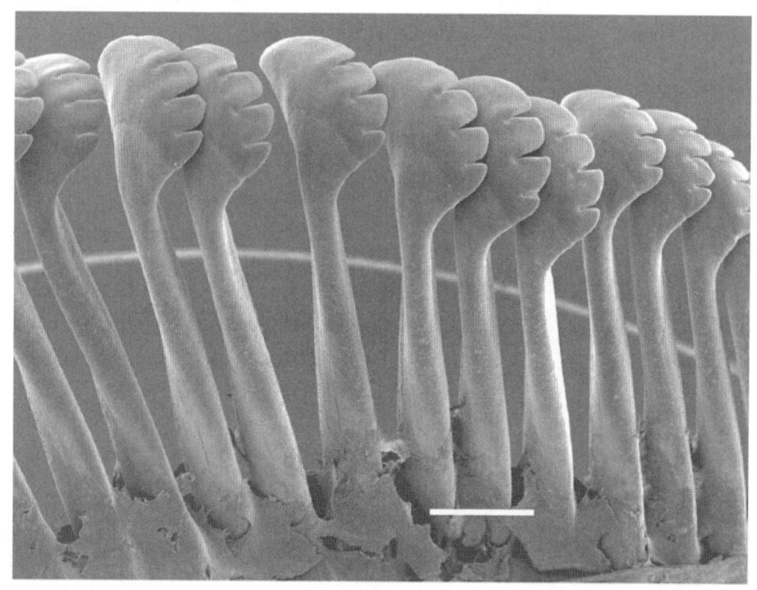

图 6.7 栉齿刺尾鱼的梳状牙齿。标尺代表 500 μm [资料来源：Bellwood，D. R.，Hoey，A. S.，Bellwood，O. and Goatley，C. H. R. (2014). Evolution of long-toothed fishes and the changing nature of fish-benthos interactions on coral reefs. *Nature Communications* 5：3144.]

6.7.2 植食性鱼类

通常，植食性鱼类具有很高的繁殖力，为珊瑚礁生态系统贡献了相当大的生物量。由于在光照充足的环境条件下才会生长适合它们的藻类食物，因此植食性鱼类通常分布在较浅水域。植食性鱼类通常身体狭窄，靠煽动鱼鳍，准确地移动摄食。植食性鱼类具有多种食物来源，从草皮海藻到大型海藻等在近海礁区常见的藻类。植食性鱼类能够以各种藻类为食(广食性)，某些(专食性)种类也会以特定藻类为食(见下文“珊瑚礁植食性动物的功能群研究”)。这种专一性也体现在它们的形态上。例如，某些植食性鱼类(如鹦嘴鱼)有喙状的口，可以啃咬钙质藻类。强壮的口和融合的牙齿(形成喙)使它们能够适应高钙质食物(Choat et al.，2004)。其中，高达75%的胃含物由无机钙质物质组成，无机钙质随后排出体外。成年鹦嘴鱼每年可以排泄超过 1 t 的无机钙，这大大增加了珊瑚礁区的细小沉积物。相比之下，刺尾鱼有成排的牙齿可以啃咬藻类。对于这种食物，它们不需要强大的颚。这种专一性也反映在行为上。例如，某些植食性鱼类(如雀鲷类)会积极维护和保卫特定藻类区域，即使竞争对手比自身大很多，雀鲷鱼也可以将所有竞争对手(包括潜水人员)从这些区域赶走。这种活动改变了底栖生物群落。与这些区域之外相比，在雀鲷鱼类保卫的区域内藻类数量明显增加(Ceccarelli，2007)。

珊瑚礁植食性动物的功能群研究

世界上许多生态系统不断退化，加之生物多样性的广泛减少，使人们更加重视生物多样性与生态系统功能之间的关系。重要的是，人们也更加重视了解各个物种的生态作用。因此，不能根据物种的分类标签或系统发育关系来看待物种，而要根据它们在生态系统中的“功能”来看待物种(Bellwood et al.，2004)。生态系统功能可以定义为通过营养和生物结构途径传输或储存能量，而功能群则主要表示某一特定功能范围的生物体集合(Done et al.，1996)。生态学的功能研究不仅使一个物种(或一组物种)对生态过程/生态环境的贡献得以量化，而且使种群减少或该减少对生态系统功能的影响得以量化(Bellwood et al.，2012)。

人们普遍认为，游动的大型植食性鱼类在珊瑚礁生态系统中发挥着重要的生态功能，即清除藻类的功能。事实上，渔业捕捞或试验性(如牢笼实验)减少了植食性鱼类的数量以及随后出现的藻类生物量的增加，都凸显了植食性鱼类对珊瑚礁系统的重要性(Hughes et al.，2007；Graham et al.，2015)。然而，植食性鱼类在形态、食性和摄食行为上都有相当大的差异。它们对珊瑚礁生态过程的贡献也具有明显差异。因此，珊瑚礁区的藻类生物量取决于植食性鱼类群落的总体丰度和功能组成(Rasher et al.，2013)。值得注意的是，任何生物的摄食都不是由它们对生态系统过程的贡献所驱动的，而是它们需要获得足够的营养来维持生长和繁殖。尽管如此，还是可以根据物种的摄食地点和方式来得出一些概括性的结论。

植食性鱼类大致可分为两类：草食性鱼类和藻食性鱼类，这是根据它们摄食的藻类表面类型决定的。草食性和藻食性这两个术语引自陆地生态系统，虽然可用，但并不直接适用于海洋生态系统。“草食性鱼类”(grazing fish)一词指的是以草皮藻类覆盖的珊瑚礁表面或表面附藻的基质(由丝状藻类、大型藻类繁殖体、结壳珊瑚藻、碎屑、微生物和沉积物组成的聚合物；Wilson et al.，2003)为食的鱼类，这种鱼类类似于以草为食的陆地食草动物。相反，“藻食性鱼类”(browsing fish)一词，虽然经常用来指任何一种以大型藻类为食的物种，但更应该特指那些以高大坚韧的大型藻类为食的物种，如摄食马尾藻

(*Sargassum* spp.)和喇叭藻(*Turbinaria* spp.)的种类。这一区别十分重要，因为最近的研究表明，许多草食性鱼类以较小的分枝状和叶状藻类为食，很少摄食高大坚韧的藻类(Hoey，Bellwood，2009)。

根据摄食的底层藻类数量，草食性鱼类可进一步分为割食型、刮食型和掘食型(图 6.8)。割食型草食性鱼类(如许多刺尾鱼、篮子鱼、非藻食性鲀鱼和某些鹦嘴鱼)在摄食时，仅割食藻类的上部和相关的附生物质，保持附着物和基部完好无损；而刮食型和掘食型草食性鱼类则破坏了珊瑚礁下层的藻类及相关附生物质。刮食型鹦嘴鱼[鹦嘴鱼属(*Scarus*)，马鹦嘴鱼属(*Hipposcarus*)和某些鹦鲷属(*Sparisoma* spp.)]刮食较浅(<1 mm)，从而为底栖生物的附着腾出空间。掘食型鹦嘴鱼[大鹦嘴鱼属(*Bolbometopon*)，鲸鹦嘴鱼属(*Cetoscarus*)，绿鹦嘴鱼属(*Chlorurus*)和雌性绿鹦鲷(*Sparisoma viridelampulum*)]刮食较深，能够移除更大的碳酸盐岩石，是造成珊瑚礁骨架侵蚀的主要原因(Bellwood et al.，2012)。

图 6.8　印度洋-太平洋的 4 种主要植食性鱼类功能群代表。(a)掘食型驼峰大鹦嘴鱼(*Bolbometopon muricatum*)；(b)刮食型钝头鹦嘴鱼(*Scarus rubroviolaceus*)；(c)割食型眼带篮子鱼(*Siganus puellus*)；(d)藻食性单角鼻鱼(*Naso unicornis*)（资料来源：照片由 Andrew Hoey 拍摄）

这些功能类群为研究植食性鱼类的各个方面提供了重要框架。然而，就像所有的还原论方法一样，它们远远不够全面。这些功能类群有相当大的种间和种内差异。据估计，一只大鹦嘴鱼每年可以清除 5.5 t 以上的珊瑚礁碳酸盐岩，而其他掘食型鹦嘴鱼每年可以清除 0.02～1.02 t 珊瑚礁碳酸盐岩(Hoey，Bellwood，2008)。根据个体发育、体型大小、目标藻类或相关生物以及物种赖以生存的微生境，更进一步的差异显而易见(Lokrantz et al.，2008；Streit et al.，2015；Fox，Bellwood，2013)。

詹姆斯库克大学澳大利亚研究委员会(ARC)

珊瑚礁研究中心 Andrew S. Hoey

6.7.3 浮游食性鱼类

珊瑚礁结构引起的与水流的相互作用，产生了水动力模式，导致营养物质、食物颗粒和甲壳类浮游生物聚集在珊瑚礁之上(Wolanski，Hamner，1988)。这吸引了许多喜食浮游生物的种类，从鲸鲨(*Rhincodon typus*)和大型蝠鲼(其体型允许它们可以在白天摄食而不用担心被捕食)，到其他摄食浮游生物的珊瑚礁鱼类[如乌尾鮗(Caesionidae)，见图 6.9(a)]，珊瑚礁同时为这些鱼类[如光鳃鱼(*Chromis*)]提供了保护。某些摄食浮游生物的鱼类采用夜间捕食策略(如孔锯鳞鱼)，较大的眼睛可以帮助它们识别相对较大的浮游动物。虽然夜间摄食者的捕食成功率较低，但鱼类和珊瑚都在夜间释放配子和幼虫，夜间的幼虫补充和底栖浮游动物进入水体(见第 5 章)可以形成一定量的补偿效应。在白天或夜间觅食浮游生物的种类中，由摄食转为非摄食的过程受特异性光照强度的影响，这代表了识别和成功捕食猎物的能力与成为被捕食对象的风险之间的一种谨慎的权衡。珊瑚礁区的大多数鱼类中都有一种或多种专门摄食浮游生物的种类。

6.7.4 珊瑚食性鱼类

珊瑚食性鱼类，顾名思义，能以活珊瑚为食。最近一项研究已对 11 科 128 种珊瑚食性鱼类进行了评估，其中 68 种隶属于蝴蝶鱼科[见图 6.9(b)；Cole et al.，2008]。珊瑚食性鱼类可以兼食或专食某些珊瑚。兼食性鱼类的食物包括珊瑚，但也包括其他种类，如多毛类、海绵和藻类等。专食性鱼类几乎完全以珊瑚为食(占其食性的 80%以上)，或以珊瑚黏液和水螅体为食。然而，印度洋-太平洋发现的专食性鱼类在加勒比海并无发现(Cole et al.，2008)。专食性鱼类食性非常广泛，或以多种珊瑚为食，或高度专一，只以几种珊瑚(通常为鹿角珊瑚)为食。活珊瑚的减少会对珊瑚食性鱼类造成严重影响，特别是对那些专食性鱼类[如主要摄食风信子鹿角珊瑚(*Acropora hyacinthus*)的三纹蝴蝶鱼(*Cheatodon trifascialis*)]。

6.7.5 无脊椎动物食性鱼类

鱼类能够以各种无脊椎动物为食，包括在珊瑚礁边缘沙子中发现的无脊椎动物和那些以珊瑚为食的无脊椎动物[见图6.9(c)]。在沙子中发现的无脊椎动物是许多鱼类重要的食物来源。有些鱼类可以在沙子表面觅食，而有些鱼类可以从更深的埋层中获取食物。以埋藏的猎物为食的鱼类通常具有较大的口，利用吸力汲取大量的水，滤食水中的猎物。某些种类，如羊鱼科(Mullidae)的鱼类，能够利用触须来探测猎物。许多无脊椎动物栖息在复杂的珊瑚礁基质中，特别是死亡珊瑚礁的结构中。这就需要无脊椎动物食性鱼类能够精确地控制自身的游泳运动，靠近并从中拉出猎物。这导致了这些鱼类与植食性鱼类具有相似的身体特征：良好的视觉、鸟喙一样的嘴、强大的颚骨和咽齿(用以碾碎食物)。无脊椎动物捕食者的摄食习惯意味着独自觅食具有优势。然而，缺乏族群保护意味着它们需要寻求替代的躲避捕食者的方法。因此，这些鱼类发展了一系列保护机制，如刺鲀(Diodontidae)体表覆盖着起保护作用的尖刺。此外，还包括一些行为上的保护机制，如那些以礁石之外的无脊椎动物为食的鱼类，它们只在夜间才在远离珊瑚礁保护的区域觅食，以降低被捕食的风险。

6.7.6 食鱼性鱼类

食物链的上层是那些以其他鱼类为食的鱼类。从捕食幼鱼的小型鳊鱼到大型石斑鱼和鲨鱼[见图6.9(d)]以及包括鲹和梭鱼在内的珊瑚礁鱼类，它们可以在开阔水域觅食，大量出现在珊瑚礁周围水域。食鱼性鱼类能以食物网中的各种鱼类为食，说明珊瑚礁鱼类食物网并非简单的线性食物链，而是一个复杂的能量交换系统(Graham et al., 2017)。不同的食鱼性鱼类依种类的不同而在白天或夜间摄食。白天，识别猎物通常需要视觉来协助评估自身和猎物之间的距离。因此，食鱼性鱼类的眼睛通常比植食性鱼类的大，以满足其对摄食模式所必需的视觉系统的需求。摄食技术也会有很大差异，从追赶猎物到守株待兔，或采取跟踪和伏击策略。例如，大型石斑鱼能够伏击猎物，等猎物经过时，通过口和鳃快速膨胀产生的强大吸力吞噬猎物。要在伏击中取得成功，还需要进行伪装。跟踪猎物的动作要缓慢，待猎物足够接近时才可以一击而中。食鱼性鱼类的身体通常细而长，从而降低被猎物发现的几率；而它们的尾巴较大，以提供足够的加速进行追踪。例如，斑点管口鱼(*Aulostomus maculatus*)在珊瑚间垂直不动并进

图 6.9 珊瑚礁鱼类捕食者。(a)浮游食性鱼类；(b)一种食珊瑚的蝴蝶鱼；(c)一种无脊椎动物食性的隆头鱼；(d)一种食鱼性的鲨鱼（资料来源：照片由 Nick Graham 拍摄）

行一定程度的伪装，通过伸长颌口吸住经过的猎物以完成捕食。

虽然这一节我们按特定的捕食生态位对珊瑚礁鱼类进行了简单的分门别类，但在许多情况下，物种并不遵循单一的营养偏好。许多鱼类会通过捕食无脊椎动物来补充它们的营养结构。同样值得注意的是，分类位置往往不能很好地反映动物的食性。例如，隆头鱼科的许多种类(隆头鱼和鹦嘴鱼)能以其他鱼类、浮游生物、无脊椎动物、藻类、珊瑚和许多其他生物为食，隆头鱼成体的体重能够相差 4 个数量级。鱼的体型大小也不总是一个完美的摄食指标，食鱼性鱼类的长度从不到 10 cm 到超过 2 m 不等。

6.7.7 生态系统功能

珊瑚礁鱼类摄食类群与调节生态系统的关键功能密切相关，如波纹钩鳞鲀(*Balistapus undulatus*)以海胆为食。如果东非珊瑚礁区波纹钩鳞鲀的数量下降到太低水平，海胆的数量则会增加，并通过对珊瑚礁结构的生物侵蚀造成有害影响(McClanahan，2000)。植食性鱼类在控制藻类生长方面发挥着关键作用，使珊瑚能够在珊瑚礁

区与藻类竞争。某些植食性鱼类(如许多鹦嘴鱼和刺尾鱼)能够限制草皮藻类的生长，从而使珊瑚虫得以附着和生长。不同种类的植食性鱼类以成熟的大型藻类为食，如篮子鱼和一些鼻鱼属(*Naso*)的刺尾鱼。当大型藻在生态系统中占优势时，这些植食性鱼类对减少大型藻类的数量至关重要。因此，植食性鱼类的过度捕捞(见第7章)将导致藻类覆盖率的升高，从而导致生态系统中的珊瑚不断减少(Mumby, Dahlgren, et al., 2006)。

实际情况可能比这还要复杂。大多数珊瑚礁鱼类在生态系统中扮演特定角色，仅通过宽泛的摄食群体对鱼类进行分组并不能反映鱼类在生态系统中真实的生态功能。例如，看似简单的鹦嘴鱼可能会通过在礁石的不同位置、不同时间，或以不同的摄食方式对珊瑚礁产生影响。因此，不同物种在发挥生态系统功能时相互补充，而非完全重合。

人们认识到鱼类可能具有特殊的重要作用，便尝试通过性状特征加以描述。这些特征可以反映诸如摄食(如本节所述)、行为或形态等物种所能表现的功能的不同方面。例如，体型大小与鱼类的摄食和活动范围紧密相关，也能反映物种在珊瑚礁区发挥作用的范围(Nash et al., 2015)。体型大小还能反映摄食的影响程度。例如，随着生长，鹦嘴鱼摄食珊瑚的范围越来越大。因此，珊瑚礁被破坏的面积会随着鹦嘴鱼的体型呈指数增长。同样，石斑鱼的张口大小也随着体型的增大而增大，这直接影响了它们所能捕食的猎物个体大小。

形态学是生态系统功能的另一表现特征。口的结构、大小和形状往往与鱼的具体食性密切相关。例如，某些篮子鱼具有特化的、延长的口，使它们能够摄食礁石裂缝和缝隙中的藻类，而其他珊瑚礁鱼类无法摄食这些藻类。鱼鳍的形状可以反映鱼的游动速度及其在一定水流条件下的生存能力。胸鳍呈锥形的种类游泳速度更快，并能适应更高能量的环境(Fulton et al., 2005)。

综合考虑珊瑚礁鱼类的各种特性，生态学家能够更精确地将珊瑚礁鱼类的多样性与生态系统功能联系起来。这些方法涵盖了珊瑚礁鱼类组群的功能多样性。最新的研究表明，在珊瑚白化等干扰下，这种功能多样性能够影响珊瑚礁的恢复速度。值得注意的是，这些方法强调了有时仅一种鱼类就能完成大量潜在的生态系统功能(Mouillot et al., 2014)。这表明，维持珊瑚礁鱼类的高生物多样性以及充足的生物量，对于维持生态系统功能和确保珊瑚礁能够应对干扰并从中恢复至关重要。

6.8 干扰和珊瑚礁鱼类

影响珊瑚礁鱼类群落的干扰大致可分为自下而上和自上而下两类。自下而上的干扰通过底栖生物的变化影响珊瑚礁鱼类，导致珊瑚礁鱼类生境的变化。包括风暴、长棘海星暴发、营养流失和珊瑚白化事件在内的一系列干扰，导致珊瑚礁底栖生物的变化，从而对珊瑚礁鱼类产生影响。自上而下的干扰主要是渔业捕捞，这对大多数珊瑚礁的影响都很普遍。在本节中，我们首先阐述自下而上扰动对大堡礁鱼类影响的不同途径以及扰动影响发生的时间尺度。然后，我们讨论渔业对珊瑚礁鱼类群落的影响。最后，我们评估自下而上和自上而下干扰的综合影响。

自下而上的干扰可分为生物干扰或物理干扰。生物干扰，如珊瑚白化事件或长棘海星暴发导致活珊瑚覆盖率下降。但在生物干扰后，珊瑚礁的物理和三维结构的完整性会保持一段时间。物理干扰(如热带风暴)会造成活珊瑚的损失和珊瑚礁三维结构的丧失。珊瑚礁鱼类对这些干扰的响应是不同的。

短期内，生物干扰导致珊瑚覆盖率下降从而影响珊瑚礁鱼类，这些鱼类的食性、生境或定居偏好性都将特异化。约10%的鱼类可能直接以活珊瑚为食，专食程度有很大差异：有些鱼类仅兼食珊瑚，而另一些鱼类则专食珊瑚。在活珊瑚损失干扰下，这些鱼类的生理状况会有所下降。据报道，这些鱼类的数量会大幅下降，尤其是那些专食性鱼类(Pratchett et al.，2006；Graham，2007；见图6.10)。生活在珊瑚礁区的其他生物同样容易受到珊瑚损失的影响。在各种各样的礁栖生物中，虾虎鱼是一类典型的群体。珊瑚礁虾虎鱼的某些种类在活珊瑚丛中生活、摄食和繁殖，并且它们通常终生都生活在单一的珊瑚种群内。因此，珊瑚的丰度决定了虾虎鱼种群的大小(Pratchett et al.，2008)。此外，鱼类生境的珊瑚多样性反映了鱼类对生境选择的偏好性各不相同。随着活珊瑚的减少，这些生活在珊瑚中的活鱼数量也不断减少。对那些只生活在几种珊瑚丛内的鱼类来说，影响则更大(Munday，2004)。另一种使鱼类能够适应活珊瑚损失的特化现象发生在从浮游阶段转入定居阶段时。幼鱼利用各种听觉和嗅觉来定位合适的定居基底，Jones等(2004)的研究表明，巴布亚新几内亚65%的珊瑚礁鱼类优先在活珊瑚基底处定居。这种模式与长棘海星等造成的珊瑚损失和沉积作用导致的珊瑚丰度变化有关。在珊瑚消失后，其他一些群体(尤其是体型较大的植食性鹦嘴鱼)的数量和生物量会有所增加。这是由于它们赖以为食的藻类资源增加，从而提高了这些鱼类的生长率和存活率。

从长远来看，如果活珊瑚覆盖率不能恢复，死珊瑚基质的三维结构将开始受到侵蚀。这将会产生与物理干扰相似的后果，如风暴导致活珊瑚和珊瑚礁结构的损伤。一项记录了珊瑚消失后鱼类物种数量变化的综合研究结果表明：当珊瑚覆盖面积减少10%或更多时，鱼类物种数量平均减少60%以上(Wilson et al.，2006)。而且，当珊瑚礁的物理基质随活珊瑚的减少而退化时，下降会更加严重。

一旦珊瑚礁的物理结构受到侵蚀，它所提供的生态位和庇护所就会消失。这种结构对于调节鱼类之间的竞争至关重要，使被捕食者能够躲避捕食者。因此，一旦珊瑚

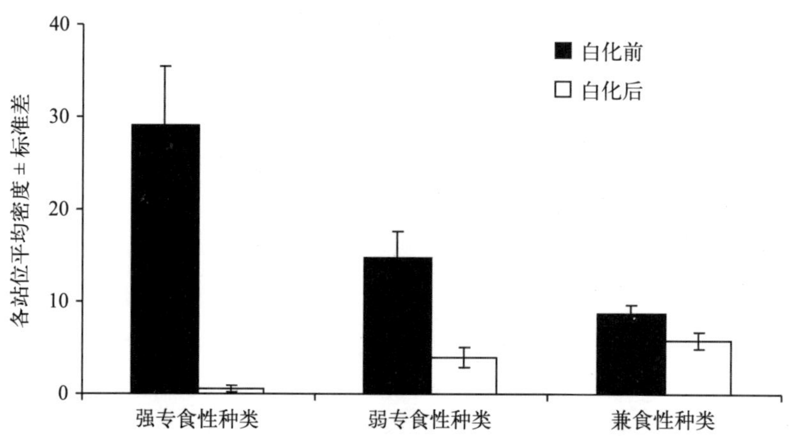

图 6.10　塞舌尔珊瑚大量死亡后，以珊瑚为食的鱼类数量下降。兼食珊瑚的鱼类数量下降幅度较小，而专食珊瑚的鱼类数量下降幅度较大，特别是那些只摄食特定几种珊瑚的鱼类［资料来源：Graham，N. A. J.（2007）. Ecological versatility and the decline of coral feeding fishes following climate driven coral mortality. *Marine Biology* 153：119–127. ］

礁结构消失，礁栖鱼类群落遭受的影响就会大幅升高，许多珊瑚礁鱼类的数量也会随之减少。这种下降对那些体型较小的利用珊瑚礁躲避捕食者的珊瑚礁鱼类来说影响最为严重。许多体型较大的珊瑚礁鱼类的幼鱼也严重依赖珊瑚礁基质生存。这导致珊瑚礁鱼类群落的大小结构发生毁灭性改变：小型鱼类数量减少，一些大型鱼类的幼鱼群体数量也会减少(Graham et al.，2007)。这一结果表明，生境丧失对珊瑚礁鱼类的全面影响存在滞后效应。随着寿命较长的成鱼自然死亡或被渔民捕捞，长大并取代它们的幼鱼群体越来越小，意味着这些鱼类的生态系统功能和渔业潜力将会下降。此后，小型鱼类数量的减少导致食鱼性鱼类物种和丰度减少，渔获物的种类和可捕捞量也随之改变(Wilson et al.，2008)。

人们对这些变化发生的时间动态进行了一系列详细研究(见图 6.11；Pratchett et al.，2008)。依赖珊瑚的鱼类在珊瑚消失后的第一年数量就开始减少，更多的鱼类会因其特化程度的不同而逐步减少。典型的珊瑚礁结构在生物干扰后的几年便开始受到侵蚀。因此，与珊瑚礁生境或结构相关的鱼类数量开始减少。最后，在受到干扰后不久，一些植食性鱼类或食鱼性鱼类很快就能从丰富的食物中获益，但需要更长的时间做出响应。这类响应包括鱼类无法存活到成年而导致群体数量减少，或者最终导致食鱼性鱼类的猎物减少。当然，如果底栖生物得到恢复，活珊瑚重新繁盛起来并形成三维结构，珊瑚礁鱼类也会做出响应。这种情况发生在塞舌尔群岛的一些珊瑚礁区，1998 年发生的严重珊瑚白化导致了约 90%的活珊瑚消失。在这次活珊瑚的损失之后，珊瑚礁鱼类的群落发生了剧烈变化；但在 10～15 年后，这些珊瑚礁的珊瑚覆盖得以恢复，半数的珊瑚礁鱼类群落开始重新恢复到干扰前的水平(Graham et al.，2015)。

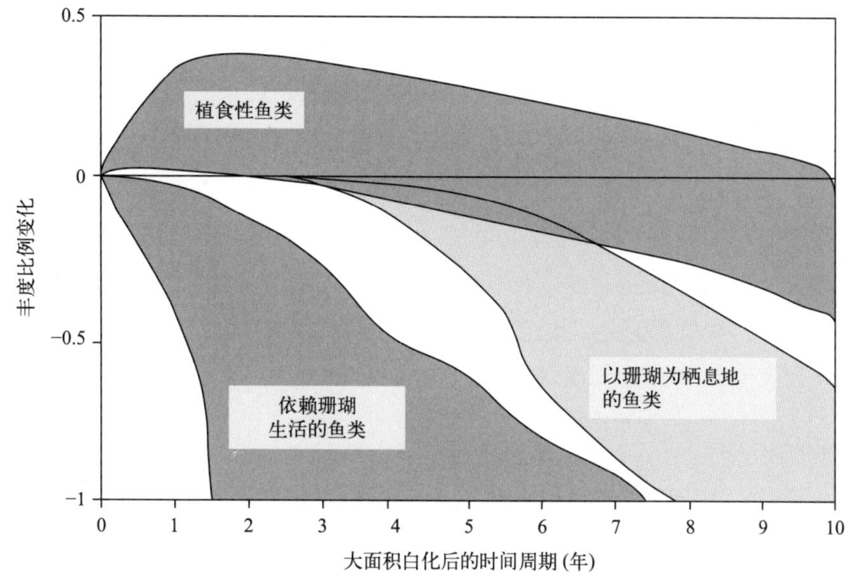

图 6.11 珊瑚大量死亡后，珊瑚礁鱼类群落变化示意图

[资料来源：Pratchett, M. S., Munda, P. L., Wilson, S. K., Graham, N. A. J., Cinner, J. E., Bellwood, D. R., et al. (2008). Effects of climate－induced coral bleaching on coral－reef fishes: Ecological and economic consequences. *Oceanography and Marine Biology* 46：251–296.]

自上而下的捕捞干扰以一种完全不同的方式影响着鱼类群落。正如我们将在第 7 章中详细讨论的那样，捕捞往往会首先影响顶层捕食者，对体型较大的物种影响最大。通常，这些体型较大的鱼处于食物链的较高位置，其幼鱼数量较少，生长速度较慢，成熟时间较长，才能达到其最大年龄。因此，这些鱼类的种群大小受渔业的影响更大。大型捕食者(如鲨鱼和某些种类的石斑鱼)只在偏远或捕捞压力较小的珊瑚礁系统中大量存在(Friedlander，DeMartini，2002)。

在更大的捕捞压力下，越来越多的鱼类被鱼叉、鱼钩、诱捕器和渔网等渔具捕获。事实上，珊瑚礁区的捕鱼活动通常是多渔具和多物种的，这意味着许多鱼类会成为捕捞目标(McClanahan et al.，2008)。渔业对象的选择一般取决于鱼类的个体大小，体型较大的种类首先会被捕捞殆尽。由于不同营养水平的鱼都可能具有较大的个体，所以从上层营养水平到下层营养水平的典型的沿食物链的捕捞活动对食物网的影响并没有那么强烈(Graham et al.，2017)。例如，在食物网底层的许多植食性鱼类的大小可能和以无脊椎动物为食的种类，或者与食物网顶层的食鱼性鱼类不相上下。例如，植食性鹦嘴鱼可以长到 50~80 cm，隆头鹦嘴鱼甚至可以长到 130 cm，以无脊椎动物为食的苏眉(波纹唇鱼)可以长到 230 cm。渔业捕捞的直接影响是造成各种鱼类的减少，但由于鱼类在珊瑚礁生态系统中起着重要作用，它们的消失也将产生许多间接后果。

沿渔业梯度进行的研究和模拟表明，珊瑚礁系统的结构发生了很大变化（见下文“珊瑚礁模式：开展快速保护行动，增强珊瑚礁恢复力”）。例如 Dulvy，Freckleton 等（2004）指出，在各种捕捞压力下，斐济珊瑚礁区肉食性鱼类的数量下降了 61%，长棘海星的密度增加了 3 个数量级。由于长棘海星的捕食，造礁珊瑚和珊瑚藻的数量下降了 35%，随后珊瑚被丝状藻类所取代，这给珊瑚生长造成了严重威胁。在加勒比海地区，棘皮动物取代植食性鱼类成为主要的草食性动物；捕捞活动使植食性鱼类减少，导致海胆成为主要的草食性动物。海胆密度升高也增加了珊瑚病虫害暴发的几率，导致珊瑚大规模死亡和群落衰退。由于残余的植食性鱼类不多，大量的珊瑚礁从珊瑚覆盖状态过渡到大型藻类覆盖状态（Hughes，1994）。

珊瑚礁模式：开展快速保护行动，增强珊瑚礁恢复力

珊瑚礁生态系统模型显示了进行珊瑚礁管理的紧迫性和必要性。这里展示的模型通过空间模拟显示影响加勒比海域珊瑚和藻类的种群统计学和生态过程（Mumby et al.，2007）。该模型可以用于探讨珊瑚覆盖率在诸如飓风等重大干扰事件中是否会下降、增加（恢复）或保持稳定。显然，管理人员希望避免珊瑚覆盖率下降的情况，因此，该模型可以帮助确定避免该情况的前后原委。

首先，模型确定了一系列起始条件。其中，珊瑚覆盖率和草食量都发生了变化。冠海胆和鹦嘴鱼都可以摄食海草（见图 6.12）。然后，模拟珊瑚礁 50 年内没有任何急性干扰，不考虑摄食珊瑚动物等造成珊瑚慢性死亡等因子。尽管属于人为模拟情景，但是该模拟可以将珊瑚礁的当前状态与珊瑚的预期轨迹相匹配（见图 6.13）。图中的空心正方形表示连接上下稳定平衡点的不稳定平衡点。不稳定平衡点的上方和右侧的珊瑚礁遵循高珊瑚覆盖的稳定平衡轨迹，而斜线下方和左侧的珊瑚礁代表下降到稳定的珊瑚衰落状态，这种状态通常以大型藻类占优。由于生态反馈，出现了多重均衡（Mumby，Steneck，2008）。例如，珊瑚覆盖率的下降为藻类生长开辟了新的空间。一旦达到最大草食水平，可摄食面积将进一步增加。例如珊瑚大规模死亡期间，可摄食的区域减少，草食平均强度下降，大型藻类建立块状种群的可能性升高，这种群落是从没有被摄食的草皮藻类发展起来的。大型藻类覆盖的增加减少了珊瑚可利用的生长空间，增加了珊瑚与海藻相互作用的频率和强度，从而减少了珊瑚补充量，降低了珊瑚的生长速率，并造成一定的珊瑚死亡（Nugues，Bak，2006）。珊瑚死亡率的增加进一步降低了草食强度，从而加速了大型藻类的增长。

图 6. 12 绿鹦鲷(*Sparisoma viride*)是加勒比海地区最重要的大型藻类捕食者之一（资料来源：照片由 Bob Steneck 提供)

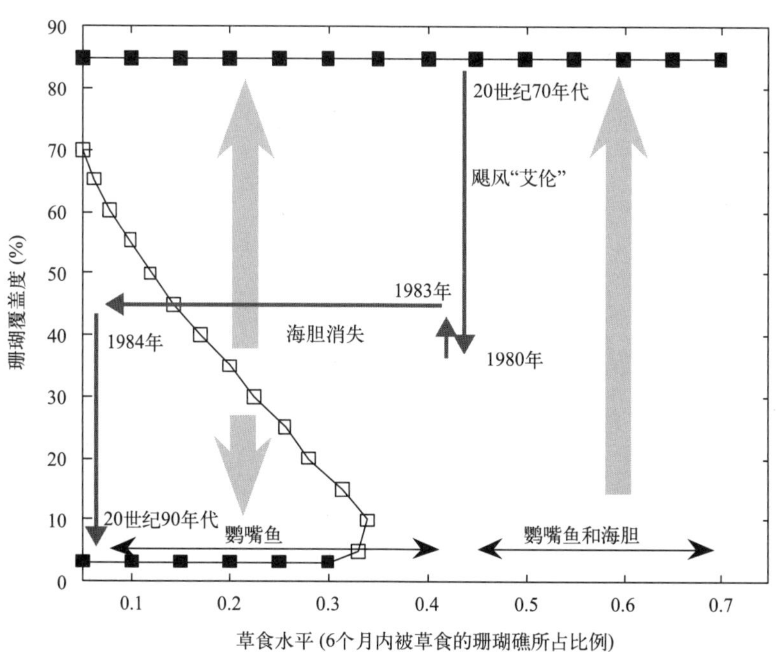

图 6. 13 加勒比海地区珊瑚礁在藻类处于中等生长水平时的稳定平衡点和不稳定平衡点。稳定平衡点和不稳定平衡点分别用(■)和(□)表示。珊瑚礁向稳定平衡点的潜在轨迹用粗灰色箭头表示。细深灰色箭头表示在牙买加发生的一系列事件

对这些图的理解很容易解释 1981—1993 年间发生在牙买加珊瑚礁的健康状况下降事件(图 6. 13)。到 1979 年，珊瑚礁已经 36 年没有经历严重的飓风，珊瑚覆盖率高达 75%(Hughes，1994)。1980 年，珊瑚疾病与飓风“艾伦”

(Allen)共同导致珊瑚覆盖率下降至38%左右。但由于海胆的存在，珊瑚得以恢复。1983年海胆消失时，草食水平也大幅下降，部分原因是长期的过度捕捞使大量鹦嘴鱼减少。这时，珊瑚覆盖率约为44%，草食水平仅为0.05~0.1，这意味着鹦嘴鱼每6个月仅能维持5%~10%的珊瑚礁处于草食状态，珊瑚礁开始向以藻类为主的负增长趋势发展，随后这一趋势因进一步的严重干扰而加剧。到1993年，珊瑚覆盖率已经下降到不足5%。该图的一个主要特点是随着珊瑚覆盖率的下降，逆转珊瑚礁的衰退变得越来越困难。随着珊瑚覆盖率的下降，将珊瑚礁处于反向轨迹(在不稳定平衡点的右侧)所需的草食水平增加。因此，根据模型研究结果，20世纪90年代中期的保护行动需要把草食水平提高至少4倍，达到加勒比海观测到的鱼类最高水平。相比之下，如果在10年前就采取行动(当时珊瑚覆盖面积仍保持在30%左右)，目标草食水平就更容易实现，只需要增加2~3倍即可。

这种模型方法的优势在于，模型的输出结果能够明确地将干扰的影响与保护措施的效果相结合，有助于确定管理目标。阈值(不稳定平衡)和分支点的位置反映了潜在的生态系统动态，并受到初级生产过程(Steneck，Dethier，1994)、珊瑚生长速率(Bozec，Mumby，2015)和受富营养化作用的藻类生长率(Mumby，Harborne，et al.，2006)等影响。严重的干扰现象(如珊瑚白化)会导致珊瑚突然死亡，并使珊瑚礁的状态沿y轴向下移动(Hoegh-Guldberg，1999)。而经过一段时间的恢复后，珊瑚礁的状态又会沿y轴向上移动。x轴上的草食变化表示捕捞植食性鱼类(从右向左移动)和积极的植食性鱼类管理(如建立海洋保护区)或禁止捕捞(向相反方向移动)。

这种类型的模型已被用于判断在何处以及通过多少简单的人工管理干预(如更严格的监管甚至关闭植食性鱼类渔场)，可以提高气候变化下珊瑚礁的恢复能力。例如，2009年伯利兹(Belize)鹦嘴鱼渔场的关闭，预测将可以使珊瑚礁的恢复力增加5倍(Mumby et al.，2014)。通过生态系统模型与鹦嘴鱼动态模型的结合，可以得出应该将加勒比海鹦嘴鱼渔业捕捞率限制在10%以内，并限制体长30 cm为最小捕捞大小，这样才能控制渔业捕捞活动对未来珊瑚礁健康状况的影响(Bozec et al.，2016)。

澳大利亚昆士兰大学海洋空间生态实验室 Peter J. Mumby 教授

当然，干扰很少孤立发生，许多珊瑚礁会同时受到多种干扰的影响。例如，世界上大多数珊瑚礁区都有渔业捕捞活动，气候变化导致的珊瑚白化现象亦十分普遍，几乎全球所有的珊瑚礁都受到影响。因此，自下而上和自上而下干扰同时作用时，了解珊瑚礁鱼类的应对响应十分必要。Graham 等(2011)评估了约 130 种鱼类面对生境变化和渔业捕捞时的脆弱性比较结果(图 6.14)。有趣的是，易受生境变化干扰的鱼类并不易受捕捞作用的影响，反之亦然。特别值得注意的是，对生态系统其他部分有强烈影响的鱼类更容易受到渔业捕捞的影响。这包括可以控制藻类和促使珊瑚恢复的植食性鱼类，控制棘皮动物暴发的摄食无脊椎动物的鱼类和食鱼性鱼类。鉴于渔业捕捞是一个区域性问题，一系列选项可以应用于渔业管理中(见第 7 章)：面对气候变化等干扰时，良好的本地管理可以使珊瑚礁在短期内能够继续发挥功能甚至恢复；减少碳排放量将决定珊瑚礁生态系统的未来(见第 8 章)。

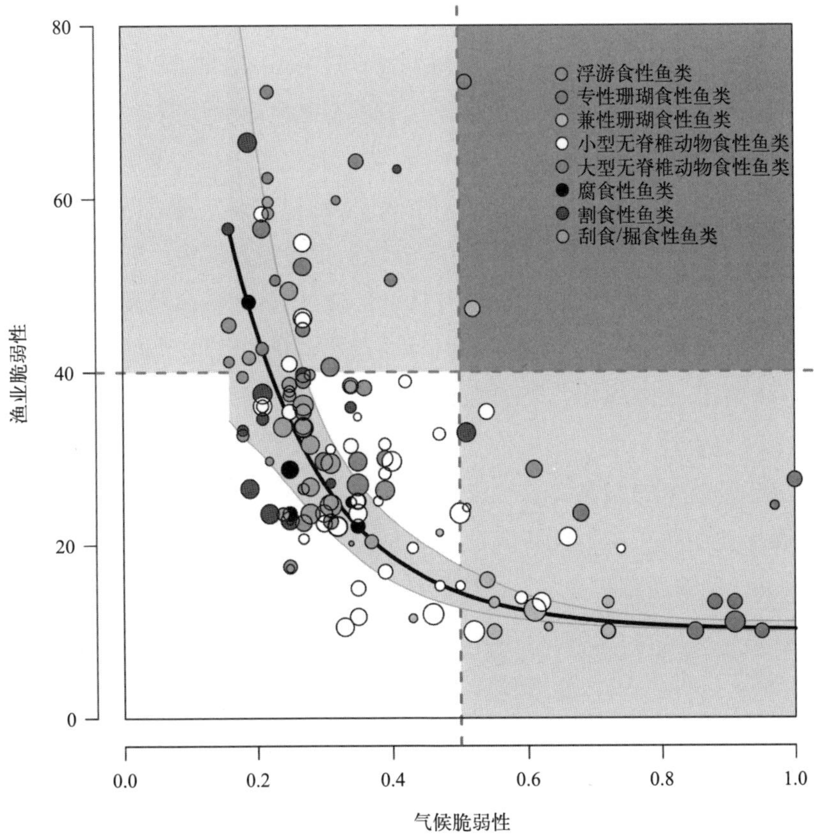

图 6.14　气候变化干扰下珊瑚礁鱼类的脆弱性(自下而上的生境退化)与渔业(自上而下的捕捞)之间的关系。每一个点代表不同的鱼类，颜色与它们的摄食群体相对应［资料来源：Graham, N. A. J., Chabanet, P., Evans, R. D., Jennings, S., Letourneur, Y., MacNeil, M. A., et al. (2011). Extinction vulnerability of coral reef fishes. *Ecology Letters* 14：341-8.］

7 珊瑚礁渔业和水产养殖业

有珊瑚礁的水域，就会有珊瑚礁渔业活动。虽然珊瑚礁渔业仅占全球渔获量的2%~5%，但其重要性不仅限于鱼类资源的获取或是因此产生的经济价值(估计每年产值为50亿美元以上)。珊瑚礁渔业，特别是热带小岛屿国家邻近和周边水域的珊瑚礁渔业，为岛民和沿海居民提供蛋白质方面发挥着重要作用。这些居民中包括一些世界上最贫穷的人，他们几乎没有其他可替代的食物资源(Moberg，Folke，1999)。据估计，世界上有99个珊瑚礁国家和地区约600万人在珊瑚礁区从事捕捞活动(Teh et al.，2013)。马尔代夫50%以上的蛋白质消耗来源于渔业资源，而在太平洋岛屿国家和地区，沿海居民和城市社区饮食中，50%~94%的动物蛋白来源于海洋渔业。珊瑚礁渔业作为人们膳食蛋白质的来源，其重要性绝不容小觑。特别是对于那些资源匮乏的岛国，他们缺乏足够的土地用于发展农业和畜牧业；土壤也相当贫瘠，农作物产量还受到台风和干旱等极端气候事件的影响，海平面的上升还提高了环礁土壤盐碱化的风险(Pilling et al.，2015)。

除了为人们提供蛋白质外，珊瑚礁渔业还具有相当重要的历史和传统意义。珊瑚礁渔业提供了大量生计机会，例如渔业相关的旅游业和休闲娱乐业提供的生计机会。珊瑚礁渔业为越来越多的人提供了就业机会，特别是在以区域和全球为水产品市场的地区。珊瑚礁渔业还能在发生经济或社会动荡时为国家和人民提供后备支撑(Sadovy，2005)，并有助于消除国家粮食贸易平衡的负面效应。在岛礁国家，粮食贸易平衡的负面效应会随着全球油价的上涨而加剧，最终影响到本地粮食的生产和进口粮食的运输成本。

珊瑚礁渔业产生的大量收益和服务正遭受着多方威胁。在本章中，我们介绍了世界各地发展起来的多种珊瑚礁渔业。我们重点关注以下几个方面，包括无脊椎动物和脊椎动物资源的直接利用，渔业国际贸易以及近期水产养殖业的发展。本章还着重讨论了珊瑚礁资源面临的日益增长的压力以及由此产生的影响和减缓这些压力的潜在方法。

7.1 珊瑚礁的渔业资源

珊瑚礁及其周围聚集的生物种类繁多，这意味着珊瑚礁渔业往往具有高度异质性。

全球渔获物中包含了200多种珊瑚礁鱼类、软体动物和甲壳动物，并且涉及到多种捕捞作业方法。本节对珊瑚礁渔业资源的介绍分为脊椎动物资源和无脊椎动物资源。我们分别讨论这两类动物中的关键物种，并详细介绍可用于捕捉它们的方法。

7.1.1 脊椎动物资源

珊瑚礁周围的有鳍鱼类资源极为多样化和丰富。与正常的食物链相反，珊瑚礁区具有较高丰度的大型顶层捕食者，这使得珊瑚礁区成为了渔业捕捞的理想区域。

一提到珊瑚礁渔业，人们可能会立马想到石斑鱼[鮨科(Serranidae)]和笛鲷[笛鲷科(Lutjanidae)]。它们通常是热带地区度假酒店里和餐馆菜单上最常看到的海鲜种类。鮨科和鲷科鱼类体型庞大，可以为消费者提供一顿饱足的美餐。当地渔民可以直接向酒店和餐馆出售渔获并从中获取可观收入。因此，渔民最希望捕获到的珊瑚礁鱼类就是这些营养级较高的捕食者，特别是其中体型较大的个体(通常是性成熟的)，这些鱼类往往具有更高的价格。这些鱼类长期掠食的天性使得它们特别容易被捕捞，它们的一些行为也会增加其脆弱性。例如，许多种类的石斑鱼会聚集在特定的水域产卵。有时聚集的群体数量会非常巨大，最多可达3万尾，一般情况下也能达到几百尾。一旦定位到产卵水域，群聚的鱼群就成为最理想的捕捞对象，在其繁殖季节，渔民能够以比一年中其他时间更低的捕捞努力量，获得大量的渔获物。然而，这种捕捞方式会使成鱼数量迅速减少，对珊瑚礁鱼类资源造成巨大影响，最终会导致珊瑚礁鱼类总体种群数量迅速下降。

珊瑚礁渔业在强度和规模上均存在很大差异。由于珊瑚礁结构的复杂性，通常不允许使用拖网等重型渔具。因此，大多数珊瑚礁渔业多以半工业化的自给型渔业和手工渔业为主(Johannes，1978)。

手钓丝(handlines)是指从小船上或直接在礁石上放下和收起带有许多饵钩的长垂直钓线的渔业方法，常被用来捕捞珊瑚礁鱼类，特别是在手工渔业中。手钓丝也可以用于半工业渔业，例如毛里求斯的母船-子船(mothership-dory ventures)渔业方式，就用于开发毛里求斯北部印度洋水下珊瑚礁和沿岸渔业资源(见图7.1)。这类渔业方式首先需要带有气流冷冻器储存设备的母船，并配备超过20艘子船(最长8 m)。每艘子船上配备3名渔民，负责操作配有3~5个饵钩的手钓丝。这些子船每天会返回母船1~2次，以卸下渔获，进行清洗和冷冻。捕捞作业通常在浅水区(深度小于50 m)进行，主要目标是裸颊鲷科(Lethrinidae)鱼类和浅水石斑鱼。然而，这些手钓丝也可以在更深的水域作业，目标鱼类也会发生相应变化。深水区能够捕捞到深水鲷鱼和石斑鱼(Mees et al.，1999)。深水作业面临的挑战包括：①作业区定位和维持的技巧；②深水物种通常具有寿命长、生长速率慢、成熟晚和自然死亡率低等特点，使得它们更容易遭受过度开发威胁。在热带和亚热带太平洋地区，20 世纪 70 年开始商业捕捞深水鱼类，主要供应当地市场。

图 7.1　在毛里求斯北部沿海作业的母船-子船，每艘子船配备 3 名渔民，子船从母船的一侧放下，在 10 海里左右的半径内钓鱼，返回后将渔获物储藏在母船的气流冷冻舱中（资料来源：照片由 Graham Pilling 拍摄）

随着渔民在渔场之间移动(如斐济和汤加)，只有定位足够多的鱼类生境，才能支撑起当地较高的渔获需求。然而，鉴于浅礁区和潟湖渔场扩张能力有限，人们会更加持续关注这些渔场的再生潜力。基于以往在太平洋岛屿水域渔业资源出现的局部枯竭现象，渔业管理者正在谨慎地把握这些管理机遇(Williams et al.，2013)。

由于将大鱼从 100 m 的深度手动拉起需要耗费大量的时间和精力，这类渔业也会使用带有许多饵钩的自动钓线(电动钓线轮)等半工业化设备。这些自动钓线通过机械方式在礁冠和礁坡区下降和提升，代表着人工手钓丝技术上的重大进步。虽然这种方式对深水礁栖生物特别有效，但它们的使用并不总是本轻利厚，也需要进一步地维护和部署。

延绳钓(longlines)是在一条较长的干线系结许多等距离的支线，末端结有钓钩和饵料的钓具。延绳钓本质上是半工业化钓具，需要专门的机器以及熟练的人员来投放。延绳钓可应用于水中或海床上，但在礁区周围通常只能悬浮使用，因为在复杂的礁石结构中投放延绳钓极具挑战性。延绳钓可在礁区捕获中上层大型鱼类，包括箭鱼、旗鱼和金枪鱼等。

渔阱(traps)是捕获礁栖鱼类和无脊椎动物的常用渔具。这种作业方式在热带地区很常见，特别是在中东地区、加勒比海地区和亚洲海域。渔阱的构造和设计因布设位置和目标物种而有所不同。渔阱可以用金属丝或竹子制作，如果是为了诱捕章鱼等无脊椎动物，渔阱可以设计成罐子状(章鱼会游入渔阱躲避敌害)。渔阱通常布设在陆架上、礁石上或礁石附近，但也可以布设在礁坡深水区或是更深的沿海水域。渔阱中使用的诱饵因目标种类的不同而存在差异(图 7.2)，而渔获物的大小则是通过渔阱上的网目大小加以调整。

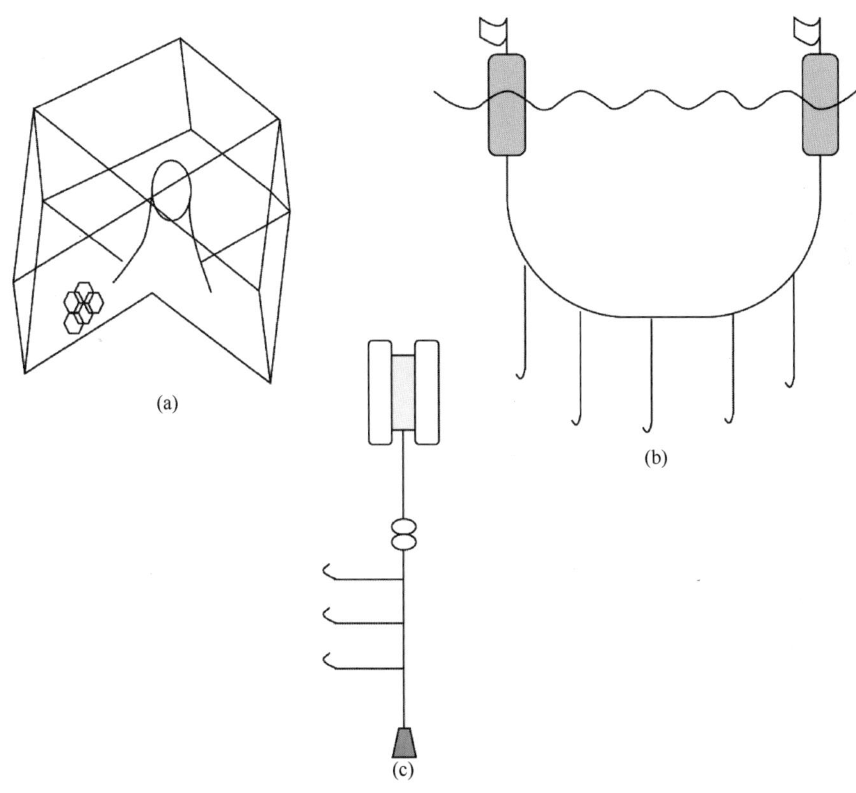

图 7.2　代表性渔具示意图。(a)渔阱；(b)延绳钓；(c)手钓丝

渔网也可以用来捕捞礁栖鱼类。渔网经常被布设在远离礁石的水域，以免发生纠缠，鱼会从礁石中游动至渔网附近。与设置渔阱一样，可以根据网目大小来调节渔获物的个体大小。

另一种捕鱼方法是使用长矛扎鱼，主要目标鱼类是较大型的肉食性鱼类；或者在海面上直接扎鱼(这需要相当高的技巧)，或者是在水下扎鱼，特别是用于捕获相对较大型的掠食性鱼类。这一方法一般属于手工作业法，具有重要的文化和社会意义或者娱乐观赏性。这种捕捞方法具有目标选择性，特别是在那些有相当数量休闲渔民活动的水域，可能会对目标鱼类种群产生重大的负面影响。

休闲渔具的使用及其对珊瑚礁鱼类资源的影响不容忽视。在美国，尽管大量的休闲钓鱼者每次垂钓之旅可能只捕捞了几条鱼，但却能够造成严重影响。据估计，在20世纪90年代佛罗里达州东南部珊瑚礁区，休闲渔业的渔获量每年约为1 500 t。休闲钓鱼者会租用游轮在佛罗里达州近海钓鱼，他们的目标是周围的石斑鱼种类。“渔获量袋限制”(bag-limits)限制了每次休闲垂钓可以保留的渔获物数量。此外，还可以通过限制最小尺寸对渔业资源加以保护，但需要考虑那些丢回海中的小鱼的死亡率，特别是深水区的鱼类比浅水区的鱼类死亡率更高。这凸显了在估算渔业的总体影响、海洋鱼类的种群规模以及渔业可持续捕捞水平方面的复杂性。

7.1.2 无脊椎动物资源

无脊椎动物是珊瑚礁渔获物的重要组成部分，多年来在岛礁国家的生计和福祉中发挥了关键作用。与珊瑚礁鱼类相比，珊瑚礁区的无脊椎动物相对固定(尽管有些种类也可以长距离洄游)。礁区高生产力海水使这些无脊椎动物聚集并繁殖到可以支持大量捕捞的水平。因此，珊瑚礁无脊椎动物渔业得以大力发展。珊瑚礁渔业中的无脊椎动物种类繁多，包括加勒比海地区的多刺龙虾，太平洋地区的海参、章鱼、巨型砗磲等(见图7.3)。章鱼等物种是当地社区的主食(见下文“可持续的珊瑚礁章鱼渔业”)。相比之下，由于在亚洲市场具有较高的价值，捕获的海参、马蹄螺和砗磲常用作出口，而不是在本地市场消费。例如马蹄螺是南太平洋瓦利斯和富图纳(Walllis and Futuna)群岛的主要出口贝壳类商品(Adams, Dalzell, 1995)。这些无脊椎动物为当地居民创造了可观的收入，各国也因此获得了可观的外汇收入。而另一方面，这些资源在困难时期也被当作食物。例如，飓风过后，一种特殊的海参——糙海参(*Holothuria scabra*)是斐济重要的食物来源和收入来源。

可持续的珊瑚礁章鱼渔业

国际上对海产品日益增长的需求推动了许多热带和亚热带沿海国家渔业的过度扩张。珊瑚礁鱼类捕获量的下降以及价格的低迷，促使许多渔民将无脊椎动物渔获物作为其替代收入来源。

章鱼在世界各地的珊瑚礁中无处不在，并为近几十年来显著增长的全球渔业提供了支持。章鱼的分布范围很广、寿命短、生长快，非常适合开发利用。与其他许多国家相比，马达加斯加的捕捞业相对不发达，该国是少数几个仍在增加章鱼渔业产量的非洲国家之一。

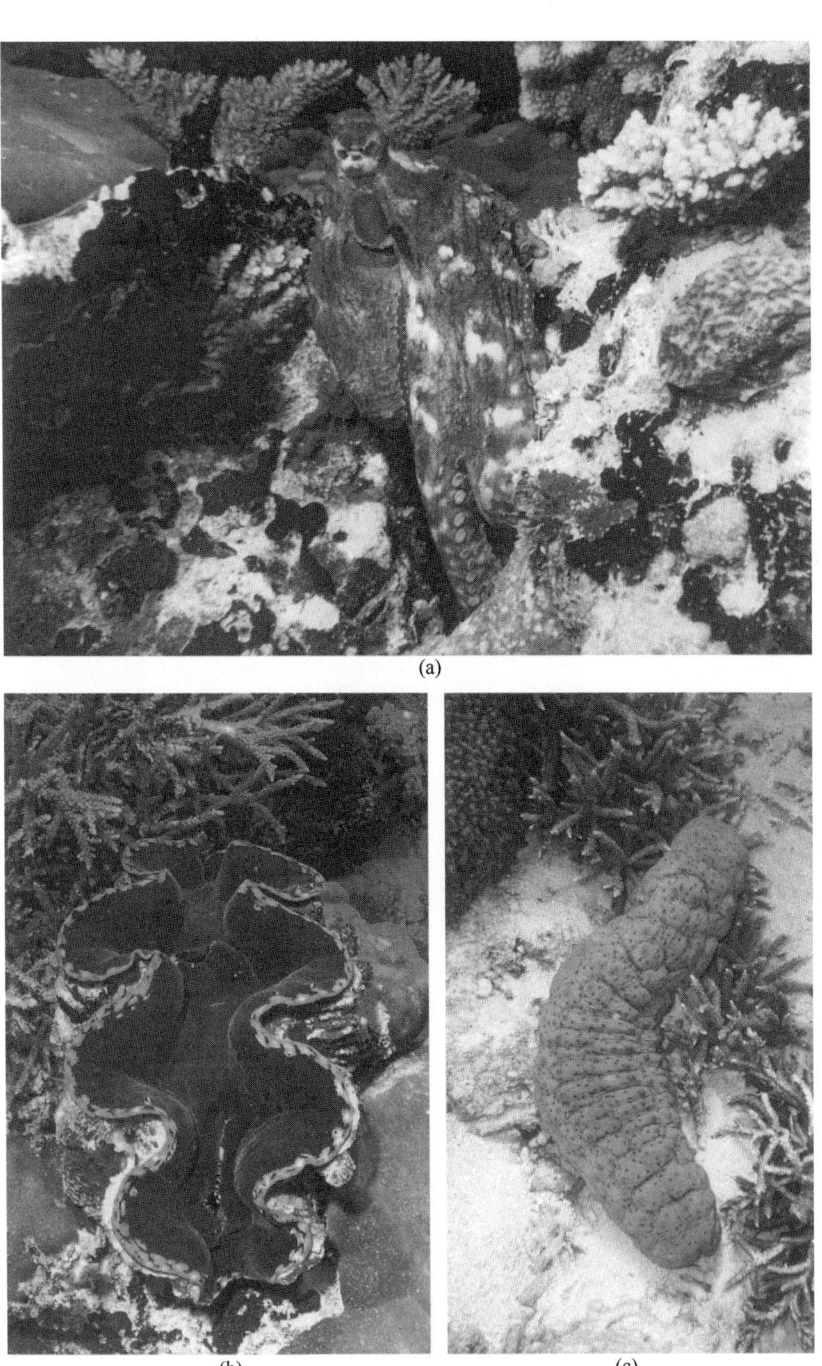

图 7.3 重要的珊瑚礁无脊椎动物资源。(a)章鱼；(b)大型双壳类砗磲；(c)海参

章鱼手工捕捞业是该国西南偏远的安达瓦杜阿卡(Andavadoaka)地区 Vezo 沿海土著社区的主要经济活动和生计(图 7.4)。传统上，章鱼烘干后主要在内地市场出售。但 2003 年商业渔业收购公司带来了现成的、高价格的市场，这极大地刺激了捕捞强度，并引起人们对珊瑚礁破坏和不可持续的生物量损失的担忧。自 2003 年收集到的数据表明，该地区产出的章鱼平均重量有所下降，表明章鱼资源已遭到过度开发。

马达加斯加西南部章鱼渔业的衰退引发了人们的密切关注。该地区干旱的气候制约了大规模农业的发展，Vezo 地区的渔民可利用的几种生计活动通常涉及到更具生态破坏性的技术，例如使用刺网捕鲨以及使用小网目的渔网在珊瑚礁区和海草区拖网作业。无脊椎动物捕获量的下降反过来也加剧了珊瑚礁渔业资源的过度开发。渔业监测表明，在章鱼捕捞以外时段，珊瑚礁区的捕捞活动显著增加。在没有章鱼捕捞的情况下，其他海洋环境(如海草床和珊瑚礁群落)将会遭遇更大规模的开发，成为珊瑚礁鱼类和中上层鱼类的主要作业区。

图 7.4　马达加斯加西南部浅礁区的章鱼捕捞活动

(资料来源：照片由 Al Harris 拍摄)

为了恢复当地的章鱼种群，自 11 月 1 日起的 7 个月内，整个安达瓦杜阿卡的礁坪都被设为临时章鱼禁捕区(NTZ)。禁止渔业作业的礁区位于 Nosy Fasy 沙洲附近，该礁坪是一个广受欢迎的章鱼渔场，面积约 200 hm^2。章鱼禁捕区的设立得到当地利益相关者的支持，以便禁捕区重新开放后，渔民能够捕获到更大的、更有价值的章鱼。

章鱼禁捕区的数据显示，禁渔使章鱼的平均重量和渔民单位努力量的捕获量都大大增加。在禁渔过程中，章鱼的平均重量从 0.5 kg 增加到 1.1 kg，增加了一倍以上。然而，禁渔区重新开放后几天内的高强度捕捞降低了禁渔区带来的潜在长期利益。随后的管理试验表明，重新开放禁渔区后继续控制捕鱼压力可以带来更长久的收益。

有研究表明，季节性地、临时性地关闭渔场是维持传统章鱼渔业可持续发展的强大管理手段。当地渔民的积极参与和支持是禁渔区能否成功实施和取得效果的关键。

这些章鱼禁捕区试点试验的成功，增强了区域内章鱼渔业的保护力度和范围。3 年后(2007 年)，该地区建立了一套涉及 23 个村庄、由社区管理的海洋和海岸保护区网络。章鱼禁渔区试验的直接结果就是对社区制定海洋保护策略的空前支持，尽管章鱼禁渔区试验有其局限性，但仍证明了有效渔业管理的潜在经济利益。

英国伦敦蓝色创投自然保护组织

(Blue Ventures Conservation) Alasdair Harris 博士

因当地食物和国际市场需求而捕捞的无脊椎动物种类繁多，只有少数种类在本文中提及。目的是提供特定种类及其相关渔业信息，而不是对已开发的无脊椎动物进行全面调查。

多刺龙虾[如眼斑龙虾(*Panulirus argus*)，新西兰岩龙虾(*Jasus edwardii*)等相关种类]是包括加勒比海地区、美洲地区和澳大利亚地区在内的全世界珊瑚礁渔业的重点生物。无论是作为蛋白质来源或是出口商品，这些种类在许多发展中国家都具有相当重要的意义。所采用的捕捞方法相对简单粗暴，会对资源造成相当大的压力。例如，西澳大利亚州西海岸的天鹅龙虾(*Panulirus cygnus*)是该地区最有价值的渔业资源之一。2014 年使用渔阱捕获的 6 000 t 产品价值接近 3.6 亿澳元。捕捞的活龙虾或者以冻品出口到亚洲、美国和欧洲，一部分供应给本国较小的国内市场。该渔业也是休闲渔业的关注点。通过对总捕捞限额的管理，海洋管理委员会已认证龙虾渔业具有生态可持续性。

虽然由海参[棘皮动物门(Echinodermata)]制成的干品或熏制品似乎并不像想象的那么有价值(Preston，1997)，但却是中国餐桌上的一道美味佳肴，并因其药用价值和壮阳功效而广受追捧。海参渔业历史悠久，传统作业区主要位于印度洋-太平洋地区，但随着中国市场的不断扩大以及需求的增加，现代海参渔业已扩散到其他地区(见下文

“珊瑚礁海参的捕捞和贸易”)。太平洋岛屿，印度洋和太平洋中西部国家的热带海参渔业往往包含多个种类，在相对较浅的水域中发现了约300种海参(Conand，1997)。在太平洋地区，海参是第二大经济渔业，仅次于金枪鱼渔业，海参手工渔业每年为沿海地区提供了高达5 000万美元的收入。沿海地区的商业捕捞也很重要，每年贡献了超过1.65亿美元。但是，这种程度的商业开发导致了海参丰度降低和供应枯竭。

珊瑚礁海参的捕捞和贸易

海参[棘皮动物门：海参纲(Holothuroidea)]是礁栖群落中常见的大型无脊椎动物。在棘皮动物海参纲的多个目中，楯手目(Aspidochirotida)海参在热带海洋中占优势。它们生活在不同类型的底质环境里，有些埋栖在沙子中并摄食大量的沉积物。它们可以从微动物群落、微生物群落和细菌中获取食物，有些种类每年可以摄取大量沉积物，这在营养物质的循环过程中至关重要。

图7.5(a)展示了海草床上的绿刺参(*Stichopus chloronotus*)个体。这种海参在太平洋和印度洋的珊瑚礁中很常见。它可以进行有性繁殖，也可以通过横向分裂繁殖为两个较小的个体。图7.5(a)的右上方可以看到绿刺参的粪便圈(主要由沙子组成)。

(a)

(b)

图7.5 (a)海草床上的绿刺参；(b)马达加斯加等待收拢的海参干品
(资料来源：(a)由留尼旺大学的P. Frouin拍摄；(b)由C. Conand拍摄)

在热带印度洋-太平洋水域，约60种海参可利用水肺潜水或虎克式潜水(海面空气供应)采集和挖掘等多种手工作业方式收获。中国人有食用海参的传统，这些方法最早是由中国人开始使用并具有悠久的历史，在一些地区甚至可以追溯到17世纪。采集的海参经过清洗、煮沸和烘干等多个加工过程，制备成干制品。加工过程可以由渔民或当地的采购商完成，随后将产品销往主要城镇或较大的经销商。干制品通常不在本地消费，而是出口给亚洲人当作美味食用或用作药物。干制品一般不会直接出口到消费国，而是首先出口到中国香港特别行政区、阿拉伯联合酋长国和新加坡的几个重要的中间市场。印度尼西亚是世界上最大的海参干制品出口国，而中国香港特别行政区是最重要的进口城市。由于这些市场之间存在一些产品交换，许多贸易细节尚不清楚。

由于需求的增加，海参渔业近年来扩张迅速，即使在偏远的渔场，海参资源也已枯竭。因此，海参种群需要尽快采取有效的保护措施。在分布有珊瑚礁的国家，海参渔业为沿海地区的经济发展和人民生计做出了重要贡献。以海参渔业为代表的小型渔业一般具有以下特点：①需求不断波动；②由于具有高价值，物种变得稀缺，以前被认为市场价值较低的物种如今也已成为捕捞对象；③渔民必须潜水至更深的区域，并远离传统渔场(这可能引起非法捕捞问题与国家之间的冲突)；④渔民的单次捕获量不断减少；⑤渔获物的体型不断减小，如果在性成熟开始前就开始捕捞，目标物种的种群将变得脆弱。

图 7.5(b)展示了马达加斯加收购商的仓库，里面有若干种不同的海参。种群资源的减少意味着必须为渔民找寻替代生计，如养殖糙海参(*Holothuria scabra*)等。海参养殖业由村民共同管理开发，村民从育苗场获取幼苗并将其养到可销售规格。

目前，人们缺少对珊瑚礁渔业的有效管理，主要困难来自于缺乏渔获量定期数据。鉴于捕捞对象物种的多样性，这些数据很难获得，某些物种甚至尚未有过相关描述！人们已经采取了一系列管理措施来调节捕捞压力，包括制定禁渔期、禁渔区，限制最小规格、限制总捕捞量、限制渔具以及建立海洋保护区等。然而，许多小岛屿国家由于执法能力不足，极大地降低了这类管理措施的有效性。此外，贸易数据非常复杂，通常无法得到准确报告。国际出口和进口统计数据对于量化捕捞量非常重要，新鲜渔获量与加工产品之间常使用的转换比例约为 1∶10，该值随物种和加工用途的不同而有所变化。

在某些地区，海参种群已经出现崩溃迹象，过度捕捞使种群很难恢复或恢复速度非常缓慢。这些海参承受着沉重的捕捞压力，整个印度洋–太平洋地区的资源甚至都已枯竭。高昂的价格和不断增长的需求使捕捞区域不断扩大，促使人们不断寻找新的可捕捞种类。许多地区的社会–经济效益仍然非常依赖海参产业，以至于渔民在渔获量下降的情况下仍在捕捞海参，从而进一步影响了种群繁殖能力和渔场资源的恢复。一般来说，当一种经济种类枯竭时，

贸易商会鼓励渔民寻找新的替代物种，或者在更深或更远的水域作业。

在世界范围内，海参资源还面临多种其他威胁，包括全球变暖、生境破坏、不可持续的捕捞方式(如爆破)、渔业发展过程中对这些物种的忽视以及过度开发后自然恢复力的不足。当前过度捕捞的趋势和当地经济种类枯竭的实际情况促使我们必须采取行动来保护其生物多样性和生态系统功能，从而维持这些地区自然资源的生态、社会和经济价值。

圣但尼留尼旺大学 Chantal Conand 教授

出口渔业中另一种重要的无脊椎动物是大马蹄螺(*Trochus niloticus*)。马蹄螺是一种分布于印度洋东部和太平洋西部的海洋腹足类。太平洋地区的马蹄螺渔业始于 20 世纪初。马蹄螺的外壳主要用于制造贝壳纽扣，其他用途还包括制作珠宝、手工艺品和抛光剂。此外，自给自足的渔民捕捞马蹄螺为食。20 世纪 50 年代中期塑料纽扣逐渐代替贝壳纽扣，因此对马蹄螺的需求有所下降。而后，随着对马蹄螺贝壳纽扣需求的增加，相应的国际市场和渔业在 70 年代后期又逐渐恢复活力。太平洋岛国的工厂加工马蹄螺壳主要用于出口，这些工厂每年能够处理 100~200 t 马蹄螺，其市场多分布在意大利、韩国和日本。与海参一样，马蹄螺的价值招致了沉重的捕捞压力，野生种群的移植培养已经成为一项重要的管理方法。

砗磲(Tridacnidae)渔业介于出口和本地消费之间。砗磲科贝类具有独特的生境偏好，因为这些种类都受到共生虫黄藻分布水深的限制。这些共生虫黄藻生活在颜色鲜艳的砗磲表面膜组织中，为砗磲提供营养，作为浮游植物之外的营养补充[见图 7.3(b)]。捕捞砗磲的目的通常是获取其外壳，这种外壳在一些国家和地区具有巨大的市场。为了满足不断增长的国际需求和本地需求，南太平洋诸岛对砗磲的捕捞活动迅速扩大。随着种群数量的不断减少，个别砗磲物种已被太平洋许多地区列为濒危物种。

由于无脊椎动物相对定栖且不如鱼类那般丰富，所以对无脊椎动物的捕捞通常是手工作业且具有针对性。传统上，这些物种在退潮时被人工采集(如采集海参)或通过自由潜采集(特别是在水深小于 8 m 的水域采集马蹄螺)。但随着越来越多潜水设备的使用，渔民可以在水下停留更长时间，而不受屏气时长的限制，这增加了无脊椎动物资源所承受的捕捞压力。水肺潜水装备还使人们能在更深的水域获取以前未被开发的新的物种资源。其他方法(如设置渔阱)也常被用来捕获龙虾和章鱼。

7.1.3 珊瑚礁渔业中的实际问题

如前文所述，使用低效的、低技术的渔具进行捕捞需要耗费相当大的体力，并会对资源造成破坏性影响(见图 7.6)。尽管每天看到的渔民数量很少，但一年总体算来仍能够达到很高的捕捞水平，特别是在礁区面积较小的情况下。例如，Craig 等(2008)发现，尽管在任一时段内所观察到的渔民数量平均仅为 2.7 人，但这种持续的捕捞水平在小礁区内总计能够达到每年 20 282 小时。此外，舷外发动机、大型船只和 GPS 系统的大量使用也会增加对特定资源的捕捞压力。

图 7.6 “传统”方法可能导致潜在的捕捞压力，如韩国渔船上的渔阱
(资料来源：Stephen Lockwood 博士 1995 年拍摄于釜山港)

脊椎动物和无脊椎动物渔业的评估和管理因两者性质的差异而变得复杂。渔业信息的收集和整理过于复杂，需要针对大量不同捕捞种类使用多种方法。因此，相关数据应该按科的水平(如“石斑鱼”)归类，而不是以种的水平记录。当小型自给型渔业全年连续作业，或者作业范围覆盖整个沿岸区，亦或者渔获物不经市场直接卖给零售商(如酒店和饭店)时，情况就变得更加复杂了(Craig et al., 2008)。由于在一年中每个时间段都有大量的个人在钓鱼，因此很难从休闲渔业中收集信息。在佛罗里达州，可通过多种方法获得有关鲷鱼和石斑鱼休闲渔业的信息，包括访客日志、返岸后的采访，尤其是来自渔民的电话回访。但考虑到某些地区的座机电话数量下降，这些数据的潜在偏差可能会非常大。总体来说，想要获取可用于资源评估的数据十分困难，这意味着针对珊瑚礁这一至关重要的渔业资源的研究还不充足。准确数据的收集确实超出了许多渔业部门的能力范围和资金承受能力。渔业部门的注意力必定主要集中在具有极高价值的大型远洋渔业资源上。此外，手机新应用程序的开发在手工渔业和休闲渔业数据收集方面具有广阔前景。

7.1.4 炸鱼和毒鱼

在东南亚和非洲的部分地区，使用炸药或毒药捕鱼是一种相对普遍的做法。炸药可能是自制的，也可能是从修路项目或矿山中偷来的。炸鱼的效果显而易见，爆炸半径内的珊瑚礁石将被完全摧毁，爆炸足以伤害甚至杀死更大范围内长有鱼鳔的鱼(除鲨鱼科以外几乎所有的鱼类)。被炸毁的区域随处可见，很快就会连成一片。如果炸鱼行为仍持续不断，那么一段时间后珊瑚礁将再也没有机会恢复。有关炸鱼后果严重性的估计大多是道听途说，例如 10 年前在菲律宾波利纳奥(Bolinao)的评估指出，炸鱼每年给珊瑚覆盖率造成 1.4%的损失，而使用氰化物毒鱼造成的珊瑚覆盖率损失为每年 0.4%左右(McManus et al., 1997)，这导致了该地区珊瑚礁的潜在恢复率下降了 1/3。在婆罗洲(Borneo)，超过 35%的珊瑚礁(有些评估报告指出已超过 50%)已被炸药夷为平地，无法再提供鱼类资源，并且已丧失了大部分物种多样性。

当使用渔网、鱼线和鱼钩等传统作业方式不能够为沿海居民提供足够的食物时，炸鱼和毒鱼就悄然开始了。当来自其他国家(主要是东亚)的贸易商操着具有冷冻保鲜功能的船舶到来，用现金大量购买渔获物时，情况就更加恶化了。其结果是，新的动力和诱因促使渔民去捕捞远超本地消费需求量的渔获物。当眼前的珊瑚礁破坏殆尽后，渔民只是简单地继续向前推进，使健康的珊瑚礁数量不断减少，这样的作业方式本身更难以持续。尽管使用炸药和毒药也会误伤渔民，但其中的利润实在诱人。例如，印度尼西亚使用炸药作业的渔民的收入是当地大学教授的 3 倍，这显然激励了炸鱼行为。在几乎所有国家，炸鱼和毒鱼都是非法的，但由于缺乏监督和管理，以及对沿海大面积渔业区的监测存在实际困难，这些行为仍在继续。

“幽灵渔捞”(ghost fishing)指的是被丢弃后仍会捕捉鱼类和影响珊瑚礁的装置(见图 7.7)。由此摧毁的资源数量尚没有准确估计，只有许多传闻报道表明，它们所引起的珊瑚礁生物死亡率很高。这是对资源的极大浪费，尤其是使用不可降解材料的渔具。通过简单地将两根绳子连接到每个渔具上，就可以大大减少渔具的丢失。这样，如果一根绳子断了，就可以顺着第二根绳子找回渔具。另外，也可以使用可生物降解的材料制作渔阱，鱼类陷落其中一定时间后得以“释放”。这样可以减少对鱼类的影响，从而也减少了对珊瑚礁本身的影响。部分国家禁止在珊瑚礁区或珊瑚礁周围使用渔具，以减少对珊瑚的影响。但是，问题不仅仅限于渔具上。海洋污染日趋严重，据记录有近 700 种海洋动物正遭受海洋垃圾的威胁，包括缠在渔具上或摄入塑料垃圾。

(a)

(b)

图 7.7 (a)礁石上废弃的渔阱变成“幽灵渔捞”，几年内，在绳索或金属丝网腐烂或生锈之前，鱼类会陆续陷落其中而丧生；(b)阿曼的一块珊瑚礁石区丢弃的网。这些网像毯子一样覆盖在珊瑚礁上并杀死珊瑚

7.2 珊瑚礁活鱼贸易

珊瑚礁活鱼贸易包括两个部分：①提供高价值的活鱼运输到市场出售，或销售给餐馆，由食客从鱼缸中挑选出来，烹饪成餐馆的奢侈菜品食用；②为水族馆提供可供观赏的鱼和无脊椎动物。餐馆活鱼贸易将在下文详述，“海洋观赏鱼贸易”中介绍了水

族馆活鱼贸易。

在亚洲地区，活鱼运输消费已有数百年历史，近年来活鱼贸易发展规模空前，业已成为主要珊瑚礁资源面临的严峻问题。据估计，东南亚的活鱼贸易量能够达到每年30 000 t左右(Sadovy et al., 2003)。每年通过中国香港特别行政区的贸易量为20 000~25 000 t，其中40%~50%运往日益富裕的中国内地。活鱼通常来自东南亚、西太平洋以及美国东海岸(一部分活鱼主要输送至美国境内的餐馆)。活鱼贸易是沿海地区重要的收入来源，菲律宾巴拉望省(Palawan)的石斑鱼贸易年出口额为2 500万美元。这既支撑了当地经济，又为成千上万当地人提供了生计。

海洋观赏鱼贸易

海洋观赏鱼渔业是以手工捕捞五颜六色的小型海洋鱼类为基础的，这些活鱼出口到世界各地的市场，并分散在私人水族箱和公共水族馆中。尽管与常规捕捞渔业有一定重叠，但海洋观赏鱼渔业捕获的大多数鱼类并未被食用。

据估算，全世界有150万~200万人拥有海洋水族箱。为了给这种嗜好提供活体海洋动物而发展起来的贸易是一项全球性的、价值数百万美元的产业，在整个热带地区都有发展前景。海洋观赏鱼贸易始于20世纪30年代，并在50年代达到商业规模。海洋鱼类的捕捞和运输工作主要在东南亚地区完成，加勒比海、印度洋和太平洋的几个岛国地区也随之加入。而主要消费国是美国，其次是欧盟和日本，然后是中国。

据估计，在全球范围内，观赏鱼大约有50科1 800种，年交易量约为2 500万尾。其中大多数是价格相对较低的鱼种，如广泛分布的雀鲷(Pomacentridae)、刺尾鱼(Acanthuridae)、隆头鱼(Labridae)、鰕虎鱼(Gobiidae)和蝴蝶鱼(Chaetodontidae)等。由于过去20年来的发展(主要是在照明技术方面的进步)，业余爱好者现在可以养殖珊瑚，而且活珊瑚水族箱(不仅仅是鱼类水族箱)的受欢迎程度也在稳步增长。事实上，活珊瑚水族箱非常受欢迎，以至于对观赏鱼种类的需求也随着这种趋势发生了巨大变化。如今的珊瑚水族箱通常伴养一些具有重要功能的鱼类，如能够清洁沙粒、摄食藻类的刺尾鱼或捕食寄生虫的隆头鱼等，这些鱼本身不会摄食或破坏珊瑚。

海洋观赏渔业极其讲究，一般通过浮潜或使用水下呼吸器(如潜水用具)手工采集鱼类。可持续的鱼类采集是通过使用不破坏目标鱼类或非目标物种及其生境的小网目渔网来完成。在印度尼西亚、菲律宾和其他东南亚国家，有时会使用氰化钠进行观赏鱼捕捞。氰化物是一种有毒物质，由于它对目标和非目标物种(包括珊瑚)均具有毒害作用，因此世界上普遍禁止氰化物用于捕捞观赏鱼和食用鱼。但由于氰化物易于获得、价格便宜且作业方便，因此在有些地区还在继续使用。关键是禁止使用包括氰化物在内的化学品，并促进使用渔网可持续捕捞鱼类执行起来很困难。

采集后的鱼被放置在陆上的暂养系统或海水网箱中。当这些鱼准备出口时，需将它们包装起来。每个塑料袋放置一尾鱼，装入 1/3 左右的海水，并将袋子中的空气挤出，充入氧气代替。最后一步是用橡皮筋或机械夹将袋子密封，然后放入绝热箱中。从收集到出口的所有步骤都必须格外小心。

海洋水族馆可以帮助人们了解珊瑚礁的生物多样性和保护状况。观赏鱼贸易还能为工作岗位有限的国家和地区提供大量的就业机会和经济利益。但是，有些人提出了观赏鱼贸易涉及的保护问题。首先，基于对水族箱的适应性和贸易数据表明，不适合水族箱养殖条件的物种交易量也很大。在经验丰富的业余爱好者手中，这些物种也许能繁衍生息，但过早死亡的可能性更大，从而导致资源的浪费。因此，需要额外关注这类物种的大宗交易，而不仅限于是否已纳入贸易统计。其次，超过 95%的贸易量来自野外捕捞的鱼种。观赏鱼贸易主要针对以高周转率和高丰度为特征的种类[如光鳃鱼(*Chromis* spp.)]。观赏鱼贸易还包括那些寿命较长、丰度较低的幼鱼，收集后将其中自然死亡率(主要是因为捕食)高于成年的个体去除掉。对于这些物种，将较大的成体保留在珊瑚礁区还有利于保护产卵雌鱼，尤其是那些大型产卵雌鱼，它们产卵数量更多、质量更高，能够为种群的补充和稳定做出更大贡献。这两种情况都会减轻对资源的影响。然而，在局部水平上，如果对特定物种过于热衷，那么过度采集的情况仍然值得关注。除了在生态上不可持续之外，过度采集在经济上也是“不明智的”，因为这会破坏产业的可持续性。此外，在某一海域内被认为很稀有的物种，实际上可能在其他海域丰度很高。那些地理分布范围极其有限(即全球罕见)、丰度较低且在水族贸易中易引起高度关注的鱼类更应加以认真监测和管理。

在多种关键鱼类从幼体到成年的发育过程，成功养殖技术和营养要求等研究方面，人们取得了重大的进展和突破。但是迄今为止，观赏鱼养殖的费用仍然过高，不会立即减少对直接从珊瑚礁采集鱼类的依赖。此外，虽然在某些情况下，从养殖设施中获取所需物种可以减轻对生态系统的压力，但鉴于此类设施往往位于发达国家，这样做可能会使产地国人民的生计面临风险。

少数国家制订了有效的观赏鱼渔业管理计划，而其他国家的法规执行不力或根本没有相关法规。与其他渔业一样，提高可持续性可以通过实施和执行一系列管理方法(如通过随机检查和罚款)来实现，这些管理方法常见于对渔业进行监督的管理计划中。以下是推荐的一些建议：

- 签发观赏鱼捕捞和出口许可证；
- 确保采集者使用的任何类型水下呼吸器均获得专业认证；
- 通过控制采集者和出口商的数量来限制捕捞的观赏鱼数量；
- 根据种类对捕捞渔获个体大小进行限制；
- 建立受保护或不准进入的水域，主要是禁止观赏鱼捕捞渔民的进入，从而避免海域使用的冲突，这通常是最简单的维持资源的手段；
- 向管理机构提交有关渔区内观赏鱼捕获种类和数量的报告；
- 向管理机构提交有关观赏鱼出口品种和数量以及各种观赏鱼价格的报告；
- 开展水下调查和风险评估，确定哪些物种容易遭受过度开发；
- 物种特异性配额或限额，包括对由于人工饲养时死亡率高而被认为有风险或不适合该贸易的观赏鱼物种实施零配额；
- 禁止使用化学药品和其他天然或人造物质作为“麻醉剂”；
- 禁止在采集过程中对珊瑚造成任何损害；
- 有关渔具的规定；
- 一套对鱼类暂养设施的最低要求；
- 一套公认的最佳操作标准(即可靠的渔业行为准则)。

加拿大温哥华不列颠哥伦比亚大学海洋与
渔业研究所 Colette Wabnitz 博士
英国怀河畔罗斯海洋保护协会 Liz Wood 博士

活鱼贸易的总价值难以确定，有研究估算约为每年 8 亿美元(Sadovy et al., 2003)。单尾鱼的价格可能非常高，当需求很大时(如在农历新年等节日期间)，销售价可达每千克 200 美元甚至更高，而饭店的价格比报告的批发价还要高 100%~200%。价格上的差异推动了供应链发展。物种的稀有性导致了更高的价值，使得渔民倾向于捕捞那些生长速率和繁殖速率较低的物种，从而加剧了对这类鱼类资源的影响。此外，这也导致了贸易和捕捞的重点更多倾向于数量较少的种类。有些市场最初的热门货品是亚热带香港石斑鱼[赤点石斑鱼(*Epinephelus akaara*)]，但很快扩大到更多的热带种类，包括东星斑[豹纹鳃棘鲈(*Plectropomus leopardus*)]、苏眉鱼[波纹唇鱼(*Cheilinus undulatus*)]和老鼠斑[驼背鲈(*Cromileptes altivelis*)]。对这些物种的关注主要源于它们肉质细腻。此外，东星斑等物种体色偏红，红色是幸运的颜色，象征着财富和繁荣。由于这些物种的生活史特征(相对稀少、寿命长、成熟较晚)，使得它们极易受捕捞作用影响。这些目标物种可能会在生长过程中改变性别(从雌性到雄性、雌鱼先成熟的雌雄同体)，且如前所述，它们会形成产卵聚集体。这两个特征都增加了渔业对其种群规模和长期生存能力的影响。

活鱼贸易对稀有鱼类的关注还意味着其经济上的运作方式与其他渔业有所不同。捕捞目标物种资源稀少意味着需要付出更多的努力才能捕捞到这些物种，从而使捕捞作业变得耗费财力。而对稀有鱼类的关注意味着珊瑚礁活鱼贸易的目标随着数量的减少而变得更具吸引力。例如，黄唇鱼[金焰笛鲷(*Lutjanus fulviflamma*)]因其鱼鳔的药用特性而极具价值。由于该物种在其有限的地理分布范围内几乎灭绝，因此其价格急剧上涨。近年来较大的鱼鳔已经可以卖到每千克 6.4 万美元(Sadovy，Cheung，2003)。

鱼类的巨大经济刺激导致了“从繁荣到萧条”(boom-and-bust)的开发模式。渔业资源衰竭至极低水平，为了满足市场要求，渔民转移至新的水域进行捕捞作业，导致一片片水域的渔业资源陆续枯竭。例如在中国香港特别行政区附近的珊瑚礁鱼类资源枯竭后，引起渔业在地理尺度上迅速扩张。现在整个太平洋地区的捕捞业都在给亚洲市场供应渔获物。

人们会使用多种作业方法捕捞活鱼，其中包括一些传统方法，如设置渔阱、渔网捕捞以及直钩手钓。更具破坏性的捕捞方法是使用化学药品，如漂白剂、福尔马林和氰化物，结合使用水肺潜水或虎克式潜水(海面提供空气)。所有作业方法都可能导致鱼类死亡，无论是在捕捞时直接造成的还是在运输过程中间接造成的，尤其是使用化学药品会导致非目标物种的死亡和生境的破坏。目标鱼种接触到化学药品后会进入休克状态，人们可以很容易地采集这些鱼。最近的管控措施已迫使人们越来越多地采用非破坏性捕捞方法(Sadovy，Vincent，2002)。

在通过海运或空运出口之前，野外捕捞的鱼类可以短时暂养，具体情况取决于渔业和运输环节。随着野生鱼类资源的减少，可以将一些接近成年的鱼圈养在网箱中，直至长到适合上市的规格，并不是所有物种都适于这样的海水养殖。将目标鱼规格扩大到亚成鱼会进一步增加相应的物种资源压力。因此，我们最终希望能在水产养殖设施中将产品直接从受精卵饲养到市场规格(见 7.3 节)。由于消费者的喜好，养殖鱼在市场上的价格偏低，但仍高于成本投入。

珊瑚礁活鱼贸易经常会导致社会冲突。经营者与当地捕捞团体之间可能会在以下几个问题上发生冲突：价格、财富如何在个人和团体之间分配、捕捞区的使用、为捕捞某一种类而采用的破坏性捕捞方法对捕捞区内其他物种产生影响等。此外，一旦这种渔业继续发展，当地渔民将面临生境退化和鱼类资源量下降的困境。

这并不意味着珊瑚礁活鱼贸易不能加以控制。我们可以在整个市场链的多个步骤中实施调控：①渔民——控制渔民或渔船数量，设置禁渔期或禁渔区，限制渔具的使用；②贸易商——所售物种的管制以及出口管制；③市场——影响消费者。例如，澳大利亚对捕捞强度进行了管理，从而形成了可持续的和利益颇丰的渔业贸易。然而，这些方法的有效性极其多变，主要受限于方法的实施和监控过程中所涉及的困难及成本。鉴于这些渔业影响需要及时加以管控，以防止：①资源的持续性过度开发；②相关的珊瑚礁生境退化；③对依赖这些物种的渔民生计的间接影响；④对其他物种丰度的间接影响。加强渔民在可持续作业方法应用方面和改善管理方面的能力将是问题的关键。

7.3　珊瑚礁水产养殖业

海水养殖业(即海洋物种的人工养殖)是捕捞渔业的替代产业，正在全球范围内迅速发展。海水养殖业通过优化鱼类摄食率和控制死亡率来提高鱼类的自然生产率(图7.8)。对于珊瑚礁鱼类，养殖对象普遍是市场价值较高的种类。然而，海水养殖并不是最近才出现。东南亚和太平洋地区的海水养殖活动历史悠久，但养殖成功率差异很大。诸如尼罗罗非鱼(*Oreochoromis niloticus*)之类的池塘养殖，已从小型家庭池塘为主的自给自足型养殖发展到了集约化工业农场养殖，增加了食品制作的鱼类供应量。

图7.8　沙特阿拉伯红海沿岸养殖场

在太平洋地区，珍珠贝类养殖是一项获利丰厚的产业。在法属波利尼西亚(French Polynesia)，2007年珠母贝(*Pinctada margaritifera*)养殖产出的黑珍珠产值为1.73亿美元，占该地区渔业和海水养殖产值的66%，整个产业拥有5 000名员工。虽然也可以从野生贝中收获珍珠，但养殖的可行性更高，养殖所用珠母贝苗可以在养殖场培育或从野外采集。目前，珍珠的生产已扩展到其他太平洋岛国。

砗磲价格高昂且极容易在采集时遭到损坏，促使人们在许多太平洋岛屿国家大力开展养殖。2007 年，出口的养殖砗磲合计达到 75 000 只。养殖不仅关注于出售成年砗磲，还可以为过度开发的珊瑚礁提供幼体和稚贝用于增殖放流。但是，由于幼虫的存活率很低，想要生产足够恢复种群的砗磲幼体需要大量投资。所罗门群岛渔民在较小的尺度上可持续经营砗磲“花园”。在这些地区，小砗磲放养在外礁，然后被转移到较近的水域暂养，以备日后之用(Hviding，1998)。转移和消耗的数量需要保持在既满足库存又同时能够维持生计的水平。

目前，仅少数珊瑚礁鱼类能在养殖场内进行培育(从幼鱼养到成鱼)。最成功的是遮目鱼(*Chanos chanos*)的养殖，为数百万人提供了生计和廉价蛋白质来源(Sadovy，2005)。但是，这方面的成功正在被东南亚珊瑚礁活鱼贸易物种带来的更高的经济价值所掩盖，导致遮目鱼养殖场正在转向养殖更有价值的石斑鱼。这些石斑鱼能带来更快、更大的投资回报。这些养殖活动通常采取“长成卖出”(grow-out)的操作流程，也就是将捕捞的野生小鱼放置在网箱中养殖到符合市场规格卖出。与遮目鱼养殖业相比，这些企业的收益率惊人，因此对野生亲鱼种群的需求不断增长，对野生种群的影响也越来越大。然而，自 2000 年以来，已成功开发出更多耐性良好的石斑鱼物种的繁殖和养殖技术，例如老虎斑[褐点石斑鱼(*Epinephelus fuscoguttatus*)]和青斑[斜带石斑鱼(*Epinephelus coioides*)]等。此外，海水养殖技术的进步使得中国台湾育苗场可培育出高价值的苗种，如驼背鲈和珊瑚礁石斑鱼[鳃棘鲈(*Plectropomus* spp.)]。然而，由于目标物种生长缓慢，仍有大量野外捕获的鱼类被用于饲养直至市场规格，并且这通常仅需将物种的生物量增加 5~10 倍即可。如今人们已在幼龄石斑鱼孵化技术和颗粒饲料的开发方面开展了大量研究，以减少对野生鱼类种群的影响。

许多海水养殖问题需要攻克，例如养殖业想要保持目前的扩张速度需要持续供应幼鱼(无论是野生捕捞的还是育苗场培育的)和饲料(营养级较高的鱼可以利用捕捞时的副渔获或成本较高的合成饲料)。此外还需要减少对环境的影响(如养殖场周围水域营养物质的增加、疾病的传播、逃逸的饲养个体对当地种群遗传结构的潜在影响)。此外，沿海海水养殖极易受到极端天气事件和气候变化的影响。这些问题的解决可以促进海水养殖业的可持续发展，并有助于减少破坏性捕捞活动(Sadovy et al.，2003)。尽管海水养殖的种类不断增加，但其中需要克服的问题以及无法有效养殖所有种类的事实均表明，海水养殖并不能解决珊瑚礁渔业中的所有问题。但是，如果将鱼类养殖与当地沿海渔民的参与和利益相挂钩，将会产生可观的社会经济效益。

7.4 渔业的影响

地方经济的增长、外部市场驱动因素的出现、技术的进步、特别是沿海人口的增长，大大增加了珊瑚礁资源的再生压力。此外，奢侈食品市场和一般国际贸易中的珊瑚礁鱼类贸易抬高了价格并进一步刺激了需求。因此，珊瑚礁渔业从支持当地蛋白质需求转向销售和出口新鲜活鱼，而廉价的进口鱼类或其他蛋白质来源则供应到当地餐桌。在某些情况下，这可能会影响当地居民的营养和健康水平，并增加诸如 II 型糖尿病、高血压、贫血和甲状腺肿大等慢性疾病的风险。

这些变化产生的结果是，过度捕捞成为珊瑚礁鱼类组成变化中最明确的驱动因子之一，已有许多导致营养级结构和生态过程改变的例子(见第 6 章)。过度捕捞被认为是珊瑚礁多样性、功能和恢复力的主要威胁之一，并有可能引起本地区域经济衰退(Bellwood et al.，2004)。Newton 等(2007)调查发现，超过一半珊瑚岛礁的渔业活动是不可持续的，总捕捞量比可持续渔业捕捞量高出 64%。他们指出，“渔业占用的珊瑚礁面积超出了有效面积 75 000 km^2，是澳大利亚大堡礁(GBR)面积的 3.7 倍”。

资源过度捕捞具有多种发生方式。过度捕捞较大的鱼类，导致留下的鱼类个体太小而无法获得理论上的最大产量，称为“生长型过度捕捞”(growth overfishing)。捕捞过多的成鱼，导致种群补充量和种群生产力下降，称为“补充型过度捕捞”(recruitment overfishing)。这两种过度捕捞类型可以单独发生，也可以同时发生。最后，生态系统中特定物种的捕捞会对整个生态系统产生严重后果，这就是“生态系统型过度捕捞”(ecosystem overfishing)。所有这些影响都已在珊瑚礁渔业中出现。

在过去的 10 年或更长时间里，捕捞压力的增加影响了热带珊瑚礁生态系统的物种组成和生境结构(Dulvy，Freckleton，et al.，2004；Dulvy，Polunin，et al.，2004)，导致物种数量的减少以及高营养级肉食性种类的衰竭(Munday et al.，2008)，从而导致了较低营养级鱼类占据主导地位(Jennings，Polunin，1997)。这样的变化终会发生，正如前面所述，捕捞往往将目标对准食物链中顶端的捕食者以及特定物种和珊瑚礁鱼类中个体较大的物种。这些个体较大的种类通常具有较长的寿命、较慢的生长速率、较晚的成熟年龄，且分布十分有限(Jennings et al.，1999；Sadovy，Domeier，2005)。最终，捕捞压力下的珊瑚礁系统可能由较小的个体和种类占优势。

由于捕捞压力对鱼类种群的直接影响和对珊瑚礁结构的间接影响，成熟的鱼类在人口密集的珊瑚礁区几乎已经消失。通过比较偏远(开发程度较低)的珊瑚礁与靠近人口中心的珊瑚礁之间的物种组成和个体大小频率，可以明显看出这种影响。例如，在印度洋-太平洋捕捞压力较小的偏远珊瑚礁区，鲨鱼、苏眉鱼和驼峰大鹦嘴鱼(*Bolbometopon muricatum*)等大型鱼类占优势。这些珊瑚礁区超过一半的鱼类生物量来自鲨鱼[以及夏威夷的珍鲹(*Caranx ignobilis*)]等顶级捕食者。在夏威夷岛链东南端的人口数量较多的地区，鱼类群落几乎完全由五颜六色的小鱼组成，主要包括许多植食性鱼类，而大型肉食性鱼类十分罕见。而在偏远的、人烟稀少的夏威夷群岛西北角(现已成为 Papahānaumokuākea 国家海洋保护区的一部分)的珊瑚礁区，顶级捕食者构成了生物量的主要组成。

鱼类物种的脆弱性和可捕获性也受其习性的影响。驼峰大鹦嘴鱼会成群地在开阔的沙地上或浅坑中睡觉，武装了高性能鱼枪、水肺潜水设备和防水手电筒的渔民，可以轻而易举地对它们发起攻击。因此，很容易在一夜之间就捕捉到整船的驼峰大鹦嘴鱼。在所罗门群岛，这样的技术使得驼峰大鹦嘴鱼充斥着整个水产品市场。该物种面对捕捞时的脆弱性导致当地政府采取了管理行动，以防止重蹈斐济的覆辙。在斐济，驼峰大鹦嘴鱼种群数量迅速减少，目前在某些岛屿已经局部灭绝。

在半工业、手工和自给型渔业开发过程中都展现出了珊瑚礁鱼类的全球性灭绝迹象(Dulvy et al.，2003)。例如，因过度开发，虹彩鹦嘴鱼(*Scarus guacamaia*)已在加勒比海地区局部灭绝，而对砗磲的开发已使它们在一些太平洋岛屿绝迹。无脊椎动物的巨大价值及相对定栖的习性意味着它们需要承受沉重的捕捞压力，并因此常经历“从繁荣到萧条”的命运。在马尔代夫，海参的出口渔业始于 1985 年，并迅速导致其资源的过度捕捞(Adam et al.，1997)；在太平洋地区也出现了类似的情况。在斯里兰卡，海参采集是一项历经数代的传统活动，但随着水肺潜水装备的引入，其捕获量急速增加，导致海参资源几乎立即枯竭(Kumara et al.，2005)。在西澳大利亚州金湾(King Sound)未开发的珊瑚礁区，马蹄螺曾经大量存在。但由于过度捕捞以及一些外籍渔民非法偷捕，马蹄螺的数量在过去 20 年中直线下降。

Koslow 等(1988)认为，珊瑚礁鱼类种群之间的复杂性使得它们的稳定性较低，更容易被过度捕捞。随着大型鱼类的捕获率下降，捕捞业开始将重心转向食物链下端的个体更小的鱼类上，如杂食性鱼类和植食性鱼类。它们的丰度由于捕食者被捕捞完后的“被捕食者释放”(prey release)效应而升高。对这些食物链下端鱼类的捕捞，减少了顶级捕食者的饵料供应，限制了顶级捕食者群体体型大小和数量的恢复。甚至很低的捕捞水平也能影响珊瑚礁资源和珊瑚礁鱼类的营养结构(Dulvy，Freckleton，et al.，2004；Dulvy，Polunin，et al.，2004)。对人类的影响是最终无鱼可捕，对珊瑚礁的影响是形成严重畸形的生态系统。由于正反馈作用，珊瑚礁生态系统将迅速变得无法支撑珊瑚和珊瑚礁的持续生长和发育。事实上，食物链不同层次上的过度捕捞均会导致珊瑚礁发生重大的生态变化(Campbell，Pardede，2006)。植食性动物枯竭以及陆地径流和城市污水排放导致珊瑚礁区营养水平升高时，可能会导致藻类覆盖度大幅增加。而反过来，过度捕捞肉食性鱼类会减少它们对草食海胆的控制，从而引起海胆数量的激增，加剧生物侵蚀作用。当然，这些影响并不是孤立存在的。在巴哈马群岛水域，大型鹦嘴鱼和大型捕食者的捕捞，降低了鱼类的总体草食能力。但由于竞争减少，海胆数量增加，其草食量增加足以弥补草食鱼类数量的下降。而在20世纪80年代，这种海胆因疾病而灭绝，这时珊瑚礁区的生态平衡因藻类的大量繁殖而受到极大干扰。在加勒比海地区，当飓风或病虫害等干扰事件导致珊瑚死亡时，对植食性动物的捕捞会导致生态系统发生从以珊瑚占优势向以藻类占优势的转变。几十年过去了，加勒比海地区大部分藻类占优的珊瑚礁仍未恢复(Mumby et al.，2006)。

最后，偷捕是另一个严峻问题。随着人口的增加和食物保障重要性的提高，偷捕问题日趋严重。在日益增加的捕捞压力下，对人口和食物起保障作用的珊瑚礁资源正在不断减少。非法渔获量可能很大，但在官方统计中没有估值，也从未加以量化。因此，从珊瑚礁区实际获取的肉食性动物或植食性动物的生物量数值仍然未知。在一些连合法捕鱼记录都保存不善的地区，除了已提及的数据收集方面的问题之外，还会给渔业方程式的计算增加更多的未知量。偷捕量可能非常大，由于偷捕者通常没有持续捕捞的考量，往往会在最短的时间内使捕捞量最大化，因此问题愈加严重。这一情况已被印度洋查戈斯群岛(Chagos Archipelago)保护区内环礁群的调查结果所证实。其中一个环礁因是大型军事基地而得到严格保护，而几个相邻的环礁只有很松懈的监控和保护。尽管也涉及其他因素(Pricer et al.，2013)，但在保护有限的环礁水域，偷捕行为对海参种群数量产生了明显影响(图7.9)。

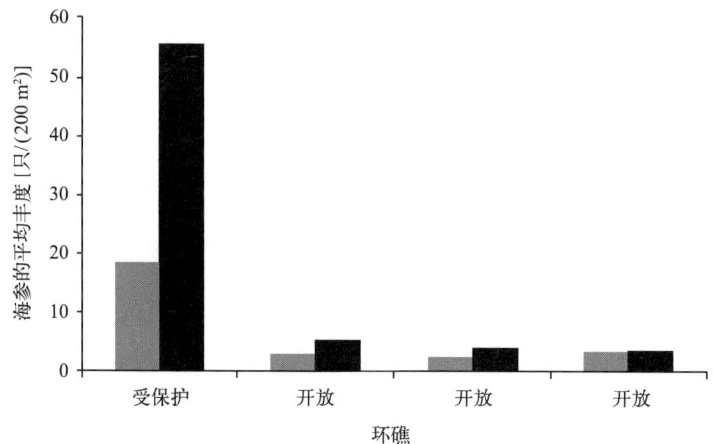

图7.9　偷捕活动对供不应求的海参平均丰度的影响。迪戈加西亚(Diego Garcia)因军事原因受到捕捞限制的环礁的海参丰度与另外3个仅受到轻微保护的“开放”环礁的海参丰度比较[资料来源：Price，A. R. G.，Harris，A.，McGowan，A.，Venkatachalam，A. and Sheppard，C. R. C.（2010）. Chagos feels the pinch：Assessment of holothurian（sea cucumber）abundance，illegal harvesting and conservation prospects in British Indian Ocean Territory. *Aquatic Conservation：Marine and Freshwater Ecosystems* 20：117-26. 通过72个100 m×2 m(200 m^2)的断面目测调查水域海参的数量，图中所有断面数据为灰色，而具有适宜生境的断面数据为黑色]

7.5 珊瑚礁渔业管理方法

人们已经使用或建议了一系列方法来管理珊瑚礁渔业。起初的渔业管理方法基于传统的适用于温带水域大型工业化渔业捕捞方法。然而，珊瑚礁渔业往往以手工作业为主，而且集中在相对较小的水域内，因此需要采取新的管理方法。

温带渔业管理中经常使用的捕捞配额制度也被应用于珊瑚礁渔业管理，以限制资源的过度开发。但这些方法可能存在风险，导致珊瑚礁渔业资源在短时间内被快速捕捞殆尽。这在库克群岛(Cook Islands)的艾图塔基岛(Aitutaki)曾有发生，当地的总许可捕捞量是针对每个区域内的马蹄螺设定的。在后来的捕鱼热潮中，渔民们来不及挑选出最好的马蹄螺加以捕捞，开始无视对个体大小的限制。

因此，有关部门对捕捞配额制度进行了修订，实施个人可转让配额制度，允许家庭之间转让马蹄螺的捕捞配额。这使得受管理影响的社区参与到决策过程中来，管理方法也使得长期收益接近最佳状态(Adams，1998)。针对其他脊椎动物和无脊椎动物等资源也都制定了最大捕捞量，即在单位时间内可捕获的个体数量。

在工业化渔业普遍采用的限制捕捞努力量以减轻捕捞压力措施在手工渔业中往往不适用或在政治上毫无新意。的确，在热带岛屿国家的自给/手工渔业中，涉及的渔民人数(有时只有数千人)使得渔业准入限制变得难以实施，特别是在那些依赖自给渔业的家庭和社区。这类方法在澳大利亚这样的国家更可行，可以采取限制颁发给渔民的许可证数量和执法监督等措施(Cooper，1997)。

已经实施的限制个体最小和最大渔获物规格的方法被保留下来，该方法是按照关键的生活史阶段(如鱼类性成熟时的个体大小)确定的。执行这样的措施存在一定问题，特别是在手工作业渔场，那里的渔民没有特定的上岸地点。对于无脊椎动物资源，也必须考虑对捕获后放生个体的死亡率有可能上升。在太平洋地区，无脊椎动物资源的可捕规格受到限制。斐济规定了可出口的干海参(糙海参)的最小法定规格，而澳大利亚和其他国家也规定了全部海参的可出口最小法定规格。最小规格限制对这些物种来说同样合乎逻辑，因为较小的个体没有性成熟，而且价格较低。的确，控制出口阶段的最小渔获物规格是最简单的措施，商业压力能够导致更可持续的渔业捕捞。此外，对巨型砗磲也实施了可捕规格限制，通常还禁止商业捕捞和出口，以保证个体在捕捞前至少能够繁殖一次。

渔具限制也十分有效。这些措施包括禁止使用破坏性的作业方式，如炸鱼和毒鱼等。限制渔阱的网目大小或鱼钩尺寸以允许特定大小的个体逃脱，或者增大鱼钩的尺寸，保证上钩的渔获物个体大小。禁止使用水肺设备或“虎克式”潜水装备，这些装备会增加渔民在海底的停留时间，继而加重捕捞压力。然而，所有这些措施只有在执法充分的情况下才能奏效(Mahon，Hunte，2001)。

最著名的珊瑚礁渔业管理建议是建设海洋保护区(MPAs)，即划定禁渔区。事实证明，划定禁渔区可以增加区域内的鱼类数量、生物量和生物多样性(Roberts，1995)①。然而，为了维持禁渔区海域附近的渔业，海洋保护区的面积可能要非常大，或者鱼类可以从海洋保护区内向外洄游(“溢出”效应)。最大限度地扩大海洋保护区及其所产生的溢出效应是为了补偿经常发生在保护区边界的捕捞活动。海洋保护区对广范围游动的种类，特别是对许多最宝贵和最脆弱的洄游性鱼类的保护作用不显著。

考虑到维护生物多样性和生境保护，海洋保护区保护渔业资源的有效性并不总是那么明显(Hilborn et al.，2004)。尽管有证据显示海洋保护区日益取得成功(Roberts，2007)，但这不能被视为珊瑚礁渔业管理的最终方法。对珊瑚礁生态系统和珊瑚礁渔业的威胁(如气候变化、陆源径流污染和极端天气破坏)，不会因为海洋保护区的建立而减少，但海洋保护区的建立能够增加生态系统应对自然干扰的弹性(Mellin et al.，2016)。

永久性禁渔区可以成为仔稚鱼的“来源”，以增加珊瑚礁已开发区域的资源。在这种情况下，必须慎重考虑禁渔区的设计(Schill et al.，2015)。禁渔区必须位于盛行海流下适宜定居的生境上游。以砗磲为例，产卵活动是从上游砗磲的产卵开始的，产卵的成功与否取决于禁渔区内的总体密度。这就是被广泛记载的“阿利效应”(Allee effect)，即一个种群的大小与该种群持续繁殖(或在某些情况下种群中个体的增长)的能力呈正相关关系。在有限的种群规模下，繁殖则变得愈发困难，甚至不可能。因为卵子或成体越来越难找到精子或配偶，从而造成种群的进一步缩小。

对于相对静止的物种(如一些无脊椎动物)，禁渔区可以导致这些动物体型和数量的显著增长。然而，由于这些动物游出保护区的数量相对有限，所以保护区对这部分动物“溢出渔业”的贡献微乎其微。由于社会和经济原因，大型海洋保护区通常不容易被接受。考虑到渔民可能反对永久禁渔区，在适当情况下，停止工业化捕捞，并允许在保护区内进行手工作业捕捞，能够减少对渔业的影响。也可以考虑设立季节性或周期轮转的禁渔区，这是一种类似陆基养殖技术的方法(见 7.1.2 节中的“可持续的珊瑚礁章鱼渔业”)。这种方法已被应用于太平洋马蹄螺和海参的渔业生产。特定地区的捕获期之后是“休渔期”，这能保障资源能够得以恢复，从而可以在特定地区间轮流捕捞(见图 7.10)。许多被捕捞物种的寿命很长，这意味着在恢复捕捞之前，需要长时间禁渔才能使种群得以恢复。短时间的季节性禁渔在管理渔业中的效果有限，因为在“开开

---

① 许多大型海洋保护区，如大堡礁国家海洋公园，内部划分成不同的功能区，包括禁渔区、禁航区等。

禁禁”(如每个月)中难以执法监督。在规划和监测能力有限的地区，困难则更大：如执法不力、复杂的渔场使用权以及大量的渔民等(Purcell et al.，2016)。然而，如果能够建立可被接受的有效的海洋保护区，就可以非常成功地大幅增加珊瑚礁和无脊椎动物的资源量。到那时，当地社区就会成为这种方法的最佳“宣传大使”。

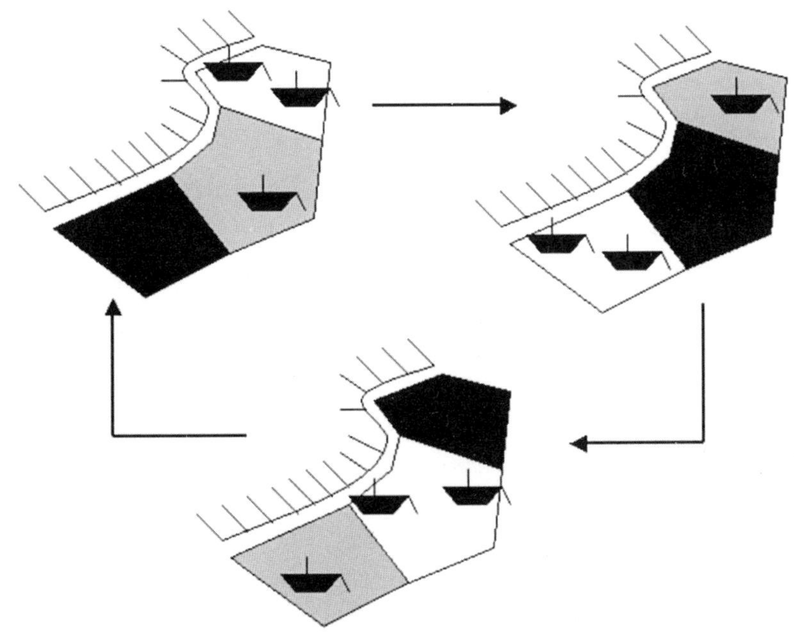

图 7.10　轮流禁渔区示意图。深色阴影区域表示在特定时间内禁渔；浅色阴影区域对部分捕捞活动开放；白色区域对捕捞完全开放

更直接的方法是通过增加珊瑚礁基质和直接补充鱼类种群来增加渔民可捕捞的渔业资源。考虑到鱼类的多样性和丰度与珊瑚礁的面积和地形复杂性有关，一种合理的方法是人为地增加后两者。人工鱼礁广泛应用于世界各地，但是它们应对过度捕捞问题的效率一直难以考量。这是由于后续研究数量有限，而且即使是最大的人工鱼礁与真正的珊瑚礁相比也是非常小的。然而，目前已被证明人工鱼礁在提高龙虾和章鱼的存活率方面具有一定效果。为了做到这一点，人工鱼礁必须以一种特殊的方式来为这些动物提供合适的“洞穴”生境。

增殖放流，包括放流人工孵化的幼苗或捕获的野生仔稚鱼，主要有石斑鱼、岩鱼和鲷鱼以及如砗磲和海参等不喜活动的种类(见 7.1.2 节)。然而这种方法在恢复野生鱼类方面的效果一般，不能够取代健全的渔业管理。其中还涉及到遗传基因方面的问题，随着野生亲鱼数量的减少，遗传多样性也会降低。同时还面临着鱼苗和鱼类生产力和生存能力的丧失以及外来基因引入野生种群和非杂交种群超过本地种群等诸多风险。放流个体也面临高死亡率威胁，而要对野生种群产生积极影响所需的放流量十分巨大。增殖放流只能用来补充资源，不能取代对珊瑚礁渔业资源的可持续管理。

7.6 珊瑚礁渔业管理

珊瑚礁渔业有一系列管理方法。政治、社会制度和部落等级制度等有效地控制了珊瑚礁资源的开发程度。目前的管理方法包括政府自上而下的控制措施，这是发达国家发展工业化渔业最常用的方式。另一种方法是由当地社区开展自下而上的控制措施。

如果政府足够强大和富有，能够执行所使用的管理方法，那么采用自上而下的方法进行珊瑚礁渔业管理将十分有效(图 7.11)。例如，澳大利亚成功地引进了珊瑚礁渔业许可证，限制了捕捞水平。如果渔业更“工业化”，或者可以对加工链(如出口阶段)实施管制，采用自上而下的办法进行管理是可行的。在太平洋岛礁，马蹄螺和海参是经集中采购后限制出口数量的商品。对于马蹄螺来说，潜在的加工工厂数量，或者正在运行的机器数量是有限的。当面对大量渔民时，对数量较少的出口商实施管控更为容易。

图 7.11　政府进行渔业资源管理的案例：印度洋上的一艘渔业执法船

(资料来源：照片由 Graham Pilling 拍摄)

在手工渔业中，自下而上的地方控制对管理大量的个人开采更为有效，也更普遍。在太平洋和东南亚的部分地区，传统的海洋使用权制度(CMT)使社区或社区领导人能够对当地海洋资源施加控制。例如，斐济有一种称为“qoli qoli”的海域使用权制度已经存在数年(Cinner et al., 2007)。在这种制度中，特定的个人、家庭或社区拥有特定地点或海域的所有权，他们可以根据传统信仰和保护考虑做出独立的管理决策(Golden et al., 2014)。他们可以控制对资源的使用，同时可以分配捕捞权(Ruddle, 1996)。

这些制度可以通过惩罚(包括对渔具、渔船或渔获物的扣押)、赔偿、公开谴责甚至死刑来维持强有力的控制。通过关闭渔场、限制渔具、限制进入和保护产卵群体等多方面限制海洋资源的使用(Colding, Folke, 2001)。他们使用了类似于现代海洋渔业管理的方法(见 7.5 节“珊瑚礁渔业管理方法”)，但这种管理方法更适合当地情形。

然而，面对现代市场经济的驱动，传统的管理方法正面临越来越大的压力(Mathews et al., 1998)。因此，为确保渔业的可持续发展，必须改进现有管理措施，提出共同管理办法(Cinner et al., 2012)。这一制度将区域或政府科学家的建议和资料纳入当地的管理实践。这种方法在太平洋地区已取得了广泛成功。在瓦努阿图(西南太平洋岛国)，维拉港(Vila Port)渔业部在该岛周围进行了马蹄螺调查，为村民提供资料和建议，说明为什么需要进行最小规格限制，为什么马蹄螺的庇护所最好设在捕捞作业区内以及重建种群规模和禁捕时间。然后由村民做出决定，促使他们能够平衡生物、社会和环境方面的考虑，从而实施对马蹄螺资源的成功管理(Pomeroy, Berkes, 1997; Johannes, 1998)。通过更多的渔民参与和产权的应用来加强渔业管理，可以在社区一级实现更加可持续的资源利用(Cinner et al., 2016)。

7.7 珊瑚礁渔业的未来

数以百万计的人和成千上万的社区以珊瑚礁鱼类为生计和蛋白质来源(Sadovy, 2005; Teh et al., 2013)。然而，珊瑚礁资源所面临的压力亦不断增加。

Newton 等(2007)指出，预期的人口增长将加剧对珊瑚礁资源的压力。岛屿国家人口增长的估算结果表明，到 2050 年，地球将需要额外的 19.6×10^4 km^2 的珊瑚礁(生产力要与那些已被研究的珊瑚礁相同)才足以支持这些岛屿本身不断增长的需求。全球人口增长只会增加全球市场对珊瑚礁资源的需求。

显然，增加珊瑚礁面积，特别是如此大的面积，是无法凭空创造的。水产养殖似乎也不太可能完全填补这一赤字。对现有珊瑚礁的渔业进行有效管理，主要是为了恢复和提高生产力，防止资源的过度开发。这对珊瑚礁资源的影响是间接的，因为渔获量同样会受到未来气候变化和其他人为因素的影响。气候将直接影响生物和生态动力学。因为鱼类无法调节自己的体温，水温升高会直接影响鱼类的新陈代谢过程。珊瑚礁周围鱼的种类和大小组成以及物种的分布和丰度可能会随着海域内水温超出特定物种的最适温度而变化，但这种变化可能会提高其他物种的生存能力。由气候变化引起

的水温升高、极端天气事件和海洋酸化等(Hughes et al., 2003)导致珊瑚白化事件的频率增加；污染和捕捞等人为压力的增加也将间接影响鱼类种群数量。由于栖息生境和活珊瑚覆盖的减少，气候变暖导致的珊瑚死亡可能会减少鱼类物种的丰度。如果能够保持珊瑚礁结构的复杂性，鱼群受到的影响可能会比预期小(Riegl, 2002)。然而，随着珊瑚礁结构的崩溃，珊瑚和浮游生物的多样性和丰度也会减少(Graham et al., 2007)。事实上，随着飓风等极端事件的频率和严重程度不断增加，珊瑚礁结构也会加速崩溃。构成珊瑚礁渔业的重点鱼类物种可能不会受到珊瑚死亡的直接影响，但可能会受到幼鱼补充量减少的影响以及珊瑚白化对食物链中较小鱼类的连锁影响。这些影响可能需要几十年时间才能显现出来(Graham et al., 2007)。

这些变化对依赖渔业为生的沿海社区的影响难以估量。最近的研究表明，到2050年，由于气候变化再加上资源的过度开发，珊瑚礁渔业的产量将下降20%，同时气候变化还会降低沿海水产养殖的效率(Bell et al., 2013)。与此相反，珊瑚死亡导致的大型藻类覆盖率的增加可能会引起一些无脊椎动物数量的增加。尽管这种渔业资源的潜在效益很难预测，但这可能会为渔业提供另一个焦点。沿海社区也将直接受到气候变化的影响，因为环境变化很可能导致沿海地区自然灾害和生态健康问题的风险增加。

太平洋岛屿国家和地区(PICT)提供了案例。海洋资源对太平洋岛民饮食的贡献是全球人均鱼类消费量的3~4倍以上，目前主要来自于近岸(如珊瑚礁)和手工渔业，特别是在农村地区。然而，人口规模的增加将对近海海洋可再生资源造成进一步压力，从而导致捕捞压力的增加和资源健康状况的下降(Bell et al., 2009)。加之未来气候变化对沿海渔业的负面影响，太平洋岛屿国家和地区的人口增长和近海蛋白质供应减少之间的矛盾将不断扩大(Bell et al., 2013)。因此，区域政策旨在利用近海鱼类资源作为一种廉价的蛋白质来源来保障粮食安全，并试图以此缓解这一矛盾(Pilling et al., 2015)。

珊瑚礁渔业的未来具有不确定性，然而，也并非所有的前景都是黯淡的。本章示例表明，尽管珊瑚礁渔业所面临的压力正在不断增加，但仍可以得到持续的管理。珊瑚礁渔业所面临的影响十分广泛，这意味着迎接未来挑战的解决办法可能超越了传统渔业管理范围。为了适应未来的压力，需要采用更加积极主动的方法，综合考虑相关珊瑚礁特征、保持珊瑚礁的复杂性同时处理好珊瑚礁复杂性消失的后果(Rogers et al., 2014)。例如，我们需注意鹦嘴鱼的数量与加勒比海珊瑚礁生态系统健康程度之间的联系，渔获量和渔获物规格限制管理方法在允许捕捞的同时仍能保持珊瑚对气候变化的恢复力(Nash et al., 2015; Bozec et al., 2016)。维持鱼类种群规模的同时应保持其遗传多样性，从而增强其适应气候变化的潜力。

总地来说，这些渔业管理方法意味着收成减少，因此，降低了能够从珊瑚礁获得的粮食安全保障。考虑到人们对珊瑚礁渔业的依赖程度以及珊瑚礁所面临的多重威胁，要想实现可持续发展，就必须减少捕捞量。这就需要对目前依赖珊瑚礁生存的居民进行认证，扶持替代生计方式(Adger et al.，2005)。McClanahan 等(2008)建议，在受珊瑚白化影响较小的地区，管理方法应注重协调保护和发展，并结合多样化生计方式。在更关键的地区，发展战略不应使当地社区或工业更依赖于处于危险之中的珊瑚礁资源。应确保在未来的珊瑚礁渔业管理工作中，充分考虑珊瑚白化、人口压力和其他压力因素对珊瑚礁的影响，并采取全面的方法，才有希望继续维持珊瑚礁生态系统的生产力。

8 现代珊瑚礁

现代珊瑚礁起源于三叠纪，在侏罗纪得以发展，在白垩纪达到繁盛。随后，珊瑚礁在冰河时期的沧海桑田中幸存下来，分布水深随着海平面的大幅升降发生剧烈变化，其中大部分在当时便已具有现代形态。最后一次冰川消退代表着全新世这一最近地质年代的开启。如今，人们提议命名一个新的时代，即“人类纪”(Anthropocene)，以表征生物受到人为活动影响之大不亚于以往任何一次大规模的地质变迁。事实上，由 Birkeland(2015)主编的《人类纪的珊瑚礁》(*Coral Reefs in the Anthropocene*)便已经使用了这一术语。

多种因素导致了目前的珊瑚礁退化现象，且大多数因素的严重程度和恶化速度均呈增加趋势。在一些地区，人们普遍把责任归咎于气候变化和二氧化碳引发的“新的”全球性问题，但至少在短期内，当地因素往往起着决定性作用。例如，在雅加达附近，80%的底栖生物群落变化可归因于当地因素的影响(Baum et al.，2015)。影响珊瑚礁的主要因素包括直接污染(如城市污水和陆地径流造成的富营养化)、有毒物质污染以及岸线改造、建设和开发过程中产生的泥沙淤积。此外，过度捕捞现象普遍存在，并常常引起珊瑚礁营养系统的变化(见第 7 章)，这反过来又导致了珊瑚礁被藻类逐渐占据以及其他几种类型的衰退现象。

所有这些因素对珊瑚礁区的不同物种、种群或功能造成了不同程度的影响。对于珊瑚礁的许多功能来说，部分物种的存在可能是冗余的。但诸如鱼类或植食性动物中的顶层捕食者，几乎没有冗余物种。这会造成系统几乎没有“弹性”，或者就像 Mora 等(2016)所描述的，当出现这种情况时，几乎没有任何“保险”。

虽然所有的影响最终可能都是由人类活动造成的，但某些影响并不局限于国家或地区之内，如海表水温上升和海水酸化等。单从数值上看，这些影响可能并不明显(水温上升 1~2℃，pH 下降 0.1)，但却足以对珊瑚造成死亡压力(Hoegh-Guldberg et al.，2007)。

第 8 章至第 10 章描述了当代珊瑚礁生态系统的主要压力源，重点强调其中的协同影响，并以实例说明其影响后果。人口过剩往往是普遍忽视的因子，如同“屋中象”(elephant in the room)一样，已经超出了许多珊瑚礁生态系统的承载力，但由于文化、宗教和政治原因，这一因子仍被刻意忽视。尽管这是许多生境退化的主要原因，但在许多国际论坛上，人们仍然拒绝将这一因素纳入珊瑚礁退化的主要原因之中。不过，我们知道，对于一个方程式来说，如果忽略其中任何一个重要的项，就难以求解。所以，对于珊瑚礁和地球上的大多数生境来说，人口数量问题必须得到解决。

压力源之间的协同作用很重要，每个压力源的大小同样也很重要。然而，一个经常被忽视的问题是：对珊瑚礁来说，许多影响因素是波动的而不是连续的，而且压力事件之间的间隔不断缩短(Done，1999)。病虫害事件更加频繁、水温达到峰值更加频繁、沿海地区因项目建设引起的严重泥沙沉积的时间间隔变得更短，所有这些都降低了珊瑚礁生理和群落结构水平上的恢复能力。例如，气候变暖越来越频繁，再加上泥沙沉积事件的间隔时间越来越短，导致了波斯湾中最大的单体珊瑚礁(位于巴林和卡塔尔之间)彻底消失(Sheppard，2008，见图 10.4)。不断上升的平均海平面、不断增加的极端事件以及这类事件发生的频率，所有这些因素共同造成了现今令人震惊的珊瑚礁破坏和随之而来的资源损失。

8.1 对珊瑚礁的破坏性影响

8.1.1 富营养化

陆地径流中含有的城市污水和营养物质是珊瑚礁最有害的污染源之一。珊瑚、软珊瑚和藻类的生态响应明显遵循水质梯度规律(Fabicius et al.，2005)。当珊瑚礁能够充分适应极低的营养条件时，以多种方式增加营养物质会造成珊瑚礁受损，其结果使珊瑚覆盖面积不断减少而肉质藻类却不断增加。珊瑚与生长更快的肉质藻类争夺空间的能力，在很大程度上取决于水中低浓度溶解态营养物质(Adey et al.，2000)。营养物质浓度的增加会减弱钙化动物的竞争优势，并提升肉质藻类的竞争优势。尽管珊瑚的生长速度和空间占用率比藻类低几个数量级，但只要营养物质保持在低水平，并且有足够的藻食动物存在，珊瑚就会继续占优。20 世纪 70 年代至 90 年代，由于当地的直接或间接影响，如缺乏对城市污水的管控，许多珊瑚礁生态系统出现了崩溃迹象。再加上珊瑚礁海岸人口数量的迅速增加，使得许多珊瑚礁生态系统明显地从以珊瑚占优势转变为以藻类占优势。

此外，营养物质可以更直接地抑制珊瑚钙化。磷酸盐离子对文石(碳酸钙)晶体的形成或沉积具有抑制作用。在珊瑚构建骨骼的过程中，磷酸盐水平超过 1 μmol/L 就会抑制钙化作用(Muller-Parker，D'Elia，1997)。

富营养化的其他间接影响还包括对珊瑚捕食者——长棘海星暴发的刺激(见第 6 章 6.4 节中的“长棘海星”一文)。有研究表明，大堡礁(GBR)雨季营养物质增加了 4 倍，

直接导致浮游植物大量繁殖，而后者又使得浮游动物种群在长棘海星幼虫生长的同一时间和地点快速增长(Brodie et al.，2005)。更多的浮游动物意味着长棘海星幼虫有更多的食物供给。事件的因果链越来越清晰——营养物质的排放似乎直接导致了珊瑚捕食者的增加。

8.1.2 工业发展及地形变化的影响：填海工程、疏浚工程和泥沙沉积

填海和疏浚是对珊瑚礁危害最大的两项沿海活动。部分原因是浅水珊瑚礁被直接掩埋，而且这些活动产生的沉积物羽流能够扩散数千米远，覆盖那些远离疏浚区或建筑工地的珊瑚礁。这些活动的规模可能十分巨大：例如，目前沙特阿拉伯有近三分之二的海湾沿岸是人工建造的，而这些海湾的珊瑚礁大多已经死亡，这应该不是巧合(Sheppard，2016)。虽然气候变暖事件是致命的，但珊瑚礁更易受人类建设活动的干扰(Bento et al.，2016；Buchanan et al.，2016)。这种活动的驱动因素是，如果浅海礁区被改造成建设用地，其价格通常会暴涨。

填海有时也被称为开垦(工程上的叫法)，但这似乎用词不当。陆地应是被“改造”的，而不是被“开垦”的。不同之处在于，在珊瑚礁区，陆地和海洋的边界通常处于动态平衡。填海工程造成海岸的边界和深度剖面失衡，海流和波浪随后立即“开垦”出一个稳定的结构。这可能导致新形成的土地受到严重侵蚀，需要大量的护岸工程来防止侵蚀，否则将导致沿海地区发生显著变化。

显然，当海岸线上的生境(如岸礁)被掩埋时，珊瑚礁就会完全覆灭。这样的例子不胜枚举，最常见的就是为了获得更多的建设用地而外移海岸线。这种情况可能发生在土地稀缺的地方，如塞舌尔首都附近(见图 8.1)以及像新加坡这样的岛屿国家，其近岸珊瑚礁已被完全填埋并与大陆相接。

在港口或锚地建设等项目中，故意移除斑块礁和岸礁的现象十分常见。大多数环礁潟湖自然分布着许多出露水面的珊瑚头(或珊瑚礁头)，但由于通航原因这些珊瑚头也被移除了。这可能会大幅降低潟湖内石珊瑚的覆盖率，不仅会降低珊瑚多样性和有机生产力，还会降低用以补充邻近岸线的沙粒产量。

由于填海工程成本高昂，为了开发休闲娱乐项目而实施填海造地工程本身就出于特殊目的(见图 8.2)。不过，为开发房地产或工业项目实施填海造地工程更为普遍。迄今为止，最具规模的填海工程是迪拜的棕榈岛(Palm Island)和世界岛(World Island)(见图 8.3)。世界岛对区域珊瑚礁及海洋生物的影响值得人们高度关注，而且由于这些建设工程所造成的影响存在严重滞后性，使得人们能够更充分地了解这些影响(Vaughan，Burt，2016)。这一问题在全世界许多地区都很常见。

图 8.1 塞舌尔的填海工程。在礁坪边缘，沿海的填海区激起了波浪

图 8.2 沙特阿拉伯红海沿岸吉达(Jeddah)附近一处礁坪的填海造地工程。工程建成时，围海区内的水体交换非常差，岸礁本身受到了严重破坏（资料来源：20 世纪 80 年代吉达电话簿上的照片）

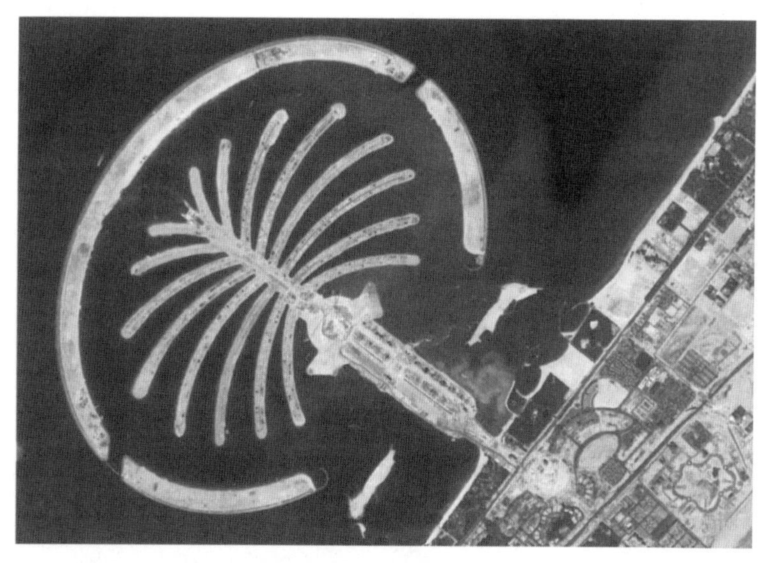

图 8.3　波斯湾迪拜附近珊瑚礁区的填海造地工程。这一开发项目称为棕榈岛工程。南面是另一个棕榈岛开发项目，北面是称为世界岛的大型填海造地工程（资料来源：照片来自 Google Earth）

填海造地工程造成的影响往往比工程区范围更广。填海所使用的材料通常是从邻近和较深海区挖掘来的（工程术语通常错误地命名为“借土坑”）。这不仅破坏了挖掘区，同时也破坏了填土区。这些材料随后在珊瑚礁或其周围分层堆积或塑造成不同形状（有时把这一过程称为“土地改良”）。挖掘和填埋过程都会导致悬浮沉积物羽流的出现，给珊瑚礁造成极其严重的破坏。沉积物羽流是最难被有效控制的因子，它们可以顺流漂浮数千米。挖泥对沉积物羽流的贡献最大，最常见的方法是利用铰吸式挖泥船挖泥，然后通过真空泵将泥沙物料吸进料罐船。较重的颗粒逐渐沉淀下来，水和细小的颗粒则直接排回海中，直到填满整条料罐船。如果挖掘区和填土区相邻，就可以把真空泵抽吸的物料直接泵入填土区。这种方法同样使泥水和非常细的颗粒物溢出填土区，直到获得足够的填土。溢出的物质通常类似于泥浆，对邻近的几乎所有海洋生物都具有极大的破坏性。

沉积作用的影响难以用具有生态学意义的方法来量化，但造成的生理影响十分明显，如沉积物对珊瑚繁殖能力的不利影响（Jones et al.，2015）。测量水的光学质量比较直观，但泥沙沉降速率的测量难度较大，误差也较大。部分原因是由于水流运动导致了沉积物再悬浮和进一步扩散。沉积物的粒径尤为关键：颗粒越细，破坏力越大。因为它们能够被输送更远，悬浮时间也更长。由于挖泥深入表层以下的地层，因此悬浮的细颗粒物比自然风暴后多很多。不同的物种对窒息的耐受性差异很大，某些形状的珊瑚群体更容易受沉积物沉积影响。石珊瑚能够利用大量耗能的黏液主动清除沉积物，而软珊瑚也能够被动地清除沉积物。

珊瑚礁周围的水通常非常清澈，含沙量远低于 5 mg/L。这导致珊瑚礁区沙的沉降速率范围为 1～10 mg/(cm^2 · d)(Brown，1997b)，该范围的下限值在未受影响的珊瑚礁区十分常见，而超过上限值 10 mg/(cm^2 · d)就会导致珊瑚死亡(Rogers，1990)。在悬浮沉积物方面，5～20 mg/L 的浓度即可造成压力，20 mg/L 以上就超过了许多种类的耐受水平。在沉积泥沙方面，10～50 mg/(cm^2 · d)会引起中度压力，超过这个水平的沉降则视为严重影响。

沉积作用造成的有害影响主要体现在两个生理方面。首先，浑浊度的增加降低了透光率，降低了珊瑚的光合作用和能量供应。其次，珊瑚由于缺乏能量，无法清除自身表面的沉积物。不同生物的生理机能和应对沉积作用的抵抗力各不相同，对所有的群体来说，长时间的过量沉积物会导致生物胁迫甚至死亡。

所有的物种都能在短暂的沉积过程中存活下来，而且所有的物种都经历过风暴导致的水体浑浊度上升。但是，海岸工程活动比风暴持续的时间更长，而且释放出的颗粒物粒径通常更小，悬浮时间也更长。任何一项工程，无论其规模大小，都没有充分考虑本身造成的环境影响或者导致的珊瑚礁周围/跨礁水流变化。即使是规模很小的建设工程也会对下游造成重大影响，其中最明显的是防波堤和防浪堤的影响。防波堤和防浪堤工程本身占地面积不大，但其设计一般垂直于海岸，这会对沿岸沉积物的漂流甚至海水温度造成巨大影响。在原本认为远离开发区的来沙不足的岸段，来沙量突然超过原本适应的量，或是由于波浪作用增强开始遭受侵蚀。有许多道路和建筑物受到侵蚀破坏，这些道路和建筑物原本受到岸礁保护，但因上游那些规模小且未规划好的发展项目而遭到破坏。

8.1.3　化学物质和石油污染

金属、有机化合物和石油的影响已经获得广泛研究。金属分析是最容易进行的，且某些金属具有毒性。一些有毒金属在食物链中不断累积，进入人体则产生富集效应。许多分布在珊瑚礁区的物种已被用作检测有毒金属的指示种(Hutchings，Haynes，2000)。在工业区附近发现金属污染的“热点”区域已司空见惯。不同的金属能够在生命史的不同阶段发挥作用，许多金属在极低水平时就具有极强的破坏性，如金属汞对神经组织的影响以及金属铜对生殖组织的影响。

有机污染物较难分析，而且许多最具生物活性的有机污染物都具有快速代谢的特性，因此只能通过代谢产物或作用加以检测。除草剂可能是珊瑚礁中毒性最高的化合物之一，因为它们会影响珊瑚中的虫黄藻、海草和大型藻类。随着农业灌溉，珊瑚礁

区已经出现了多种杀虫剂成分。最具功效的杀虫剂三丁基锡(tributyltin)在被禁用之后，最近又被用作防污涂料的组分。防污剂 Irgarol 是最新系列防污涂料中非常有效的成分，但它对珊瑚虫黄藻的光合作用非常有害，低至 50 ng/L 或万亿分之 50 的浓度就可影响光合系统 II(PSII)的运作机制。防污材料具高毒性，因此对船体或其他构筑物防除海洋生物附着也具有很好的效果。

大堡礁区开展的研究表明，大量杀虫剂可通过河流排放到昆士兰(Queensland)近岸海域，这些污染物往往会在沉积物到海洋哺乳动物体内不断积累。某些污染物的浓度已被证明会导致珊瑚礁状况的恶化，甚至会损害大堡礁近岸部分的世界遗产价值(Hutchings，Haynes，2005)。

美国国家海洋与大气管理局(NOAA，2001)已在石油污染的影响方面做了大量工作，并针对许多案例研究和溢油事故后珊瑚礁恢复的方法进行了全面审查。许多早期工作是在亚喀巴湾开展的，包括石油本身的影响以及在随后的清理过程中使用石油分散剂和乳化剂的复合影响。在长期受石油污染的水域，某些珊瑚优势种的死亡率较高，繁殖能力下降，浮浪幼虫的附着率降低(Loya，Rinkevich，1980)。大量研究表明，分散剂等化学物质会成倍增加石油对珊瑚和其他礁栖生物的有害影响。一项对巴拿马近海石油泄漏的深入研究表明：有害影响可以延伸到水深 8 m 的区域，几个月后珊瑚覆盖率降低了近一半(Guzman et al.，1991)，其影响程度随深度的增加而减弱。

不过，如果石油只是漂浮在珊瑚礁上，其影响可能非常有限。1991 年波斯湾发生了蓄意的大规模石油泄漏后，石油漂过了该地区的大多数小珊瑚礁，并在邻近的海岸线搁浅数年。尽管对邻近的海岸线造成了巨大的、极具破坏性的影响，但对珊瑚礁造成的影响却非常有限。人们在海床上发现了大面积沉降的石油层，这会造成海底缺氧。据推测，波斯湾地区炎热的天气导致石油中较轻组分(包括许多可溶性有毒成分)在浮油漂过珊瑚礁之前就迅速蒸发了。随后，没有蒸发的石油密度不断增加，在附着大气中的灰尘和沙尘之后重量增加，因此下沉到远离海岸的软质基底上。浮油经过珊瑚礁却没有造成明显影响的现象十分常见。因此，石油对珊瑚礁造成损害的部分原因可能取决于石油中可溶性有毒成分及其含量，而潮汐也决定了礁坪动物群落被石油实际覆盖的范围。

由于溢油来源、持续时间和暴露强度的不同以及清理方法的不同(包括使用不同的分散剂)，案例研究的结果通常也不一致。新型分散剂和改良后的清理方法已大大降低了受影响珊瑚的死亡率。许多岸线区利用细菌降解处理溢油，这种方法造成的损害比物理清理更小。总之，不同的环境条件决定了不同的处理方法。

8.2 其他物理影响

8.2.1 建筑工程的结构应力

在许多珊瑚岛，人类扩张空间的不足始终都是一个严峻的问题。在马尔代夫首都马累(Malé)，由于空间不足，几乎整个城市周边的珊瑚礁区都在施工建设(图 8.4)，结果造成如今马累沿岸已经没有由礁坪提供的天然防浪结构。20 世纪 80 年代，一个远处的风暴所形成的大浪便造成了巨大的破坏。因此，该地区需要一个巨大的人工防浪堤来取代礁坪。

图 8.4　马尔代夫首都马累。周围的礁坪边缘已经开始施工，而南面(照片的左侧)的海岸由人工防浪堤提供防护

但今天更令人担忧的可能是建筑本身以及污水排放的影响。未经处理的城市污水被排放到珊瑚礁区，会对珊瑚礁造成致命影响，致使珊瑚礁上布满藻类，而珊瑚几乎不再生长。于是，珊瑚礁从生长阶段进入到破坏阶段(Risk，Sluka，2000)。20 世纪 90 年代初，珊瑚礁可能几乎完全停止了净增长。在这个大小约 1 km×2 km 的海岛上，使用重型设备、打桩机和爆破装置的施工活动一直很密集。污水排放的增加使得清澈的海水几乎完全消失(Risk，Sluka，2000)。许多建筑物本身都是用从珊瑚礁中挖掘出来的珊瑚建造的，一些高耸的建筑物也是建造在石灰岩地基上，结果导致珊瑚礁出现许多裂缝。有些裂缝可能是自然形成的，如果珊瑚礁处于健康状态，这些裂缝能够在珊

瑚礁生长过程中被重新填充。但有证据表明，建设活动导致了更多的裂缝。地震探测工作表明，全新世的礁层厚度约为 20 m，下面为典型的连续叠置层。这些叠置层的早期发育造就了岛礁的基础。整个岛都是环礁边缘的一部分，Risk 和 Sluka(2000)多次警告：如果这些深层裂缝发展到一定程度，可能会被远处的地震或更多的爆破或打桩活动触发，岛礁的边缘部分将会坍塌，导致成千上万的居民淹没水下。

8.2.2 珊瑚礁区的船舶抛锚

船舶抛锚显然会直接破坏珊瑚和其他底栖动物(见图 8.5)。损害直接来源于锚，尤其是当锚被拖拽的时候，但更多的是当船舶摇摆时，锚链会打碎珊瑚。潟湖内的珊瑚最容易受到抛锚影响，这是因为潟湖内水流相对平静，是最佳的锚地。锚泊一艘小型私人船只，可造成直径 10 m 的珊瑚礁破坏圈，较大船舶一天内的单次抛锚就能破坏大于 3 000 m^2 的珊瑚礁，而这些珊瑚礁需要 50 年以上才能恢复(Smith, 1988)。

这对某些地区珊瑚礁的持续存在构成了威胁。沿岸区持续抛锚导致了许多破坏圈的合并，最终形成了连续的破碎礁。持续抛锚把破损的碎片磨成更细的沉积物，覆盖到邻近的区域，比如抛锚区岸礁的下游，这片对船舶来说太浅的水域，支撑着丰富的珊瑚资源。这种情况在加勒比海的几个岛屿水域较为严重，游艇业是这些地区重要的旅游行业，但监管力度却一直不足。解决方法其实很简单，只需提供系泊浮标。利用系在基质上的浮标(对基质的损伤可以忽略不计)，抛锚活动就不会产生进一步的损伤。在许多国家，人们已经认识到抛锚所造成的重大损伤，并已安装了足够的系泊设施，采取了包括对抛锚进行罚款在内的诸多管理措施。

8.2.3 核试验

在珊瑚礁区进行的最大破坏是核试验。比基尼环礁(Bikini)、埃尼威托克岛(Eniwetok)、约翰斯顿岛(Johnston)、方加陶法岛(Fangataufa)和莫罗鲁阿岛(Mororua)是美国和法国进行过核试验的知名岛礁。研究主要集中在核辐射对人类健康的影响，而对珊瑚礁的影响和恢复研究相对较少。许多核试验是在潟湖的表层或次表层进行的，这会将表层水加热到 5.5 万摄氏度，30 m 高的冲击波以 80 m/s 的速度移动，冲击柱能够达到 70 m 深的潟湖底部，在海底形成弹坑。据报道，珊瑚碎片能够落在监测爆炸的船只上，有时整个小岛都消失了，导致大量沉积物的性质和粒径发生重大改变。珊瑚礁边缘结构的开裂也有报道。

Richards 等(2008)研究了比基尼环礁核试验对该环礁珊瑚的影响。虽然没有记录

(a)

(b)

图 8.5 (a)停泊在加勒比海的一艘游艇抛下的锚系，正在破坏海扇和造礁圆菊珊瑚(*Montastraea*)[英属维尔京群岛(British Virgin Islands)]；(b)渔船的锚对鹿角珊瑚造成的损伤(马来西亚)

到珊瑚礁生物受到直接破坏的情况，但在测试开始前，该地点曾针对珊瑚分类方面进行过大量调查。2005 年的一项调查结果显示，在已记录的 183 个物种中，约有 42 个物种消失了。在损失的种类中，有些可能是随机影响造成的，但也有一些是“专性潟湖种”(obligate lagoonal species)。这些专性种一旦消失后很难从其他水域重新自然迁入补充。

8.3 珊瑚疾病

人们记录了珊瑚礁生物的多种疾病，但其病理十分复杂，还有一些未知的病因和传导媒介。与 Weil(2004)的阐述一致，“疾病”一词是指已知病原体引起的状况，而“综合症”是指病因不明的影响，或者指不是由病原体引起而是由如气候变暖等引起的状况。因此，根据这一定义，随着研究确定致病病原体，一些综合症能够变成疾病。

Weil(2004)记录并举例说明了加勒比海的许多种珊瑚疾病。已知的第一种珊瑚疾病是 1938 年由真菌引起的影响珊瑚礁海绵的疾病，该疾病杀死了感染区 70%以上的海绵群体。此后，越来越多的报告将珊瑚疾病与水质恶化联系起来。有人认为，疾病报道数量的增加仅仅是研究增加的结果，但很难想象，20 世纪 70 年代或更早的珊瑚礁研究人员都同时忽视了这一引人注目的事件。例如，在关岛，来自城市污水中的氮占珊瑚疾病病因的 48%以上(Reading et al.，2013)，同样，夏威夷城市污水中的氮也提高了疾病的发生率，并降低了珊瑚覆盖率(Yoshioka et al.，2016)。

大多数主要的致病生物与一种或多种疾病有关，包括细菌、黏菌、原生动物、吸虫、纤毛虫和蓝细菌。病毒的存在及其作用正在研究中，但与大多数其他致病生物一样，我们往往不清楚这些是主要病原体还是患病组织的某种继发性感染。例如，有些病原体与城市污水有明显的联系，如沙雷氏菌(*Serratia marcescens*)引发的白痘病。有些疾病似乎是由几种病原体共同引起的，这从它们的外观就可以看出来，如白带病(I 型或 II 型)、白痘病、红带病、黄斑病、紫带病以及其他一些疾病(见图 8.6)。已知的几种病原体可能是由污染带来的，但另一些病原体则是当地生物，因温度升高或其他压力的触发而进入病理状态。

这些疾病的颜色是由多种病原体共同造成的，但当疾病名称中涉及到“白色”一词时，通常只是代表底层碳酸钙骨骼的颜色。在原有组织消失后，白色骨骼就会显现出来。因此，在白带病中，新暴露的白色骨骼带沿着珊瑚骨骼移动。前面是健康的珊瑚组织，后面是白色的骨骼。这些白色骨骼会由于丝状藻类和其他生物的附着而逐渐显现黑色。

据报道，超过四分之三的已知珊瑚疾病源自加勒比海地区，这可能与污染所带来的压力增加有关(Rosenberg，Loya，2004)。迄今为止，大约只有三分之一的综合症或疾病确定了相应的病原体。因此，许多广泛存在的珊瑚疾病可能与出现在不同地区的同一种病原体有关。在印度洋-太平洋地区，有关珊瑚疾病的报道在地理范围上涵盖了从红海到太平洋之间的区域，并包括了多种未在加勒比海报道过的珊瑚综合症(Willis

图 8.6 患病珊瑚。(a)近期被杀死的鹿角珊瑚 *Acropora palmata*(英属维尔京群岛);(b)一种患有黑带病的珊瑚(*Diploria*)。这条黑带斜穿过珊瑚,上半部分已经死亡。黑带正在往下移动,不断损害活着的珊瑚虫(百慕大)

et al., 2004)。

已知的第一个具有广泛和深远影响的重大珊瑚疾病是白带病,这种疾病有时会与珊瑚白化混淆,两者看起来相似但并不完全相同。白带病最早出现在 20 世纪 70 年代,严重影响鹿角珊瑚 *Acropora palmata*[图 8.6(a)]的生长,使其覆盖面积减少了 80%~90%。经过多年的研究,这种病原体仍然难以捉摸,它可能是弧菌的一种类型。白带病一般由基底向分枝顶端传播,另一种类型的病变发生方式更为多样。

鹿角珊瑚在许多浅水珊瑚礁区 4~8 m 深处占优势，形成茂密的“海底森林”，其巨大的分枝分布在向浪面。因此，鹿角珊瑚为海岸线提供了坚实的防护。鹿角珊瑚死亡后，其在浅水区的覆盖面积下降到只占之前整个加勒比海珊瑚礁面积的一小部分。虽然许多海区的成熟群落的确已开始恢复，但从 1996 年起，白痘病(一种高度传染的疾病)变得愈发严重。珊瑚组织的损失能够以超过 2 cm/d 的速度扩散，最终病斑合并导致整片珊瑚死亡(Sutherland，Ritchie，2004)。白痘病是由革兰氏阴性的沙雷氏菌引起的，这是一种大肠杆菌型细菌，与人类和其他动物排放的污水有关。因此，先是一种疾病极大地减少了加勒比海地区的分枝型珊瑚，而现在另一种疾病又使其继续保持在非常低的水平。总地来说，这些疾病是造成这种曾经占优势的浅水造礁珊瑚减少的最重要因素(Aronson，Precht，2001)。

这种疾病(或一系列疾病)也毁灭了许多分枝更细的摩羯鹿角珊瑚(*Acropora cervicornis*)，导致这种在加勒比海许多水域常见的物种变得异常罕见。这种鹿角珊瑚相对脆弱，其种群扩增在很大程度上依赖于被波浪折断的细枝(即通过无性分裂的方式)的传播。由于摩羯鹿角珊瑚很少进行有性传播，所以它的恢复力很差，种群数量仍然很低。

黑带病(BBD)是第一个被研究的珊瑚疾病，20 世纪 70 年代早期就已有报道[见图 8.6(b)]。几乎在所有热带海洋中都发现了这种疾病，在较冷水域的暖季更为普遍。黑带病的蔓延非常缓慢，在大型珊瑚上的发展速度不足 1 cm/a。由于黑色块状物中含有多种微生物，其病原体一直难以确定。其中许多病原体可能只是偶然存在，这也可能涉及一个微生物联合体，而非单个病原体(Richardson，2004)。其中一种成分是颤藻(*Oscillatoria*)，一种滑动的丝状蓝细菌。

黑带病和其他几种珊瑚疾病引起的后果各不相同。其中一些后果目前看来并不重要。而有些疾病已经引起了珊瑚礁体结构的重大变化，特别是浅水区的鹿角珊瑚以及新近发生在加勒比海地区的重要的、栖息水深更大的主要造礁者——圆菊珊瑚。然而在印度洋-太平洋地区，有关珊瑚疾病造成严重影响鲜有报道。在某些情况下，这些疾病和其他主要礁栖生物疾病可能因气候变暖引发或加速，改变着许多加勒比海珊瑚礁的结构，使那些曾经覆盖着大片珊瑚的海域珊瑚覆盖率、生物多样性和生产力都降低。

正如 Rohwer 等(2010)总结的那样，微生物除了能直接致病外，还能以其他方式影响珊瑚礁。例如，在营养富集的水域，珊瑚表面一旦被微生物黏液覆盖，珊瑚组织就会出现短暂的缺氧。

8.4 其他礁栖生物病害

其他无脊椎动物和藻类也会受到疾病的影响。目前已识别了各种各样的疾病

(Peters，1997)，其中一些已被证实具有深远的影响。

8.4.1 红藻

钙质红藻的某些种类在珊瑚礁的建造过程中尤为重要，它们在形成防浪的藻脊和脊槽系统中扮演着重要角色。这些藻类饱受各种疾病的折磨。20 世纪 90 年代初，在太平洋的珊瑚礁区发现了一种细菌病原体，能够形成亮橙色的扩散斑块。珊瑚被该病原体感染后，最终就只剩下白色的骨骼(Peters，1997)。另一种有记载的疾病是珊瑚白带综合症。红藻病害增加的原因尚不清楚，但原因之一是海水酸化加剧导致红藻沉积碳酸钙的能力不断下降。鉴于红藻的重要性，查明红藻病害增加的原因变得越来越重要。

8.4.2 加勒比海冠海胆(*Diadema*)

关于珊瑚礁大规模流行疾病的报道，最早发现于加勒比海地区的植食性海胆 *Diadema antillarum* 中。这种重要的植食性动物于 1983 年首次在巴拿马附近海域被发现，当时人们认为某种水媒病原体通过巴拿马运河或船舶压载水进入了加勒比海。随后人们观察到冠海胆开始死亡，这种疾病随水流大范围传播。一两年后，成年海胆的数量减少了 85%～100%(海胆幼体很少受到影响)。如今，随着局部水域冠海胆数量的恢复，冠海胆的群体数量正不断增长。

这些海胆是加勒比海珊瑚礁中最重要的植食性动物之一。一些研究人员认为这些植食性动物的大量死亡，是导致藻类数量增加并在许多珊瑚礁中占优势的原因。可能同时存在多个因素影响着珊瑚礁(如营养物质和城市污水的增加以及其他植食性动物被持续捕捞等)，并且这些因素可能同等重要。事实上，有些珊瑚的减少先于海胆的死亡。

8.4.3 加勒比海柳珊瑚

曲霉病是加勒比海海扇罹患的一种疾病，由曲霉属真菌引起。曲霉病发生的水域，大量的海扇死亡，包括大堡礁代表性的海扇 *Gorgonia ventalina*。这种真菌病原体分布广泛且耐盐，在过去的 20 年里或更短的时间内，已成为海扇死亡的重要原因(见图 8.7)。罹患曲霉病的海扇呈现紫色或红褐色(有时也会呈现黑色)斑块，这些海扇随后被逐渐侵蚀直至死亡。最近，这种疾病也传播到其他加勒比海柳珊瑚，如 *Pseudoptera* 等。

真菌在土壤中天然存在，有人认为这种疾病是由于真菌大量进入海洋环境而引起的。地方性陆地径流是一个潜在原因(Smith et al.，1996)：奥里诺科河(Orinoco)将含有真菌病原体的水扩散到整个加勒比海地区(Smith，Weil，2004)。研究表明，撒哈拉

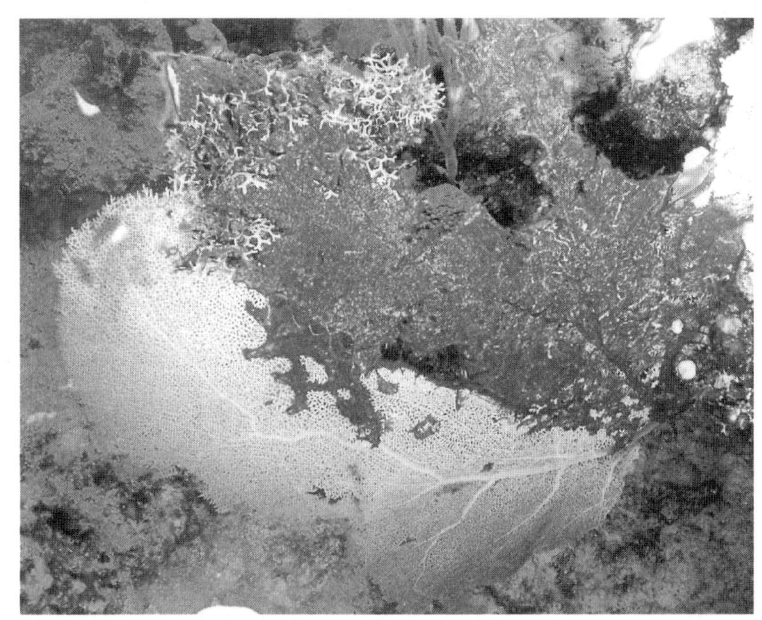

图 8.7　数量丰富的加勒比海海扇 *Gorgonia ventalina*。图中底部的白色海扇是活的，但黑色部分已死亡并正在腐烂，其表面覆盖着一层红色真菌

沙尘暴的影响可能也越来越大(Shinn et al., 2000；Garrison et al., 2003)，沙尘中含有曲霉菌和其他未知的许多病原体。在过去 25 年间，风在北非地区卷走了数亿吨的沙尘，并在从亚马孙盆地到北美的大片地区沉降下来。珊瑚礁区一些近乎同步的生物死亡事件与多年来最大量的沙尘输送有关。这种沙尘的影响不仅仅限于珊瑚的死亡，还涉及到一系列的人类健康问题。

8.5　气候变化

8.5.1　水温上升

在过去的 20~30 年里，海水变暖引发的珊瑚白化是珊瑚礁遭遇到的最严重的变化之一(见下文“珊瑚是历史气候的档案”)。19 世纪 70 年代以来，白化现象时有发生。造成珊瑚白化的主要原因多为地方性的，如城市污水排放、沉积作用、陆地径流、过度捕捞和工业污染等。紫外线照射的增加可能是一种新的原因。在 20 世纪 80 年代和 90 年代，人们的关注焦点仍然集中在上文所述的群落变化的驱动因子上，毕竟这些因子在大多数地方造成了最显著的可观察到的影响。在 20 世纪 90 年代，很多有影响力和权威性的报告都没有指出气候变暖这一重要问题。一些珊瑚礁地区(如大洋中部的环礁）远离人类极端的资源掠夺，这意味着这些地区受到的破坏相对没有那么严重。然而，这种情况在20世纪90年代发生了转变。当时，在平均气温上升的背景下，又出现了更为严重的气温飙升，这对大部分珊瑚礁地区都造成了严重破坏。

珊瑚是历史气候的档案

利用仪器来记录热带海洋气候变化的历史很短（150年或更短），不足以解决从季节性到动辄百年尺度的全球范围内的气候变化问题。来自热带和亚热带海洋的现代造礁石珊瑚为历史气候变化提供了一个很好的存储档案，有助于填补仪器记录数据库的空白。

大型造礁珊瑚特别适合用于气候重建，因为它们的生长和寿命是一致的，使其可以形成长达几个世纪的连续生长记录。已成功用于环境重建的珊瑚包括印度洋–太平洋的大型滨珊瑚（*Porites*）和同双星珊瑚（*Diploastrea heliopora*）以及热带大西洋的大型 *Diploria* 珊瑚，圆菊珊瑚和较小型的铁星珊瑚（*Siderastrea*）。

石珊瑚的外骨骼由纯文石（碳酸钙）构成，这是一种常见的碳酸盐矿物。活组织是发生钙化的地方，只占珊瑚外骨骼的一小部分（通常是最外层的1~5 mm）。珊瑚的生长包括骨骼的线性扩展和增厚，导致了骨骼特征模式的高低密度交替出现，这可以通过x射线拍摄显示［见图8.8（a）］。每对高低密度带代表珊瑚一年的生长率。这些密度带可以提供一个精确的年表。年际密度带模式可以反映许多环境参数的变化（如温度、养分利用率和光照条件等）。典型的生长率变化范围从0.5~1.5 cm/a（滨珊瑚，*Diploria* sp.，圆菊珊瑚）到2~5 mm/a（同双星珊瑚，铁星珊瑚）不等。

在大量文石骨骼中还携带有一套所谓的地球化学指标，为珊瑚的生长环境条件提供了良好记录。目前，使用最广泛的两个珊瑚指标是珊瑚文石中Sr/Ca比和稳定氧同位素比（$\delta^{18}O$）。Sr/Ca比是获取过去表层水温（SST）高分辨率指标记录的良好工具。Sr/Ca温度计的应用基于以下假设：由于Sr和Ca在海洋中的停留时间很长，珊瑚Sr/Ca比随水温的可预测性变化在千年时间尺度上保持不变。相比之下，珊瑚文石氧同位素比的变化反映了水温和海水$\delta^{18}O$的变化。后者取决于淡水平衡（蒸发和降水），并随盐度的变化而变化。因此，在某些地点，当海水$\delta^{18}O$变化较大时，珊瑚Sr/Ca和$\delta^{18}O$测量值的组合使得我们能够重建水温、淡水平衡和盐度的变化。珊瑚骨骼中的其他元素与钙的比例（如Ba/Ca、U/Ca、Mg/Ca、Pb/Ca）也可用于重建环境变化，并取得了不同程度的成功。珊瑚Ba/Ca比是陆地径流的重要指标。Pb/Ca比已被

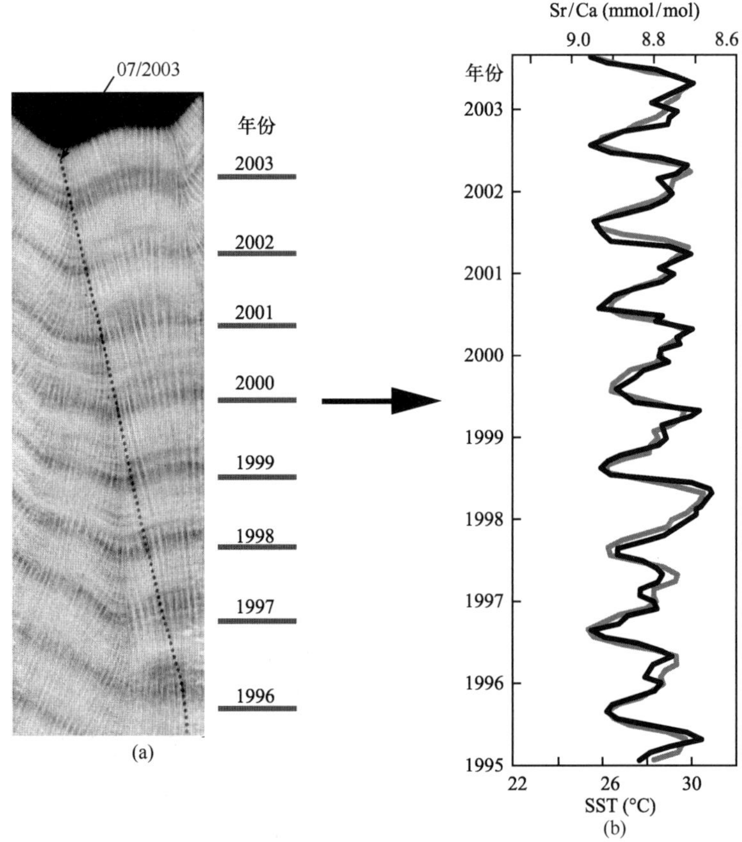

图 8.8　大型珊瑚显示出清晰的年密度带，可按月分辨率轻松采样。(a)显示了一个滨珊瑚典型的年密度带的 x 射线图像。地球化学分析采样样条用黑点表示；(b)珊瑚文石的 Sr/Ca 比提供了环境水温的月时间序列(黑线)。这些指标的时间序列的质量可与表层水温的仪器记录相媲美(SST；灰线)

证明可用于记录工业污染。然而，其他地球化学指标，如 U/Ca 和 Mg/Ca 似乎受到生物效应的强烈影响，限制了它们作为环境变化指标的使用。

大型造礁珊瑚的迅速生长使得每周到每月的地球化学记录得以建立，其数据质量可与气候仪器记录相媲美[图 8.8(b)]。这是非常重要的，因为气候变化的主要模式是按季节时间尺度运作的，而其他古气候档案(如树木年轮、湖泊沉积物、石笋)通常只提供 1~10 年的分辨率。

迄今为止，有关珊瑚 $\delta^{18}O$ 和 Sr/Ca 记录的研究工作已在热带印度洋–太平洋地区得到了很大发展，在热带大西洋也有所发展。这些记录通常有 100~400 年的历史，具有月度到年度的分辨率。获悉大多数已发表的珊瑚记录可访问 NOAA 古气候学主页(http：//www. ncdc. noaa. gov/palo/palo. html)。珊瑚指示的时间序列已用于纠正主要的全球气候系统模型的历史记录，包括厄尔尼诺-南方涛动、亚洲季风、太平洋年代际涛动、热带大西洋的变化和飓风强度的变化。目前，研究人员正利用现有的珊瑚时间序列以及最初为提高历史气候数据质量或为树木年轮研究而建立的统计方法，进行一套多核重建工作。在不久的将来，通过使用不同的技术方法进行交叉年代测定，多核珊瑚重建能够提供过去500年甚至过去1 000年的热带平均温度的完美记录。

保存完好的珊瑚化石可采用放射性测年法(铀系和放射性碳)进行年代测定，并在地质时间尺度上提供季节到10年分辨率的气候变化。然而，由于珊瑚文石骨骼经历了快速的成岩变化，这些方法的应用往往局限在过去13万年以内。但在一些罕见的情况下，化石珊瑚提供的月温度变化记录可以追溯到1 000万年前。在不同的气候边界条件下(如冰期-间冰期等)，珊瑚化石提供了有关厄尔尼诺-南方涛动等主要气候模式动态的重要资料。

德国科隆大学 Miriam Pfeiffer 博士

早在20世纪80年代，就有迹象表明海水变暖会带来一系列问题。1982—1983年，东太平洋地区发生的一起严重事件造成珊瑚死亡率急剧升高，促使人们对其原因展开大量研究(Glynn，1993，1996)。人们逐渐认识到，气候变暖可能会对“传统”污染产生协同增强效应(Wilkinson，1996)。1996年波斯湾的海水变暖事件导致了珊瑚大量死亡，这引起了更多的关注。随后在1998年又发生了一起比以往任何记录都要严重的气候变暖事件。特别是在印度洋，珊瑚发生白化后大面积死亡，加勒比海珊瑚礁也受到了影响(不像印度洋那么明显，因为加勒比海有些浅水珊瑚已经死于疾病)。相比之下，一些太平洋岛礁受到的影响很小，甚至根本未受影响。在印度洋受影响最严重的海域，珊瑚死亡率高达90%，许多浅海珊瑚礁的死亡率高达100%。2005年，加勒比海的珊瑚大范围死亡，几乎所有的珊瑚礁都受到影响。在2015—2016年，持续数个月的升温造成的死亡规模与1998年的情况大致相同。目前，世界上253个珊瑚礁中有很大一部分已经发生白化甚至死亡。

8.5.2 白化事件的进展

珊瑚白化的生理机制在第4章中已有详细描述。简单地说，白化是由于珊瑚共生的虫黄藻被排出，珊瑚失去了光合色素而造成的。虽然大多数共生关系通常对非生物条件的变化具有显著的耐受性，但珊瑚和虫黄藻(*Symbiodinium*)共生关系的特殊之处在于，它们通常生活在比引发共生关系崩溃的温度低1~2℃的生境中(Douglas，2003)。

虫黄藻细胞呈深色，而其余的珊瑚组织大部分是透明的。一旦虫黄藻被排出，白色的碳酸钙就会显露出来。

白化的珊瑚恢复或死亡，取决于水温上升的幅度及上升的持续时间。尽管确切的数值各不相同，但大约 10 度的周热度(如温度在 10 周内比预期温度高 1 度)已经成为预测白化与否的一个标准的、有效的测量指标。峰值温度的持续时间也很重要(McClanahan et al.，2007)，就像之前的水温变暖历史一样，珊瑚有可能会在一定程度上适应水温的升高。

其他环境变量对白化也很重要，比如珊瑚接受的光照量。如果一年中没有大风，海面可能风平浪静。但这时海面反射光比风高浪急的海面少得多，导致到达珊瑚的光合作用有效辐射量增加一倍。若这两个因素相互叠加，马上就会发生白化。许多珊瑚群体的上表面组织被杀死而处于遮光位置的组织却没有，这在白化事件中十分常见(见第 4 章，图 4.10)。

珊瑚一旦死亡，组织就会脱落，导致碳酸钙骨骼裸露在外。各种各样的生物就会趁机占领这一生境，其中两大类生物尤为重要。第一大类生物是藻类，藻类迅速在裸露的珊瑚礁表面形成群落。由于这些浅层藻类含有叶绿素，珊瑚骨骼颜色再次变深，并恢复了一些原有颜色。从远处看，它们可能与活珊瑚难以区分，因此很难用卫星追踪这些事件。第二大类重要的群体是生物侵蚀者。珊瑚骨骼表面一旦失去活体肉食性珊瑚虫，就难以防止生物侵蚀者附着和侵蚀。一旦这种表面消失，细分枝状种类会在几周内解体，其他非枝状的珊瑚可能在数年内仍可识别。浪花鹿角珊瑚(*Acropora cytherea*)会从边缘开始碎裂，最后只留下一个中央残基，这个过程可能会持续 5 年以上(见图 8.9)。生态方面的一个重要后果是礁体逐渐失去其重要的三维结构，三维结构在支撑珊瑚礁高生物多样性水平中极为重要。除非长出新的珊瑚，否则受影响较为严重的珊瑚礁表面将逐渐变成十分平坦且无生命的碳酸钙平台。

8.5.3 海水表面温度曲线及预报

海水表面温度(SST)数据采集自不同的尺度范围。在许多地区，仪器以高分辨率记录海温。现如今，海温数据也可以通过卫星记录。卫星具有全球覆盖性，但其空间和时间分辨率有限。最有效的海温记录综合了卫星和仪器测量两种方法。

一般来说，海水表面温度在 19 世纪 70 年代便开始上升，但这种上升是无规律的。研究显示，这种 3~5 年的 SST 周期与各种气候周期[如厄尔尼诺-南方涛动(El Niño-Southern Oscillation)和印度洋海温偶极(Indian Ocean Dipole)，见图 8.10]有关。在过去 137 年里，最热的年份大多发生在最近。因此，即使对那些坚持怀疑持续变暖预测真

图 8.9 2005 年一场升温事件中，大部分浪花鹿角珊瑚死亡。灰色代表死亡的组织，深色的浪花鹿角珊瑚依然活着。这些死亡的珊瑚在一两年后就会碎裂[印度洋的埃格蒙特环礁(Egmont Atoll)]

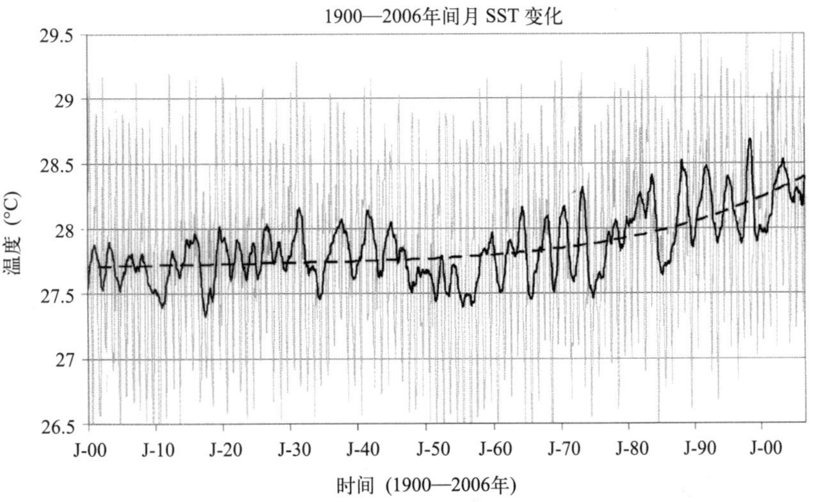

图 8.10 1990—2006 年，印度洋中部查戈斯群岛(Chagos Archipelago)的海水表面温度。灰线是月值，显示了年周期水温。虚线是最佳拟合线(四阶多项式)。实黑线是 12 个月的水温平均值，它显示了与气候周期相关的 3~5 年水温周期。SST：海水表面温度

实性的人来说，历史记录也显示出令人担忧的趋势(见图 8.11)。

将历史记录与气候模型的预测数据结合(Sheppard，2003b)，可预测显示未来的水温呈显著上升趋势(见图 8.12)。该趋势表明，在 25~60 年后，大多数地区将频繁发生珊瑚礁死亡事件，以至于珊瑚无法恢复。从目前的数据来看，这种水温加速上升趋势

在全球海洋中都可以看到，但按照现有数据判断，珊瑚礁死亡事件并非全球普遍现象。Donner 等(2005)对此进行了深入的研究并指出：在未来 30~50 年内，对世界上绝大多数珊瑚礁来说，如果珊瑚的耐热性每 10 年不能提高 0.2~1.0℃，白化可能会每年或每半年就发生一次。这些预测与最近的研究结果一致(van Hooidonk et al.，2016)。

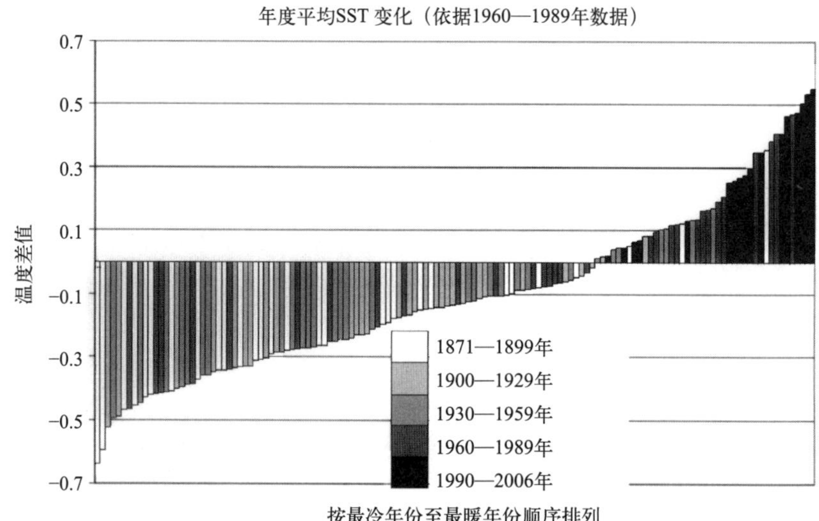

图 8.11　印度洋中部同一海域的平均海水表面温度趋势。年水温为平均值，年份(从左至右)按从最冷到最暖的顺序排列。每个 30 年的条柱都有不同的灰色阴影(最浅色的代表最久远的，最深色的代表最邻近的)，但是注意最后一个条柱最窄(仅有 1990—2006 年的数据)。y 轴不是绝对温度，而是与 1960—1990 年平均参考温度的差值。SST：海水表面温度

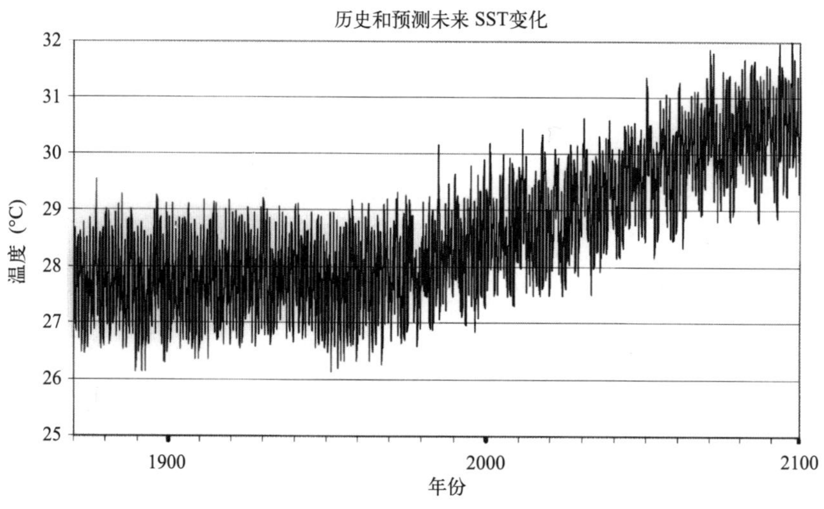

图 8.12　印度洋中部查戈斯群岛 1871—2100 年历史及预测海表温度合成图。SST：海水表面温度［资料来源：哈德雷数据中心(HadISST1 为历史数据，HadCM3 为预测数据)。Sheppard，C. R. C. (2003). Predicted recurrences of mass coral mortality in the Indian Ocean. *Nature* 425：294-7.］

随着气候变暖，软珊瑚也会死亡。尽管它们不像石珊瑚那样依赖共生产物，但软珊瑚中也有许多种类含有共生藻类(Fabicius，Alderslade，2001)。然而，就基质覆盖而言，许多珊瑚礁区所生长的软珊瑚与石珊瑚一样多，只是当这些珊瑚死亡时，大多不会留下骨骼遗迹。

8.6 海水酸化

全球变化已经在影响珊瑚礁，海水酸化正变得越来越重要。人们已经明确知道了多种海水酸化导致的生理影响或对物种的影响，但其生态后果仍然具有很强的不确定性。这些影响可能是实质性的，对人类而言，是永久性的(Veron，2008)。海水酸化源于大气中 CO_2浓度的上升。

第 3 章和第 4 章描述了 CO_2在化学和生理方面的特征以及它与海水中碳酸氢盐和碳酸盐的平衡。简单地说，在工业革命之前，至少在热带水域，海水的相对比例是 88%的碳酸氢盐比 11%的碳酸盐，其余 1%是碳酸(Kleypas et al.，2006)。随着大气中 CO_2含量的增加，碳酸氢盐和碳酸盐的比例已经上升到 90%比 9%，换句话说，碳酸氢盐的含量上升，碳酸盐的含量相应下降。人们预测 21 世纪末 CO_2排放量将翻一番，碳酸氢盐和碳酸盐的比例将进一步提高至 93%比 7%。这与珊瑚钙化所需的含量正好相反，因为珊瑚分泌碳酸钙的能力或多或少直接取决于海水中的碳酸盐离子浓度。

在过去的 20 年里，全球产生的 CO_2 约有一半被海洋吸收。因此，碳酸增加的速度高于碳被螯合或移除的速度。尽管几千年前大气中 CO_2 浓度比现在还要高，但那时珊瑚礁十分繁盛(ISRS，2007)。反观现在，由于诸如岩石风化等自反馈或缓冲机制不能够迅速地做出响应，CO_2的增长速度超过了海洋的吸收能力。大气中 CO_2浓度空前增长，而碳酸盐饱和度发生危险变化正是由 CO_2的绝对含量造成的。图 8.13 显示了全球海洋文石饱和度随 CO_2 浓度的变化。它与珊瑚钙化有关(方解石的模式略有不同)。极地地区最先受到影响，赤道地区紧随其后。碳酸盐饱和状态对珊瑚十分不利。

8.6.1 珊瑚礁钙化的减缓

实验已经证实，珊瑚骨骼的生长速率将会减缓。大多数研究结果显示，30~50 年后，珊瑚礁钙化率会下降约 30%(预估范围相当广泛)。从生态学角度来看，很难预测这将给整个珊瑚礁系统造成什么样的后果。鉴于这种情况将随着海水变暖而发生，人们担心珊瑚的生长速率将整体明显下降。酸化和变暖结合在一起很可能导致整个珊瑚礁生态系统的灾难性衰退。

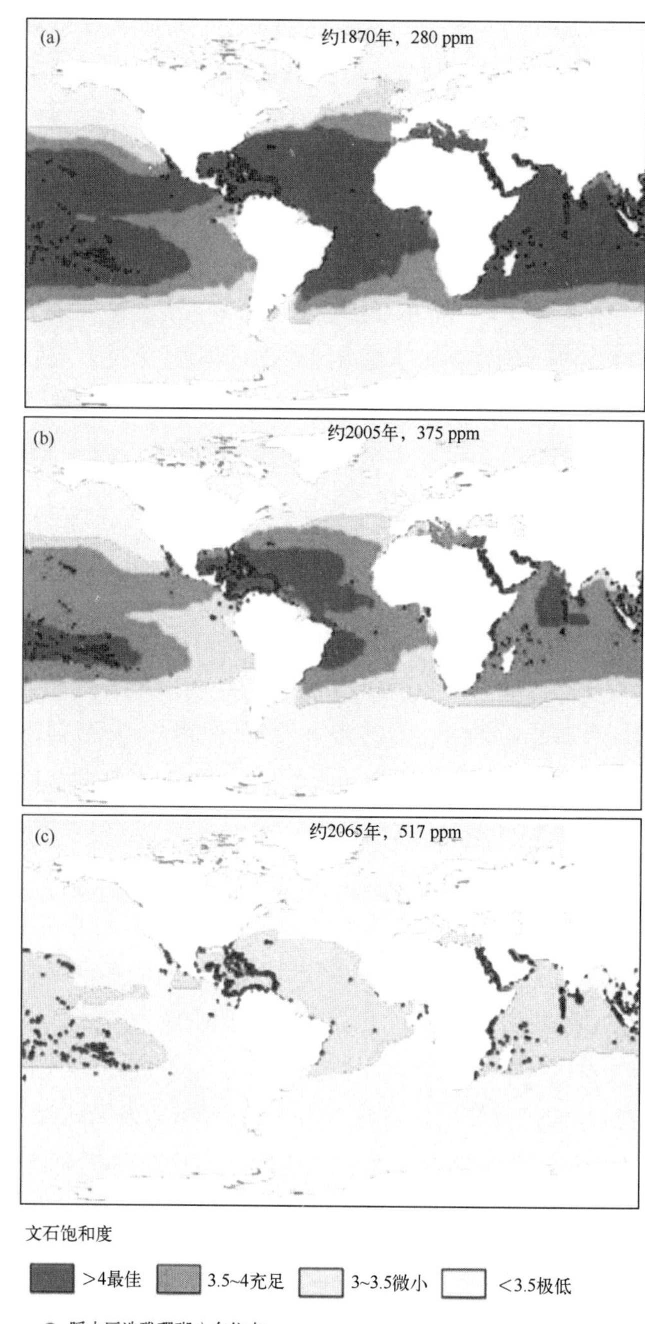

图 8.13 不断增加的 CO_2浓度正在降低海水的 pH 值。大部分海洋将出现海水酸化现象，减缓或抑制珊瑚钙化。这幅图显示了海洋中文石的饱和状态，(a)代表工业化前(1870 年)；(b)代表现在(2005 年)；(c)代表未来(2065 年)［资料来源：Schubert, R., Schellnhuber, H. -J., Buchmann, N., Epiney, A., GrieBhammer, R., Kulessa, M., et al. (2007). *The Future Oceans: Warming up, Rising High, Turning Sour: Special Report*. German Advisory Council on Global Change.］

在未来的几十年里，在被溶解的文石过度饱和的水中生长的珊瑚礁，将生长在远没有那么饱和的水中。水体整体的饱和状态是不均匀的，其中有一层叫作饱和层，在饱和层以下碳酸钙容易溶解而不可能发生钙化。这种饱和深度正在(以一种非常不规律的方式)向上移动。在南大洋，饱和层偶尔会接近海面。因此，深水珊瑚，包括少数能够形成深水珊瑚礁的珊瑚(如 *Lophelia* 珊瑚)，可能会先于浅海造礁珊瑚受到影响。不过，受影响的不仅仅只是珊瑚。夏威夷的实验表明，许多至关重要的石灰质红藻沉积碳酸钙的能力也会大大降低。在许多受波浪严重冲击的珊瑚礁区，这些钙化是必不可少的(Jokiel et al.，2008；见第 9 章)。此外，目前能大量固定碳酸钙的几个主要类群都是浮游生物(见第 5 章)。人们还注意到，多个物种[尤其是小型浮游软体动物和颗石藻(coccolithophores)]的壳上已经出现了点蚀迹象，这表明碳酸钙在溶解而不是在沉积。

珊瑚礁胶结过程对珊瑚礁的构建同样重要，这一过程也会受到影响。在巴拿马太平洋一侧的低碱度自然海域中，珊瑚礁的胶结作用要弱于加勒比海一侧的高碱度自然海域，这与太平洋一侧的珊瑚礁发育较弱的情况一致(Manzello et al.，2008)。虽然水温上升会对许多地区产生影响，但从长远来看，海水酸化所造成的影响更持久，可能会持续数千年。

8.7 海平面上升

近千年来，受多种因素影响，海平面波动了 150 m(见第 1 章，图 1.10)。现如今，海平面上升的速度很快，而人类对海岸带的利用也前所未有。

在 20 世纪，由于气候变暖，海平面平均上升了 17 cm。据估计，海平面上升的速度将会加速(IPCC，2007)。目前的上升速度是每年 3 mm，包括水的热膨胀作用和冰川融化引起的水量增加。然而，由于局部的陆地运动，世界上不同海岸所测得的上升(有时下降)都有相当大的差异，而且可能远高于测量值。例如，环礁在逐渐被淹没的陆地上生长，与此同时，珊瑚礁不断向上生长。在这些水域，目前的相对上升幅度可能在 1 cm/a 左右，并呈上升趋势。Hubbard 等(2014)指出，随着气温升高，气象趋于不稳定，导致海岸线侵蚀增加。目前许多岛屿都存在这方面问题，有些岛屿甚至已经疏散了当地居民。

珊瑚礁的生长垂直于低潮面，在全新世海侵过程中也是如此(海平面比 8 000 年前上升了大约 150 m)，但在目前海水酸度和温度不断上升的情况下，它们是否有能力继续保持还不完全确定。据估计，垂直生长的珊瑚礁每年可增长 10 mm(见第 2 章)。某些珊瑚礁的厚度很大，相对来说比较坚固，而另一些珊瑚礁则含有大量松散的珊瑚碎

片和其他碳酸钙碎石。这些碎石可能被密封在一个只有几米深的实心盖下，几乎没有胶结固化。总地来说，10 mm/a 的垂直增长速度取决于珊瑚礁的良好状态。环境条件处于良好状态时，健康珊瑚礁的生长和侵蚀是大体平衡的，这有利于生长，这就是如此多的珊瑚礁达到或接近平均低潮位的原因。

在未来的几年内，珊瑚礁的生长或许能够跟上海平面的上升。尽管具体情况尚不清楚，但随着海平面的上升，可能会有越来越多的珊瑚礁无法适应海平面的上升。无论如何，海平面上升的影响可能被正在发生的其他变化所掩盖，其中之一就是水平侵蚀(horizontal erosion)。因此，虽然健康的珊瑚礁可能会一如既往地继续与海平面的上升保持同步，但受到压力和破坏的珊瑚礁可能越来越无法做到这一点。这一过程已在塞舌尔的几个水域被观测到(Sheppard et al.，2005；见第 9 章)。

当珊瑚由于各种原因死亡时，珊瑚礁就会面临净侵蚀，导致防浪作用减弱。防浪作用对珊瑚礁的重要性显而易见，当珊瑚礁由于其他原因被清除时(如在岛屿周围的珊瑚礁上开采珊瑚以获得建筑材料)，人们就可以发现其影响。在一些国家，这使得珊瑚礁的表面又下降了 0.5 m 或更多，这种变化的后果将在第 9 章进行阐述。

8.8 气旋、飓风和台风

强烈的热带气旋(如加勒比海的飓风、西太平洋的台风、澳大利亚和印度洋的气旋)对珊瑚礁具有显著影响。穿越珊瑚礁区的热带气旋会造成直接破坏和珊瑚礁物理结构的重建，但珊瑚礁仍能够在易受气旋影响的地区茁壮成长，并不断进化。因此从长远来看，猛烈的暴风和海浪根本不会对珊瑚礁区的生命构成威胁。飓风是由水的潜热驱动的，超过 26℃ 的海水就能驱动飓风。为了形成最初的“自旋”，飓风通常发生在地球自转的相对速度在南北两侧有足够差异的纬度。因此，尽管赤道水域的珊瑚礁位于许多飓风的边缘，也可能经历其他类型的风暴，但飓风一般不会在赤道附近或接近赤道的地区形成，也不会在南纬或北纬 10°左右的地方出现(见图 8.14)。此外，有关气旋风暴活动的年际变化尚不清楚(Emanuel，2005a)。

海水表面温度的升高和水蒸气的增多会增加驱动飓风的能量(Trenberth，2005)。其中最重要的指标是累积气旋能量指数(Accumulated Cyclone Energyindex，ACE)和能量耗散指数(Power Dissipation Index，PDI)。尽管预测全球变暖事件将导致飓风活动增加，但目前仍没有简单明确的应用模式。尽管近几十年来热带气旋的破坏力呈现增加的趋势，这是由于风暴持续时间的延长(在过去 50 年里增加了 60%)以及风暴强度或风速的增加所导致的，飓风的总体频率并没有显示出明确增加的趋势(Emanuel，2005b)。这些测量值与热带海水表面温度有关。总的结果是 4 级或 5 级风暴变得更加频繁，其频

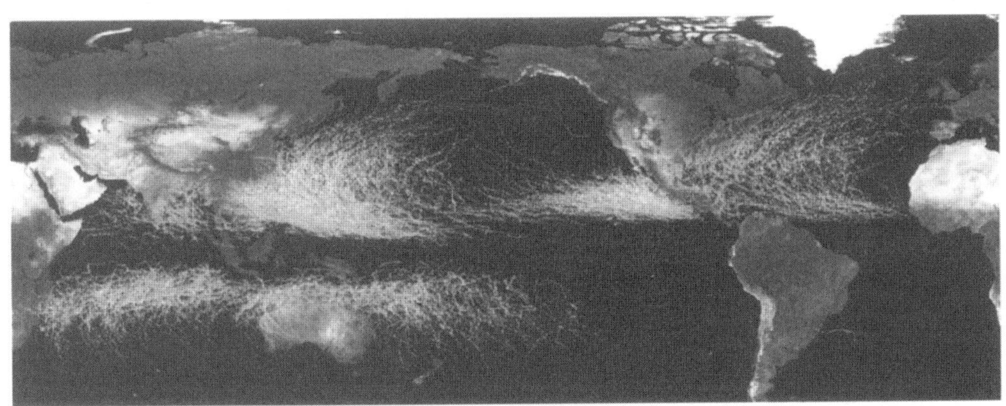

图 8.14　1985—2005 年全球气旋路径。注意赤道附近没有气旋。同样值得注意的是，2004 年 3 月，南大西洋的卡塔琳娜飓风(Cyclone Catarina)是已知的第一个袭击巴西的飓风(资料来源：NASA)

率在 50 年间翻了一番(Webster et al.，2005)。增幅最大的地区是北太平洋、印度洋和西南太平洋，北大西洋地区增幅最小。更能说明问题的是，在 2005 年之前，南大西洋从未发生过飓风，只有 2004 年的一场飓风袭击了巴西海岸。

8.8.1　风暴能造成的损害

波浪能与涌浪是飓风的主要破坏力量，但除了风暴强度外，风暴袭击珊瑚礁的角度、风暴的持续时间(风暴可能快速移动或停止)以及珊瑚礁本身的形状和结构都会导致影响程度的不同。虽然珊瑚的损毁大多来自水体运动，但也有相当一部分来自珊瑚礁区其他破碎物体的撞击。此外，可能会有大量的沉积物掩埋或冲刷珊瑚礁。小于 20 m 水深的珊瑚礁块可能完全分离，这将对一半以上的现有珊瑚礁造成损害；浅滩的礁块可能被抛到岸上；在陡峭的礁坡，这些礁块可能会向下滚落。珊瑚礁的移动会造成一定的损害，使受影响的深度翻倍甚至更多。

毫无疑问，浅层分枝状珊瑚受损最为严重。然而，某些物种(如加勒比海的摩羯鹿角珊瑚)的主要繁殖方式是无性繁殖。因此，如果珊瑚碎片在猛烈撞击下存活下来，一个群体的碎片可能会广泛扩散，随后许多碎片相互黏附并开始生长。相对的，大型团块状珊瑚可能只是在原位承受冲刷。

珊瑚在飓风过后的恢复情况各不相同。尽管珊瑚礁的结构可能会因飓风而发生改变，但由于珊瑚的年龄分布也会有所不同，更年轻的珊瑚礁要恢复到之前的生态平衡可能只需要几年的时间。

假以时日，珊瑚礁的覆盖率会明显恢复。加勒比海地区的珊瑚礁数千年来一直受到这样的风暴袭击，直到20世纪中期，大多数珊瑚礁的珊瑚覆盖率依然很高。不过，Gardner等(2005)调查了加勒比海地区近300个地点，确定飓风使该地区的珊瑚覆盖面积在飓风后的一年内平均减少了17%左右，在强度更大的风暴后损失更大，以至于该海区的珊瑚至少8年内没有恢复到之前的水平。虽然珊瑚覆盖率的减少也可能是由其他原因造成的，但受飓风影响的珊瑚覆盖率的减少量明显高于未受飓风影响地区覆盖率的减少量。总之，飓风对珊瑚的覆盖率有一定的影响，但是疾病和气候变暖造成的珊瑚覆盖率的普遍下降也很明显，可能是后两个因素阻止了现有珊瑚从飓风的影响中恢复过来。

当飓风搅动表层海水并使之与深层海水混合时，所形成的新的表层海水水温显著下降。这一现象发生的程度并未得到深入研究。一份尚未发表的报告指出，表层水温会立即下降8℃左右，这低于维持飓风所需的温度，也低于导致珊瑚白化的温度。孟加拉湾和墨西哥湾等地区的问题是一些水体太浅，不足以形成低温的深水层，因此飓风过境对该处珊瑚的影响可能会有所加强。在一个季节内，由于飓风接连发生以及深层冷水团与表层海水混合而导致的冷却现象，珊瑚白化范围和恢复情况会比没有发生这种冷却现象的珊瑚礁区好得多(Manzello et al.，2007)。

8.8.2 海啸

令人惊讶的是，在2005年12月的大海啸中，珊瑚礁几乎没有受到什么影响(见2007年Stoddart的论文集)。水的运动规律与风暴的运动规律大不相同。巨浪的形成取决于通向海岸的浅滩大陆架，所以这里的涌浪巨大。但是对珊瑚礁的破坏在很大程度上是由大量的碎片(从树木到建筑物的一部分)造成的，它们通过撞击和磨损破坏珊瑚。许多珊瑚会被碎片和水打翻。进一步的破坏来自沉积物沉降以及沉积在珊瑚上的大量悬浮沉积物。不过，大多数情况下，这些沉积物在几天内就被完全清理掉了。

环礁群向海一侧一般都有非常陡峭的礁坡，所以受影响的程度不像周围具有浅滩的大陆岛屿那么大。虽然也有许多珊瑚岛被冲毁、大量的植被被移走、礁石碎石和珊瑚被冲积到陆地上，但在大多数地区，环礁的受损程度相对较小。

然而，对珊瑚礁影响最大的是陆地隆起，特别是在印度尼西亚(见图8.15)。这里的珊瑚礁仅仅被抬高至海平面以上几厘米的位置，结果造成出露水面的珊瑚礁生物全部死亡。

图 8.15　印度尼西亚的一处礁坪，因地震而被抬升至海平面以上，地震引发了 2004 年的印度洋海啸（资料来源：照片由 Robert Foster 拍摄）

8.9　协同、停滞和反馈

珊瑚礁区的许多压力表现出协同作用，其中有几种压力存在正反馈循环（Ateweberhan et al.，2013）。珊瑚白化、酸化和病害相互作用，对珊瑚的生存、生长、繁殖、幼虫发育、附着和附着后的发育产生负面影响。当然，负反馈循环也是存在的，当正常或健康的珊瑚礁受到干扰时，往往会促使其恢复到原来的状态。举一个可以想象但虚构出来的负反馈的例子：疾病会减少植食性动物的数量从而导致藻类的增加，植食性动物随后会得到更多的食物，并恢复到正常的水平（第 6 章描述了其中涉及的部分复杂性）。相反，正反馈不会导致均值的恢复，而是导致偏离均值的程度越来越大。这可能是因为压力太严重，作用时间太长，或者因为它的影响被其他压力以协同方式放大。这些事件的结果导致了“失控”的情况。例如珊瑚因疾病和白化而死亡，随后生物侵蚀加剧，再加上过度捕捞，导致植食性动物减少，所有这些因素都使珊瑚礁的状况越来越差。滞后原理和交替稳态(见第 9 章)表明，要使生态系统恢复到原有状态，仅仅解除一两个驱动压力是明显不够的。

有人认为，生态学中不存在停滞不前的现象，几千年来的生长、进化和气候变化导致了珊瑚礁生态系统的不断适应和变化。毫无疑问，现今变化的速度及其对珊瑚礁影响的严重程度以及同时作用于珊瑚礁的不同压力数量的增加，这些都引发了人们对珊瑚礁未来的担忧。特别是 2015—2016 年全球变暖导致的严重后果，给人们带来了许多警示。

9 环境压力变化对珊瑚礁的影响

9.1 环境影响的生态后果

9.1.1 两种稳定状态、阈值、稳态变化和滞后

珊瑚在健康珊瑚礁中占优势被视为一种“稳定状态”，这种状态是自我延续的，负反馈调节会维持珊瑚始终占优势。但这种状态只有在一定的环境耐受范围内才是稳定的。当胁迫因素，如城市污水或陆地径流中的营养富集超过阈值或者当植食性动物减少时(或两者同时发生)，肉质藻类增加并取代珊瑚，成为优势种。这种新的生态状态也是稳定的，并且系统很难恢复到最初珊瑚占优势的状态。在几个压力源的协同作用影响下，生态系统就像钟表的擒纵器一样被迫从一种状态转换到另一种状态，而不是像车轮一样自由转动(Birkeland，2004)。

这一过程可以描述为在概念谷或能量谷中放置一个球(见图9.1)。在珊瑚稳定状态下，球位于高谷，并且在发生小位移时可返回到高谷。许多影响因素的叠加作用可以将球推过一个界限(中间的脊)，进入相邻的“藻类谷”(algal valley)，这些藻类是不适合植食性动物食用的类群。球可能有几种方式移动至低谷：“推力”很大，高于界限或脊；或者是脊的高度降低，这种情况下，较小的推力就会导致球掉进藻类谷。涉及的驱动因素包括刺激藻类生长的营养物质增加或者植食性动物减少。该示意图很简单，如果在 y 轴上添加代表能量状态的概念可使其具有更强的解释性和说明性，但是这个简单示意图掩盖了多种生态条件和驱动因子共同作用的复杂情形。

较低的藻类谷(藻类占优势的稳定状态)比珊瑚谷(健康的珊瑚礁)更稳定。如图9.1所示，藻类谷位于珊瑚谷下方，因此要恢复到珊瑚占优势的状态比运行到藻类占优势的状态要困难得多。实际上，其中仍有许多细节尚未得到解读。影响这一过程的潜在因子可能包括可溶性营养物浓度或捕食者密度(如海胆的密度或珊瑚礁区剩余鱼类的生物量)。值得注意的是，这样的环境因子经常会驱使珊瑚礁从珊瑚占优势的状态转变为藻类占优势的状态。

很少有珊瑚礁能从藻类占优势的状态恢复到珊瑚占优势的状态。大多数情况下，

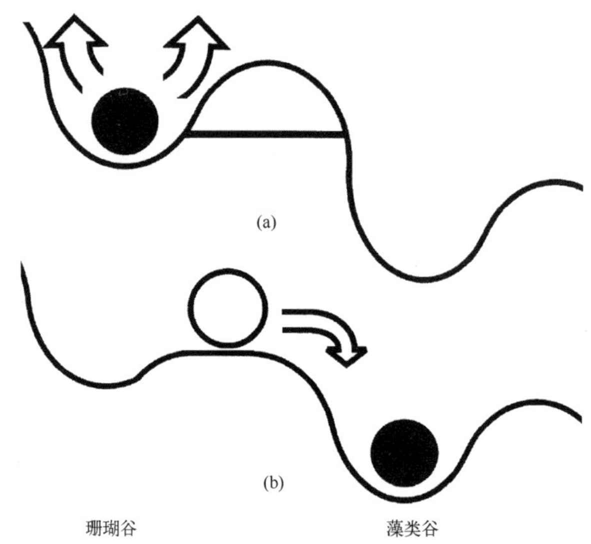

图 9.1　珊瑚礁不同生态“状态”示意图。(a)有两个低谷，珊瑚占优势(左)和藻类占优势(右)。珊瑚礁以珊瑚为主(球的位置)，干扰往往会使球恢复到“珊瑚谷”(coral valley)。健康的珊瑚礁往往不会被推过脊到达藻类谷。(b)非常大的“推力”或低谷之间脊的降低(由于过度捕捞、城市污水输入等影响)将球推入藻类谷。当珊瑚礁处于藻类谷时，很难恢复到较高的珊瑚谷状态

这种逆转是不可能的(Hughes et al.，2005)。适度降低营养物质浓度或减轻渔业捕捞压力并不会导致珊瑚礁向以珊瑚占优势的状态自动逆转。然而，在牙买加的一个海湾却发生了这样的逆转事件(Idjadi et al.，2006)，但该海域的渔业捕捞压力并没有发生改变(Precht，Aronson，2006)，这是极其罕见的。滞后曲线(见图 9.2)描述了这种不对称现象。滞后效应意味着压力源的简单逆转并不能使系统沿着它所移动的轨迹回溯。只有更大程度地消除压力源，珊瑚才能重新占优势。

滞后效应理论得到了相关模型的有力支持(Mumby et al.，2007)，该模型将多种不同的珊瑚覆盖率和海胆、鹦嘴鱼等植食性鱼类的摄食强度应用于加勒比海珊瑚礁(见第 6 章 6.8 节中的“珊瑚礁模式：开展快速保护行动，增强珊瑚礁恢复力”一文)。模型结果显示滞后效应明显，更重要的是该模型计量了植食性鱼类的摄食量。将该效应与珊瑚礁关联起来，结果显示：通过鹦嘴鱼的摄食来抑制藻类生长是可行的。所以在珊瑚礁海胆数量减少的情况下(如加勒比海暴发的疾病)，进一步减少鹦嘴鱼的数量会导致生态系统中藻类大量暴发。该模型仅是真实珊瑚礁的简化反映，许多因素一般不做考虑，或者假设为恒定值，以便测试其中一两个变量造成的影响。

众所周知，稳态变换也会造成生态系统被不同的珊瑚占优势。取自加勒比海地区

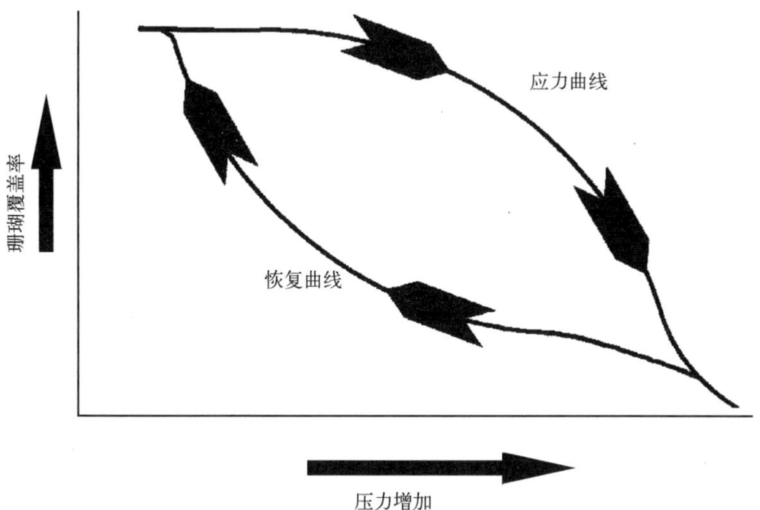

图 9.2 滞后效应以及“压力”的施加和释放。这表示由于施加压力而导致的状态转换。在这种情况下，珊瑚覆盖率是衡量珊瑚礁健康状况的指标。当施加压力时，珊瑚覆盖率先是“保持稳定”然后下降。如果压力减少，珊瑚覆盖不会沿着相同的轨迹恢复，而是会先保持较低覆盖率的状态很长一段时间

两个不同珊瑚礁的岩心(Aronson et al., 2004)表明，在过去的 2 000~3 000 年里，一个珊瑚礁区的优势种是滨珊瑚(*Porites*)，而另一个珊瑚礁区则是以摩羯鹿角珊瑚(*Acropora cervicornis*)为主。几个世纪以来，这两种珊瑚不占优势的情况罕见且短暂。然而，在过去的 20~30 年间，这两个地点的珊瑚礁都受到了严重影响。在滨珊瑚占优势的珊瑚礁中，水质变化导致了珊瑚死亡；而在鹿角珊瑚占优势的珊瑚礁中，白带病导致了珊瑚大规模死亡。这两种珊瑚礁都变成了由一种叶状的、快速生长的 *Agaricia tenuifolia* 占优势的状态。尽管它们初始状态不同，但现在(在占优势的珊瑚种类方面)却彼此相似。这种状态已经稳定了多年，反映了在自然和人为干扰作用下，加勒比海珊瑚礁的退化(Aronson et al., 2004)。

藻类会在营养充足、空间充足且没有植食性动物捕食的裸露基底上迅速出现。人们争论的焦点是藻类占优势状态主要是由于植食性动物的减少，还是由于珊瑚被其他原因(如疾病)杀死后出现的新增基底(使藻类有机会在其上附着生长)造成的。Aronson 和 Precht(2006)认为，全球气候变化和疾病是导致珊瑚死亡的主要原因，随后大型藻类才开始生长。而 Jackson 等(2001)和 Pandolfi 等(2005)更加倾向于认为，过度捕捞等人类活动造成藻类更快、更广泛地生长，并蔓延到珊瑚区；当然，其中还需要另外一个必需因素，即水中要有足够的营养物质来支撑或刺激藻类更快地生长。几乎在任何情况下，丰富的营养物质都是必要需求：在一些低营养的且没有遭受捕捞的珊瑚礁系

统中，即使珊瑚严重死亡，也不会发生藻类大量生长现象(Sheppard et al., 2002)。此外，在营养丰富的水域(如城市附近)，甚至在有大量植食性鱼类存在的海域(鱼类能以迅速增长的藻类为食)，也可以发现大量藻类生长。植食性海胆 *Diadema* 因疾病而减少，这也被认为是珊瑚减少继而引发藻类激增的原因。但最近的加勒比海珊瑚大量减少事件(Gardner et al., 2003)发生在这之前，随后的疾病和气候变暖造成了更多的珊瑚损失。在加勒比海地区经受严重的飓风后出现新的基底时，藻类会在新出现的基底上生长(Rogers, Miller, 2006)，这种情况的出现减缓或阻碍了新生珊瑚的生存。飓风会损毁浅层珊瑚形成的分枝结构，也会毁坏许多植食性鱼类的生境，继而丧失对藻类的关键控制。

几乎所有这些例子和其他例子都具有普遍性，只有一个或多个因子是推动珊瑚礁变化的主要驱动因子，不同的地点可能是由不同程度的不同因子造成的。有人认为，当水中的营养物质浓度没有升高或只轻微升高时，其变化不会造成藻类生长增加。这种说法忽略了底栖藻类吸收营养物质的速度，而且也忽略了吸收营养物质更快的浮游生物，只是浮游生物随即被海流裹挟离开了珊瑚礁区。因此，与营养输入或营养周转相比，通过营养浓度估算藻类生长率并不可靠。

引起生态系统变化的压力源与随后维持其变化状态的压力源可能不同。例如，暴风雨或疾病导致的裸露基质增加可能引发大规模的状态转换；一旦藻类建立种群，它们就会持久生存并阻止珊瑚恢复，这可能更多地归因于简单的空间排斥和捕食者的缺乏的共同作用。通常，没有明确的单一原因导致珊瑚数量减少，了解确切的原因对于成功地从以藻类占优势的状态恢复到以珊瑚占优势的状态至关重要。例如，新颁布的法规条例可能会涉及禁止渔业捕捞或减少营养物质的排放，但两者必须同步实施，否则必将劳而无功。事实说明，多种驱动因素会产生协同作用(Ateweberhan et al., 2013)，不同的驱动因素在不同的海域作用程度不同，具体取决于它们的相对强度以及驱动因素的作用过程(触发或维持变化)。

9.2 主要造礁种类的变化

9.2.1 加勒比海地区鹿角珊瑚的死亡

加勒比海地区最显著的变化就是鹿角珊瑚属的珊瑚几乎完全消失。加勒比海地区的鹿角珊瑚种类很少，只有 3 个种(其中一种是其他两种的杂交种)；印度洋-太平洋地区大约有 100 种鹿角珊瑚，其中有两种在该地区非常重要。*Acropora palmata* 构成了所有鹿角珊瑚中最大的珊瑚群落，主要分布在 3~4 m 深的浅水区。图 9.3 显示了地理信息系统(GIS)地图的一部分(见下文“珊瑚礁遥感”),该地图描绘了20世纪90年代初安圭拉岛(Anguilla)向海一侧0.5 km×0.5 km的水域内,鹿角珊瑚因疾病变成碎石的情况(见第8章)。20世纪80年代,仅安圭拉岛就有435 hm^2的鹿角珊瑚因疾病而消失,这些浅层区的活珊瑚覆盖率现在很少能超过2%(Sheppard et al., 1995)。

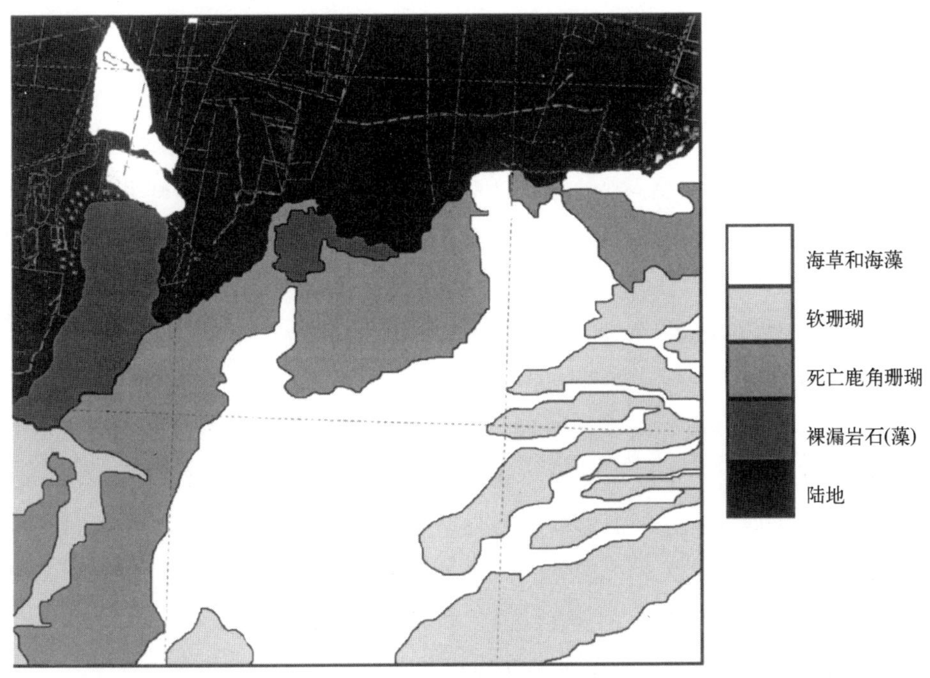

图9.3 东加勒比海地区安圭拉地理信息系统简化图,显示了死亡鹿角珊瑚的分布情况。该区域约500 m^2。中度灰色代表了在20世纪80年代之前死亡的珊瑚礁;深灰色(带有藻类的裸岩)代表了已被充分侵蚀,以至难以识别的死亡珊瑚礁;浅灰色代表了主要由柳珊瑚目(Gorgonacea)珊瑚构成的珊瑚礁,但其中有一定数量的圆菊珊瑚(*Montastraea*);白色区域代表的是海草和砂质底质或者两者的混合[资料来源:Blair Myersm C., Sheppard, C. R. C., Mathesen, K. and Bythell, J. C. (1994). *Habitat Atlas of Anguilla*. NRI.]

从生态角度来看,加勒比海地区鹿角珊瑚大量死亡的后果十分显著(防浪堤损失的物理后果将在9.3.4中详细介绍)。浅水区的分枝状鹿角珊瑚 *Acropora palmata* 的丧失导致了像森林一样的珊瑚礁区三维结构的丧失,这种结构已被生物侵蚀的珊瑚或破碎断肢形成的碎石逐步取代——形成“残肢和碎石区”(Blanchon, 1997)。继而被细碎的石砾、沙子取代,最后暴露出更古老的珊瑚礁石灰岩底质。事实证明,这种底质不利于珊瑚进一步大规模聚居。一方面是由于流动碎石和沙子所形成的“液态砂纸”(liquid sandpaper)效应;另一方面这些底质迅速被快速生长的藻类所占据。即使藻类没有发育,浅水区的高能量状态也限制了其他珊瑚种类的生存,在这样的水域,只有鹿角珊瑚可以成功地建立种群。因此，该地区仍然没有形成加勒比海珊瑚礁特有的标志性森林状结构。由于珊瑚骨骼的硬度和厚度，死亡骨骼的状态可能会持续多年。有时风暴或飓风会加速珊瑚骨骼的移动，如果没有发生这种情况，在珊瑚死亡 20 年后仍可见到珊瑚骨骼。

珊瑚礁遥感

通常，热带水域水质十分清澈，因而卫星图像广泛应用于该区域的珊瑚礁研究，许多标准的生态技术与卫星图像结合使用，以获得经过地面验证的结果。目前，用户可以从中获取大量的卫星图像和数据，而且人们已经对卫星图像在热带水域珊瑚礁研究中的价值进行了彻底分析(Mumby et al., 2007)。遥感图像能够实现全球覆盖，已成为各种尺度的珊瑚礁区域观察必不可少的手段。遥感图像的分辨率范围很广，从几千米(整片海洋)到 1 m(珊瑚礁)不等。

珊瑚礁监测的一个重要影响因子是珊瑚礁上覆水体光学质量和透光深度。光线进入海水后，红光首先被吸收，透射深度最浅；蓝光的透射深度最深。绿光透射性界于红光和蓝光之间，随水中有机物和浮游生物数量的变化而变化。在解读珊瑚礁和海床上的珊瑚、海草、藻类或沙的分布量之前，必须参照光线的相关特征参数加以调整。选定卫星图像上的部分区域，结合现场直接调查，为卫片的判读提供“现场验证”校准，从而在面积较小、合理选取的代表性区域验证卫片中记录的大面积水域各颜色具体代表的信息。

早期的研究表明，遥感图像的准确度通常低于 50%，航空照片则要好一些(Mumby et al., 1997)。尽管现代卫星的精度有了很大提高，但仍需要在区分不同“类别”的数量与每个类别的准确性之间进行权衡。通常情况下，珊瑚礁周围和珊瑚礁区定义的离散基质类型的数量可以根据需要减少至 4~20 个。

在水深未知的情况下，遥感的精度会降低；但在水深已知的情况下，可以校正其光学效应。因此，诸如水深测量和海水本身的光学质量等额外数据补充可以极大地增强珊瑚礁区地形和生境的测绘准确度(Purkis, 2005)。传感器类型和图像解读方法的发展也很迅速。处理后的遥感结果可以叠加到回声测深所获得的“线框”地形图上，生成三维生境图(Purkis, Riegl, 2005)。通过 Ikonos 卫星获取的分辨率为 2 m 的图像被叠加到一个三维框架上。这种将地形与已知鱼类生境叠加起来的图像已广泛应用于研究鱼类的生境和分布[见图 9.4(a), Purkis et al., 2007]。

一旦对某片海域的性质有了很好的了解，不仅可以绘制生境类型图，还可以绘制 β 多样性等地图(Rioja Nieto, Sheppard, 2008)[见图 9.4(b)和(c)]。

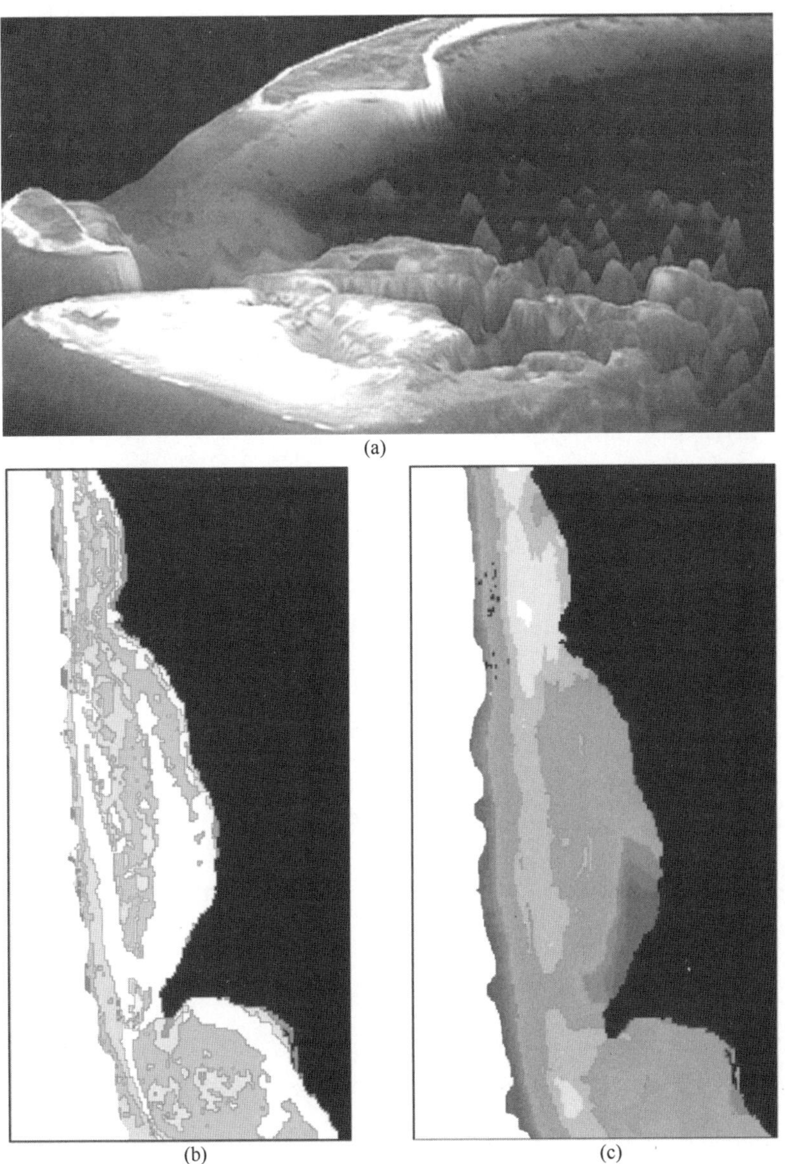
(a)
(b)
(c)

图 9.4　(a)高分辨率图像示例。遥感图像来自 Ikonos 卫星(分辨率小于 2 m)，再加上通过回声探测获得的测深剖面图。然后将处理后的卫星图像叠加在“线框”测深图像上，生成最终三维图像。此地点位于迪戈加西亚环礁(Diego Garcia atoll)。(b)墨西哥科苏梅尔岛(Cozumel Island)。经过处理的图像是由航空摄影和 Landsat 卫星影像结合而成，该图经过广泛的地面验证；(c)将复杂的生境类别减少到 15 个后的生境图(相关类别的详细信息请参阅 Rioja Nieto，R.，Sheppard，C. R. C.，2008)。(c)一张 β 生物多样性图，将该地区划分为 10 个区域(从暗到亮分别代表增加的生境 β 生物多样性)。右侧陆地设置为黑色［资料来源：(a)由佛罗里达州诺瓦大学的 Sam Purkis 博士拍摄；(b)和(c)由 Rodolfo Rioja Nieto 博士拍摄］

这些技术极大地拓展了我们对珊瑚礁生态系统的认识，尤其是对那些由于成本限制或偏远限制的珊瑚礁(无法通过其他方式对其进行探测)。遥感监测是成功管理整个珊瑚礁生态系统的关键，再加上更精细的实地调查与测量，共同构成了珊瑚礁生态系统的管理基础。

英国华威大学 Charles Sheppard 教授

目前，这些水域中曾经大量分布的无脊椎动物和鱼类也几乎完全消失了。一些珊瑚礁向地形适宜的深海延伸了 100 多米，而在有些浅水海湾，那些曾经充满了鹿角珊瑚以及鱼类和无脊椎动物，甚至有些产卵场都损失巨大。这就像森林一旦被砍伐，鸟类和猴子也会随之消失一样。当鹿角珊瑚形成的“森林”被疾病或气候变暖“砍伐”时，许多鱼类和无脊椎动物也会消失。大量的珊瑚损失也会改变海湾内的水流，最终导致近岸海草床和红树林受到侵蚀。

在较深的珊瑚礁区(5~25 m)，细枝状摩羯鹿角珊瑚(见第 2 章的图 2.7)同样形成了密集的珊瑚“森林”，当然这取决于水体的清澈程度。摩羯鹿角珊瑚结构脆弱，普遍利用断肢而不是有性繁殖方式进行有效传播。但是人们对摩羯鹿角珊瑚的生态损失研究甚少，更多的研究集中在这种物种消亡后珊瑚礁的建造或框架作用的丧失上，而非其生态后果。

9.2.2 加勒比海地区的圆菊珊瑚和 *Orbicella* 属珊瑚

在加勒比海大多数珊瑚礁区，主要的造礁珊瑚种类是圆菊珊瑚属和 *Orbicella* 属的四种团块状珊瑚，主要生长在水深 4~25 m 水域。这些珊瑚结构极大地增强了珊瑚礁的整体稳定性。这些珊瑚虽然不像各种鹿角珊瑚那样容易受到疾病的影响，但很容易因水体变暖而死亡。2005 年底，强烈的变暖事件导致加勒比海东部几乎所有的圆菊珊瑚和 *Orbicella* 珊瑚都白化了(见图 9.5)。而在一些国家，如英属维尔京群岛(British Virgin Islands)，大约 30%的珊瑚死亡(剩余的 70%得到了恢复)。这一地区的白化率和死亡率空前，并且延伸到深度超过 20 m 的珊瑚礁深处。如果这一水平的热压力属于自然波动，那么在没有变暖趋势的情况下，这将是千年一遇的事件(Donner et al., 2007)。就目前的趋势，这种变暖事件很可能在未来 20~30 年内就会变成每两年发生一次。可以推测，当年的气候变暖可能导致了浅水区鹿角珊瑚的大规模死亡，再加上早期疾病的发作，很少有鹿角珊瑚能够存活下来。

综合考虑所有原因和所有物种，加勒比海地区的珊瑚覆盖率比历史值平均下降了 80%(从 50%降至 10%，Gardner et al., 2003)。先是由于鹿角珊瑚的大量死亡，后是由于圆菊珊瑚和 *Orbicella* 珊瑚的死亡。

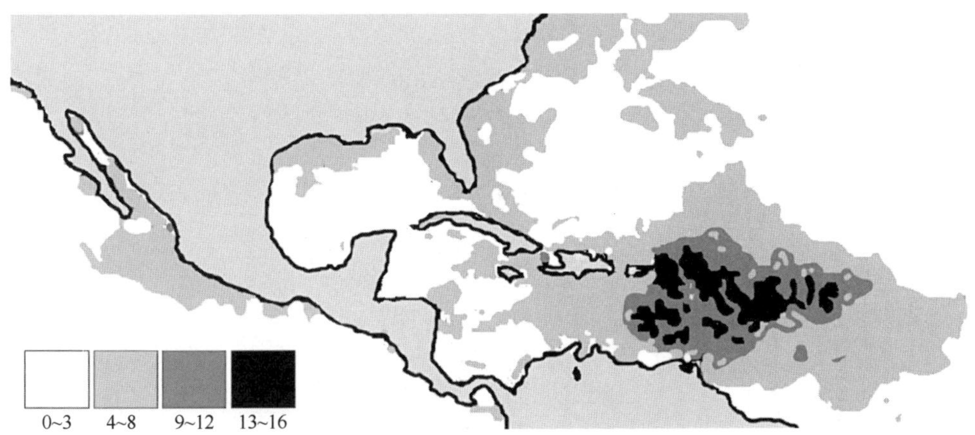

图9.5 2005 年 10 月 18 日加勒比海地区过去 12 周的周热度图。东加勒比海、向风群岛(Windward Islands)和背风群岛(Leeward Islands)的暖水团以及延伸到大西洋的暖水团［资料来源：美国国家海洋与大气管理局珊瑚礁监测计划(Coral Reef Watch Program, NOAA)，国家环境卫星数据与信息服务。见 http：//www.ospo.noaa.gov/Products/ocean/cb/dhw/index.html.］

9.3 印度洋-太平洋珊瑚礁的变化

9.3.1 印度洋-太平洋浅海珊瑚礁生物群

总体而言，印度洋-太平洋的珊瑚礁区也发生了类似的覆盖率下降现象。根据年度汇拢的调查数据，估计年覆盖损失在大约 1%(在过去的 20 年里)和 2%(1997—2003年)之间(Bruno，Selig，2007)。目前，这里的珊瑚覆盖度只占一个世纪前的一半左右。在印度洋-太平洋地区的浅水区，虽然也分布着对应加勒比海摩羯鹿角珊瑚的种类，主要是鹿角珊瑚属和同孔珊瑚属(*Isopora*)珊瑚，但它们并没有达到加勒比海那样的规模。在许多水域，同孔珊瑚 *Isopora palifera* 和其他分枝状珊瑚(如 *A. pharaonis*)在形态上可能最接近摩羯鹿角珊瑚，虽然在某些水域可发育到约 1.5 m 高，但大多数非常低矮(见图 9.6)。在其他许多水域，拥挤的珊瑚群落更矮，其中粗野鹿角珊瑚(*Acropora humilis*)和柱状珊瑚属(*Stylophora*)以及杯形珊瑚属(*Pocillopora*)的种类为典型优势种；在更深的水域，珊瑚形式更加多样，最明显的是分枝状珊瑚、团块状珊瑚和桌状的鹿角珊瑚。在礁坡和潟湖内也可以发现许多这样的种类。

20 世纪 80 年代加勒比海鹿角珊瑚礁暴发的严重疾病并没有在印度洋-太平洋地区发生，尽管印度洋-太平洋地区也发生过相同或类似的疾病。红海和几个太平洋岛屿珊

(a)

(b)

图 9.6　印度洋-太平洋的分枝状珊瑚。它们比加勒比海的同类小，但在许多珊瑚礁的边缘形成了稳定的珊瑚群落。近期的变暖事件使一些水域的这种珊瑚群落几乎完全消失。(a) *Acropora palifera*；(b) *Acropora pharaonic*

瑚的大规模死亡是由于长棘海星的暴发(Moran，1986；见第 6 章 6.4 节中的“长棘海星”一文)和核果螺(*Drupella*)的数量增加所引起的(Schuhmacher，1992；McClanahan，1994)，核果螺在珊瑚发生疾病或其他压力因素(如过度捕捞)影响下会暴发。20 世纪 80 年代和 90 年代初，人们对这类问题给予了极大关注。

在波斯湾，珊瑚礁周围水域深度大多不超过 10 m，最深不超过 40 m，1996 年和 1998 年的气候变暖事件摧毁了这里大量的鹿角珊瑚。1998 年的变暖事件尤为严重，大面积的珊瑚礁深受其害(见第 8 章)。气候变暖事件在 2015 年再次发生。在许多大洋环礁区，珊瑚死亡甚至发生在 35 m 甚至更深的水域。高死亡率的水深范围可能是由温跃层的深度和暖水层的厚度决定的，但没有直接证据可以证明。在这些区域，石珊瑚和软珊瑚的死亡率非常高，接近水面的珊瑚几乎全部死亡(Sheppard，Obura，2005)。

珊瑚死亡后，裸露基底的珊瑚覆盖率开始缓慢恢复。在许多地方，压力源的协同效应使得珊瑚的恢复面临重重阻碍。在一些水域，例如塞舌尔(Sheppard et al.，2005)，变暖事件的再次发生导致大多数新生珊瑚死亡。在没有其他压力源的水域，珊瑚覆盖率已经得到缓慢恢复。然而 2015 年的气候变暖又再次造成了大量的珊瑚死亡。即使浅水区的珊瑚得到了恢复，其生境仍会发生很大变化，并且这种变化将持续多年。这是因为在浅水及湍流水域中占优势的珊瑚的幼体在生长初期大多会形成结壳，之后才会出现初期的分枝，因此要重建这种重要的珊瑚礁三维结构还需要数年的时间。

人们对其他珊瑚物种的关注较少，但也有一些值得注意的特殊情况。许多研究报告指出，滨珊瑚不易受气候变暖的影响，其原因尚不明确。同样，一些蜂巢珊瑚也能够存活下来。这种死亡率的差异会导致珊瑚群落组成的变化。波斯湾的珊瑚礁受到的环境条件的影响比大多数地区更严重。波斯湾珊瑚礁有一个非常简单的分带模式，水深 3~5 m 处分布着分枝状和片状的鹿角珊瑚，更深的水层则分布有滨珊瑚和蜂巢珊瑚，特别是蜂巢珊瑚属（*Favia*）、扁脑珊瑚属（*Platygyra*）和角蜂巢珊瑚属（*Favites*）的珊瑚。1996 年和 1998 年的两次变暖事件之后，在卡塔尔和阿拉伯联合酋长国附近的浅水海域只剩下了极少的鹿角珊瑚。这一影响极其严重，以至于在之前珊瑚覆盖极高的珊瑚礁区持续探查数小时，结果没有发现任何活珊瑚（Sheppard，Loughland，2002）。具有讽刺意味的是，甚至 40 年前 Kinsman（1964）发现的对高温具有高度耐受性的珊瑚礁和珊瑚也没有看到，这表明了最近气候变暖事件的严重性。同珊瑚一样，珊瑚死亡后的几周内，一些珊瑚礁区没有发现任何无脊椎动物。以前丰富的分枝状珊瑚群逐渐变为成堆的碎石。但在几米深的地方，珊瑚仍可以繁衍生息，并明显以滨珊瑚和蜂巢珊瑚为主。在接下来的几年里，一些鹿角珊瑚再次出现，但最引人注目的是蜂巢珊瑚幼虫补充的大量增加（图 9.7）。在大多数水域，滨珊瑚仍然占优势。但是随着蜂巢珊瑚群体规模的持续增长，即使珊瑚数量没有进一步增加，蜂巢珊瑚也能在 4 m 水深以深的珊瑚礁区占优势。

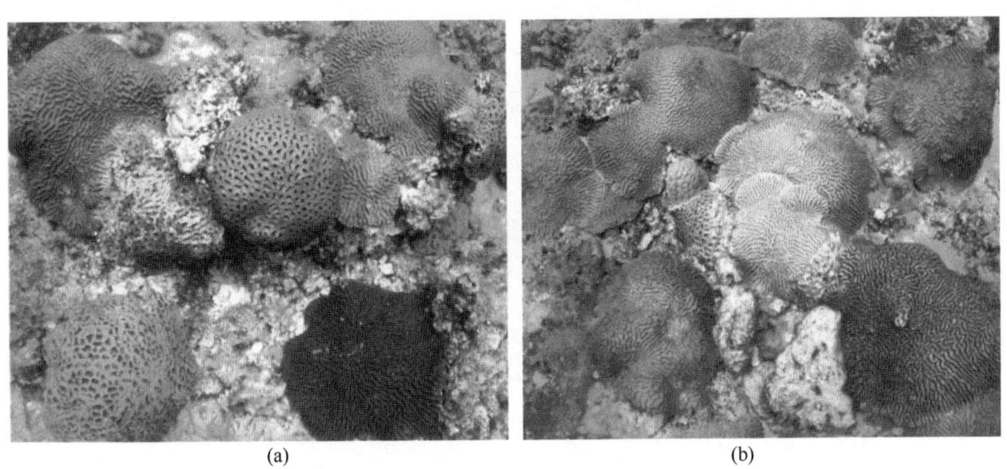

(a)　(b)

图 9.7　20 世纪 90 年代珊瑚大面积死亡之后，波斯湾内大片没有珊瑚覆盖的基底上蜂巢珊瑚幼体大幅增加。（a）蜂巢珊瑚和一些扁脑珊瑚；（b）扁脑珊瑚

这种变化对大量珊瑚礁鱼类和无脊椎动物的意义尚不清楚。假设这种情况持续下去，珊瑚礁的结构可能会得以保障，因为比起滨珊瑚和鹿角珊瑚，蜂巢珊瑚的石灰岩骨骼密度更大。这些珊瑚一般较小，很少能形成半径超过 50 cm 的珊瑚礁，因此不会

形成类似鹿角珊瑚那样的三维结构。

9.3.2 珊瑚礁鱼类的变化

在20世纪90年代发生珊瑚死亡事件以后，基本没有观测到鱼类种群数量的变化，大多数珊瑚礁鱼类也没有表现出和珊瑚死亡等量齐观的大规模死亡现象。这可能是有些水域藻类覆盖率的增加导致的，藻类覆盖率的增加还有助于维持一定数量的植食性动物。然而，随后3~5年的报告结果显示各种类群的鱼类数量逐步减少(Wilson et al., 2006)。一些特有的礁栖生物(如几种蝴蝶鱼)消失了，随后鱼类种群发生了更大的变化。在珊瑚死亡后的1~3年里，那些在食物和生境方面严重依赖珊瑚生存的物种受到严重影响(图9.8)，一些特有的礁栖生物在塞舌尔和巴布亚新几内亚等地区灭绝。以此推测，在许多其他尚未进行研究的地方也是如此。有特殊需求的鱼类比一般鱼类更容易受到影响(Munday, 2004)。在大堡礁的独树岛(One Tree Island, GBR)，与活珊瑚密切相关的鱼类与大规模死亡前的数年相比，其补充量有所减少，而且新生鱼类的群落组成也发生了变化(Booth, Beretta, 2002)。雀鲷密度在有珊瑚死亡的水域下降，但在珊瑚仍然活着的区域没有下降。

图9.8 尖吻鲀(*Oxymonacanthus longirostris*)是一种印度洋-太平洋鱼类，以鹿角珊瑚的珊瑚虫为食，并依赖鹿角珊瑚群的庇护（资料来源：照片由Nick Graham拍摄）

随着时间的推移，发现印度洋-太平洋地区许多与珊瑚关系不明显的种类受到影响，甚至有些鱼类有时需要几年时间才会显现出种群效应(Pratchett et al., 2004,

2006)。这些生物受到影响后会在某些水域造成更深远的后果，例如塞舌尔(Graham et al.，2006)的珊瑚礁从珊瑚占优势转化为碎石藻类占优势的状态。这种生境的变化对依赖珊瑚生存的鱼类具有显著影响，可能有 4 种地方性鱼类灭绝，还有几种减少到极低的水平。物种丰富度的降低与珊瑚本身的减少并无关系，而是与物理结构的丧失有关。这解释了为什么对鱼类群落的短期影响在结构开始崩溃之前可以忽略不计。许多鱼类群体的变化只有在珊瑚礁复杂性开始下降时才会显现。

鱼类生物量的变化不一定与多样性的变化同步，至少在最初几年，尽管其他参数下降，但塞舌尔的鱼类生物量相对稳定(Graham et al.，2006)。这归因于优势植食性鱼类个体较大且寿命较长，它们在 1998 年珊瑚死亡之前就已经补充形成种群。

不同种类的鱼类生活史和生境条件各不相同，它们的体型大小也不尽相同，这给总结概括其变化规律增加了难度。但是在珊瑚死亡造成的生境变化影响鱼类种群之前，可能会经过几年的“滞后期”。第 6 章详细描述了珊瑚礁生态系统的变化对珊瑚礁鱼类的影响。

9.3.3　生物侵蚀物种的影响

毫无疑问，生物侵蚀在珊瑚礁退化过程中十分重要却又经常被忽视。它能够导致每平方米珊瑚礁每年减少几千克石灰岩，这个速度比沉积速度还要快。当沉积作用或污染造成珊瑚死亡并使大片石灰岩暴露出来时，生物侵蚀就会加剧。鹦嘴鱼的啃食行为可能会对珊瑚表面造成更大的磨损，或者钻孔生物的活动更为活跃，但所有这些活动，在珊瑚骨骼崩溃之前都只有部分可见。生物侵蚀的典型例子是穿贝海绵(*Cliona*)：在死珊瑚上只能通过入水孔和排水孔以及覆盖在巨大珊瑚上的一层薄而色彩鲜艳的表层组织才能看到它们的存在(见第 2 章的图 2.16)。这些珊瑚的内部被掏空了，这会加速对已死亡珊瑚骨骼的侵蚀(见图 9.9)，一旦珊瑚被白带病或其他方式杀死，生物侵蚀作用就会加速这种浅水区分枝珊瑚的消亡。

富含沉积物但不含高浓度营养物质的海水可以阻止植食性动物，但却不能阻止其他生物钻入石灰岩中。随着营养物质的富集，这种情况可能会转而促进藻类生长，加剧植食性动物对表层藻类的摄食。对植食性鱼类的捕捞压力会影响鹦嘴鱼对岩石的直接磨损，而对肉食性鱼类的捕捞压力可能会产生相反的效果。虽然机制可以明确，但人类活动影响与生物侵蚀之间的整体关系极其复杂，难以明确。

9.3.4　珊瑚礁在降低波能方面的作用

珊瑚礁的防浪作用至关重要，但当珊瑚礁退化时，它们的防浪能力也会减弱。不

图 9.9　加勒比海鹿角珊瑚被棕色的穿贝海绵(*Cliona tenuis*)覆盖。珊瑚的内部正在被侵蚀，导致出现了早期崩溃现象

幸的是，波浪侵蚀和生物侵蚀在珊瑚造礁受损的情况下仍在继续，这可能对海岸线保护造成严重后果(Sheppard et al.，2005)。

有关波浪能增加造成破坏的例子很多。在加勒比海地区，鹿角珊瑚曾经占优势的珊瑚礁区的防浪结构多是由相对较软的岩石(如古老的石灰岩礁石)构成，但时至今日，随着珊瑚礁的消失，海岸线被侵蚀的情况随处可见。沿海公路遭到破坏，滨海酒店、餐馆和房屋已经损坏，而加固工程耗资惊人。有时，海边的石油设施也会受到海岸侵蚀的威胁。由于珊瑚礁的丧失，只有投入大量的海岸线防护设施，才能避免更大的经济损失。

珊瑚岛礁的整个海岸线都是由软质石灰岩构成，它们是由现在提供防浪作用的同种珊瑚在过去几个世纪里累积形成的。当这些珊瑚大量死亡时，珊瑚礁边缘的防浪效应就会降低。珊瑚礁的防浪作用主要表现在 4 个要素上，但并非所有要素在每个位置都发挥作用(见图 9.10)。第一个作用地点位于浅海礁坡，珊瑚在这里构成了向海一侧的屏障，波浪最初在这里破碎。第二个作用地点在许多区域(但不是全部)是向海岸的藻脊和“脊槽系统”(spur and groove system，见第 1 章)，该系统承受着海浪的冲击。第三个作用地点在礁坪，位于或接近平均低潮位，海浪必须穿过礁坪才能到达海岸线。第四个作用地点则是海岸线本身。海岸线沙滩的沙子基本都是生物沙(来自珊瑚和其他钙质生物)。珊瑚礁不断被磨蚀产生沙子，沙滩的波浪冲刷率和沉积率基本相等，因此稳定的沙滩通常处于某种平衡状态。在这个海域，海岸线植被通过其盘根错节的根系进一步加固海滩。

图 9.10 岛屿周围的珊瑚礁提供了天然防浪堤。波浪能主要受到以下几种结构的阻挡：①向海礁坡上出露水面的珊瑚(a)；②藻脊(d)；③礁坪的宽度和深度(b)；④固结和稳定贫瘠土壤和沙子的海岸线植被(c)

随着浅海珊瑚的死亡，许多功能开始失效。礁坡珊瑚消除海浪的能力出现减弱或消失的迹象。礁坪上的珊瑚死亡使天然防浪堤顶部的高度下降(Sheppard et al.，2005)。随着珊瑚的不断死亡，珊瑚骨骼崩解形成的沙子大量涌入沙滩，首先在沙滩上出现沙子漂流的现象；但由于失去了珊瑚等重要的造沙生物，随后又出现沙子短缺的问题。

在塞舌尔进行的一项研究结果显示，随着珊瑚礁的防浪作用减弱，海浪冲击海岸线的能量将增加。海水变暖导致珊瑚死亡，其他一些直接的人为干扰也会导致珊瑚的衰退。该项研究源于对海岸线变化的担忧，海岸侵蚀、大量沙子涌上某些路段，以及某些地区沙子正在消失等现象证实了这些担忧。该研究调查了 14 个海岸线上死亡和崩解的珊瑚礁的宽度、珊瑚覆盖率和厚度(Sheppard et al.，2005)。

礁坪上的珊瑚逐渐被侵蚀解体(见图 9.11)。据估计，在 2004 之前的 10 年里，随着珊瑚的消失，到达海岸上的波浪能量增加了 1/3 甚至更多。随着死亡的珊瑚礁的持续崩解以及没有新珊瑚补充的情况下，预计未来 10 年珊瑚结构会进一步损毁，到达海岸的波浪能量也会相应增加。用百分比表示到达海岸的海浪能量，10 年前平均为 7%，2004 年上升到 12%；令人担忧的是大约 10 年后，珊瑚将完全解体，到时这一数字将达到 18%(图 9. 12)。就变化而言，过去 10 年的增幅约为 35%，如果按照目前的趋势发展下去，预计未来 10 年的增幅将达到 75%，恶化速度会显著加快。

图 9. 11　塞舌尔的礁坪，昔日繁盛的珊瑚都已死亡。珊瑚礁上表面与水面之间的距离(右侧箭头)对横越礁坪到达海岸的波浪传输有很大的影响。除非获得新珊瑚的大量补充，否则持续的侵蚀将使珊瑚礁表面下降到左侧箭头位置(在本例中，此距离约为 75 cm)

图 9. 12　随着礁坪珊瑚死亡，冲击塞舌尔群岛海岸的能量变化。(a)能量变化的两种测量方法。实线和左 Y 轴：相对于 2004 年的参考点，到达海岸的能量百分比变化。虚线和右 Y 轴：到达海岸的近海波浪能量百分比。所有数据均为 3 个岛屿上 14 个不同珊瑚礁的平均值。(b)海岸"铠甲"，使用桩基和钢质防护板，并用植被覆盖。这是为了保护防浪结构后面的海岸，在这里可以看到被侵蚀的台阶。酒店客房位于岸边 10 m 处

主要的驱动因素是珊瑚死亡后造成的珊瑚礁表面积减少，随着粗糙的珊瑚被光滑的沙子或裸露的岩石所取代，礁坪区的摩擦也相应减少。珊瑚礁外缘形状的变化也同样重要，这与控制珊瑚礁顶部波浪形成的因素有关。全球海平面上升是该模型的一个重要组成部分，但这被证明远不如珊瑚消失导致珊瑚礁表面下降造成的“伪海平面上升”(pseudo-sea level rise)重要。降低波浪能量的关键是礁坪的整体宽度，但这是不可能改变的。

在马尔代夫，Perry 和 Morgan(2017)发现，2016 年发生的珊瑚死亡导致珊瑚覆盖率下降了 75%，碳酸盐收支平衡从净增长[近 6 kg $CaCO_3/(m^2 \cdot a)$]变为净减少[-3 kg $CaCO_3/(m^2 \cdot a)$]，造成净生长量减少了 10 倍，迫使珊瑚礁进入净侵蚀阶段。这将“限制珊瑚礁的功能，以跟踪 IPCC 对海平面上升的预测，从而限制这些珊瑚礁的天然防浪能力并威胁到珊瑚岛礁的稳定”(Perry，Morgan，2017)。查戈斯群岛(Chagos Archipelago)珊瑚礁的钙化率从 1998 年开始恢复。研究结果显示：在 2016 年气候变暖之前，其平均钙化率接近 4 kg $CaCO_3/(m^2 \cdot a)$，某些水域的钙化值甚至更低。这足以证明：查戈斯群岛周围珊瑚礁的最大潜在沉积率平均为 2.3 mm/a，但在鹿角珊瑚占优势的水域(平均值 4.2 mm/a)比滨珊瑚/杯形珊瑚占优势的水域(平均值 0.9 mm/a)更高。然而，在 2016 年，这里的珊瑚覆盖率大幅下降。同样，作者也提出警示，珊瑚的减少会威胁到加勒比海珊瑚礁的生长(Perry et al.，2015)。

因此，珊瑚礁钙化率下降导致了“伪海平面上升”，这还得加上“实际”海平面上升。无论是何种因素导致珊瑚礁高度下降，这种情况都可能发生，马尔代夫首都马累(Malé)就是一个典型的例子。长期以来，珊瑚礁石灰岩是这里唯一可用的建筑材料(图 9.13)。许多国家的珊瑚礁被挖掘出来用作建筑材料，导致珊瑚礁下降了 0.5 m 左右，同时也失去了类似但未量化的珊瑚礁防护功能。

图 9.13　马尔代夫首都马累的房屋完全由从浅海珊瑚礁中开采的珊瑚建造而成

珊瑚礁边缘由孔石藻属(*Porolithon*)和石枝藻属(*Lithothamnion*)的钙质红藻构成，位于最强的海浪带区域。它们是海岸线防护的关键要素，因此维护它们的健康状态至关重要。目前人们掌握的知识有限，气候变暖可以说是珊瑚的一个重要影响因子，但对于藻类来说并不是，因为它们能够在平静的海洋和低潮时忍受强烈的光照。海洋酸化对它们沉积石灰岩的能力影响极大。酸化的海水大大减少了石灰岩的沉积，甚至可能使自由生活的结壳珊瑚藻的数量减少 250%(Jokiel et al.，2008)。此外，有报道称某些水域的藻类已经感染了某些疾病，因此迫切需要对珊瑚藻类这一强大但却经常被忽视的珊瑚礁组成成分开展相关研究。

9.4 珊瑚“蓄水池”的大小

由于珊瑚生长需要良好的水体交换，任何限制局部水流的海岸线建设都可能导致耐受性较差的珊瑚种类逐渐死亡或选择性突然死亡。随着水流逐渐受到限制，需要清水和良好水体交换的物种将消失，对沉积物耐受力更强的物种将陆续出现。结果往往是在海岸线工程引起沉积物增加的水域，珊瑚覆盖率和种类数量逐渐降低，敏感物种逐渐消失，但耐受性物种却并未增加。这是因为悬移沉积物的存在会抑制珊瑚的附着和生长。

并非所有的人造设施都会产生有害影响。对任何一个地区珊瑚的长远生存来讲，重要的是其发展规模与附近物种资源量的规模。图 9.14 显示了吉达北部延布(Yanbu)

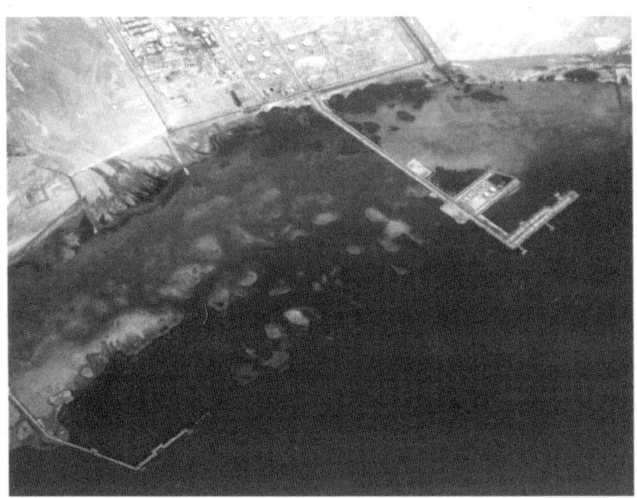

图 9.14　沙特阿拉伯延布码头，跨穿过红海的岸礁。码头建造后不久(20 世纪 70 年代末和 80 年代初)，该地区的珊瑚多样性和覆盖率仍然很高。这可能是由于在未受影响的红海珊瑚礁上还存在大量健康的珊瑚

的开发情况，其中，一个大型船舶码头延伸到岸礁的边缘，并延伸到深水区，而这座新城附近有好几座类似的设施。码头大部分由限制水流的固体填料构成，而不是建设在不影响沿岸水和沉积物流动的桩基上。固体填土码头比桩基码头建造成本更低，但是受限的水流也会导致致命的高水温，导致码头变成闭塞区。该位置在建造码头时每侧 200 km 内几乎没有其他开发项目或沿海干扰现象，附近有大量丰富的边缘礁和近海斑块礁(patch reef)及堡礁。尽管施工过程已明显导致沉积物向南(码头右侧)堆积，但码头相对独立，因此该码头的建设对该地区的珊瑚覆盖率和多样性没有明显影响(Sheppard，Sheppard，1985)，这可能是由于附近存在大量珊瑚幼虫的缘故。

9.5 食物链和营养平衡的变化

维持食物网的稳定对维持生态系统的稳定至关重要。珊瑚礁生长在营养贫乏的水域中，但事实上，珊瑚礁是典型的营养含量低但多样性高、生产力高的生态系统。珊瑚礁如何在系统尺度上发挥作用一直是珊瑚礁生态学中讨论最多的课题之一。珊瑚礁生态系统成功运行的关键在于刺胞动物和虫黄藻之间紧密的共生关系。有人认为，当你看到一处遍布珊瑚的健康珊瑚礁时，你实际上看到的是一片被圈养的单细胞藻类。光秃秃的岩块上总是有一层可以自由生活的细丝状的“小生物”(具有较高的生物多样性)，在健康的珊瑚礁上看不到大片的大型藻类，除非生态系统受干扰破坏。

常见压力源引起的营养失衡可以分为若干基本原则。第一，当营养物质满足需求时，藻类可以获得养分并被刺激快速生长。第二，藻类的生长速度比珊瑚快得多。第三，当自由生活的藻类生长良好时，它们会迅速占据基质，阻止珊瑚进一步生长；它们会使珊瑚窒息，占用空间并阻止珊瑚幼体的附着。第四，磷酸盐会抑制珊瑚钙化。第五，渔业捕捞会影响更高层次的食物链。如果捕捞植食性动物，则会减少动物对藻类的摄食；捕捞肉食性动物则可能会提升植食性动物的摄食能力(见第 6 章)。

有些地区的大型藻类和珊瑚能够在自然群落中共存，这些地区通常位于高纬度的珊瑚极端分布区域。在高纬度的澳大利亚西部海域，马尾藻属(*Sargassum*)和昆布属(*Ecklonia*)可与珊瑚共存；在低纬度受季节性上升流影响的阿曼地区也有这种现象。这些地方的珊瑚通常比较稀少，不构成珊瑚礁，应该称之为珊瑚群落。这些区域和其他区域(如东太平洋、澳大利亚东南部、南非或佛罗里达)都处于珊瑚礁及其大部分珊瑚种类自然分布范围的边缘。同时，这些区域也处于冷水性大型藻类分布的边缘，其中藻类和珊瑚群落分布多有重叠。今后研究应致力于这些区域以寻找营养丰富水域中珊瑚生长的线索，但对这些边缘区域的研究远远少于对其正常分布区域的研究。

目前的珊瑚分布范围可能会因气候变暖而向高纬度地区延伸。例如有报道称，现在珊瑚分布范围正沿着佛罗里达向北、沿着东非和澳大利亚向南延伸，这种所谓的迁移需要有地质条件的支撑(Precht，Aronson，2006)。拯救珊瑚礁并不能只靠这些有限的延伸过程，Muir 等(2015)的研究表明，高纬度地区光照度低(无论温度如何)，这限制了珊瑚礁向两极地区的大范围延伸。

如果藻类只是简单地以大型藻类和浮游生物的形式取代珊瑚，珊瑚礁区的初级生产总量可能不会有太大的变化，尽管初级生产的基础会发生难以识别的变化。浮游生物的增加驱使动物群体向滤食性种类发展，这给正在发生巨大变化的“珊瑚礁”又增添了一层复杂性。

石灰岩结构仍然可能支撑着许多珊瑚，但它不再是真正的珊瑚礁。此时会出现一个临界点，对于这个临界点的出现有几种合理的解释。地质学家普遍认为，当石灰岩的损耗速率大于石灰岩的沉积速率时，这种现象就会发生。生态学家会观察珊瑚的覆盖率，并以小于某个阈值的覆盖程度表示珊瑚礁的消亡。值得注意的是，后者没有明确的意义。印度洋-太平洋珊瑚礁区的珊瑚平均覆盖率只有 20%左右，而加勒比海地区的珊瑚平均覆盖率只有 10%(Gardner et al.，2003；Bruno，Selig，2007)。这些石灰岩结构发挥着重要的生态功能，具有“类礁”的营养结构，并具有旅游价值。越来越多的石灰岩平台被生物侵蚀：主要是藻类和滤食动物造成的，鱼类几乎未对其造成影响。有观点认为，许多珊瑚礁区的生物在进化层面上正在发生逆转，相比现在，回到一种更像是前寒武纪的状态(Pandolfi et al.，2005)。

10 珊瑚礁的未来、保护与管理

两大类导致珊瑚礁功能受损的问题被越来越多地报道和关注。第一类问题可以称为“地方性驱动因子”，包括沉积物、城市污水和过度捕捞等。第二类问题是 CO_2增加所引起的海水升温和酸化。第一类问题属于直接问题，如果得以缓解，也是短期问题，而且这类问题往往受政府干预的影响。第二类问题目前看来十分棘手，这是 CO_2驱动的，虽然作用缓慢，但持续时间更长。这样一来，珊瑚礁很可能成为当今世界第一个消失的重要生态系统。即使是出于科学的谨慎态度，科学家们依旧提出了上述可能性，这表明了他们对珊瑚礁未来的担忧。在 845 种主要的造礁生物中，预计有三分之一的物种面临着日益严峻的灭绝风险(Carpenter et al.，2008)。这不仅仅只是对遥远未来的预测，事实上许多珊瑚礁已然在经历这一过程，据报道，世界上约有三分之一的珊瑚礁 10 多年前就已经遭受到不可恢复的破坏(Wilkinson，2004)。最新研究显示，这一趋势正不断加剧。同时，鱼类也受到了相应影响(Wilson et al.，2006；Graham et al.，2007)。珊瑚礁生态系统正承受着严峻的挑战。

在过去的 130 年间，关于珊瑚礁的区域性问题一直报道不断(Glynn，1993)；直到近 20 年，珊瑚礁广泛而大规模的衰退才威胁到整个珊瑚礁生态系统。根据现有的证据和趋势，鲜有珊瑚礁能够保持原样存活下来，大多数珊瑚礁将以严重变形或胁迫后的遗骸形式幸存，而且有很大一部分珊瑚礁会变化到难以分辨的地步。多种因素共同造成了这些问题。其中，气候变暖是最棘手的驱动因子之一，也常用以阐明一些问题。对资源的需求问题被放大了，而一些应对措施同样也面临这种情况。

仅仅保护全球 10% 的珊瑚礁就需要将全球升温限制在 1.5℃ 以内(Frieler et al.，2013)，但是气温并没有呈现平稳下降的趋势。许多压力都是以偶然波动形式出现的，因此波峰之间的恢复期也是一个重要的问题。阈值和协同效应的存在，意味着我们肯定会面临更多的不可预见的相互作用。尽管早在 10 多年前，科学家就对气候变暖的重要性发出过警示(Glynn，1933)，但 20 世纪 90 年代末的温度变化幅度之大仍然使科学家们十分震惊。关于珊瑚礁，Knowlton(2001)讲到：这些典型的非线性关系很常见，但往往令人吃惊。这就相当于将“恒温室”温度调高一个等级时，人们希望的是缓慢地升温，而不是突然变得燥热难耐。自 1998 年的主要变暖事件以来，又发生了几起影响较小但累积效应较大的事件，特别是 2005 年底的变暖事件导致东加勒比海地区主要造礁生物的死亡率高达1/3。2016年的气候变暖就其后果而言与1998年的变暖事件一样严重。印度洋环礁珊瑚覆盖率大幅减少(Perry, Morgan, 2016),大堡礁(GBR)的珊瑚覆盖也大幅下降。就在本书编写期间,有关部门正在拟订一个项目计划书,里面提及一些非常严重的影响,例如,Hughes(2016)记录了大堡礁90%以上的珊瑚礁都已白化,并导致其北部珊瑚死亡率高达50%~80%。

10.1 可利用的时间尺度

就温度而言,导致珊瑚死亡的是夏季的峰值温度而非年平均温度。冷水事件偶尔也会导致大量珊瑚死亡,但我们并不会对此担忧。全球年海水表面温度(SST)变化幅度很大。在大洋水域,季节水温波动可能不超过3℃,例如在26~29℃之间波动;而在封闭水域,冬季降温和夏季升温可能导致水温在20~33℃之间波动,温差接近14℃。许多浅水海湾的水温波动更加严重。

根据概率曲线,我们可以估算未来任何时间发生致命水温的概率。估算依据是印度洋南北走向的几个横断面(Sheppard, 2003b)和加勒比海地区的36个基站(Sheppard, Rioja-Nieto, 2005)的水温测值。5年的循环周期被认定为一个"灭绝点",因为5年是许多珊瑚能够进行繁殖的大致年龄。因此,诸如1998年这样规模的死亡事件的发生频率若比每5年一次更高,将导致大部分珊瑚灭绝。在印度洋,紧临赤道水域的珊瑚礁死亡事件的发生频率预计将在21世纪20年代或30年代就会达到灭绝点。上述赤道两侧热带水域珊瑚的灭绝时间会向后推迟,但不会超过2080年。据推测,在未来几十年里,加勒比海珊瑚礁的死亡事件将从东或东南向西或西北像浪潮一样蔓延开来。印度洋-太平洋地区以及澳大利亚部分水域的情形大致与之类似(Hoegh-Guldberg, 1999, 2004)。van Hooidonk等(2016)针对不同的IPCC情景模式进行的预测结果支持了上述观点且更为悲观。

由于海水变暖、灭绝事件的间隔缩短、多重压力协同作用(如海水pH值的逐渐下降以及许多水域的污染、岸线建设、富营养化和过度捕捞现象),珊瑚的未来并不乐观。

但也有几个原因能够部分缓解如今的情况。在许多海域,尽管浅海珊瑚礁水域已受到严重影响,但较深的水域仍然完好无损,这些水域为许多种类的成体繁殖提供了空间,珊瑚礁借此得以恢复(Sheppard et al., 2008)。但这可能不适用于那些只分布在浅水水域的关键造礁珊瑚物种。

在非常庞大的水体中,升温幅度可能没有上述概率曲线预测的那么大。在太平洋,水温似乎达到了热上限,至少在一段时间内是这样的。例如西太平洋暖池(Western

Pacific Warm Pool，图 10.1)的升温并没有其他水域那么高，这可能导致该水域的珊瑚礁在某种程度上免受热胁迫影响，或者至少有更长的时间来适应胁迫(Kleypas et al., 2008)。通常，暖池的平均水温约为 29℃，接近建议的“恒温室”极限，但其水温还是稍高于大洋较冷水域。根据这一论点，恒温室的原理可能是增加的蒸发带走了海洋表面的热能。暖水还可能增加云层覆盖，从而减少阳光照射，并且增加风力，从而导致更高的蒸发量。两者都是对变暖的负反馈。长时间处于暖水中能够使珊瑚-共生藻类得以更长的时间适应环境，但其程度目前尚不清楚。时至今日，这一论点尚未获得普遍共识。没有白化的相关报道并不说明这个水域没有白化，蒸发本身并不能作为有效的调节机制，而且除非云温室效应和云反照效应之间的平衡出现偏差，否则云很可能不会起到调节作用(Pierrehumbert, 1995)。此观点表明，热带气候的主要因素是晴空水汽温室效应，并且“蒸发并不能作为热带气候的调温器……它只是作为一个缓冲器，防止海水表面温度变化远大于低空的温度变化”。这将引发一场新的辩论，并将持续下去。

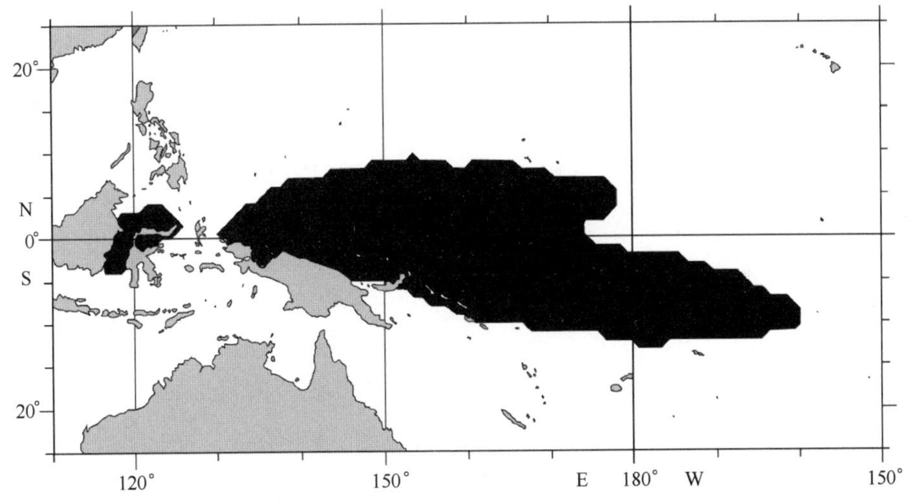

图 10.1　太平洋暖池。黑色阴影区域为 1950—2006 年间年平均水温在 28℃以上的海域

(资料来源：图由 Ruben van Hooidonk 提供)

10.1.1　对压力源的适应

一个重要的问题是珊瑚能否适应这些变化。正如上文提及的太平洋暖池，珊瑚很可能只要有足够的时间，就能够或者已经产生一些对暖水的适应。然而，在气候变暖、海水酸化和富营养化的情况下，到目前为止，还没有迹象表明珊瑚礁可以适应这些变化。对于水温上升，珊瑚礁显然已经产生了一些适应。例如，一些珊瑚在某些海区水温达到 30℃时就会死亡，但在每年至少比这高 2℃ 的海湾或潟湖中却生长旺盛(图

10.2)。此外，许多珊瑚种类能够在温暖的环礁潟湖中幸存，但是在暴露的、温度较低的海边礁石上却会死亡。潟湖的年水温变化比大洋海域的水温变化更大，所以潟湖水域的珊瑚可能已经在一定程度上产生了适应。但这只不过是回避了一个问题：适应的本质是什么？这可能由虫黄藻的适应性造成，而并非珊瑚(的适应性)。已知D支的虫黄藻种类对高温特别有耐受性(见第4章)，而且该分支可能在经常变暖的水域中更为常见(Baker et al.，2004；Rowan，2004)。针对这一课题目前正在进行大量的研究。

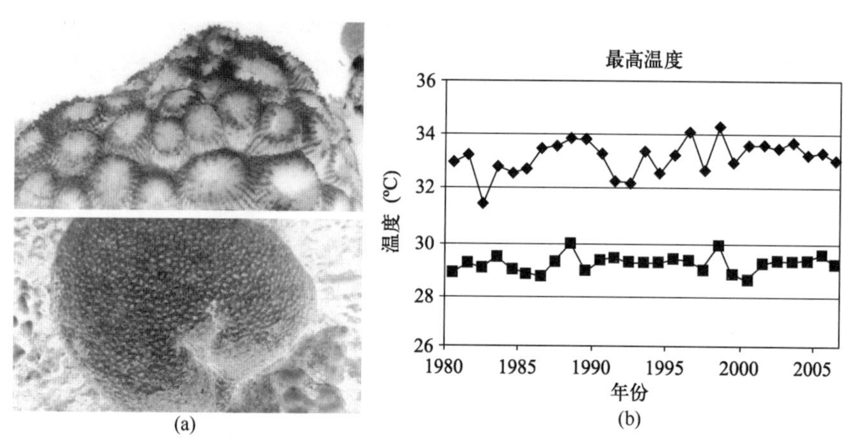

图10.2　珊瑚对水温上升的适应。(a)相同种类的蜂巢珊瑚在阿拉伯湾每年32~34℃的高温下能很好地生存，但却在印度洋中部的30℃的海水中死亡；(b)阿拉伯湾(上，Arabian Gulf)和中印度洋(下)夏季最热月份水温变化曲线。湾内的水温大约升高了4℃

如果适应变暖的解决方案是在全世界的珊瑚中植入耐热虫黄藻，那么就需要大量时间来实现这一目标。目前的估计表明，只有少数几个国家正在进行相关研究，而珊瑚只剩几十年的时间去实现这一目标，能否奏效还有待观察。

从生物地理学的角度来看，一些珊瑚物种分布范围正在向两极扩张。加勒比海的鹿角珊瑚(*Acropora*)就是一个很好的例子(Precht，Aronson，2004)。它们在全新世早期沿着佛罗里达海岸向北生长(当时的温度比现在高)，然后其分布向南回缩；但是现在，随着海洋变暖，它们再次开始向北扩张。据报道，日本北部以及东非和澳大利亚东部沿海地区也出现了类似情况。虽然这远不能补偿热带温暖水域的珊瑚损失，但对某些物种来说却可能是有利的。

如果过去的水温比现在还要高，那么为什么现在的水温升高会导致肉眼可见的珊瑚死亡呢？答案就在于现代水温变化太快了。这一答案也适用于海水酸化及其他局部和协同压力所引起的影响。在某些物种层次，适应可能是一个相当快的过程，但后生动物的进化过程通常要耗费很长时间才能应对目前的环境变化速度。

10.2 “屋中象”[①]——那些视而不见的问题

世界上较贫穷的、依赖珊瑚礁的许多国家开展的援助和研究项目现在都敏锐地意识到人口数量的重要性。由于许多与珊瑚礁有关的项目的失败以及巨额资金的浪费，最高级别或政治级别领导人都意识到了这一问题(但现场实施项目的大多数人几十年前就明白这一点)。许多发展中国家目前没有能力开展必要的研究，以查明导致其环境资源问题的原因，更遑论解决这些问题；而许多援助机构把重点放在“扶贫”和“能力建设”上，不愿意为这些基础研究提供资金。人们普遍把这些研究工作抨击为“科学帝国主义”，而无论如何，这种投入很少能够达到经济和政治所要求的那种立竿见影的效果(Hancock，1991；Sheppard，1996)。

许多国际论坛并没有对人口数量进行合理的讨论(Sheppard，2003c)。人们可能没有认识到，人口压力是珊瑚礁(和其他)生境减少的主要原因，但文化或宗教禁忌往往阻碍了这一因素有效列入讨论，甚至将其排除在国际论坛的话题之外。然而，许多热带国家日益拥挤的沿海地区显然与珊瑚礁资源状况的下降密切相关。在许多地区，人口在 15 年内就翻了一倍；而在战争或内陆较贫困的几个城市的沿海地区，有时通过移民只需五六年的时间人口就能翻倍。如果方程式中的“人口数量”项没有得到处理，那么这个方程式自然就无解。相反(至少在国际论坛上)，讨论可能会转向技术型修复、网络、讨论和更多的会议等，而实际上这些都并非引起问题的根本原因。该现象也被称为“鸵鸟因子”(ostrich factor；Hardin，1999)，即忽略人口数量，以至于技术上的解决方案常常无法奏效。有人(正确地)认为富裕的生活方式是一个问题，但人口增长也是一个问题，而且在较贫穷的国家，人口增长往往更快。虽然现在不止一个捐助机构致力于可持续发展，但如果不充分认识到对资源日益增长的需求，这种努力注定不会成功。然而，一些国家现在确实(有时是不情愿地)为“计划生育”设置相关机构或管理部门等，以满足接受援助的资格要求。但问题是，世界现在是相互联系的，社会无法再将其问题“外部化”，也已经没有地方可以让其“外部化”了(Jameson，2008)。

战争会大大增加对珊瑚礁的压力。例如，斯里兰卡人向南迁移到沿海地区；莫桑比克长达 18 年的内战(现在已经结束)，造成许多内陆地区不再适合农业生产，莫桑比克人逃往沿海地区；伊拉克战争期间，大量的外籍工人被驱逐，导致也门沿海人口激增。在上述以及其他例子中，对珊瑚礁的索求很快就超过了这些珊瑚礁所能提供的资

---

① 屋中象，也称卧室里的大象、墙角的大象、餐桌上的大象、厨房里的大象等，源自英国谚语，用来形容一个明明存在的问题，却被人们刻意回避并无视其存在的情形。

源。人们仍然相信海洋可以提供免费的食物来源，事实上如果管理得当，确实如此。“屋中象”(Sale，2008)之类的问题必须得到充分的解决，才能真正实现珊瑚礁的恢复。

10.2.1 基线漂移综合征(Shifting baseline syndrome)

“基线漂移综合征”是捕捞渔业炮制的术语(Pauly，1995)，用来描述生态系统(在本例中是渔业)衡量未来的变化的起点或基准点。有人指出，珊瑚礁基线调查亦存在同样的问题(Sheppard，1995)，基线调查旨在了解一些大型建筑工程对环境造成改变之前的“自然”状况。“基线”概念在环境影响评价(EIAs)中仍然很受欢迎，因为可以估算造成的破坏或压力的大小。然而，这种方法存在一个主要问题，导致了全球范围内恶化现象随处可见。也就是说，目前测量获得的任何生态环境基线本身都可能偏离了它的“真实”(也许是人类出现之前)状况。每一代观测者都自然而然地认为自己所看到的“最健康的”珊瑚礁代表着“基线”状况，无论它实际上是否已在生态、营养或物种组成方面发生了偏移，或在过去的一两个世纪里发生变化和退化。确定真实状况并没有终南捷径，所以现有的“最佳”环境状况取代了理应达到的环境状况。换句话说，参考基线不可避免地向各种阈值靠拢。

自20世纪90年代开始，人们尝试估算“原始”生态系统的实际变化量。Jackson(2001)指出，“对海洋是一片荒野这一虚妄观点的坚信蒙蔽了生态学家的双眼，致其无视过去几个世纪由于过度捕捞和人为的陆源输入对海洋生态多样性造成的巨大损失”。他指出，“自然”通常指的是当代科学家第一次看到的事物所处的状态。因此，直到现在人们才认识到真正的状况是珊瑚礁已发生了变化。换句话说，与一个世纪前的环境相比，世界上大多数地区的珊瑚礁已经发生了巨大的变化。珊瑚礁生态系统的剩余弹性可能远低于生态学家的期望值，这一点至关重要。就像是橡皮筋已经被拉伸了很长(在我们不知道的情况下)，以至于在它断裂之前，它能继续拉伸的长度比我们想象的要小很多。

在珊瑚礁生态系统中，该观点现已得到广泛认同。我们知道，如今的许多珊瑚礁只不过是几十年或几百年前珊瑚礁的“残影”，而泛泛的管理对严重退化的珊瑚礁只不过是杯水车薪，获取的数据除鼓舞人心别无他用。在许多水域，对珊瑚礁群体的测量仅仅体现在环境随时间变化曲线的波动上。

珊瑚礁很容易以化石形式记录，因此可以对其进行长期研究。加勒比海地区的一些珊瑚礁记录显示，在前哥伦布时代和20世纪80年代之间，珊瑚礁已发生显著退化(Jackson，2001)。自从西方探险家进入加勒比海地区以来，压力主要来自渔业捕捞活动。植食性动物可以降低藻类密度、海参可以消耗碎屑、海龟可以摄食海草、贝类能够过滤海水，而渔业捕捞造成这些生物大量减少。根据目前估算，从17世纪到19世纪，渔获量数据几乎是不可信的，所以实际影响并不令人惊讶。随着农业发展和沉积物中的毒素和肥料的日益增加，陆源径流的输入造成了进一步恶化。至少对加勒比海珊瑚礁来说，正是由于19世纪许多植食性鱼类被大量捕捞，才导致了现如今“扭曲的”状态(Jackson，2001)。不过，海胆也是一种有效的植食性动物，但其固有的生态冗余意味着，在20世纪80年代海胆死于疾病之前，并没有任何重大变化被记录下来(尽管当时的观测极少)。然后，由于藻类不再被摄食，也没有生态冗余，随着促进藻类生长的营养物质不断向海洋输入，加勒比海的珊瑚礁系统几乎完全崩溃。后来的珊瑚死亡事件很可能是由于病原体的引入和不断增加的生理压力所导致的，近期水温的升高也加剧了加勒比海地区珊瑚礁的死亡。在其他礁区，不同的压力源发挥着不同程度的重要性或影响，但这些压力源始终普遍存在。

因此，沿海资源的利用(不仅是渔业捕捞)一直且仍然是珊瑚礁生态变化的主要推动力，而任何保护珊瑚礁的努力却不注重调节蛋白质和其他资源获取量的管理活动都不可能获取成功。如果不能有效地控制营养物质和病原体排入，这些措施也无法发挥作用。实现这一短期目标的一个重要前提是该地区能够获得妥善的保护和管理。

10.3 保护区和珊瑚礁

在地方和国家层面，最有希望的解决方案之一是建立受严格保护的海洋保护区，开展目标明确的管理和高效的执法。当然，现在已有许多海洋公园和保护区，但其中有成效者寥寥无几，而且很多保护区允许渔业捕捞活动。鉴于渔业是造成珊瑚礁生态扭曲的主要压力之一，因此很难说这些保护区获得了有效“保护”。这在一定程度上解释了为什么加勒比海地区有500个这样或那样的海洋保护区，而该地区却失去了80%的珊瑚覆盖。有人提出了强有力的观点，认为只有在保护区内进行实质性的全面保护才会收到效果。这种效果不仅保护了该地区的珊瑚礁，而且由于“溢出效应”，保护区内的成鱼和仔稚鱼会进入邻近水域，为邻近水域提供了补充量。现有的几个珊瑚礁案例表明，渔获量在邻近保护区的海域大幅增加，并为当地渔民带来了巨大收益。

目前，还需要实施更多的保护措施。如今只有大约4%的海域受到保护，而在世界珊瑚礁中，只有6%得到有效管理，21%没有得到有效管理，73%处于海洋保护区之外(Burke et al.，2011)。从某种意义上讲，管理只能应对或防止局部影响，没有方法使其免受CO_2升高所带来的全球影响。此外，来自上游地区的其他外来形式的影响和污染的风险很低，仅占总量的十分之一(Mora et al.，2006)。透过这些数字，需要完全保护的珊瑚礁数量似乎令人望而生畏。早期估计10%的生境需要保护(Souter，Linden，2000)。之后，2003年世界公园大会(World Park Congress)提出20%~30%的生境需要保护(Mora et al.，2006)。如今的估计表明，如果希望将珊瑚礁生态系统作为一个整体进行保护，那么其中的20%~40%必须获得完全保护(Roberts，2007)。保护面积比例在一次又一次的修订中逐步升高。

保护区的面积和间距也需要仔细计算。目前约有一半的海洋保护区面积小于 1~2 km^2，其保护效果很差。由于与繁殖体扩散及幼虫“损失”有关，保护区的直径和间隔应为 10~20 km，才能达到最大的效果。珊瑚礁在地理上是分散分布的，因此一个最佳的保护区网络应该包含多个海洋保护区，单个保护区面积为 10 km^2，相互间隔为 15 km。这就需要再建设 2500 个受到充分保护的、没有开发活动的海洋保护区。Mora 等(2006)利用他们自己的有效性指数计算出，目前只有 2%的珊瑚礁位于有效的海洋保护区中，而即使所有的“纸上公园”都有效，其数量仍然低于保护需求。

事实证明这种保护对所有部门都有益处，然而这一观念遭到既得利益集团的抵制(Gell，Roberts，2003；Roberts，2007)。虽然存在溢出效应提高渔获量的案例，但这尚缺少科学论证来使渔民信服，只是通过与应用了这种方法的渔村做比较加以体现。保护区的建立，使人们从甲壳动物、贝类、头足类以及鱼类中获取的蛋白质翻倍或数倍地增加，而这只需要 2~5 年就能实现(Gell，Roberts，2003；Roberts，2007)。一个简单的原因就是保护区为成鱼的繁殖提供了庇护所，再加上成鱼的大小对产卵量有很大的影响(如 1 只 10 kg 的成鱼产卵量是 10 只 1 kg 的成鱼产卵量的数倍)。这些鱼卵和仔稚鱼的“溢出”，为人们提供了更高的回报，同时维持了这些鱼类种群的延续。

相较于那些已经产卵的体型较大的个体或发育完全的成鱼，繁殖群体往往最容易被捕捞到(它们一般是体型最大的个体)，这造成这类鱼群接连减少，直至灭绝。例如，繁殖期的石斑鱼和笛鲷通常是主要捕捞产物，一旦捕捞走，未来若干年内的繁殖群体也就消失了。以产卵场为渔业作业区，一方面是出于无知，另一方面则是认为海洋是“公共区域”，如果自己不去捕捞，其他人也会去捕捞。因此，有些珊瑚礁区获得了成功保护，其原因是赋予邻近社区不同类型的所有权(见第 7 章)。正如 Roberts(2003)写道：

> 如果顺其自然，我们或许可以从海洋中获得更多……我们不必建造巨大的水产养殖设施并为此破坏海洋生境，仅需简单地让海洋自主地生产，就可以获得更多的海产品。从本质上说，保护区代替了因为渔业捕捞而损失的关键的鱼类庇护所，因此帮助我们将时间倒回 200 年(返回到 200 年前的资源状况)。

10.3.1 连通性和区域选择

保护区位置的选择十分关键。许多珊瑚和鱼类的分布范围非常广，但在一些群体中，多达 53%的种类的分布范围相当有限(Roberts et al.，2002)。在任何水域，只要分布着若干具有高度地方特有性的群体，这片水域就可以称为“生物多样性热点区”。生物多样性热点区的概念可能会被混淆，因为一些定义或用法认为，只有存在大量物种的水域才构成生物多样性热点区。有时在一些多样性非常低的地区，却包含了非常高比例的本地特有种。大西洋的巴西海域和红海就是两个典型的例子。这些地区和物种丰富的水域都应该被优先保护。

地方性生物多样性中心的分布水域，主要位于受地理距离和海流模式(特别是非逆转流)的共同影响，相对孤立的水域。Roberts 等(2002)确定了全球 18 个多样性最高的地方性生物多样性中心，发现其中包涵了世界 35%的珊瑚礁和 58%~69%的有限分布物种。多样性最高的 10 个生物多样性中心仅占世界 15%的珊瑚礁，但却包括了全球约 50%的有限分布物种。今后需要关注的研究方向显而易见，尽管前途面临诸多挑战。由于人口的不断增长，许多这类生物多样性中心都面临着持续破坏的巨大风险，即使在一些人口较少但分布有大量地方性物种的地区也是如此。例如，富裕的中东国家对在沿海地区的建设和无节制开发的监管非常薄弱，这造成了珊瑚礁和相关生物群正在迅速减少。然而，高地方性并不是唯一的标准，像在查戈斯群岛(Chagos Archipelago)，Veron 等(2015)提出所谓的“查戈斯结构”(Chagos stricture)就没有或几乎没有珊瑚特有种。这一结构只是印度洋珊瑚扩散东西路径上的一块跳板，正因为如此，这里对印度洋的珊瑚多样性至关重要。

连通性问题(物种和基因连通性)在任何保护区网络设计中都很重要。表层海流输送幼体，自上游到下游构成连通，通常不会逆向发生。流向可能以年为周期逆转，这时连通方向也随之逆转。但若要使连通有效，流向必须与固着生物(如珊瑚)的繁殖周期相一致。因此，即使海流每年都发生逆转，幼体可能主要或始终表现为单向扩散。因此，连通会影响保护区的弹性，即从受损事件中恢复的能力。这反过来又会影响大面积或多国海洋保护区的设计(Roberts，1997)。然而，一些地理因子似乎与这些网络背道而驰。Sheppard 和 Rioja-Nieto(2005)指出，海洋变暖很可能导致加勒比海从东南向西北的珊瑚礁灭绝浪潮。加勒比海的各种海流总体在向北形成墨西哥湾流之前，也大致从东南向西北方向流动。虽然有许多局部涡旋，但这意味着最脆弱的区域(包括向风群岛和背风群岛链的东加勒比海)基本上位于加勒比海地区的上游。由此产生了两个问题。首先，这些岛链上的一些国家已经承认他们的珊瑚礁存在问题，并希望来自其他国家的幼虫补充有一天能够将其恢复，但却几乎没有连通性导致的上游幼虫的补充量。同样，向风群岛和背风群岛附近珊瑚礁被破坏后就不能够再为下游的珊瑚礁输送丰富的幼虫，而仅就加勒比海地区而言，这种输送是下游的全部补充量。佛罗里达群岛(Florida Keys)在加勒比海流向北偏转之前，很偶然地成了大多数大规模海流的目的地，这可能是该区域在目前过度开发且许多水域的珊瑚覆盖率低于 5%的情况下仍然能够保持相对较高的多样性的原因所在(Dustan, 2000)。尽管如此，Dustan 在 20 年前就警告说："自 1974 年以来收集的数据为佛罗里达群岛珊瑚礁的未来描绘了一幅严峻的前景。从目前严重的生态退化中恢复不可能在短时间内完成"(Dustan, 2000)。这里指的是从加勒比海大部分地区接收幼虫的下游地区，多属于世界上最富有的国家，并且也是拥有世界上最丰富的珊瑚礁资源的国家。今天，世界上最贫穷地区的非政府组织和政府机构正在努力改变饥饿的人民对待自己国家珊瑚礁的习惯，以试图养活急速增长的人口。这是一场艰苦的斗争。

此外，对于气候变化造成的损害，海洋保护区未必能起到明显的保护效果(Graham et al., 2008)。保护区的地点往往是多年前根据各种标准选取的，通常没有考虑应对气候变化影响的弹性。今后管理工作的努力方向应该包括识别和保护区域性庇护所，这些庇护所能够很好地应对珊瑚礁区的新威胁。

10.4 环境影响评价

在许多国家，任何可能造成环境扰动或符合某些标准的开发在实施之前，都必须先进行环境影响评价。环境影响评价也称为环境影响报告书等，这些术语可以互换，但一般具有相似的或者特定的法律含义。环境影响评价的要点是需要确定环境的价值，确定哪些方面可能受到影响，预测与开发相关的风险，并提出减轻各种损害的方法。理想情况下，在环境问题消失之前，环境影响评价具有一票否决开发的权力，或者具有临时停止实施("停止令")的机制。例如，如果机械屏障不能阻挡含有大量泥沙的水流，那么在悬浮泥沙负荷下降之前，可以颁布命令停止对礁区附近海床的疏浚。在某些情况下，与环境影响评价并行的还有社会影响评价，其中包括评价开发项目带来的经济和社会价值或对当地居民生活的破坏。

在项目实施之前开展环境影响评价是有效环境影响评价的必要条件，也就是说如果评价结果认为选址会造成灾难性后果，那么就有充分的时间重新选址，不至于难以补救。开展环评的人员既不能与有利益可图的承建商有联系，也不能与委托机构或政府有联系，这一点也同样重要。然而许多环境影响评价没能做到这几点(Sheppard, 2003a)。

许多国家都有完善的实施环境影响评估的系统，并制定了明确的相关条例。然而大多数都没有遵照实施，或是即便开展了环境影响评价却也在实施时被忽视了。在这种情况下，可以找到许多荒谬的环境影响评价的真实案例(Sheppard, 2003c)。不幸的是，许多拥有珊瑚礁资源的国家忽视了环境影响评价，或声称有万分迫切地需要去强行实施发展规划。高昂代价却总是由当地居民来承担。

即使是最优设计且认证执行的环境影响评价，通常也会被认为：虽然会造成少量的环境影响(很难想象重大沿海开发项目会没有任何影响)，但开发的利益远远超过损害。如第 9 章和图 9.14 所述，位于一个未受损的广阔区域内的一个或几个这样的项目可能确实不会威胁其所在区域的完整性。但许多相邻项目会产生累积效应，再次导致“基线漂移”。鉴于许多影响具有协同作用，而且许多压力都存在阈值，超过阈值，珊瑚礁系统的恢复力就会受到损害。尽管一项开发本身可能没有显著影响，但许多同时或连续进行的开发可能会产生不可逆的影响。这样的例子在珊瑚礁区的沿岸水域比比皆是。为满足不断增长的服务设施需求，开发项目从原来的渔村逐渐蔓延开来，规模越来越大，深水区开发也越来越普遍。在这种情况下，很少有国家会对未来几十年的整个规划进行环境影响评价。如果真的开展了环境影响评价，更有可能的是每一个小型的扩建项目都应有自己的环境影响评价值，或者根本就不做环境影响评价。把一个死亡多年且大部分已经变为藻床的珊瑚礁作为未来环境影响评价的起始参考点也很常见。

10.4.1 补偿方案

即使有良好的环境影响评价机制，也可能出现累积损害的后果，解决办法是实施补偿方案。这是一种相对较新的机制，通过这种机制，被认为是不可避免的影响可以被其他地方的环境改善所抵消。其目的是使一个国家、地区或海岸线的整体环境保持稳定或整体改善。通常，实施补偿的目的是抵消那些发生在合理或可承担的缓解措施完成之后的剩余损害(McKenney，2005)。

等价原则可能是最难解决的问题。没有两个地点是完全相同的，因此很难判断需要对一个受损的地点进行多少“修复”，才能够适当地补偿由于新开发而造成的损害。事实上，补偿可能适用于不同的生境。与受益期限相关的复杂问题也随之产生。例如，从恢复的地点获利究竟是永久性的，还是只在预计发生损害的持续阶段？实际上，整个系统可能需要两个环评程序：一个用于建议的开发项目；另一个用于修复受损区的规划。美国的湿地和河口地区有很多这样的例子，越来越多的国家逐步开始采纳这项原则。

实施补偿方案对珊瑚礁存在重大缺陷，由于受影响的珊瑚礁表现出滞后效应并陷入一种极难恢复的替代状态，因此要在生态上显著地恢复受损的珊瑚礁并非易事，甚至是不可能的(见第 9 章)。考虑到这种障碍，只有在其他生境(如河口或海草床)进行的补偿才有可能实现，而这对全球珊瑚礁的状况并无益处。

补偿方案在某些情况下可能价值显著，无论是对湿地还是森林等其他类型的生境，亦或是其他“有价值的事物”，比如最广为人知的碳补偿机制。但是鉴于恢复工作的难

度和不确定性，目前解决珊瑚礁退化的根本办法就是不去引发这类问题。

10.5 成本、价格和价值

对于依赖珊瑚礁生态系统的人们来说，其退化的社会代价显而易见，首要的问题就是食物短缺和食物保障降低。珊瑚礁严重退化造成的死亡人数几乎无法量化，但毫无疑问达到了数百万之巨。这一巨大数字与环境退化之间的联系可能被许多因素所掩盖：死亡原因通常被记录为某一种特定疾病(尽管在许多珊瑚礁国家根本没有记录)，而这其中的许多疾病只能够造成极度营养不良的人群死亡。例如，2000 年 54%的儿童死亡与营养不良有关，最终导致每个儿童死亡的疾病也可能是一种已知疾病(图 10.3)。随着人口的增加，这一比例也可能增加。

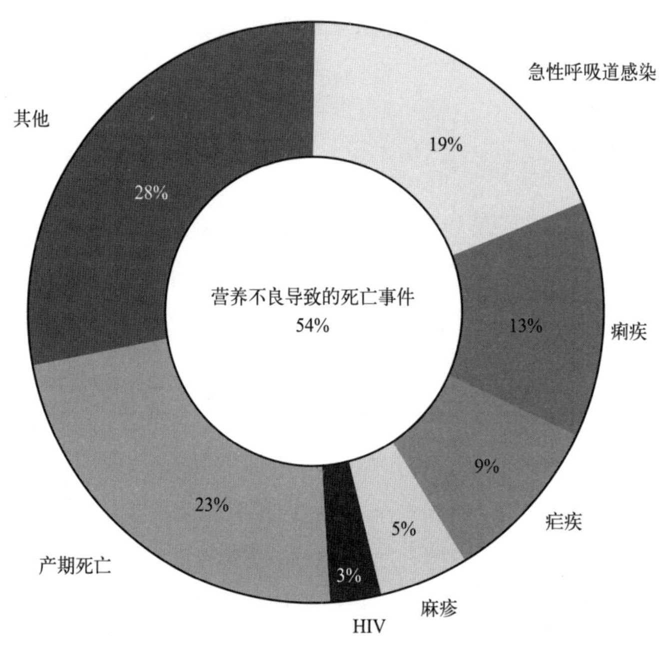

图 10.3 全世界 5 岁以下儿童主要死亡原因
(资料来源：特异性死亡病例)

在国家层面上，食品保障问题十分重要。“总地来说，成功减少饥饿的国家经济增长更快，同时还表现为人口增长缓慢……”(FAO，2003)。世界上拥有有效的珊瑚礁管理部门，但在食品保障问题上失利的地区数量不断增加，而且这些地区共有约 10 亿人口(数量仍在增加)，其中大部分人每时每刻都处于营养不良状态。通常情况下，当需要从中获取食物的人数在 10~20 年内翻一番时，一个能够养活一定数量人口的小保护区的保护成果就会化为乌有。

10.5.1 经济成本

对珊瑚礁不明智的利用代价高昂，只是这种例子直到最近才为人所知。越来越多的人认为，要使相关部门将资金分配给珊瑚礁(和其他)资源，就必须让这些部门相信该生境持续存在的重要性。尽管“生态”和“经济”有着相同的希腊词根(oikos，意思是家园)，但是本应相辅相成的它们已经分化到了令人担忧的程度。印度尼西亚破坏性渔业方法的成本高达每平方千米120万英镑(Cesar et al.，1997)。1998年气候变暖的代价在未来几年可能高达80亿美元(Cesar，1999；Wilkinson et al.，1999)，其中包括食物损失、海岸侵蚀和旅游收入损失等。事实上，在一些珊瑚礁地区，旅游业受影响的例子越来越多，甚至有游客要求退款，因为他们花钱看到的所谓的“珊瑚礁”实际上只是悄无声息的骸骨。

众所周知，给受损的珊瑚礁分配财政经费是非常困难的。大多数此类成本计算的基本原则是由Costanza等(1997)确立的。在这类工作完成之前，人们并未意识到，大自然作为一个整体提供的“商品和服务”大大超过了所有国家国民生产总值的总和，特别是珊瑚礁。据估计(按1997年价格)，珊瑚礁每年每公顷的价值达到6 000多美元，全球年计约为375亿美元。不同的成本计算方法仍在继续探索中，但现有方法依然难以准确地估算许多商品和服务价值(Moberg，Folke，1999)。Costanza等(2014)将他们提出的珊瑚礁估值上调了50倍，达到每年每公顷约300万美元，这主要是由于珊瑚礁面积的减少和珊瑚礁价值的大幅增加。他们强调：对生态服务的估价(无论单位是什么)不应该商品化或私有化。许多生态服务最好视为公共产品或共同资源，因此传统市场往往不是管理它们的最佳体制框架。然而，这些服务必须(而且正在)得到重视，我们需要新的、共同的资产机构来更好地考虑这些价值。

由于珊瑚礁资源的丧失，这些额外成本才逐渐引起了人们的关注，珊瑚礁资源价值的增长比最初预期的要快。当然，其中也忽略了人力成本。然而，在世界各国政府采用货币核算而不是生态评估的工作原则下，将生态成本转化为经济价值可能有助于更好地评估损失。人们更注重价格，而不是价值。正如伦勃朗一幅油画的价值大于画布和颜料的价格一样，一个正常运作的珊瑚礁系统的价值也大于其组成部分在水族馆商店的销售价格。尽管如此，这样的成本核算正越来越有效地将当地管理部门从严苛的短期报表中解放出来。

目前大量的工作正在调查可以分配给生态系统的价格，更广泛地说，可以分配给整个环境的价格。其部分原因是因为对严重环境损害的保险费迅速上扬，而且也因为这个价格还可以通过对游客的潜在经济价值进行简单估算得出。例如，马尔代夫在很大程度上依赖于珊瑚礁潜水旅游，Anderson(1998)的计算说明，捕获一条鲨鱼的销售价值约为35美元，但让它活着以吸引潜水游客，每年能带来约3 300美元的收入，而且可以繁殖出更多的鲨鱼。这点应该是毫无争议的。

10.6 “滑向泥土的礁坡”——急转直下的状况

“如今，退化最严重的珊瑚礁除了碎石、海藻和泥之外，其他已荡然无存”(Pandolfi et al.，2005)。最近在加勒比海地区“泥量的增加”获得定量化调查(de Bakker et al.，2016)，其中，在荷属安的列斯群岛(Netherlands Antilles)的部分水域，蓝细菌菌群已经成为40 m以下珊瑚礁的主要底栖生物组分。在非常偏远或受到严格保护且未过度捕捞的珊瑚礁区，肉食性和植食性鱼类的生物量比过度捕捞的珊瑚礁区高一至两个数量级。相应地，健康珊瑚礁所不需要的东西(如蓝细菌菌群、疾病、窒息性的沉积物以及前面提到的“泥”等)也比较少。有些珊瑚礁既不受过度捕捞的影响，也不受有害输入的影响，这些珊瑚礁能够为未来珊瑚礁的管理提供一个参照基线。

环境管理已成为一门独立的学科，其重要性也日益凸显。D'Agata等(2016)研究表明，一个珊瑚礁区和一个人口较多的人类社区之间的距离是控制珊瑚礁顶层肉食性动物生物量的最重要因素，这一因素几乎不受任何类型的“管理”的影响。因为珊瑚礁产品消费的多样化和强烈的交互作用，尽管珊瑚礁的生产率较高，但收益率仍然较低(Birkeland，2015)。而且，大部分的生产力都消耗在生态系统内部，在生态系统崩溃之前，能够提供给人类的只占珊瑚礁总初级生产力的1%。管理层往往忽视了这一点，在很多情况下，所谓的管理只不过是对一个不甚了解的系统进行的盲目修补，而当前短期的粮食安全压力或有限的经济收益往往导致管理目标无法实现。最重要的是，制订一个“管理计划”通常被认为是一个目的，计划本身一旦制订，要么没有执行，要么无效执行。管理计划只要被国家统计数据采用就认为获得成功，保护区因此沦为臭名昭著的“纸上公园”，因为它并没有得到实际的保护，也没有进一步的监测来衡量该保护区建设后的资源恢复或退化。管理层和利益集团在开发前的谈判中，可能“豁免”了那些已知会破坏珊瑚礁且本应禁止的活动，这通常包括渔业捕捞——珊瑚礁退化的主要驱动因子之一。换言之，由于历史、传统或经济原因，诸如“受保护”“公园”或“保护区”等标签可能涉及一些控制措施，但却并不包括那些重要的管理措施。

10.7 珊瑚礁的未来

珊瑚礁及礁栖生物适应环境压力的能力有多强？从地理上看，在上升流区、深水区、包含有利海洋学条件的邻近水域在一定程度上都可以作为庇护所。Riegl 和 Piller

(2003)指出："计算表明，如果 10 m 以浅水深不适宜珊瑚生存，红海仍有 50.4%的珊瑚礁区能够保持完整，南非则有 99%。"如果 20 m 以浅的区域不适宜珊瑚生存，那么红海将只剩 17.5%，南非只剩下 40%。关于耐热性，一些证据表明，珊瑚幼体中最终哪一支系虫黄藻占优势是非特异性的，从而相对耐热的 D 分支或者耐受低光照的个体所占的比例有可能增加(Little et al.，2004)。

不过，尽管明显存在几种机制，但无论是在仪器或是卫星数据中，大多数海洋水温曲线都可以看出当前的变暖趋势始于 20 世纪 70 年代。而在过去的 30 年里，珊瑚几乎没有产生任何生态尺度上的适应，这表明大多数适应机制可能需要持续很长时间才能产生明显效果。2016 年的气候变暖和珊瑚大面积死亡表明这种适应是非常有限的。在海水酸化的情况下，还没有证据表明珊瑚能够以某种方式对抗钙化能力的下降，地质记录也表明它们不具备这样的能力(Veron，2007)。同样，也没有证据表明珊瑚礁能够在严重城市污水污染和水土流失的环境中繁茂生长。

测量覆盖率变化能够对珊瑚礁损失进行快速评估。在区域范围内，加勒比海珊瑚的平均覆盖率在过去 30 年间从 50%左右下降到 10%(Gardner et al.，2003)。其中 11%归类为"消失"，16%归类为"严重损坏"。Gardner 等(2003)认为"根据目前加勒比海地区日益增加的人类活动预测，气候变化以及这些不利因素之间的潜在协同作用对珊瑚死亡率的影响和珊瑚礁结构的威胁将越来越大。无论是从短期还是长期来看，加勒比海地区珊瑚礁的状况似乎都难以得到改善"。

在印度洋-太平洋地区，珊瑚覆盖率也在下降。Bruno 和 Selig(2007)认为，虽然有许多状况良好的珊瑚礁，但如今这些都是异常现象，且所占比例不足印度洋-太平洋珊瑚礁的 2%。即使在管理和研究相对完善的大堡礁区域，珊瑚覆盖率也在严重下降(Hughes，2016)。

显然，珊瑚礁不能以这种速度再继续减少下去。在某些情况下，生态修复也许是可行的，而且可以通过多种方式减少对珊瑚礁的不利影响。逆转的关键因素是相关部门必须清醒认识到其必要性，但是这点说起来容易做起来难。例如，波斯湾的一个面积非常大的珊瑚礁(可能是该区域中面积最大的珊瑚礁，见图 10.4)，其剩余珊瑚覆盖率远低于 0.1%，残留的小珊瑚碎片间隔不低于 20~50 m。在 1996 年和 1998 年的气候变暖事件中，浅水区珊瑚死亡，但海湾深水区的珊瑚存活了下来。然而，在过去的几年里，由于大量的工程建设，泥沙沉积量大大增加。如今，在这片珊瑚礁的各个深度几乎都没有珊瑚存活。或许可以找到幸存的 5 种蜂巢珊瑚或铁星珊瑚。但最令人担忧的是，有关国家的官员甚至是负责监测的官员，都没有意识到这个巨大富饶的生境正在消亡(Sheppard，2008，2016)。在许多国家，人们对自然环境常常漠不关心。首先，我们必须明确其损失的、不可逆转的价值。显然，这不再只是一个科学问题，而是一个政治问题。例如，在波斯湾，也许人们一开始就认为"管理"珊瑚礁或者其他任何海洋生境是可行的，但这是一个错误！从某种意义上说，我们认为自己能够管理如此复杂的生境是一种骄傲自大的想法，原因在于我们甚至无法成功地管理其组成物种或产业(如渔业)。相反，我们所能做的管理是管理人们与生境间的相互关系。这可能不是一个很有吸引力的概念，但至少与管理者能够做到的事情更现实地结合在一起，这自然是他们应当关注的(Sheppard，2016)。

图 10.4　珊瑚礁的消亡。位于波斯湾巴林和卡塔尔之间的大片珊瑚礁在过去的几年里，受水温上升和泥沙沉降作用灭绝了

灭绝有两种形式。从生态学的角度来说，珊瑚礁已经死亡；但如果搜索范围足够大的话，所有曾经生活在珊瑚礁的物种都可能在某些地方被发现。如果真是这样，那就有恢复的可能，物种就还没有灭绝。功能性灭绝的发生远早于大多数组成物种的灭绝(Sheppard，2007)。无论何种情况，功能性灭绝给人类带来的损失是迄今为止最大的，某些不寻常的情况除外，如功能性灭绝区域的某个物种被发现含有非常有价值的生化物质。后者的发生可称为经济灭绝，在这种情况下，继续捕获这些种类在经济角度来看并不明智。

如果能找到少数顽强的幸存者，且给予适当的管理，它们赖以生存的珊瑚礁能恢复吗？这个问题对世界许多地区的居民至关重要。同样重要的另一个问题是，确定如何或者在何处投入大笔资金用于援助和修复项目，例如建造人工珊瑚礁(见下文"珊瑚礁修复")。这个问题也很难回答。Edwards 和 Gomez(2007)指出，任何显著的恢复都必须由内而发，如果系统内部环境一直处于不良状态，那么无论尝试什么样的恢复工作，结果都只能是越来越糟。然而，在功能性灭绝之后，物种仍然可能灭绝。“阿利效应”(Allee effect)表明，繁殖的发生需要的不仅仅是极少数散落的群体——对于珊瑚来说，当种群密度低于一定值时，不同性别的配子是不会在水体中相遇的——因此，如果种群密度下降到某个特定阈值(通常是未知的)以下，“区域性灭绝”将很有可能发生。

珊瑚礁修复

人工礁与珊瑚移植

人工礁的概念由来已久(Schuhmacher，2002)且应用广泛，包括吸引鱼类的设施或为休闲潜水员设计的提升生境吸引力的设施。用于建造人工礁的材料种类有很多，有些能起作用，但有些没有作用甚至反而起破坏作用。正确使用人工礁材料可以改善物种组成，增加生境三维结构，提高鱼类和无脊椎动物的多样性。经多年努力，人们的确获得了一些成功的案例，但是由于实验工作的不足，也导致了许多失败的例子，以至于有的所谓的人工礁构建只不过是廉价或变相的垃圾处理。其中很多人工礁都无法产生预期的效果，组织者只是把它们作为在公共关系中展示的“绿色”证书。后者中的一些项目浪费了许多经费，且对生态造成的弊大于利，这主要是因为珊瑚从原来的生长区域被移植到目标区域后会迅速死亡。例如成千上万的旧轮胎、车辆或数以吨计的混凝土，以廉价的处置方式倾倒在近岸水域，这些竟然也称为“人工礁”。

一些小规模的例子取得了显著成效，例如在水下餐厅的窗外放置人工礁，尽管这些可能具有良好的教育意义并提高了环境保护意识，但几乎没有什么自然保护价值。

这些成功案例的一个关键标准是选址必须适宜。如果之前珊瑚死亡的原因持续存在，新引入的珊瑚群体也难以存活下去。如果死亡的原因是暂时性的(如施工产生的悬浮沉积物羽流)，那么其生境条件可能再次变得适宜。但是，特别是在珊瑚礁已经受到破坏的水域，大量的沉积物可能已遍覆整个海床，大部分沉积物来自原先被侵蚀破坏的珊瑚礁。这种“液态砂纸”(liquid sandpaper)是阻止新幼虫补充的主要因素。有时即使水质已经恢复到令人满意的状态，但原始礁石被厚厚的沉积物覆盖，也会导致适宜基质的新问题。因此，人工礁必须将基质抬高到“砂纸层”或“窒息层”之上。这项技术在过去从未生长过珊瑚礁的水域取得了一些成功，例如珊瑚礁邻近的砂质海区。

现实和相关区域

有许多规划不善导致最终失败的案例，有助于其他人进一步了解其中的过程(Precht，2006)。一个常见的项目往往可能会建造几公顷的人工礁，这样的成本是高昂的(在某些情况下，这些费用甚至超过了雇佣管理员来监视和保护一片比之大上百倍的天然珊瑚礁的费用)。甚至有些情况会造成进一步的破坏，例如投放的轮胎松动后的来回滚动会对海底生境造成损害。在有些水域，许多原先投放的人工礁必须拆除，因为礁体上几乎没有生物附着。拆除这些结构的费用很高，而且礁体的移动刮擦了大面积海底。

人工礁的关键问题

人工礁可能有助于恢复已经退化或正被破坏的生态系统，但始终比不上对原始生境的保护(Edwards，Gomez，2007)。目前，保护区和“苗圃”被认为可能是扭转珊瑚礁退化趋势的希望(Rinkevich，2008)。确定哪些物种最有可能存活下来十分重要，尤其是在诸如浑浊度等环境因子发生变化的情况下。快速生长的分枝状种类是首选，因为它们能更快取得效果。

在清澈的环境中，沉积物稳固可能最为关键。这可以用钢网或嵌锁混凝土块[见图 10.5(a)和(b)]来实现。这些钢网和混凝土块必须妥善锚定，否则一场风暴就会毁掉数年的努力和新生长的珊瑚。由 Reef Ball 基金会(http://www.reefball.org)生产的“礁球”是比较成功的创新之一[见图 10.5(c)]。以混凝土为基础，并保持化学物质和 pH 平衡(有时用大量的石灰岩屑)，提供了大面积粗糙且高于海底的基质。礁球是中空的，本质上提供了一个三维空间。如果材料使用不当(如光滑的混凝土砌块)，海洋动物附着率可能很低。

为了优化“岛屿”效应，同时允许物种从一个地方迁移到另一个地方，并且投放人工礁的数量最少，从而降低单位水域的成本，正确投放人工礁是至关重要的一环。一些试验发现，分组进行投放，且在特定的可视范围内，每组之间相互分离，可以保证较高的生物附着率和补充量。

另一种方法是使用“电礁”，虽然只进行过部分实验，但仍显示出一定效果(Schuhmacher，2002)。其原理是建造一个钢结构或网格结构作为阴极。电解海水中的碳酸盐和碳酸氢盐，阴极上会沉积石灰岩。“电礁”的能量需求和电压都很低，每 100 m^2 大约需要 300 W 电，由此产生的岩石十分坚硬。此外，还发现珊瑚在“生物岩”上生长良好。人们还需要进行更多的实验，因为并非所有的尝试都取得了成功，但在珊瑚不断衰退的情况下，这种方法可能会成为一种有效的途径。

英国华威大学 Charles Sheppard 教授

(a)

(b)

(c)

图 10.5 稳定基质和促进珊瑚生长的实验。(a)嵌锁混凝土块和移植的珊瑚；(b)不太成功的钢丝网结构。这两个实验都曾在马尔代夫水域开展。(c)“礁球”，由 Reef Ball 基金会生产，表面积很大，且高于原有基质，吸引了许多物种在适当的条件下附着生长。当一个地区已经退化为碎石不停滚动的水域时，许多这样的结构放在一起可以明显地增加该地区的生物种类（资料来源：照片由 T. Barber 拍摄）

目前，很大一部分珊瑚礁的生态、功能和结构正在超越可恢复的阈值，而且这一比例还在不断增加，剩下的其他区域虽然在图表上仍被称为“珊瑚礁”，但生物和经济

价值已大大降低。如今，很难找到可以适合作为管理站的珊瑚礁，或是可以作为珊瑚礁“应该”是什么样子的参照礁。然而，能够拥有这样的珊瑚礁区至关重要，只有这样，任何恢复或修复努力才能够有明确的目标。需要采取多种措施，以确保这个生态系统稳定存在，即使这可能要投入大量的资金，但也远远少于未来所要付出的代价。

鉴于人类的不作为、目前的趋势以及目前只考虑短期价值、而非长期价值的核算体系，珊瑚礁的未来并不乐观。不过，这也有积极的一面。

首先，我们知道，那些由于地处偏远或管理良好而没有受到人类最直接干扰的水域比受两者共同影响的水域更容易从气候变化的干扰中恢复(Doening et al., 2005; Sheppard et al., 2008)。在许多国家，某些令人振奋的迹象表明，人们越来越认识到确保这一生态系统生存的重要性，这可能会促进有关部门对那些局部可控的压力源实施更合理的区域性管理。

图 10.6　红海北部一个健康的中礁坡(5~15 m 深)，它非常接近延布(沙特阿拉伯)的航运码头

其次，Johannes(1998)很久以前概述了太平洋岛屿几种珊瑚礁社区管理方法。其中一些在过去人口少的时候很重要，但当全球市场变得太诱人时，它们就会衰落或被废弃。然而，这些方法如今在某些地区再次复兴。不过正如 Birkeland(2004)所指出的那样，将这种方法推广到世界上所有的珊瑚礁区域是不现实的。Birkeland(2004)也强调，人口压力和相关的生态系统需求是亟须解决的关键问题，但同时也需要积极主动而非被动地开展珊瑚礁管理工作。

Buddemeier 等(2004)指出，“对适应和恢复机制的研究以及加强对珊瑚礁环境的监测，能使我们从中汲取经验并有所作为，而不只是简单地观察衰退情况”。事实上，目前约有 1 000 个机构(非政府组织和其他机构)关心珊瑚礁及其相关领域。但鉴于珊瑚礁的持续下降，到目前为止，尽管支出了数十亿美元，这些组织也没有获得很大成功。这意味着现有的系统不能充分发挥作用，而很少有人愿意承认这一点。预警工作是十分必要的。出发点必须明确，并要努力保护至少世界珊瑚礁的 30% 不受任何形式的开发。与此同时，必须尽可能地减少压力，优先解决影响到这些保护区的沉积物和城市污水问题。没有这些有效的地方管控，珊瑚礁将继续衰退。当然，如前所述，尽管可能很难实现，但减少大气中的 CO_2 也很重要。几乎所有的评论人士都明确指出，现在对珊瑚礁来说还为时不晚，珊瑚礁的衰退是可以得到控制的，这样，珊瑚礁就可以恢复到曾经生机勃勃的状态（见图 10.6）。由于对气候变化的管控在珊瑚礁恢复过程中至关重要，因此，有了这些地方管控措施，我们至少可以再争取二三十年的时间来尝试并解决气候变化带来的影响。

参考文献

Acker, K.J. and Risk, M.J. (1985). Substrate destruction and sediment production by the boring sponge *Cliona caribbaea* on Grand Cayman Island. *Journal of Sedimentary Research*, 55: 705–711.

Adam, M.S., Anderson, R.C. and Shakeel, H. (1997). Commercial exploitation of reef resources: Examples of sustainable and non-sustainable utilization from the Maldives. *Proceedings of the* 8th *International Coral Reef Symposium*, 2: 2015–2020.

Adams, T.J.H. (1998). The interface between traditional and modern methods of fishery management in the Pacific Islands. *Ocean and Coastal Management*, 40: 127–142.

Adams, T.J.H. and Dalzell, P. (1995). Management of Pacific Island inshore fisheries. In: "T. Summerfield (ed.), *Proceedings of the Third Australasian Fisheries Managers Conference*". Fisheries Management Paper 88. Fisheries Department of Western Australia, pp. 225–237.

Adey, W.H. (1975). The algal ridges and coral reefs of St Croix, their structure and Holocene development. *Atoll Research Bulletin*, 187: 67.

Adey, W.H., McConnaughey, T.A., Small, A.M. and Spoon, D.M. (2000). Coral reefs: Endangered, biodiverse, genetic resources. In: C.R.C. Sheppard (ed.), *Seas at the Millennium*, Vol. 3. Elsevier, pp. 33–42.

Adger, W.N., Hughes, T.P, Folke, C., Carpenter, S.R. and Rockström, J. (2005). Social ecological resilience to coastal disasters. *Science*, 309: 1036–1039.

Allemnand, D., Tambutté, É., Girard, J.P. and Jaubert, J. (1998). Organic matrix synthesis in the scleractinian coral *Stylophora pistillata*: Role in biomineralization and potential target of the organotin tributyltin. *Journal of Experimental Biology*, 201: 2001–2009.

Allemand, D., Tambutté, É., Zoccola, D. and Tambutté, S. (2011). Coral calcification, cell to reefs. In: Z. Dubinsky and N. Stambler (eds), *Coral Reefs: An Ecosystem in Transition.* Springer, pp. 119–150.

Alongi, D.M., Trott, L.A. and Pfitzner, J. (2007). Deposition, mineralization, and storage of carbon and nitrogen in sediments of the far northern and northern Great Barrier Reef shelf. *Continental Shelf Research*, 27: 2595–2622.

Amann, R.I., Ludwig, W. and Schleifer, K.H. (1995).Phylogenetic identification and in situ detection of individual microbial cells without cultivation. *Microbiologica Reviews*, 59: 143–169.

Anderson, R.C. (1998). Economics of shark watching in the Maldives. Available on the CD-ROM distributed with R.S.V. Pullin, R. Froese and C.M.V. Casal (eds), (1999), ACP-EU Fisheries Research Initiative. Proceedings of the Conference on Sustainable Use of Aquatic Biodiversity: Data, Tools and Cooperation.

Lisbon Portugal, 3–5 September 1998, Fisheries Research Report Number 6.

Andrews, J.C. and Pickard, G.L. (1990). The physical oceanography of coral-reef systems. In: Z. Dubinsky (ed.), *Coral Reefs*. Elsevier, pp. 11–48.

Annis, E. R. and Cook, C. B. (2002). Alkaline phosphatase activity in symbiotic dinoflagellates (zooxanthellae) as a biological indicator of environmental phosphate exposure. *Marine Ecology Progress Series*, 245: 11–20.

Aronson, R.B., Macintyre, I.G., Warnick, C.M. and O'Neill, W.O. (2004). Phase shifts, alternative states and the unprecedented convergence of two reef systems. *Ecology*, 85: 1876–91.

Aronson, R.B. and Precht, W.F. (2001). White-band disease and the changing face of Caribbean reefs. *Hydrobiologia*, 460: 25–38.

Aronson, R.B. and Precht, W.F. (2006). Conservation, precaution and Caribbean reefs. *Coral Reefs*, 25: 441–450.

Atema, J., Gerlach, G. and Paris, C.B. (2015). Sensor biology and navigation behaviours of reef fish larvae. In: C. Mora (ed.), *Ecology of Fishes on Coral Reefs*. Cambridge University Press, pp. 3–15.

Ateweberhan, M., Feary, D.A., Keshavmurthy, S., Chen, A., Schleyer, M.H. and Sheppard, C.R.C. (2013). Climate change impacts on coral reefs: Synergies with local effects, possibilities for acclimation, and management implications. *Marine Pollution Bulletin*, 74: 526–539.

Ayre, D.J. and Hughes, T.P. (2000). Genotypic diversity and gene flow in brooding and spawning corals along the Great Barrier Reef, Australia. *Evolution*, 54: 1590–1605.

Babcock, R.C., Bull, G.D., Harrison, P.L., Heyward, A.J., Oliver, J.K., Wallace, C.C., et al. (1986). Synchronous spawnings of 105 scleractinian coral species on the Great Barrier Reef. *Marine Biology*, 90: 379–394.

Babcock, R.C. and Davies, P. (1991). Effects of sedimentation on settlement of *Acropora millepora*. *Coral Reefs*, 9: 205–208.

Babcock, R.C., Milton, D. and Pratchett, M.S. (2016). Relationships between the size and reproductive output in the crown-of-thorns starfish. *Marine Biology*, 163: 234.

Baghdasarian, G. and Muscatine, L. (2000). Preferential expulsion of dividing algal cells as a mechanism for regulating algal-cnidarian symbiosis. *Biological Bulletin*, 199: 278–286.

Baillon, S., Hamel, J.-F., Wareham, V.E. and Mercier, A. (2012). Deep cold-water corals as nurseries for fish larvae. *Frontiers in Ecology and the Environment*, 10: 351–356.

Baird, A.H. and Morse, A.N.C. (2003). Induction of metamorphosis in larvae of the brooding corals *Acropora palifera* and *Stylophora pistillata*. *Marine and Freshwater Research*, 55: 469–472.

Baker, A.C. (2001). Ecosystems: Reef corals bleach to survive change. *Nature*, 411: 765–766.

Baker, A.C. (2003). Flexibility and specificity in coral-algal symbiosis: Diversity, ecology, and biogeography of *Symbiodinium*. *Annual Review of Ecology, Evolution, and Systematics*, 34: 661–689.

Baker, A.C., Starger, C.J., McClanahan, T.R. and Glynn, P.W. (2004). Corals' adaptive response to

climate change. *Nature*, 430: 741.

Banaszak, A.T. Laleunesse, T.C. and Trench, R.K. (2000). The synthesis of mycosporine-like amino acids (MAAs) by cultured, symbiotic dinoflagellates. *Journal Experimental Marine Biology Ecology*, 249: 219-233.

Barnes, D.J., Chalker, B.E. and Kinsey, D.W. (1986). Reef metabolism. *Oceanus*, 29: 20-26.

Barnes, D.J. and Devereux, M.J. (1984). Productivity and calcification on coral reefs: A survey using pH and oxygen electrode techniques. *Journal of Experimental Marine Biology and Ecology*,79: 213-231.

Barott, K.L., Venn, A.A., Perez, S.O., Tambutté, S. and Tresguerres, M. (2015). Coral host cells acidify symbiotic algal microenvironment to promote photosynthesis. *Proceedings of the National Academy of Sciences of the United States of America*, 112: 607-612.

Baum, G. Januar, H.I., Ferse, S.C.A. and Kunzmann, A. (2015). Local and regional impacts of pollution on coral reefs along the Thousand Islands north of the megacity Jakarta, Indonesia. *PLOS ONE*, 10: c0138271.

Baums, I.B., Devlin-Durante, M.K. and Lajeunesse, T.C. (2014). New insights into the dynamics between reef corals and their associated dinoflagellate endosymbionts from population genetic studies. *Molecular Ecology*, 17: 4203-4215.

Beanish, J. and Jones, B. (2002). Dynamic carbonate sedimentation in a shallow coastal lagoon: Case study of south sound, Grand Cayman, British West Indies. *Journal of Coastal Research*, 18: 254-266.

Bell,.D., Ganachaud, A., Gehrke, P., Griffiths, S.P., Hobday, A.J. Hoegh-Guldberg, O., et al. (2013). Mixed responses of tropical Pacific fisheries and aquaculture to climate change. *Nature Climate Change*, 3: 591-599.

Bell, J.D., Kronen, M., Vunisea, A., Nash, W.J., Keeble, G., Demmke, A., et al. (2009). Planning the use of fish for food security in the Pacific. *Marine Policy*, 33: 64-76.

Bell, J.J. (2008). The functional roles of marine sponges. *Estuarine Coastal and Shelf Science*, 79: 341-353.

Bellwood, D.R., Goatley, C.H.R., Cowman, P.H. and Bellwood, O. (2015). The evolution of fishes on coral reefs: Fossils,phylogenies, and function. In: P.F. Sale (ed.), *Ecology of Fishes on Coral Reefs*. Cambridge University Press, pp. 55-63.

Bellwood, D.R., Hoey, A.S., Bellwood, O. and Goatley, C.H.R. (2014). Evolution of long-toothed fishes and the changing nature of fish-benthos interactions on coral reefs. *Nature Communications*, 5: 3144.

Bellwood, D.R., Hoey, A.S. and Hughes, T.P. (2012). Human activity selectively impacts the ecosystem roles of parrotfishes on coral reefs. *Proceedings of the Royal Society of London. Series B, Biological Sciences*, 279: 1621-1629.

Bellwood, D.R., Hughes, T.P., Folke, C. and Nyström, M. (2004). Confronting the coral reef crisis. *Nature*, 429: 827-833.

Bellwood, D.R. and Wainwright, P.W. (2002). The history and biogeography of fishes on coral reefs. In: PE. Sale (ed.), *Coral Reef Fishes: Dynamics and Diversity in a Complex Ecosystem.* Academic Press, pp. 5-32.

Benavides, M., Houlbrèque, F., Camps, M., Lorrain, A., Grosso, O. and Bonnet, S. (2016). Diazotrophs: A non-negligible source of nitrogen for the tropical coral *Stylophora pistillata*. *Journal of Experimental Biology*, 219: 2608–2612.

Bentis, C.J., Kaufman, L. and Golubic, S. (2000). Endolithic fungi in reef-building corals (Order: Scleractinia) are common, cosmopolitan, and potentially pathogenic. *Biological Bulletin*, 198: 254–260.

Bento, R., Hoey, A.S., Bauman, A.G., Feary, D.A. and Burt, J.A. (2016). The implications of recurrent disturbances within the world's hottest coral reef. *Marine Pollution Bulletin*, 105: 466–472.

Benzie, J.A.H. (1999). Major genetic differences between crown-of-thorns starfish (*Acanthaster planci*) populations in the Indian and Pacific oceans. *Evolution*, 53: 1782–1795.

Bergquist, P.R. and Tizard, C.A. (1967). Australian intertidal sponges from the Darwin area. *Micronesica*, 3: 175–202.

Berkelmans, R. and van Oppen, M.J.H. (2006). The role of zooxanthellae in the thermal tolerance of corals: A "nugget of hope" for coral reefs in an era of climate change. *Proceedings of the Royal Society of London. Series B, Biological Sciences*, 273: 2305–2312.

Berkelmans, R. and Willis, B.L. (1999). Seasonal and local spatial patterns in the upper thermal limits of corals on the inshore Central Great Barrier Reef. *Coral Reefs*, 18: 219–228.

Bernal, M.A., Floeter, S.R., Gaither, M.R., Longo, G.O., Morais, R., Ferreira, C.E.L., et al. (2016). High prevalence of dermal parasites among coral reef fishes of Curaçao. *Marine Biodiversity*, 46: 67–74.

Berner, T. and Izhaki, I. (1994). Effect of exogenous nitrogen levels on ultrastructure of zooxanthellae from the hermatypic coral *Pocillopora damicornis*. *Pacific Science*, 48: 254–262.

Bertucci, A., Moya, A., Tambutté, S., Allemand, D., Supuran, C.T. and Zoccola, D. (2013). Carbonic anhydrases in anthozoan corals: A review. *Bioorganic and Medicinal Chemistry*, 21: 1437–1450.

Birkeland, C. (1982). Terrestrial runoff as a cause of outbreaks of *Acanthaster planci* (Echinodermata: Asteroidea). *Marine Biology*, 69: 175–185.

Birkeland, C. (2004). Ratcheting down the coral reefs. *BioScience*, 54: 1021–1027.

Birkeland, C. (ed.) (2015). *Coral Reefs in the Anthropocene*. Springer.

Blackall, L.L., Wilson, B. and van Oppen, M.J.H. (2015). Coral: The world's most diverse symbiotic ecosystem. *Molecular Ecology*, 24: 5330–5347.

Blair Myers, C., Sheppard, C.R.C., Mathesen, K. and Bythell, J.C. (1994). *Habitat Atlas of Anguilla.* NRI.

Blanchon, P., Jones, B. and Kalbleisch, W. (1997). Anatomy of a fringing reef around Grand Cayman: Storm rubble, not coral framework. *Journal of Sedimentology Research*, 67: 1–16.

Blank, R.J. and Huss, V.A.R. (1989). DNA divergency and speciation in *Symbiodinium* (Dinophyceae). *Plant Systematics and Evolution*, 163: 153–163.

Blank, R.J. and Trench, R.K. (1985). Speciation and symbiotic dinoflagellates. *Science*, 229: 656–658.

Blum, S.D. (1989). Biogeography of the Chaetodontidae: An analysis of allopatry among closely related species. *Environmental Biology of Fishes*, 25: 9–31.

Booth, D.J. and Beretta, G.S. (2002). Changes in a fish assemblage after a coral bleaching event. *Marine Ecology Progress Series*, 245: 208–212.

Bourne, D.G. and Munn, C.B. (2005). Diversity of bacteria associated with the coral *Pocillopora damicornis* from the Great Barrier Reef. *Environmental Microbiology*, 7: 1162–1174.

Bozec, Y.M. and Mumby, P.J. (2015). Synergistic impacts of global warming on coral reef resilience. *Philosophical Transactions of the Royal Society B*, 370: 20130267.

Bozec, Y.M., O'Farrell, S., Bruggemann, J.H., Luckhurst, B.L. and Mumby, P.J. (2016). Trade-offs between fisheries harvest and the resilience of coral reefs. *Proceedings of the National Academy of Sciences of the United States of America*, 113: 4536–4541.

Bradley, D., Conklin, E., Papastamatiou, Y.P., McCauley, D.J., Pollock, K., Pollock, A., et al. (2017). Resetting predator baselines in coral reef ecosystems. *Scientific Reports*, 7: 43131.

Briggs, J.C. (1999). Coincident biogeographic patterns: Indo-West Pacific Ocean. *Evolution*, 53: 326–335.

Brodie, J.E., De'ath, G., Devlin, M., Furnas, M.J. and Wright, M. (2007). Spatial and temporal patterns of near-surface chlorophyll a in the Great Barrier Reef lagoon. *Marine Freshwater Research*, 58: 342–353.

Brodie, J.E., Fabricius, K.E., De'ath, G. and Okaji, K. (2005). Are increased nutrient inputs responsible for more outbreaks of Crown of Thorns starfish? An appraisal of the evidence. *Marine Pollution Bulletin*, 51: 266–278.

Brodie, J.E. and Mitchell, A. (1992). Nutrient composition of the January 1991 Fitzroy River Plume. In: GT. Byron (ed.), *Workshop on the Effects of the* 1991 *Floods* Queensland National Parks and Wildlife Service and Great Barrier Reef Marine Park Authority Publication Workshop Series 17. Queensland National Parks and Wildlife Service and Great Barrier Reef Marine Park Authority, pp. 56–74.

Brown, B.E. (1997a). Coral bleaching: Causes and consequences. *Coral Reefs*, 16: 5129–5138.

Brown, B.E. (1997b). Disturbances to reefs in recent times. In: C. Birkeland (ed.), *Life and Death on a Coral Reef*. Chapman & Hall, pp. 354–379.

Brown, B.E., Ambarsari, I., Warner, M.E., Fit, W.K., Dunne, R.P., Gibb, S.W., et al. (1999). Diurnal changes in photochemical efficiency and xanthophyll concentrations in shallow water reef corals: Evidence for photoinhibition and photoprotection. *Coral Reefs*, 18: 99–105.

Bruno, J.F. and Selig, E.R. (2007). Regional decline of coral cover in the Indo-Pacific: Timing, extent, and subregional comparisons. *PLOS ONE*, 2: e711.

Buchanan, J.R., Krupp, E., Burt, J.A., Feary, D.A., Ralph, G.M. and Carpenter, K.E. (2016). Living on the edge: Vulnerability of coral-dependent fishes in the Gulf. *Marine Pollution Bulletin*, 105: 480–488.

Buck, A.C., Gardiner, N.M. and Boström-Einarsson, L. (2016). Citric acid injections: An accessible and efficient method for controlling outbreaks of the crown-of thorns starfish *Acanthaster* cf. *solaris*. *Diversity*, 8: 28.

Buddemeier, R.W. (1997). Symbiosis: Making light work of adaptation. *Nature*, 388: 229–230.

Buddemeier, R.W. and Fautin, D.G. (1993). Coral bleaching as an adaptive mechanism: A testable hypothesis. *Bioscience*, 43: 320–326.

Buddemeier, R.W., Kleypas, J.A. and Aronson, R.B. (2004). *Coral Reefs and Global Climate Change: Potential Contributions of Climate Change to Stresses on Coral Reef Ecosystems.* Pew Center for Global Climate Change.

Buddemeier, R.W., Maragos, J.E. and Knutson, D.K. (1974). Radiographic studies of reef coral exoskeletons: Rates and patterns of coral growth. *Journal of Experimental Marine Biology Ecology*, 14: 179–200.

Buddemeier, R.W. and Smith, S.M. (1999). Coral adaptation and acclimatization: A most ingenious paradox. *American Zoologist*, 39: 1–9.

Burke, L., Reytar, K., Spalding, M. and Perry, A. (2011). *Reefs at Risk Revisited.* World Resources Institute.

Burriesci, M.S., Raab, T.K. and Pringle, J.R. (2012). Evidence that glucose is the major transferred metabolite in dinoflagellate-cnidarian symbiosis. *Journal of Experimental Biology*, 215: 3467–3477.

Bythell, J.C. (1988). A total nitrogen and carbon budget for the elkhorn coral *Acropora palnata* (Lamarck). *Proceedings of the 6th International Coral Reef Symposium*, 2: 535–540.

Caballes, C.F., Pratchett, M.S., Kerr, A.M. and Rivera-Posada, J.A. (2016). The role of maternal nutrition on oocyte size and quality, with respect to early larval development in the coral-eating starfish, *Acanthaster planci. PLOS ONE*, 11: e0158007.

Cairns, S.D. (2007). Deep-water corals: An overview with special reference to diversity and distribution of deep-water scleractinian corals. *Bulletin of Marine Science*, 81: 311–322.

Campbell, S.J. and Pardede, S.T. (2006). Reef fish structure and cascading effects in response to artisanal fishing pressure. *Fisheries Research*, 79: 75–83.

Caporaso, J.G., Kuczynski, J., Stombaugh, J., Bittinger, K., Bushman, F.D., Costello, E.K., et al. (2010). QIIME allows analysis of high-throughput community sequencing data. *Nature Methods*, 7: 335–336.

Cardini, U., Bednarz, V.N., Naumann, M.S., van Hoytema, N., Rix, L., Foster, R.A., et al. (2015). Functional significance of dinitrogen fixation in sustaining coral productivity under oligotrophic conditions. *Proceedings of the Royal Society of London. Series B, Biological Sciences*, 282: 20152257.

Carlos, A.A., Baillie, B.K., Kawachi, M. and Maruyama, T. (1999).Phylogenetic position of *Symbiodinium* (Dinophyceae) isolates from tridacnids (Bivalvia), cardids (Bivalvia), a sponge (Porifera), a soft coral (Anthozoa), and a free-living strain. *Journal of Phycology*, 35: 1054–1062.

Carpenter, K.E., Abrar, M., Aeby, G., Aronson, R.B., Banks, S., Bruckner, A., et al. (2008). One-third of reef building corals face elevated extinction risk from climate change and local impacts. *Science*, 321: 560–563.

Cates, N. and McLaughlin, J.A. (1979). Nutrient availability for zooxanthellae derived from physiological activities of *Condylactis* spp. *Journal of Experimental Marine Biology Ecology*, 37: 31–41.

Cathalot, C., van Oevelen, D., Cox, T.J., Kutti, T., Lavaleye, M., Duineveld, G., et al. (2015). Cold-water coral reefs and adjacent sponge grounds: Hotspots of benthic respiration and organic carbon cycling in

the deep sea. *Frontiers in Marine Science*, 2: 37.

Ceccarelli, D.M. (2007). Modification of benthic communities by territorial dam selfish: A multi-species comparison. *Coral Reefs*, 26: 853–866.

Ceh, J., Kilburn, M.R., Cliff, J.B, Raina, J.B., van Keulen, M. and Bourne, D.G. (2013). Nutrient cycling in early coral life stages: *Pocillopora darnicornis* larvae provide their algal symbiont (*Symbiodinium*) with nitrogen acquired from bacterial associates. *Ecology and Evolution*, 3: 2393–2400.

Celliers, L. and Schleyer, M.H. (2002). Coral bleaching on high-latitude marginal reefs at Sodwana Bay, South Africa. *Marine Pollution Bulletin*, 44: 180–187.

Celliers, I. and Schleyer, M.H. (2008). Coral community structure and risk assessment of high-latitude reefs at Sodwana Bay, South Africa. *Biodiversity and Conservation*, 17: 3097–3117.

Cesar, H.S.J. (1999). Socio-economic aspects of the 1998 coral bleaching event in the Indian Ocean. In: O. Linden and N. Sporong (eds), *Coral Reef Degradation in the Indian Ocean: Status Report and Project Presentations.* CORDIO, SAREC Marine Science Programme, pp. 82–85.

Cesar, H.S.J, Lundin, C.G., Bettencourt, S. and Dixon, J. (1997). Indonesian coral reefs: An economic analysis of a precious but threatened resource. *Ambio*, 26: 345–350.

Chappell, J. (1983). Evidence for smoothly falling sea level relative to north Queensland, Australia, during the past 6,000 yr. *Nature*, 302: 406–408.

Charpy, L. (2005). Importance of photosynthetic picoplankton in coral reef ecosystems. *Vie et Milieu*, 55: 217–223.

Charpy-Roubaud, C., Charpy, L. and Larkum, A.W.D. (2001). Atmospheric dinitrogen fixation by benthic communities of Tikehau Lagoon (Tuamotu Archipelago, French Polynesia) and its contribution to benthic primary production. *Marine Biology*, 139: 991–997.

Chen, M.C., Cheng, Y.M., Hong, M.C. and Fang, L.S. (2004). Molecular cloning of Rab5 (ApRab5) in *Aiptasia pulchella* and its retention in phagosomes harboring live zooxanthellae. *Biochemical and Biophysical Research Communications*, 324: 1024–1033.

Chesher, R. H. (1969). Destruction of Pacific corals by the sea star *Acanthaster planci*. *Science*, 165: 280–283.

Cheshire, A. C., Wilkinson, C. R., Seddon, S. and Westphalen, G. (1997). Bathymetric and seasonal changes in photosynthesis and respiration of the phototrophic sponge *Phyllospongia lamellosa* in comparison with respiration by the heterotrophic sponge *Ianthella basta* on Davies Reef, Great Barrier Reef. *Marine Freshwater Research*, 48: 589–599.

Choat, J.H., Robbins, W.D. and Clements, K.D. (2004). The trophic status of herbivorous fish on coral reefs. II. Food processing modes and trophodynamics. *Marine Biology*, 145: 445–454.

Choat, J.H. and Robertson, D.R. (2002). Age-based studies. In: PE Sale (ed.), *Coral Reef Fishes: Dynamics and Diversity in a Complex Ecosystem.* Academic Press, pp. 57–80.

Cinner, J.E., Huchery, C., MacNeil, M.A., Graham, N.A.J., McClanahan, T.R., Maina, J., et al.

(2016). Bright spots among the world's coral reefs. *Nature*, 535: 416–419.

Cinner, J.E., McClanahan, T.R., MacNeil, M.A., Graham, N.A., Daw, T.M., Mukminin, A., et al. (2012). Comanagement of coral reef social-ecological systems. *Proceedings of the National Academy of Sciences of the United States of America*, 109: 5219–5222.

Cinner, J.E., Sutton, S.G. and Bond, T.G. (2007). Socioeconomic thresholds that affect use of customary fisheries management tools. *Conservation Biology*, 21: 1603–1611.

Cloud, P.E. (1952). Preliminary report on the geology and marine environment of Onotoa Atoll, Gilbert Island. *Atoll Research Bulletin*, 12: 1–73.

Coffroth, M.A. and Santos, S.R. (2005). Genetic diversity of symbiotic dinoflagellates in the genus *Symbiodinium*. *Protist*, 156: 19–34.

Colding, J. and Folke, C. (2001). Social taboos "invisible" systems of local resource management and biological conservation. *Ecological Applications*, 11: 584–600.

Cole, A.J., Pratchett, M.S. and Jones, G.P. (2008). Diversity and functional importance of coral-feeding fishes on tropical coral reefs. *Fish and Fisheries*, 9: 286–307.

Colella, M.A., Ruzicka, R.R., Kidney, J.A., Morrison, J.M. and Brinkhuis, V.B. (2012).Cold-water event of January 2010 results in catastrophic benthic mortality on patch reefs in the Florida Keys. *Coral Reefs*, 31: 621–632.

Coles, S.L. (1992). Experimental comparison of salinity tolerances of reef corals from the Arabian Gulf and Hawaii. Evidence for hyperhaline adaptation. *Proceedings of the 7th International Coral Reef Symposium*, 1: 227–234.

Coles, S.L. (2003). Coral species diversity and environmental factors in the Arabian Gulf and the Gulf of Oman: A comparison to the Indo-Pacific region. *Atoll Research Bulletin*, 507: 1–19.

Coles, S.L. and Brown, B.E. (2003). Coral bleaching: Capacity for acclimatization and adaptation. *Advances in Marine Biology*, 46: 183–223.

Coles, S.L. and Fadlallah, Y.H. (1991). Reef coral survival and mortality at low temperatures in the Arabian Gulf: New species-specific lower temperature limits. *Coral Reefs*, 9: 231–237.

Conand, C. (1997). Are Holothurian fisheries for export sustainable? *Proceedings of the 8th International Coral Reef Symposium*, 2: 2021–2026.

Constantz, B. and Weiner, S. (1988). Acidic macromolecules associated with the mineralphase of scleractinian coral skeletons. *Journal of Experimental Zoology*, 248: 253–258.

Cook, C.B. and D'Elia, C.F. (1987). Are natural populations of zooxanthellae ever nutrient-limited? *Symbiosis*, 4: 199–211.

Cook, C.B., D'Elia, C.F and Muller-Parker, G. (1988). Host feeding and nutrient sufficiency for zooxanthellae in the sea anemone *Aiptasia pallida*. *Marine Biology*, 98: 253–262.

Cook, C.B. and Davy, S.K. (2001). Are free amino acids responsible for the "host factor" effects on symbiotic zooxanthellae in extracts of host tissue? *Hydrobiologia*, 461: 71–78.

Cook, C.B., Muller-Parker, G. and D'Elia, C.F. (1992). Ammonium enhancement of dark carbon fixation and nitrogen limitation in symbiotic zooxanthellae: Effects of feeding and starvation of the sea anemone *Aiptasia pallida*. *Limnology and Oceanography*, 37: 131-139.

Cook, C.B., Muller-Parker, G. and Orlandini, C.D. (1994). Ammonium enhancement of dark carbon fixation and nitrogen limitation in zooxanthellae symbiotic with the reef corals *Madracis mirabilis* and *Montastrea annularis*. *Marine Biology*, 118: 157-165.

Cooper, L. (1997). Western Australia bêche-de-mer management. In: S.B. Damschke (ed.), *Proceedings of the Sea Cucumber (Bêche-de-Mer) Fishery Management Workshop, Brisbane* 8 - 9 *December* 1997. Queensland Fisheries Management Authority, pp. 11-13.

Cornish, A.S. and DiDonato, E.M. (2003). Resurvey of a reef flat in American Samoa after 85 years reveals devastation to a soft coral (Alcyonacea) community. *Marine Pollution Bulletin*, 48: 768-777.

Correa, A.M.S., Ainsworth, T.D., Rosales, S.M., Thurber, A.R., Butler, C.R. and Vega Thurber, R.L. (2016). Viral outbreak in corals associated with an in situ bleaching event: Atypical herpes-like viruses and a new megavirus infecting *Symbiodinium*. *Frontiers in Microbiology*, 7: 127.

Corredor, J.E., Wilkinson, C.R., Vicente, V.P., Morell, J.M. and Otero, E. (1988). Nitrate release by Caribbean reef sponges. *Limnology and Oceanography*, 33: 114-120.

Costa, O.S., Leão, Z.M.A.N., Nimmo, M. and Attrill, M.J. (2000). Nutrification impacts on coral reefs from northern Bahia, Brazil. *Hydrobiologia*, 440: 307-315.

Costanza, R., d'Arge, R., De Groot, R., Farber, S., Grasso, M., Hannon, B., et al. (1997). The value of the world's ecosystem services and natural capital. *Nature*, 387: 253-260.

Costanza, R., de Groot, R., Sutton, P.D., van der Ploeg, S., Anderson, S.J., Kubiszewski, I., et al. (2014). Changes in the global value of ecosystem services. *Global Environmental Change*, 26: 152-158.

Cowan, Z., Pratchett, M.S., Messmer, V. and Ling, S. (2017). Known predators of crown-of-thorns starfish (*Acanthaster* spp.) and their role in mitigating, if not preventing, population outbreaks. *Diversity*, 9: 7.

Cox, E.F., Ribes, M. and Kinzie, R.A., III. (2006). Temporal and spatial scaling of planktonic responses to nutrient inputs into a subtropical embayment. *Marine Ecology Progress Series*, 324: 19-35.

Craig, P., Green, A. and Tuilagi, E. (2008). Subsistence harvest of coral reef resources in the outer islands of American Samoa: Modern, historic and prehistoric catches. *Fisheries Research*, 89: 230-40.

Crossland, C.J. (1984). Seasonal variations in the rates of calcification and productivity in the coral *Acropora formosa* on a high-latitude reef. *Marine Ecology Progress Series*, 15: 135-140.

Crossland, C.J., Barnes, D.J. and Borowitzka, M.A. (1980). Diurnal lipid and mucus production in the staghorn coral *Acropora acuminata*. *Marine Biology*, 60: 81-90.

Cunning R., Yost, D.M., Guarinello, M.L., Putnam, H.M. and Gates, R.D. (2015). Variability of *Symbiodinium* communities in waters, sediments, and corals of thermally distinct reef pools in American Samoa. *PLOS ONE*, 10: e0145099.

D'agata, S., Mouillot, D., Wantiez, L., Friedlander, A.M., Kulbicki, M., Vigliola, L. (2016). Marine reserves lag behind wilderness in the conservation of key functional roles. *Nature Communications*, 7: 12000.

D'Elia, C.F. (1977). The uptake and release of dissolved phosphorus by reef corals. *Limnology and Oceanography*, 22: 301–315.

D'Elia, C.E. and Wiebe, W.J. (1990). Biogeochemical cycles in coral-reef ecosystems. In: Z. Dubinsky (ed.), *Coral Reefs*. Elsevier, pp. 49–74.

Daly, R.A. (1910). Pleistocene glaciation and the coral reef problem. *American Journal of Science*, 30: 297–308.

Darwin, C. (1842). *On the Structure and Distribution of Coral Reefs*. Ward, Lock and Bowden Ltd.

Davey, M., Holmes, G. and Johnstone, R. (2008). High rates of nitrogen fixation (acetylene reduction) on coral skeletons following bleaching mortality. *Coral Reef*, 27: 227–236.

Davies, A.J., Duineveld, G., Lavaleye, M., Bergman, M., van Haren, H. and Roberts, J.M. (2009).Downwelling and deep-water bottom currents as food supply mechanisms to the cold-water coral *Lophelia pertusa* (Scleractinia) at the Mingulay Reet Complex. *Limnology and Oceanography*, 54: 620–629.

Davies, P.S. (1984). The role of zooxanthellae in the nutritional energy requirements of *Pocillopora eydouxi*. *Coral Reefs*, 2: 181–186.

Davies, P.S. (1991). Effect of daylight variations on the energy budgets of shallow water corals. *Marine Biology*, 108: 137–144.

Davies, P.S. (1992). Endosymbiosis in marine cnidarians. In: D.M. John, S.J. Hawkins and J.H. Price (eds), *Plant-Animal Interactions in the Marine Benthos*. Clarendon Press, pp. 511–540.

Davy, J.E. and Patten, N.L. (2007). Morphological diversity of virus-like particles within the surface microlayer of scleractinian corals. *Aquatic Microbial Ecology*, 47: 37–44.

Davy, S.K., Allemand, D. and Weis, V.M. (2012). Cell biology of cnidarian-dinoflag-ellate symbiosis. *Microbiology and Molecular Biology Reviews*, 76: 229–261.

Davy, S. K. and Cook, C. B. (2001a). The influence of "host release factor" on carbon release by zooxanthellae isolated from fed and starved *Aiptasia pallida* (Verrill). *Comparative Biochemistry Physiology A*, 129: 487–494.

Davy, S.K. and Cook, C.B. (2001b). The relationship between nutritional status and carbon flux in the zooxanthellate sea anemone *Aiptasia pallida*. *Marine Biology*, 139: 999–1005.

Davy, S.K., Trautman, D.A., Borowitzka, M.A. and Hinde, R. (2002). Ammonium excretion by a symbiotic sponge supplies the nitrogen requirements of its rhodophyte partner. *Journal of Experimental Biology*, 205: 3505–3511.

Davy, S.K., Withers, K.J.T. and Hinde, R. (2006). Effects of host nutritional status and seasonality on the nitrogen status of zooxanthellae in the temperate coral *Plesiastrea versipora* (Lamarck). *Journal of Experimental Marine Biology Ecology*, 335: 256–265.

de Bakker, D.M., Meesters, E.H., Bak, R.P.M., Nieuwland, G. and Van Duyl, E.C.(2016). Long-term

shifts in coral communities on shallow to deep reef slopes of Curaçao and Bonaire: Are there any winners? *Frontiers in Marine Science*, 3: 247.

de Bakker, D.M., van Duyl, F.C., Bak, R.P.M., Nugues, M.M., Nieuwland, G. and Meesters, E.H. (2017). 40 Years of benthic community change on the Caribbean reefs of Curaçao and Bonaire: The rise of slimy cyanobacterial mats. *Coral Reefs*, 36: 355–367.

De'ath, G., Fabricius, K.E., Sweatman, H. and Puotinen, M. (2012). The 27-year decline of coral cover on the Great Barrier Reef and its causes. *Proceedings of the National Academy of Sciences of the United States of America*, 109: 17995–17999.

Deane, E.M. and O'Brien, R.W. (1981). Uptake of phosphate by symbiotic and free living dinoflagellates. *Archives of Microbiology*, 128: 307–310.

Delesalle, B., Pichon, M., Frankignoulle, M. and Gattuso, J.-P. (1993). Effects of a cyclone on coral reef-phytoplankton biomass, primary production and composition (Moorea island, French Polynesia). *Journal of Plankton Research*, 15: 1413–1423.

den Haan, J., Visser, P.M., Ganase, A.E., Gooren, E.E., Stal, L.J., van Duyl, E.C. Vermeij, M.J.A. and Huisman, J. (2014). Nitrogen fixation rates in algal turf communities of a degraded versus less degraded coral reef. *Coral Reefs*, 33: 1003–1015.

Depczynski, M. and Bellwood, D.R. (2005). Shortest recorded vertebrate lifespan found in a coral reef fish. *Current Biology*, 15: R288–289.

Dikou, A. and van Woesik, R. (2006). Survival under chronic stress from sediment load: Spatial patterns of hard coral communities in the southern islands of Singapore. *Marine Pollution Bulletin*, 52: 1340–1354.

Dinsdale, E.A., Pantos, O., Smriga, S., Edwards, R.A., Angly, E., Wegley, L., et al. (2008). Microbial ecology of four coral atolls in the northern Line Islands. *PLOS ONE*, 3: e1584.

Done, T.J. (1992). Effects of tropical cyclone waves on ecological and geomorphological structures on the Great Barrier Reef. *Continental Shelf Research*, 12: 859–872.

Done, T.J. (1999). Coral community adaptability to environmental change at the scale of reefs, regions and reef zones. *American Zoologist*, 39: 66–79.

Done, T.J., Ogden, J.C. and Wiebe, W.J. (1996). Biodiversity and ecosystem function of coral reefs. In: H. A. Mooney, J.H. Cushman, E. Medina, O.E. Sala and E.-D. Schulze (eds), *Functional Roles of Biodiversity: A Global Perspective*. Wiley, pp. 393–429.

Donner, S.D., Knutson, T.R. and Openheimer, M. (2007). Model-based assessment of the role of human-induced climate change in the 2005 Caribbean coral bleaching event. *Proceedings of the National Academy of Sciences of the United States of America*, 104: 5483–5488.

Donner, S.D., Skirving, W.J., Little, C.M., Oppenheimer, M. and Hoegh-Guldberg, O. (2005). Global assessment of coral bleaching and required rates of adaptation under climate change. *Global Change Biology*, 11: 1–15.

Doty, M.S. (1974). Coral reef roles played by free-living algae. *Proceedings of the 2nd International Coral Reef*

Symposium, 1: 27–33.

Douglas, A.E. (1983). Uric acid utilization in *Platymonas convolutae* and symbiotic *Convoluta roscoffensis*. *Journal of the Marine Biological Association of the United Kingdom*, 63: 435–447.

Douglas, A.E. (1994). *Symbiotic Interactions*. Oxford University Press.

Douglas, A.E. (2003). Coral bleaching: How and why? *Marine Pollution Bulletin*, 46: 385–392.

Downing, N., Buckley, R., Stobart, B., LeClair, L. and Teleki, K. (2005). Reef fish diversity at Aldabra atoll, Seychelles, during the five years following the 1998 coral bleaching event. *Philosophical Transactions of the Royal Society A*, 363: 257–261.

Dubinsky, Z., Stambler, N., Ben-Zion, M., McCloskey, L.R., Muscatine, L. and Falkowski, P.G. (1990). The effect of external nutrient resources on the optical properties and photosynthetic efficiency of *Stylophora pistillata*. *Proceedings of the Royal Society of London. Series B, Biological Sciences*, 239: 231–246.

Ducklow, H.W. (1990). The biomass, production and fate of bacteria in coral reefs. In: Z. Dubinsky (ed.), *Coral Reefs*. Elsevier, pp. 265–290.

Ducklow, H.W. and Mitchell, R. (1979). Bacterial populations and adaptations in the mucus layers on living corals. *Limnology and Oceanography*, 24: 715–725.

Dufresne, A., Ostrowski, M., Scanlan, D. J., Garczarek, L., Mazard, S., Palenik, B. P. (2008). Unravelling the genomic mosaic of a ubiquitous genus of marine cyanobacteria. *Genome Biology*, 9: R90.

Dulvy, N.K., Freckleton, R.P. and Polunin, N.V.C. (2004). Coral reef cascades and the indirect effects of predator removal by exploitation. *Ecology Letters*, 7: 410–416.

Duly, N.K., Polunin, N.V.C., Mill, A.C. and Graham, N.A.J. (2004). Size structural change in lightly exploited coral reef fish communities: Evidence for weak indirect effects. *Canadian Journal of Fisheries and Aquatic Sciences*, 61: 466–475.

Dulvy, N.K., Sadovy, Y. and Reynolds, J.D. (2003). Extinction vulnerability in marine populations. *Fish and Fisheries*, 4: 25–64.

Dunlap, W.C. and Shick, J.M. (1998). Ultraviolet radiation-absorbing mycosporine-like amino acids in coral reef organisms: A biochemical and environmental perspective. *Journal of Phycology*, 34: 418–430.

Dunn, S.R., Thomason, J.C., Le Tissier, M.D.A. and Bythell, J.C. (2004). Heat stress induces different forms of cell death in sea anemones and their endosymbiotic algae depending on temperature and duration. *Cell Death and Differentiation*, 11: 1213–1222.

Dustan, P. (1975). Growth and form in the reef-building coral *Montastrea annularis*. *Marine Biology*, 33: 101–107.

Dustan, P. (2000). Florida keys. In: C.R.C Sheppard (ed.), *Seas at the Millenium*, Vol. 1. Elsevier, pp. 405–414.

Edinger, E.N., Limmon, G.V., Jompa, J., Widjatmoko, W., Heikoop, J.M. and Risk, M.J. (2000). Normal coral growth rates on dying reefs: Are coral growth rates good indicators of reef health? *Marine*

Pollution Bulletin, 40: 404–425.

Edmunds, P.J. (1994). Evidence that reef-wide patterns of coral bleaching may be the result of the distribution of bleaching susceptible clones. *Marine Biology*, 121: 137–142.

Edmunds, P.J. and Davies, P.S. (1986). An energy budget for *Porites porites* (Scleractinia). *Marine Biology*, 92: 339–347.

Edwards, E. and Gomez, E. (2007). *Reef Restoration Concepts and Guidelines: Making Sensible Management Choices in the Face of Uncertainty*. Coral Reef Targeted Research & Capacity Building for Management Programme.

Ehrenberg, G.C. (1834). Über die Natur und Bildung der Corallenbänke des rothen Meeres und üiber einen neuen Fortschritt in der Kenntniss der Organisation im kleinsten Räume durch Verbesserung des Mikroskops von Pistor und Schick. *Physikalische Mathematische Abhandlungen der Koniglichen Akademie der Wissenschaften zu Berlin*, 1832: 381–438.

Ekebom, J., Patterson, D.J. and Vors, N. (1996). Heterotrophic flagellates from coral reef sediments (Great Barrier Reef, Australia). *Archiv fur Protistenkunde*, 146: 251–272.

Elliot, J.K. and Mariscal, R.N. (1996). Ontogenetic and interspecific variation in the protection of anemonefishes from sea anemones. *Journal of Experimental Marine Biology Ecology*, 208: 57–72.

Emanuel, K. (2005a). *Divine Wind: The History and Science of Hurricanes*. Oxford University Press.

Emanuel, K. (2005b). Increasing destructiveness of tropical cyclones over the past 30 years. *Nature*, 436: 686–688.

Endean, R. (1977). *Acanthaster planci* infestations of reefs of the Great Barrier Reefs. *Proceedings of the 3rd International Coral Reef Symposium*, 1: 185–191.

Entsch, B., Boto, K.G., Sim, R.G. and Wellington, J.T. (1983).Phosphorus and nitrogen in coral reef sediments. *Limnology and Oceanography*, 28: 465–476.

Entsch, B., Sim, R.G. and Hatcher, B.G. (1983). Indications from photosynthetic components that iron is a limiting nutrient in primary producers on coral reefs. *Marine Biology*, 73: 17–30.

Fabricius, K.E. and Alderslade, P. (2001). Soft Corals and Sea Fans: A Comprehensive Guide to the Tropical Shallow Water Genera of the Central-West Pacific, the Indian Ocean and the Red Sea. Australian Institute of Marine Science.

Fabricius, K.E., DeAth, G., McCook, L., Turak, E. and Williams, D.M. (2005). Changes in algal, coral and fish assemblages along water quality gradients on the inshore Great Barrier Reef. *Marine Pollution Bulletin*, 51: 384–398.

Fabricius, K.E., Mieog, J.C., Colin, P.L., Idip, D. and van Oppen, M.J.H. (2004). Identity and diversity of coral endosymbionts (zooxanthellae) from three Palauan reefs with contrasting bleaching, temperature and shading histories. *Molecular Ecology*, 13: 2445–458.

Fabricius, K.E. and Wolanski, E. (2000). Rapid smothering of coral reef organisms by muddy marine snow. *Estuarine, Coastal and Shelf Science*, 50: 115–120.

Fagoonee, I., Wilson, H.B., Hassell, M.P. and Turner, J.R. (1999). The dynamics of zooxanthellae populations: A long-term study in the field. *Science*, 283: 843–845.

Falkowski, P.G. and Dubinsky, Z. (1981). Light-shade adaptation of *Stylophora pistillata*, a hermatypic coral from the Gulf of Eilat. *Nature*, 289: 172–174.

Falkowski, P.G., Dubinsky, Z., Muscatine, L. and McCloskey, L. (1993). Population control in symbiotic corals. *Bioscience*, 43: 606–611.

Falkowski, P.G., Dubinsky, Z., Muscatine, L. and Porter, J.W. (1984). Light and the bioenergetics of a symbiotic coral. *Bioscience*, 34: 705–709.

FAO. (2003). *The State of Food Insecurity in the World* 2003. Available at ftp: //ftp.fao.org/docrep/fao/006/j0083e/j0083e00.pdf.

Fautin, D.G. (1991). The anemonefish symbiosis: What is known and what is not. *Symbiosis*, 10: 23–46.

Fautin, D.G. and Allen, G.R. (1997). *Anemone Fishes and Their Host Sea Anemones*. Western Australian Museum.

Fautin, D.G. and Buddemeier, R.W. (2004). Adaptive bleaching: A general phenomenon. *Hydrobiologia*, 1: 459–467.

Ferrier, M.D. (1991). Net uptake of dissolved free amino acids by four scleractinian corals. *Coral Reefs*, 10: 183–187.

Ferrier-Pagès, C. and Gattuso, J.-P. (1998). Biomass, production and grazing rates of pico- and nanoplankton in coral reef waters (Miyako Island, Japan). *Microbial Ecology*, 35: 46–57.

Ferrier-Pagès, C., Gattuso, J.-P. and Jaubert, J. (1999). Effect of small variations in salinity on the rates of photosynthesis and respiration of the zooxanthellate coral *Stylophora pistillata*. *Marine Ecology Progress Series*, 181: 309–314.

Ferrier-Pagès, C., Godinot, C., D'Angelo, C., Wiedenmann, J. and Grover, R. (2016).Phosphorus metabolism of reef organisms with algal symbionts. *Ecological Monographs*, 86: 262–277.

Ferrier-Pagès, C., Peirano, A., Abate, M., Cocito, S., Negri, A., Rottier, C., et al. (2011). Summer autotrophy and winter heterotrophy in the temperate symbiotic coral *Cladocora caespitosa*. *Limnology and Oceanography*, 56: 1429–1438.

Fiore, C.L., Jarett, J.K., Olson, N.D. and Lesser, M.P. (2010). Nitrogen fixation and nitrogen transformations in marine symbioses. *Trends in Microbiology*, 18: 455–463.

Fisher, R., Bellwood, D.R. and Job, S.D. (2000). Development of swimming abilities in reef fish larvae. *Marine Ecology Progress Series*, 202: 163–173.

Fitt, W.K. (1984). The role of chemosensory behavior of *Symbiodinium microadriaticum*, intermediate hosts, and host behavior in the infection of coelenterates and mollusks with zooxanthellae. *Marine Biology*, 81: 9–17.

Fitt, W.K., Gates, R.D., Hoegh-Guldberg, O., Bythell, J.C., Jatkar, A., Grottoli, A.G., et al. (2009). Response of two species of Indo-Pacific corals, *Porites cylindrica* and *Stylophora pistillata*, to short-term

thermal stress: The host does matter in deter mining the tolerance of corals to bleaching. *Journal of Experimental Marine Biology Ecology*, 373: 102-110.

Fitt, W.K., McFarland, F.K., Warner, M.E. and Chilcoat, G.C. (2000). Seasonal patterns of tissue biomass and densities of symbiotic dinoflagellates in reef corals and relation to coral bleaching. *Limnology and Oceanography*, 45: 677-685.

Fitt, W.K. and Trench, R.K. (1983). Endocytosis of the symbiotic dinoflagellate *Symbiodinium microadriaticum* Freudenthal by endodermal cells of the scyphistomae of *Cassiopeia xamachana* and resistance of the algae to host digestion. *Journal of Cell Science*, 64: 195-212.

Fitt, W.K. and Warner, M.E. (1995). Bleaching patterns of four species of Caribbean reef corals. *Biological Bulletin*, 189: 298-307.

Fossa, J.H., Mortensen, P.B. and Furevik, D.M. (2002). The deep-water coral *Lophelia pertusa* in Norwegian waters: Distribution and fishery impacts. *Hydrobiologia*, 471: 1-12.

Foster, T. and Gilmour, J.P. (2016). Seeing red: Coral larvae are attracted to healthy looking reefs. *Marine Ecology Progress Series*, 559: 65-71.

Fox, R.J. and Bellwood, D.R. (2013). Niche partitioning of feeding microhabitats produces a unique function for herbivorous rabbitfishes (Perciformes, Siganidae) on coral reefs. *Coral Reefs*, 32: 13-23.

Frade, P.R., Roll, K., ergauer, K. and Herndl, G.J. (2016). Archaeal and bacterial communities associated with the surface mucus of Caribbean corals differ in their degree of host specificity and community turnover over reefs. *PLOS ONE*, 11: e0144702.

Fransolet, D., Roberty, S. and Plumier, J.C. (2012). Establishment of endosymbiosis: The case of cnidarians and *Symbiodinium*. *Journal of Experimental Marine Biology Ecology*, 420: 1-7.

Frieler, K., Meinsausen, M., Golly, A., Mengel, M., Lebek, K., Donner, S.D., et al. (2013). Limiting global warming to 2 degrees C is unlikely to save most coral reefs. *Nature Climate Change*, 3: 165-170.

Friedlander, A.M. and DeMartini, E.E. (2002). Contrasts in density, size, and biomass of reef fishes between the northwestern and the main Hawaiian Islands: The effects of fishing down apex predators. *Marine Ecology Progress Series*, 230: 253-264.

Fuhrman, J.A. (1999). Marine viruses and their biogeochemical and ecological effects. *Nature*, 399: 541-548.

Fulton, C.J., Bellwood, D.R. and Wainwright, P.C. (2005). Wave energy and swimming performance shape coral reef fish assemblages. *Proceedings of the Royal Society of London. Series B, Biological Sciences*, 272: 827-832.

Furla, P., Galgani, I., Durand, I. and Allemand, D. (2000). Sources and mechanisms of inorganic carbon transport for coral calcification and photosynthesis. *Journal of Experimental Biology*, 203: 3445-3457.

Furnas, M.J. (2003). *Catchments and Corals: Terrestrial Runoff to the Great Barrier Reef.* Australian Institute of Marine Science and CRC Reef Research Centre.

Furnas, M.J., Alongi, D.M., McKinnon, D.A., Trott, L.A. and Skuza, M.S. (2011). Regional-scale nitrogen and phosphorus budgets for the northern (14°S) and central (17°S) Great Barrier Reef shelf ecosystem. *Continental Shelf Research*, 31: 1967–1990.

Furnas, M.J. and Mitchell, A.W. (1996). Nutrient inputs into the central Great Barrier Reef (Australia) from subsurface intrusions of Coral Sea waters: A two-dimension al displacement model. *Continental Shelf Research*, 16: 1127–1148.

Furnas, M.J., Mitchell, A.W. and Skuza, M.S. (1997a). River inputs of nutrients and sediment to the Great Barrier Reef. In: D. Wachenfeld, J.K. Oliver and K. Davis (eds), *State of the Great Barrier Reef World Heritage Area Workshop*. GBRMPA Workshop Series 23. Great Barrier Reef Marine Park Authority, pp. 46–68.

Furnas, M., Mitchell, A.W. and Skuza, M.S. (1997b). Shelf-scale nitrogen and phosphorus budgets for the Central Great Barrier Reef (16–19°S). *Proceedings of the 8th International Coral Reef Symposium*, 1: 809–814.

Furnas, M.J., Mitchell, A.W., Skuza, M.S. and Brodie, J.E. (2005). In the other 90%: Phytoplankton responses to enhanced nutrient availability in the Great Barrier Reef Lagoon. *Marine Pollution Bulletin*, 51: 253–265.

Gall, J.P. and Pardue, M.L. (1969). Formation and detection of RNA-DNA hybrid molecules in cytological preparations. *Proceedings of the National Academy of Sciences of the United States of America*, 63: 378–383.

Gallop, S.L., Young, I.R., Rkanasinghe, R., Durrant, T.H. and Haigh, I.D. (2014). The large-scale influence of the Great Barrier Reef matrix on wave attenuation. *Coral Reefs*, 33: 1167–1178.

Ganase, A., Bongaerts, P., Visser, P.M. and Dove, S.G. (2016). The effect of seasonal temperature extremes on sediment rejection in three scleractinian coral species. *Coral Reefs*, 35: 187–191.

Gantner, S., Andersson, A.F., Alonso-Saez, L. and Bertilsson, S. (2011). Novel primers for 16S rRNA-based archaeal community analyses in environmental samples. *Journal of Microbiological Methods*, 84: 12–18.

Gardner, T.A., Cote, I.M., Gill, J.A., Gerant, A. and Watkinson, A.R. (2003). Long-term region-wide declines in Caribbean corals. *Science*, 301: 958–960.

Gardner, T.A., Cote, I.M., Gill, J.A., Grant, A. and Watkinson, A.R. (2005). Hurricanes and Caribbean coral reefs: Impacts recovery patterns, and role in long-term decline. *Ecology*, 86: 174–184.

Garrison, V.H., Shinn, E.A., Foreman, W.T., Griffin, D.W., Holmes, C.W., Kellogg, C.A., et al. (2003). African and Asian dust: From desert soils to coral reefs. *BioScience*, 53: 469–480.

Gast, G.J., Wiegman, S., Wieringa, E., van Duyl, F.C. and Bak, R.P.M. (1998). Bacteria in coral reef water types: Removal of cells, stimulation of growth and mineralization. *Marine Ecology Progress Series*, 167: 37–45.

Gaston, K.J. (2003). Ecology: The how and why of biodiversity. *Nature*, 421: 900–901.

Gates, R.D., Hoegh-Guldberg, O., McFall-Ngai, M.J., Bil, K.Y. and Muscatine, L. (1995). Free amino

acids exhibit anthozoan host factor activity: They induce the release of photosynthate from symbiotic dinoflagellates in vitro. *Proceedings of the National Academy of Sciences of the United States of America*, 92: 7430–7434.

Gattuso, J.P, Allemand, D. and Frankignoulle, M. (1999). Photosynthesis and calcification at cellular, organismal and community levels in coral reefs: A review on interactions and control by carbonate chemistry. *American Zoologist*, 39: 160–183.

Gattuso, J.P, Gentili, B., Duarte, C.M., Kleypas, J.A., Middelburg, J.J. and Antoine, D. (2006). Light availability in the coastal ocean: Impact on the distribution of benthic photosynthetic organisms and their contribution to primary production. *Biogeosciences*, 3: 489–513.

Gattuso, J.P., Reynaud-Vaganay, S., Furla, P., Romaine-Lioud, S., Jaubert, J., Bourge, I. et al. (2000). Calcification does not stimulate photosynthesis in the zooxanthellate scleractinian coral *Stylophora pistillata*. *Limnology and Oceanography*, 45: 246–250.

Gell, F.R. and Roberts, C.M. (2003). Benefits beyond boundaries: The fishery effect of marine reserves. *Trends in Ecology and Evolution*, 18: 448–455.

Ginsburg, R.N. (1983). Geological and biological roles of cavities in coral reefs. In: D.J. Barnes (ed.), *Perspectives on Coral Reefs*. Australian Institute of Marine Science, pp. 148–153.

Glynn, P.W. (1993). Coral reef bleaching: Ecological perspectives. *Coral Reefs*, 12: 1–17.

Glynn, P. W. (1996). Coral bleaching: Facts, hypotheses and implications. *Global Change Biology*, 2: 495–509.

Glynn, P.W. (1997). Bioerosion and coral reef growth: A dynamic balance. In: C. Birkeland (ed.), *Life and Death of Coral Reefs*. Chapman & Hall, pp. 68–95.

Glynn, P.W. and Ault, J.S. (2000). A biogeographic analysis and review of the far eastern Pacific coral reef region. *Coral Reefs*, 19: 1–23.

Glynn, P.W. and Stewart, R.H. (1973). Distribution of coral reefs in the Pearl Islands (Gulf of Panama) in relation to thermal conditions. *Limnology and Oceanography*, 18: 367–379.

Godinot, C., Ferrier-Pagès, C. and Grover, R. (2009). Control of phosphate uptake by zooxanthellae and host cells in the scleractinian coral *Stylophora pistillata*. *Limnology and Oceanography*, 54: 1627–1633.

Godinot, C., Gaysinski, M., Thomas, O.P., Ferrier-Pagès, C. and Grover, R. (2016). On the use of P-31 NMR for the quantification of hydrosoluble phosphorus containing compounds in coral host tissues and cultured zooxanthellae. *Scientific Reports*, 6: 21760.

Godinot, C., Grover, R., Allemand, D. and Ferrier-Pagès, C. (2011). High phosphate uptake requirements of the scleractinian coral *Stylophora pistillata*. *Journal of Experimental Biology*, 214: 2749–2754.

Golden, A.S., Naisilsisili, W., L.igairi, I. and Drew, J.A. (2014). Combining natural history collections with fisher knowledge for community-based conservation in Fiji. *PLOS ONE*, 9: e98036.

Gonzalez, J.M., Torreton, J.P., Dufour, P. and Charpy, L. (1998). Temporal and spatial dynamics of the pelagic microbial food web in an atoll lagoon. *Aquatic Microbial Ecology*, 16: 53–64.

Goreau, T.E. (1959). The physiology of skeleton formation in corals. I. A. method for measuring the rate of calcium deposition by corals under different conditions. *Biological Bulletin*, 116: 59–75.

Goreau, T.E. (1961). Problems of growth and calcium deposition in reef corals. *Eindeavour*, 20: 32–39.

Goreau, T.E. (1964). Mass expulsion of zooxanthellae from Jamaican reef communities after Hurricane Flora. *Science*, 145: 383–386.

Gottschalk, S., Uthicke, S. and Heimann, K. (2007). Benthic diatom community composition in three regions of the Great Barrier Reef, Australia. *Coral Reefs*, 26: 345–357.

Gou, W., Sun, J., Li, X., Zhen, Y., Xin, Z., Yu, Z., et al. (2003).Phylogenetic analysis of a free-living strain of *Symbiodinium* isolated from Jiaozhou Bay, P.R. China. *Journal of Experimental Marine Biology Ecology*, 296: 135–144.

Graham, N.A.J. (2007). Ecological versatility and the decline of coral feeding fishes following climate driven coral mortality. *Marine Biology*, 153: 119–127.

Graham, N.A.J., Chabanet, P., Evans, R.D., Jennings, S., Letourneur, Y., MacNeil M.A., et al. (2011). Extinction vulnerability of coral reef fishes. *Ecology Letters*, 14: 341–348.

Graham, N.A.J., Jennings, S., MacNeil, M.A., Mouillot, D. and Wilson, S.K. (2015). Predicting climate-driven regime shifts versus rebound potential in coral reefs. *Nature*, 518: 94–97.

Graham, N.A.J., McClanahan, T.R., MacNeil, M.A., Wilson, S.K., Cinner, J.E., Huchery, C., et al. (2017). Human disruption of coral reef trophic structure. *Current Biology*, 27: 231–236.

Graham, N.A.J., McClanahan, T.R., MacNeil, M.A., Wilson, S.K., Polunin, N.V., Jennings, S., et al. (2008). Climate warming, marine protected areas and the ocean scale integrity of coral reef ecosystems. *PLOS ONE*, 3: e3039.

Graham, N.A.J. and Nash, K.L. (2013). The importance of structural complexity in coral reef ecosystems. *Coral Reefs*, 32: 315–326.

Graham, N.A.J, Wilson, S.K., Jennings, S., Polunin, N.V.C., Bijoux, J.P. and Robinson, J. (2006). Dynamic fragility of oceanic coral reef ecosystems. *Proceedings of the National Academy of Sciences of the United States of America*, 103: 8424–8429.

Graham, N.A.J., Wilson, S.K., Jennings, S., Pounin, N.V.C., Robinson, J., Bijoux, J.P., et al. (2007). Lag effects in the impacts of mass coral bleaching on coral reef fish, fisheries and ecosystems. *Conservation Biology*, 21: 1291–1300.

Grant, A.J., Remond, M. and Hinde, R. (1998). Low molecular-weight factor from *Plesiastrea versipora* (Scleractinia) that modifies release and glycerol metabolism of isolated symbiotic algae. *Marine Biology*, 130: 553–557.

Grant, A.J., Remond, M., Starke-Peterkovic, T. and Hinde, R. (2006). A cell signal from the coral *Plesiastrea versipora* reduces starch synthesis in its symbiotic alga, *Symbiodinium* sp. *Comparative Biochemistry and Physiology Part A*, 144: 458–463.

Grant, A.J., Trautman, D.A., Menz, I. and Hinde, R. (2006). Separation of two cell signalling molecules

from a symbiotic sponge that modify algal carbon metabolism. *Biochemical and Biophysical Research Communications*, 348: 92–98.

Grigg, R.W. (1981). Coral reef development at high latitudes in Hawaii. *Proceedings of the 4th International Coral Reef Symposium*, 1: 687–693.

Grigg, R.W. (2006). Depth limit for reef building corals in the Au'au Channel, SE Hawaii. *Coral Reefs*, 25: 77–84.

Grigg, R.W. and Epp, D. (1989). Critical depth for the survival of coral islands: Effects on the Hawaiian Archipelago. *Science*, 243: 638–641.

Grover, R., Maguer, J.E., Allemand, D. and Ferrier-Pagès, C. (2003). Nitrate uptake in the scleractinian coral *Stylophora pistillata*. *Limnology and Oceanography*, 48: 2266–2274.

Grover, R., Maguer, J.F., Allemand, D. and Ferrier-Pagès, C. (2008). Uptake of dissolved free amino acids by the scleractinian coral *Stylophora pistillata*. *Journal of Experimental Biology*, 211: 860–865.

Grover, R., Maguer, J.E., Reynaud-Vaganay, S. and Ferrier-Pagès, C. (2002). Uptake of ammonium by the scleractinian coral *Stylophora pistillata*: Effect of feeding, light, and ammonium concentrations. *Limnology and Oceanography*, 47: 782–790.

Grutter, A.S. (1997). Effect of the removal of cleaner fish on the abundance and species composition of reef fish. *Oecologia*, 111: 137–143.

Guilcher, A. (1988). A heretofore neglected type of coral reef: The ridge reef. Morphology and origin. *Proceedings of the 6th International Coral Reef Symposium*, 3: 399–402.

Guinotte, J. M., Buddemeier, R. W. and Kleypas, J. A. (2003). Future coral reef habitat marginality: Temporal and spatial effects of climate change in the Pacific basin. *Coral Reefs*, 22: 551–558.

Guinotte, J.M., Orr, J., Cairns, S., Freiwald, A., Morgan, L. and George, R. (2006). Will human-induced changes in seawater chemistry alter the distribution of deep-sea scleractinian corals? *Frontiers in Ecology and the Environment*, 4: 141–146.

Guzman, H.M., Jackson, J.B.C. and Weil, E. (1991). Short-term ecological consequences of a major oil spill on Panamanian subtidal reef corals. *Coral Reefs*, 10: 1–12.

Hadas, E., Marie, D., Shpigel, M. and Ilan, M. (2006). Virus predation by sponges is a new nutrient-flow pathway in coral reef food webs. *Limnology and Oceanography*, 51: 1548–1550.

Hallock, P. (2005). Global change and modern coral reefs new opportunities to understand shallow-water carbonate depositional processes. *Sedimentary Geology*, 175: 19–33.

Hallock, P. and Schlager, W. (1986). Nutrient excess and the demise of coral reefs and carbonate platforms. *Palaios*, 1: 389–398.

Hancock, G. (1993). *Lords of Poverty*. Mandarin.

Harborne, A.R., Mumby, P., Zychaluk, K., Hedley, J.D. and Blackwell, P.G. (2006). Modelling the beta diversity of coral reefs. *Ecology*, 87: 2871–2881.

Hardin, G.G. (1999). *The Ostrich Factor: Our Population Myopia*. Oxford University Press.

Harland, A.D. and Davies, P.S. (1995). Symbiontphotosynthesis increases both respiration and photosynthesis in the symbiotic sea anemone *Anemonia viridis*. *Marine Biology*, 123: 715–722.

Harriott, V. (1999). Coral growth in subtropical eastern Australia. *Coral Reefs*, 18: 281–291.

Harriott, V.J. and Banks, S.A. (2002). Latitudinal variation in coral communities in eastern Australia: A qualitative biophysical model of factors regulating coral reefs. *Coral Reefs*, 21: 83–94.

Harriott, V.J., Harrison, P.L. and Banks, S.A. (1995). The coral communities of Lord Howe Island. *Marine Freshwater Research*, 46: 457–465.

Haszprunar, G. and Spies, M. (2014). An integrative approach to the taxonomy of the crown-of-thorns starfish species group (Asteroidea: *Acanthaster*): A review of names and comparison to recent molecular data. *Zootaxa*, 3841: 271–284.

Hatcher, A.I. (1985). The relationship between coral reef structure and nitrogen dynamics. *Proceedings of the 5th International Coral Reef Symposium*, 3: 407–413.

Hatcher, B.G. (1997). Organic production and decomposition. In: C. Birkeland (ed.), *Life and Death of Coral Reefs*. Springer, pp. 140–174.

Hawkins, T.D., Bradley, B.J. and Davy, S.K. (2013). Nitric oxide mediates coral bleaching through an apoptotic-like cell death pathway: Evidence from a model sea anemone-dinoflagellate symbiosis. *FASEB Journal*, 27: 4790–4798.

Hawkins, T.D. and Davy, S.K. (2012). Nitric oxide production and tolerance differ among *Symbiodinium* types exposed to heat stress. *Plant and Cell Physiology*, 53: 1889–1898.

Hawkins, T.D., Krueger, T., Becker, S., Fisher, P.L. and Davy, S.K. (2014). Differential nitric oxide synthesis and host apoptotic events correlate with bleaching susceptibility in reef corals. *Coral Reefs*, 33: 141–153.

Heil, C.A., Chaston, K., Jones, A., Bird, P., Longstaff, B., Costanzo, S., et al. (2004). Benthic microalgae in coral reef sediments of the southern Great Barrier Reef, Australia. *Coral Reefs*, 23: 336–343.

Heiss, G.A. (1995). Carbonate production by scleractinian corals in Aqaba, Gulf of Agaba, Red Sea. *Facies*, 33: 19–34.

Helfman, G.S., Collette, B.B. and Facey, D.E. (1997). *The Diversity of Fishes*. Blackwell Science.

Hennige, S.J., Wicks, L.C., Kamenos, N.A., Perna, G., Findlay, H.S. and Roberts, J.M. (2015). Hidden impacts of ocean acidification to live and dead coral frame work. *Proceedings of the Royal Society of London. Series B, Biological Sciences*, 282: 20150990.

Henry, L.-A., Moreno Navas, J., Hennige, S.J., Wicks, L., Vad, J. and Roberts, J.M. (2013). Cold-water coral reef habitats benefit recreationally valuable sharks. *Biological Conservation*, 161: 67–70.

Henry, L.-A. and Roberts, J.M. (2007). Biodiversity and ecological composition of macrobenthos on cold-water coral mounds and adjacent off-mound habitat in the bathyal Porcupine Seabight, NE Atlantic. *Deep Sea Research Part I*, 54: 654–672.

Hewson, I. and Fuhrman, J.A. (2006). Spatial and vertical biogeography of coral reef sediment bacterial and

diazotroph communities. *Marine Ecology Progress Serries*, 306: 79–86.

Hewson, I., Moisander, P.H., Morrison, A.E. and Zehr, J.P. (2007). Diazotrophic bacterioplankton in a coral reef lagoon: Phylogeny, diel nitrogenase expression and response to phosphate enrichment. *The ISME Journal*, 1: 78–91.

Heyward, A.J. and Negri, A.P. (1999). Natural inducers for coral larval metamorphosis. *Coral Reefs*, 18: 273–279.

Hilborn, R., Stokes, K. and Maguire, J.J. (2004). When can marine reserves improve fisheries management? *Ocean and Coastal Management*, 47: 197–205.

Hill, M.S. (1996). Symbiotic zooxanthellae enhance boring and growth rates of the tropical sponge *Anthosigmella varians* forma varians. *Marine Biology*, 125: 649–654.

Hinde, R. (1988). Factors produced by symbiotic marine invertebrates which affect translocation between symbionts. In: S. Scannerini, D.C. Smith, P. Bonfante-Fasolo and V. Gianinazzi-Pearson (eds), *Cell to Cell Signals in Plant, Animal and Microbial Symbiosis*. NATO ASI Subseries H, Book 17. Springer, pp. 311–324.

Hirose, M., Kinzie, R.A., III and Hidaka, M. (2001). Timing and process of entry of zooxanthellae into oocytes of hermatypic corals. *Coral Reefs*, 20: 273–280.

Hodgson, G. (1990). Sediment and the settlement of larvae of the reef coral *Pocillopora damicornis*. *Coral Reefs*, 9: 41–43.

Hoegh-Guldberg, O. (1999). Climate change, coral bleaching and the future of the world's coral reefs. *Marine and Freshwater Research*, 50: 839–866.

Hoegh-Guldberg, O. (2004). Coral reefs in a century of rapid environmental change. *Symbiosis*, 37: 1–31.

Hoegh-Guldberg, O. and Fine, M. (2004). Low temperatures cause coral bleaching. *Coral Reefs*, 23: 444.

Hoegh-Guldberg, O., Jones, R.J., Ward, S. and Loh, W.K. (2002). Ecology: Is coral bleaching really adaptive? *Nature*, 415: 601–602.

Hoegh-Guldberg, O., McCloskey, L.R. and Muscatine, L. (1987). Expulsion of zooxanthellae by symbiotic cnidarians from the Red Sea. *Coral Reefs*, 5: 201–204.

Hoegh-Guldberg, O., Mumby, P.J., Hooten, A.J., Steneck, R.S., Greenfield, P., Gomez, E., et al. (2007). Coral reefs under rapid climate change and ocean acidification. *Science*, 318: 1737–1742.

Hoegh-Guldberg, O. and Smith, G. (1989a). Influence of the population density of zooxanthellae and supply of ammonium on the biomass and metabolic characteristics of the reef corals *Seriatopora hystrix* and *Stylophora pistillata*. *Marine Ecology Progress Series*, 57: 173–186.

Hoegh-Guldberg, O. and Smith, G.J. (1989b). The effect of sudden changes in temperature, light and salinity on the population density and export of zooxanthellae from the reef corals *Stylophora pistillata* Esper and *Seriatopora hystrix* Dana. *Journal of Experimental Marine Biology Ecology*, 129: 279–303.

Hoey, A.S. and Bellwood, D.R. (2008). Cross-shelf variation in the role of parrotfishes on the Great Barrier Reef. *Coral Reefs*, 27: 37–47.

Hoey, A.S. and Bellwood, D.R. (2009). Limited functional redundancy in a high diversity system: Single species dominates key ecological process on coral reefs. *Ecosystems*, 12: 1316–1328.

Hoitink, A.J.E. (2004). Tidally-induced clouds of suspended sediment connected to shallow-water coral reefs. *Marine Geology*, 208: 13–31.

Hoitink, A.J.E. and Hoekstra, P. (2003). Hydrodynamic control of the supply of reworked terrigenous sediment to coral reefs in the Bay of Banten (NW Java, Indonesia). *Estuarine, Coastal and Shelf Science*, 58: 743–755.

Holcomb, M., Tambutté, É., Allemand, D. and Tambutté, S. (2014). Light enhanced calcification in *Stylophora pistillata*: Effects of glucose, glycerol and oxygen. *Peerj*, 2.

Hooper, J.N.A. and van Soest, R.W.M. (2002). *Systema Porifera: A Guide to the Classification of Sponges*. Kluwer Academic Press.

Hopley, D. (1982). *The Geomorphology of the Great Barrier Reef*. Wiley.

Hopley, D., Smithers, S.G. and Parnell, K. (2008). *The Geomorphology of the Great Barrier Reef: Development, Diversity and Change*. Cambridge University Press.

Houlbreque, E., Tambutte, E., Allemand, D. and Ferrier-Pagès, C. (2004). Interactions between zooplankton feeding, photosynthesis and skeletal growth in the scleractinian coral *Stylophora pistillata*. *Journal of Experimental Biology*, 207: 1461–1469.

Houlbrèque, F., Tambutté, E., Richard, C. and Ferrier-Pagès, C. (2004). Importance of a micro-diet for scleractinian corals. *Marine Ecology Progress Series*, 282: 151–160.

Howells, E., Berkelmans, R., van Oppen, M.J.H., Willis, B.L. and Bay, L.K. (2013). Historical thermal regimes define limits to coral acclimatization. *Ecology*, 94: 1078–1088.

Hubbard, D., Gischler, E., Davies, P., Montaggioni, L., Camoin, G., Dullo, W.C., et al. (2014). Island outlook: Warm and swampy. *Science*, 345: 1461.

Hughes, T.P. (1994). Catastrophes, phase shifts, and large-scale degradation of a Caribbean coral reef. *Science*, 265: 1547–1551.

Hughes, T.P. (2016). The 2016 coral bleaching event in Australia. In: *Abstract Book*, 13th *International Coral Reef Symposium*. International Society for Reef Studies, p. 153.

Hughes, T.P., Baird, A.H., Bellwood, D.R., Card, M., Connolly, S.R. and Folke, C. (2003). Climate change, human impacts, and the resilience of coral reefs. *Science*, 301: 929–933.

Hughes, T.P., Bellwood, D.R., Folke, C., Steneck, R.S. and Wilson, J. (2005). New paradigms for supporting the resilience of marine ecosystems. *Trends in Ecology and Evolution*, 20: 380–386.

Hughes, T.P., Rodrigues, M.J., Bellwood, D.R., Ceccarelli, D., Hoegh-Guldberg, O., McCook, L., et al. (2007). Phase shifts, herbivory, and the resilience of coral reefs to climate change. *Current Biology*, 17: 360–365.

Hume, B.C.C., D'Angelo, C., Smith, E.G., Stevens, J.R., Burt, J. and Wiedenmann, J. (2015). *Symbiodinium thermophilum* sp. nov., a thermotolerant symbiotic alga prevalent in corals of the world's hottest

sea, the Persian/Arabian Gulf. *Scientific Reports*, 5: 8652.

Hutchings, P. and Haynes, D. (eds) (2000). Sources, fates and consequences of pollutants in the Great Barrier Reef. *Marine Pollution Bulletin*, 41: 265–434.

Hutchings, P. and Haynes, D. (eds) (2005). Catchment to reef: Water quality issues in the GreatBarrier Reef region. *Marine Pollution Bulletin*, 51: 1–480.

Hutchings, P., Peyrot-Clausade, M. and Osnorno, A. (2005). Influence of land run off on rates and agents of bioerosion of coral substrates. *Marine Pollution Bulletin*, 51: 438–447.

Hviding, E. (1998). Contextual flexibility: Present status and future of customary marine tenure in Solomon Islands. *Ocean and Coastal Management*, 40: 253–269.

Idjadi, J.A., Lee, S.C., Bruno, J.E., Precht, W.F., Allen-Requa, L. and Edmunds, P.J. (2006). Rapid-phase shift reversal on a Jamaican coral reef. *Coral Reefs*, 25: 209–211.

Iglesias-Prieto, R., Beltran, V.H., LaJeunesse, T.C., Reyes-Bonilla, H. and Thome, P.E. (2004). Different algal symbionts explain the vertical distribution of dominant reef corals in the eastern Pacific. *Proceedings of the Royal Society of London. Series B Biological Sciences*, 271: 1757–1763.

IPCC. (2007). Climate Change 2007: *Synthesis Report. Contribution of Working Groups I, II and III to the Fourth Assessment Report of the Intergovernmental Panel on Climate Change.* Available at http: //www.ipcc.ch/publications_and_data/publications_ipcc_fourth_assessment_report_synthesis_report.htm.

ISRS. (2007). *Coral Reefs And Ocean Acidification.* Briefing Paper Number 5. International Society for Reef Studies. Available at http: //coralreefs. org/wp-content/uploads/2014/05/ISRS-Briefing-Paper-5-Coral-Reefs-and-Ocean-Acidification.pdf.

Jackson, A.E. and Yellowlees, D. (1990).Phosphate uptake by zooxanthellae isolated from corals. *Proceedings of the Royal Society B Biological Sciences*, 242: 201–204.

Jackson, J.B.C. (2001). What was natural in the oceans? *Proceedings of the National Academy of Sciences of the United States of America*, 98: 5411–5418.

Jackson, J.B.C., Kirby, M.X., Berger, W.H., Bjorndal, K.A., Botsford, L.W., Bourque, B.I., et al. (2001). Historical fishing and the recent collapse of coastal ecosystems. *Science*, 293: 629–637.

James, N.P. and Wood, R.A. (2010). Reefs. In: R. Dalrymple and N.P. James (eds), *Facies Models: Response to Sea Level Change.* Geological Association of Canada, p. 421–447.

Jameson, S. (2008). Reefs in trouble: The real root cause. *Marine Pollution Bulletin*, 56: 1513–1514.

Jankowski, M.W., Graham, N.A.J. and Jones, G.P. (2015). Depth gradients in diversity, distribution and habitat specialisation in coral reef fishes: Implications for the depth-refuge hypothesis. *Marine Ecology Progress Series*, 540: 203–215.

Jarrett, B.D., Hine, A.C., Halley, R.B., Naar, D.E., Locker, S.D., Neumann, A.C., et al. (2005). Strange bedfellows: A deep-water hermatypic coral reef superimposed on a drowned barrier island; southern Pulley Ridge, SW Florida platform margin. *Marine Geology*, 214: 295–307.

Jennings, S. and Polunin, N.V.C. (1997). Impact of predator depletion by fishing on the biomass and diversity of non-target reef fish communities. *Coral Reefs*, 16: 71–82.

Jennings, S., Reynolds, J.D. and Polunin, N.V.C. (1999). Predicting the vulnerability of tropical reef fishes to exploitation with phylogenies and life histories. *Conservation Biology*, 13: 1466–1475.

Jeong, H.J., Lee, S.Y., Kang, N.S., Yoo, Y.D., Lim, A.S., Lee, M. et al. (2014). Genetics and morphology characterize the dinoflagellate *Symbiodinium voratum*, n. sp., (Dinophyceae) as the sole representative of *Symbiodinium* Clade E. *Journal of Eukaryotic Microbiology*, 61: 75–94.

Johannes, R.E. (1978). Traditional marine conservation methods in oceania and their demise. *Annual Review of Ecological Systems*, 9: 349–364.

Johannes, R.E. (1998). Government-supported, village-based management of marine resources in Vanuatu. *Ocean and Coastal Management*, 40: 165–186.

Johannes, R.E. and Gerber, R. (1974). Import and export of net plankton by an Eniwetok coral reef community. *Great Barrier Reef Committee (Brisbane, Australia)*, 1: 97–104.

Johnston, I.S. and Rohwer, F. (2007). Microbial landscapes on the outer tissue surfaces of the reef-building coral *Porites compressa*. *Coral Reefs*, 26: 375–383.

Jokiel, P.L. and Coles, S.L. (1977). Effects of temperature on the mortality and growth of Hawaiian reef corals. *Marine Biology*, 43: 201–208.

Jokiel, P.L. and Maragos, J.E. (1978). Reef corals of Canton Island. *Atoll Research Bulletin*, 221: 71–97.

Jokiel, P.L., Rodgers, K.S., Kuffner, I.B., Andersson, A.J., Cox, E.F. and Mackenzie, F.T. (2008). Ocean acidification and calcifying reef organisms: A mesocosm investigation. *Coral Reefs*, 27: 473–483.

Jones, G.P., McCormick, M.I., Srinivasan, M. and Eagle, J. V. (2004). Coral decline threatens fish biodiversity in marine reserves. *Proceedings of the National Academy of Sciences of the United States of America*, 101: 8251–8253.

Jones, G.P., Milicich, M.J., Emslie, M.J. and Lunow, C. (1999). Self-recruitment in a coral reef fish population. *Nature*, 402: 802–804.

Jones, R.J. (1997). Zooxanthellae loss as a bioassay for assessing stress in corals. *Marine Ecology Progress Series*, 149: 163–171.

Jones, R.J. (2005). The ecotoxicological effects of Photosystem II herbicides on corals. *Marine Pollution Bulletin*, 51: 495–506.

Jones, R.J., Hoegh-Guldberg, O., Larkum, A.W.D. and Schreiber, U. (1998). Temperature-induced bleaching of corals begins with impairment of the CO_2 fixation mechanism in zooxanthellae. *Plant, Cell and Environment*, 21: 1219–1230.

Jones, R.J., Ricardo, G.F. and Negri, A.P. (2015). Effects of sediments on the reproductive cycle of corals. *Marine Pollution Bulletin*, 100: 13–33.

Kan, H., Hori, N., Nakashima, Y. and Ichikawa, K. (1995). The evolution of narrow reef flats at high latitude in the Ryukyu Islands. *Coral Reefs*, 14: 123–130.

Karlson, R.H. and Cornell, H.V. (1998). Scale-dependent variation in local vs. regional effects on coral spe-

cies richness. *Ecological Monographs*, 68: 259–274.

Karner, M.B., DeLong, E.F. and Karl, D.M. (2001). Archaeal dominance in the mesopelagic zone of the Pacific Ocean. *Nature*, 409: 507–510.

Karplus, I. (1979). The tactile communication between *Cryptocentrus steinitzi* (Pisces, Gobidae) and *Alpheus purpurilenticularis* (Crustacea, Alpheidae). *Zeitschrif fur Tierpsychologie*, 49: 173–196.

Kayal, M., Vercelloni, J., De Loma, T.L., Bosserelle, P., Chancerelle, Y., Geoffroy, S., et al. (2012). Predator crown-of-thorns starfish (*Acanthaster planci*) outbreak, mass mortality of corals, and cascading effects on reef fish and benthic communities. *PLOS ONE*, 7: e47363.

Kemp, D.W., Oakley, C.A., Thornhill, D.J., Newcomb, L.A, Schmidt, G.W. and Fitt, A.K. (2011). Catastrophic mortality on inshore coral reefs of the Florida Keys due to severe low-temperature stress. *Global Change Biology*, 17: 3468–3477.

Kench, P.S., Parnell, K.E. and Brander, R.W. (2009). Monsoonally influenced circulation around coral reef islands and seasonal dynamics of reef island shorelines. *Marine Geology*, 266: 91–108.

Kerswell, A.P. and Jones, R.J. (2003). Effects of hypo-osmosis on the coral *Stylophora pistillata*: Nature and cause of low-salinity bleaching. *Marine Ecology Progress Series*, 253: 145–154.

Ketter, G.C., Martiny, A.C., Huang, K., Zucker, I., Coleman, M.L., Rodrigue, S., et al. (2007). Patterns and implications of gene gain and loss in the evolution of *Prochlorococcus*. *PLOS Genetics*, 3: e231.

Kiessling, W., Aberhan, M. and Villier, L. (2008).Phanerozoic trends in skeletal mineralogy driven by mass extinctions. *Nature Geoscience*, 1: 527–530.

Kim, H.J., Ryu, J.O., Lee, S.Y., Kim, E.S. and Kim, H.Y. (2015). Multiplex PCR for detection of the *Vibrio* genus and five pathogenic *Vibrio* species with primer sets designed using comparative genomics. *BMC Microbiology*, 15: 239.

Kinsman, D.J. (1964). Reef coral tolerance of high temperatures and salinities. *Nature*, 202: 1280–1282.

Kirk, J.T.O. (1994). *Light and Photosynthesis in Aquatic Ecosystems*. Cambridge University Press.

Kleypas, J.A. (1994). A diagnostic model for predicting global coral reef distribution. In: *Proceedings of PACON* 1994: *Recent Advances in Marine Science and Technology*. PACON International and James Cook University of North Queensland, pp. 211–220.

Kleypas, J.A. (1996). Coral reef development under naturally turbid conditions Fringing reefs near Broad Sound, Australia. *Coral Reefs*, 15: 153–167.

Kleypas, J.A. (1997). Modeled estimates of global reef habitat and carbonate production since the last glacial maximum. *Paleoceanography*, 12: 533–545.

Kleypas, I.A., Buddemeier, R.W., Archer, D., Gattuso, I.P., Langdon, C. and Opdyke, B.N. (1999). Geochemical consequences of increased atmospheric carbon dioxide on coral reefs. *Science*, 284: 118–120.

Kleypas, J.A., Danabasoglu, G. and Lough, J.M. (2008). Potential role of the ocean thermostat in determining regional differences in coral reef bleaching events. *Geophysical Research Letters*, 35: L03613.

Kleypas, J.A., Feely, R.A., Fabry, V.J., Langdon, C.L., Sabine, C.L. and Robbins, L.L. (2006). *Impacts of Increasing Ocean Acidification on Coral Reefs and Other Marine Calcifiers: A Guide for Future Research.* Available at https: //www.researchgate.net/profile/Joan_Kleypas/publication/248700866_Impacts_of_Ocean_Acidification_on_Coral_Reefs_and_Other_Marine_Calcifiers_A_Guide_for_Future_Research/links/54b577eb0cf2318f0f998b54/1mpacts-of-Ocean-Acidification-on-Coral-Reefs-and-Other-Marine-Calcifiers-A-Guide-for-Future-Research.pdf.

Kleypas, J.A., McManus, J.W. and Meñez, L.A.B. (1999). Environmental limits to coral reef development: Where do we draw the line? *American Zoologist*, 39: 146–159.

Klunzinger, C.B. (1878). *Upper Egypt: Its People and Its Products.* Blackie and Sons.

Knowlton, N. (2001). The future of coral reefs. *Proceedings of the National Academy of Sciences of the United States of America*, 98: 5419–5425.

Knowlton, N. and Rohwer, F. (2003). Multispecies microbial mutualisms on coral reefs: The host as a habitat. *American Naturalist*, 162: S51–62.

Kolber, Z.S., Barber, R.T., Coale, K.H., Fitzwater, S.E., Greene, R.M., Jhnson, K.S., et al. (1994). Iron limitation of phytoplankton photosynthesis in the equatorial Pacific Ocean. *Nature*, 371: 145–149.

Kopp, C., Pernice, M., Domart-Coulon, I., Djediat, C., Spangenberg, J.E., Alexander, D.T.L., et al. (2013). Highly dynamic cellular-level response of symbiotic coral to a sudden increase in environmental nitrogen. *mBio*, 4: e00052–13.

Koslow, J.A., Hanley, F.E. and Wicklund, R. (1988). Effects of fishing on reef fish communities at Pedro bank and Port Royal Cays, Jamaica. *Marine Ecology Progress Series*, 43: 201–212.

Kramarsky-Winter, E., Harel, M., Siboni, N., Ben Dov, E., Brickner, I., Loya, Y., et al. (2006). Identification of a protist-coral association and its possible ecological role. *Marine Ecology Progress Series*, 317: 67–73.

Krediet, C.J., Ritchie, K.B., Paul, V.J. and Teplitski, M. (2013). Coral-associated micro-organisms and their roles in promoting coral health and thwarting diseases. *Proceedings of the Royal Society of London. Series B, Biological Sciences*, 280: 20122328.

Krueger, T., Hawkins, T.D., Becker, S., Pontasch, S., Dove, S., Hoegh-Guldberg, O., et al. (2015). Differential coral bleaching: Contrasting the activity and response of enzymatic antioxidants in symbiotic partners under thermal stress. *Comparative Biochemistry and Physiology Part A*, 190: 15–25.

Kumara, P.B.T.P., Cumaranathunga, P.R.T. and Linden, O. (2005). Present status of the sea cucumber fishery in southern Sri Lanka: A resource deleted industry. *SPC Beche-de-mer Information Bulletin*, 22: 24–29.

Kurten, B., Khomayis, H.S., Devassy, R., Audritz, S., Sommer, U., Struck, U. et al. (2015). Ecohydrographic constraints on biodiversity and distribution of phytoplankton and zooplankton in coral reefs of the Red Sea, Saudi Arabia. *Marine Ecology: An Evolutionary Perspective*, 36: 1195–1214.

Kvennefors, E.C.E., Leggat, W., Hoegh-Guldberg, O., Degnan, B.M. and Barnes, A.C. (2008). An

ancient and variable mannose-binding lectin from the coral *Acropora millepora* binds both pathogens and symbionts. *Developmental and Comparative Immunology*, 32: 1582–1592.

Kvennefors, E.C.E. and Roff, G. (2009). Evidence of cyanobacteria-like endosymbionts in Acroporid corals from the Great Barrier Reef. *Coral Reefs*, 28: 547–547.

LaJeunesse, T.C. (2001). Investigating the biodiversity, ecology, and phylogeny of endosymbiotic dinoflagellates in the genus *Symbiodinium* using the ITS region: In search of a "species" level marker. *Journal of Phycology*, 37: 866–880.

LaJeunesse, T.C. (2002). Diversity and community structure of symbiotic dinoflagellates from Caribbean reef corals. *Marine Biology*, 141: 387–400.

LaJeunesse, T.C., Bhagooli, R., Hidaka, M., DeVantier, L., Done, T., Schmid, G.W., et al. (2004). Closely related *Symbiodinium* spp. differ in relative dominance in coral reef host communities across environmental, latitudinal and biogeographic gradients. *Marine Ecology Progress Series*, 284: 147–161.

LaJeunesse, T.C., Forsman, Z.H. and Wham, D.C. (2016). An Indo-West Pacific "zooxanthella" invasive to the western Atlantic finds its way to the Eastern Pacific via an introduced Caribbean coral. *Coral Reefs*, 35: 577–582.

LaJeunesse, T.C., Loh, W.K.W., van Woesik, R., Hoegh-Guldberg, O., Schmidt, G.W. and Fitt, W.K. (2003). Low symbiont diversity in southern Great Barrier Reef corals, relative to those of the Caribbean. *Limnology and Oceanography*, 48: 2046–2054.

LaJeunesse, T.C., Thornhill, D.J., Cox, E.F., Stanton, F.G., Fitt, W.K. and Schmidt, G.W. (2004). High diversity and host specificity observed among symbiotic dinoflagellates in reef coral communities from Hawaii. *Coral Reefs*, 23: 596–603.

LaJeunesse, T.C., Wham, D.C., Pettay, D.T., Parkinson, J.E., Keshavmurthy, S. and Chen, C.A. (2014). Ecologically differentiated stress-tolerant endosymbionts in the dinoflagellate genus *Symbiodinium* (Dinophyceae) Clade D are different species. *Phycologia*, 53: 305–319.

Lapointe, B.E., Littler, M.M. and Littler, D.S. (1993). Modification of benthic community structure by natural eutrophication: The Belize Barrier Reef. *Proceedings of the 7th International Coral Reef Symposium*, 1: 323–334.

Lapointe, B.E., Littler, M.M. and Littler, D.S. (1997). Macroalgal overgrowth of fringing coral reefs at Discovery Bay, Jamaica: Bottom-up versus top-down control. *Proceedings of the 8th International Coral Reef Symposium*, 1: 927–932.

Larcombe, P., Rid, P.V., Prytz, A. and Wilson, B. (1995). Factors controlling suspended sediment on inner-shelf coral reefs, Townsville, Australia. *Coral Reefs*, 14: 163–171.

Larcombe, P. and Woolfe, K.J. (1999). Increased sediment supply to the Great Barrier Reef will not increase sediment accumulation at most coral reefs. *Coral Reefs*, 18: 163–169.

Larkum, A.W.D., Kennedy, I.R. and Muller, W.J. (1988). Nitrogen fixation on a coral reef. *Marine Biology*, 98: 143–155.

Lawrence, S.A., Davy, J.E., Wilson, W.H., Hoegh-Guldberg, O. and Davy, S.K. (2015). *Porites* white patch syndrome: Associated viruses and disease physiology. *Coral Reefs*, 34: 249-257.

Lawrence, S.A., Wilkinson, S.P., Davy, J.E., Arlidge, W.N.S., Williams, G.J., Wilson, W.H., et al. (2015). Influence of local environmental variables on the viral consortia associated with the coral *Montipora capitata* from Kane'ohe Bay, Hawaii, USA. *Aquatic Microbial Ecology*, 74: 251-262.

Le Campion-Alsumard, T., Goubic, S. and Hutchings, P. (1995). Microbial endoliths in skeletons of live and dead corals: *Porites lobata* (Moorea, French Polynesia). *Marine Ecology Progress Series*, 117: 149-157.

Leclercq, N., Gattuso, J.-P. and Jaubert, J. (2000). CO_2 partial pressure controls the calcification rate of a coral community. *Global Change Biology*, 6: 329-334.

Lee Long, W.J., Mellors, J.E. and Coles, R.G. (1993). Seagrasses between Cape York and Hervey Bay, Queensland, Australia. *Australian Journal Marine Freshwater Research*, 44: 19-31.

Lee, M.J., Jeong, H.J., Jang, S.H., Lee, S.Y., Kang, N.S., Lee, K.H., et al. (2016). Most low-abundance "background" *Symbiodinium* spp. are transitory and have minimal functional significance for symbiotic corals. *Microbial Ecology*, 71: 771-783.

Lee, S.Y., Jeong, H.J., Kang, N.S., Jang, T.Y., Jang, S.H. and Lim, A.S. (2014). Morphological characterization of *Symbiodinium minutum* and *S. psygmophilum* belonging to Clade B. *Algae*, 29: 299-310.

Leggat, W., Hoegh-Guldberg, O., Dove, S. and Yellowlees, D. (2007). Analysis of an EST library from the dinoflagellate (*Symbiodinium* sp.) symbiont of reef-building corals. *Journal of Phycology*, 43: 1010-1021.

Lesser, M.P. (2006). Benthic-pelagic coupling on coral reefs: Feeding and growth of Caribbean sponges. *Journal of Experimental Marine Biology and Ecology*, 328: 277-288.

Lesser, M.P., Falcon, L.I., Rodriguez-Roman, A., Enriquez, S., Hoegh-Guldberg, O. and Iglesias-Prieto, R. (2007). Nitrogen fixation by symbiotic bacteria provides a source of nitrogen for the scleractinian coral *Montastraea cavernosa*. *Marine Ecology Progress Series*, 346: 143-152.

Lesser, M.P., Mazel, C.H., Gorbunov, M.Y. and Falkowski, P.G. (2004). Discovery of symbiotic nitrogen-fixing cyanobacteria in corals. *Science*, 305: 997-1000.

Levy, O., Mizrahi, L., Chadwick-Furman, N.E. and Achituv, Y. (2001). Factors controlling the expansion behavior of *Favia favus* (Cnidaria: Scleractinia). Effects of light, flow and planktonic prey. *Biological Bulletin*, 200: 118-126.

Lewis, D.H. and Smith, D.C. (1971). The autotrophic nutrition of symbiotic marine coelenterates with special reference to hermatypic corals. I. Movement of photosynthetic products between the symbionts. *Proceedings of the Royal Society of London. Series B, Biological Sciences*, 178: 111-129.

Lewis, J.B. (1989). The ecology of *Millepora*: A review. *Coral Reefs*, 8: 99-107.

Lewis, S.M. (1986). The role of herbivorous fishes in the organization of a Caribbean reef community. *Ecological Monographs*, 56: 183-200.

Lillis, A., Bohnenstiehl, D., Peters, J.W. and Eggleston, D. (2016). Variation in habitat soundscape char-

acteristics influences settlement of a reef-building coral. *PeerJ*, 4: e2557.

Lin, K.L., Wang, J.T. and Fang, L.S. (2000). Participation of glycoproteins on zooxanthellal cell walls in the establishment of a symbiotic relationship with the sea anemone *Aiptasia pulchella*. *Zoological Studies*, 39: 172–178.

Lirman, D., Schopmeyer, S., Manzello, D., Gramer, L. J., Precht, W. F., Muller-Karger, F., et al. (2011). Severe 2010 cold-water event caused unprecedented mortality to corals of the Florida Reef Tract and reversed previous survivorship patterns. *PLOS ONE*, 6: e23047.

Littler, M.M. and Doty, M.S. (1975). Ecological components structuring the seaward edges of tropical Pacific Reefs: The distribution, communities and productivity of Porolithon. *Journal of Ecology*, 63: 117–129.

Lobban, C.S. and Harrison, P.J. (1994). *Seaweed Ecology and Physiology*. Cambridge University Press.

Lobban, C.S., Modeo, L., Verni, F. and Rosati, G. (2005). *Euplotes uncinatus* (Ciliophora, Hypotrichia), a new species with zooxanthellae. *Marine Biology*, 147: 1055–1061.

Lobban, C.S., Schefter, M., Simpson, A.G.B., Pochon, X., Pawlowski, J. and Foissner, W. (2002). *Maristentor dinoferus* n. gen., n. sp., a giant heterotrich ciliate (Spirotrichea: Heterotrichida) with zooxanthellae, from coral reefs on Guam, Mariana Islands. *Marine Biology*, 140: 411–423.

Logan, D.D.K., LaFlamme, A.C., Weis, V.M. and Davy, S.K. (2010). Flow-cytometric characterization of the cell-surface glycans of symbiotic dinoflagellates (*Symbiodinium* spp.). *Journal of Phycolpgy*, 46: 525–533.

Lokrantz, J., Nyström, M., Thyresson, M. and Johansson, C. (2008). The nonlinear relationship between body size and function in parrotfishes. *Coral Reefs*, 27: 967–974.

Long R. and Rodríguez Chaves, M. (2015). Anatomy of a new international instrument for marine biodiversity beyond national jurisdiction. *Environmental Liability*, 23: 213–229.

Lopez, G.R. and Levinton, J.S. (1987). Ecology of deposit-feeding animals in marine sediments. *Quarterly Review of Biology*, 62: 235–260.

Loya, Y. and Rinkevich, B. (1980). Effects of oil pollution on coral reef communities. *Marine Ecology Progress Series*, 3: 167–180.

Loya, Y. and Sakai, K. (2008). Bidirectional sex change in mushroom stony corals. *Proceedings of the Royal Society of London. Series B, Biological Sciences*, 275: 2335–2343.

Lugo-Fernández, A., Roberts, H.H. and Suhayda, J.N. (1998). Wave transformations across a Caribbean fringing-barrier coral reef. *Continental Shelf Research*, 18: 1099–1124.

Lugo-Fernández, A., Roberts, H.H. and Wiseman, W.J. (1998). Tide effects on wave attenuation and wave set-up on a Caribbean coral reef. *Estuarine, Coastal and Shelf Science*, 47: 385–393.

Lugo-Fernández, A., Roberts, H.H. and Wiseman, W.J. (2004). Currents, water levels, and mass transport over a modern Caribbean coral reef: Tague Reef, St. Croix, USVI. *Continental Shelf Research*, 24: 1989–2009.

Madhupratap, M., Achuthankutty, C. T., Sreekumaran Nair, S. R. (1991). Estimates of high absolute densitiés and emergence rates of demersal zooplankton from the Agatti Atoll, Laccadives. *Limnology and Oceanography*, 36: 585–588.

Madin, J.S. and Connolly, S.R. (2006). Ecological consequences of major hydrodyamic disturbances on coral reefs. *Nature*, 444: 477–480.

Mahon, R. and Hunte, W. (2001). Trap mesh selectivity and the management of reef fisheries. *Fish and Fisheries*, 2: 356–375.

Mantyka, C.S. and Bellwood, D.R. (2007). Macroalgal grazing selectivity among herbivorous coral reef fishes. *Marine Ecology Progress Series*, 352: 177–185.

Manzello, D.P., Brandt, M., Smith, T.B., Lirman, D., Hendee, J. and Nemeth, R.S. (2007). Hurricanes benefit bleached corals. *Proceedings of the National Academy of Science of the United States of America*, 104: 12035–12039.

Manzello, D.P., Kleypas, J.A., Budd, D.A., Eakin, C.M., Glynn, P.W. and Langdon, C. (2008). Poorly cemented coral reefs of the eastern tropical Pacific: Possible insights into reef development in a high-CO_2 world. *Proceedings of the National Acaderny of Science of the United States of America*, 105: 10450–10455.

Manzello, D. and Lirman, D. (2003). Thephotosynthetic resilience of *Porites furcata* to salinity disturbance. *Coral Reefs*, 22: 537–540.

Marcelino, V.R. and Verbruggen, H. (2016). Multi-marker metabarcoding of coral skeletons reveals a rich microbiome and diverse evolutionary origins of endolithic algae. *Scientific Reports*, 6: 31508.

Mariscal, R.N. (1970). The nature of the symbiosis between Indo-Pacific anemone fishes and sea anemones. *Marine Biology*, 6: 58–65.

Markell, D.A. and Trench, R.K. (1993). Macromolecules exuded by symbiotic dinoflagellates in culture: Amino acid and sugar composition. *Journal of Phycology*, 29: 64–68.

Markell, D.A., Trench, R.K. and Iglesias-Prieto, R. (1992). Macromolecules associated with the cell walls of symbiotic dinoflagellates. *Symbiosis*, 12: 19–31.

Markell, D.A. and Wood-Charlson, E. (2010). Immunocytochemical evidence that symbiotic algae secrete potential recognition signal molecules *in hospite*. *Marine Biology*, 157: 1105–1111.

Marubini, F., Ferrier-Pagès, C. and Cuif, J.P. (2003). Suppression of skeletal growth in scleractinian corals by decreasing ambient carbonate-ion concentration: A cross family comparison. *Proceedings of the Royal Society of London. Series B, Biological Sciences*, 270: 179–184.

Massel, S.R. and Done, T.J. (1993). Effects of cyclone waves on massive coral assemblages on the Great Barrier Reef: Meteorology, hydrodynamics and demography. *Coral Reefs*, 12: 153–166.

Mathews, E., Veitayaki, J. and Bidesi, V.R. (1998). Fijian villagers adapt to changes in local fisheries. *Ocean and Coastal Management*, 38: 207–224.

Maxwell, K. and Johnson, G.N. (2000). Chlorophyll fluorescence: A practical guide. *Journal of Experimental Botany*, 51: 659–668.

Mayer, A.G. (1915). The lower temperature at which reef corals lose their ability to capture food. *Carnegie Institute of Washington Year Book*, 14: 212.

Mayfield, A.B. and Gates, R.D. (2007). Osmoregulation in anthozoan-dinoflagellate symbiosis. *Comparitive Biochemistry Physiology A*, 147: 1-10.

McClanahan, T.R. (1994). Coral-eating snail *Drupella cornus* population increases in Kenyan coral reef lagoons. *Marine Ecology Progress Series*, 115: 131-137.

McClanahan, T.R. (2000). Recovery of a coral reef keystone predator, *Balistapus undulatus*, in East African marine parks. *Biological Conservation*, 94: 191-198.

McClanahan, T.R., Ateweberhan, M., Muhando, C., Maina, J. and Mohammed, S.M. (2007). Effects of climate and seawater temperature variation on coral bleaching and mortality. *Ecological Monographs*, 74: 503-525.

McClanahan, T.R., Ateweberhan, M. and Omukoto, J. (2008). Long-term changes in coral colony size distributions on Kenyan reefs under different management regimes and across the 1998 bleaching event. *Marine Biology*, 152: 755-768.

McClanahan, T.R., Hicks, C.C. and Darling, E.S. (2008). Malthusian overfishing and efforts to overcome it on Kenyan coral reefs. *Ecological Applications*, 18: 1516-1529.

McClanahan, T.R. and Obura, D. (1997). Sedimentation effects on shallow coral communities in Kenya. *Journal of Experimental Marine Biology Ecology*, 209: 103-122.

McConnaughey, T. (1991). Calcification in *Chara corallina*: CO_2 hydroxylation generates protons for bicarbonate assimilation. *Limnology and Oceanography*, 36: 619-628.

McConnaughey, T. and Whelan, J.F (1997). Calcification generates protons for nutrient and bicarbonate uptake. *Earth Science Reviews*, 42: 95-117.

McCook, L.J. (1997). Effects of herbivory on zonation of *Sargassum* spp. within fringing reefs of the central Great Barrier Reef. *Marine Biology*, 129: 713-722.

McKenney, B. (2005). *Environmental Offset Policies, Principles, and Methods: A Review of Selected Legislative Frameworks.* Available at <http: //www.issuelab.org resource/environmental_offset_policies_principles_and_methods_a_review_of_selected_legislative_frameworks>.

Mclaughlin, C.J., Smith, C.A., Budemeier, R.W., Bartley, J.D. and Maxwell, B.A. (2003). Rivers, runoff, and reefs. *Global and Planetary Change*, 39: 191-199.

McManus, J.W., Reves, R.B. and Nanola, C.L. (1997). Effects of some destructive fishing methods on coral cover and potential rates of recovery. *Environmental Management*, 21: 69-78.

McMurray, S.E., Tolinson, Z.I., Hunt, D.E., Pawlik, J.R. and Finelli, C.M. (2016). Selective feeding by the giant barrel sponge enhances foraging efficiency. *Linnology and Oceanograply*, 61: 1271-1286.

Mees, C.C., Pilling, G.M. and Barry, C.J. (1999). Commercial inshore fishing activity in the British Indian Ocean Territory. In: C.R.C Sheppard and M.R.D. Seward (eds), *Ecology of the Chagos Archipelago*. Westbury Academic and Scientific Publishing, pp. 327-346.

Mellin, C., MacNeil, M.A., Cheal, A.J., Emslie, M.J. and Caley, M. (2016). Marine protected areas increase resilience among coral reef communities. *Ecology Letters*, 19: 629-637.

Miller, D.J. and Yellowlees, D. (1989). Inorganic nitrogen uptake by symbiotic marine cnidarians: A critical review. *Proceedings of the Royal Society of London. Series B, Biological Sciences*, 237: 109-125.

Miler, W.I., Montgomery, R.T. and Collier, A.W. (1977). A taxonomic survey of the diatoms associated with Florida Keys coral reefs. *Proceedings of the 3rd International Coral Reef Symposium*, 1: 349-355.

Milligan, R.J., Spence, G., Roberts, J.M. and Bailey, D.M. (2016). Fish communities associated with cold-water corals vary with depth and habitat type. *Deep Sed Research Part I*, 114: 43-54.

Mills, M.M. and Sebens, K.P. (2004). Ingestion and assimilation of nitrogen from benthic sediments by three species of coral. *Marine Biology*, 145: 1097-1106.

Mitchell, A.W. and Furnas, M.J. (1997). Terrestrial inputs of nutrients and suspended sediments to the GBR Lagoon. In: Great Barrier Reef Marine Park Authority, *The Great Barrier Reef: Science, Use and Management: A National Conference*, Vol. 1. Great Barrier Reef Marine Park Authority and CRC Reef Research, pp. 59-71.

Mitchell, A.W., Reghenzani, J., Hunter, H.M. and Bramley, R.G.V. (1996). Water quality and nutrient fluxes from river systems draining to the Great Barrier Reef. In: Hunter, H.M., Eyles, A.G. and Rayment, G.E. (eds), *Downstream Effects of Land Use*. Queensland Department of Natural Resources, pp. 23-34.

Moberg, E. and Folke, C. (1999). Ecological goods and services of coral reef ecosystems. *Ecological Economics*, 29: 215-233.

Moberg, E., Nyström, M., Kautsky, N., Tedengren, M. and Jarayabhand, P. (1997). Effects of reduced salinity on the rates of photosynthesis and respiration in the hermatypic corals *Porites lutea* and *Pocillopora damicornis*. *Marine Ecology Progress Series*, 157: 53-59.

Moland. E., Eagle. J.V. and Jones, G.P. (2005). Ecology and evolution of mimicry in coral reef fishes. *Oceanography and Marine Biology*, 43: 457-484.

Monismith, S.G., Rogers, J.S, Koweek, D. and Dunbar, R.B. (2015). Frictional wave dissipation on a remarkably rough reef. *Geophysical Research Letters*, 42: 4063-4071.

Moore, R.B., Ferguson, K.M., Loh, W.K.W., Hoegh-Guldberg, O. and Carter, D.A. (2003). Highly organized structure in the non-coding region of the psbA minicircle from clade C *Symbiodinium*. *International Journal of Systematic and Evolutionary Microbiology*, 53: 1725-1734.

Mora, C. (2015). *Ecology of Fishes on Coral Reefs*. Cambridge University Press.

Mora, C., Adrefouet, S., Costello, M., Kranenburg, C., Rkollo, A., Veron, J., et al.(2006). Coral reefs and the global network of marine protected areas. *Science*, 312: 1750-1751.

Mora, C., Graham, N.A.J. and Nystrôm, M. (2016). Ecological limitations to the resilience of coral reefs. *Coral Reefs*, 35: 1271-1280.

Moran, P.J. (1986). The *Acanthaster* phenomenon. *Oceanography and Marine Biology*, 24: 379-480.

Moriarty, D.J.W. and Hansen, J.A. (1990). Productivity and growth rates of coral reef bacteria on hard calcareous substrates and in sandy sediments in summer. *Australian Journal Marine Freshwater Research*, 41: 785-794.

Moriarty, D.J.W., Pollard, P.C., Alongi, D.M., Wilkinson, C.R. and Gray, J.S. (1985). Bacterial productivity and trophic relationships with consumers on a coral reef (Mecor I). *Proceedings of the 5th International Coral Reef Symposium*, 3: 457-462.

Moriarty, D.J.W., Pollard, P.C., Hunt, W.G., Moriarty, C.M. and Wassenberg, T.J. (1985).Productivity of bacteria and microalgae and the effect of grazing by holothurians in sediments on a coral reef flat. *Marine Biology*, 85: 293-300.

Morrison-Gardiner, S. (2002). Dominant fungi from Australian coral reefs. *Fungal Diversity*, 9: 105-121.

Morse, A.N.C., Iwao, K., Baba, M., Shimoike, K., Hayashibara, T., Omori, M. (1996). An ancient chemosensory mechanism brings new life to coral reefs. *Biological Bulletin*, 191: 149-154.

Morse, A.N.C and Morse, D.E. (1996). Flypapers for coral and other planktonic larvae. *BioScience*, 46: 254-262.

Mouillot, D., Villéger, S., Parravicini, V., Kulbicki, M., Ernesto Arias-González, J., Bender, M., et al. (2014). Functional over-redundancy and high functional vulnerability in global fish faunas on tropical reefs. *Proceedings of the National Academy of Sciences of the United States of America*, 111: 13757-13762.

Muir, P.R., Wallace, C.C., Done, T. and Aguirre, J.D. (2015). Limited scope for latitudinal extension of reef corals. *Science*, 348: 1135-1138.

Muller-Parker, G. (1984). Dispersal of zooxanthellae on coral reefs by predators on cnidarians. *Biological Bulletin*, 167: 159-167.

Muller-Parker, G. and D'Elia, C.F. (1997). Interactions between corals and their symbiotic algae. In: C. Birkeland (ed.), *Life and Death of Coral Reefs*. Chapman & Hall, pp, 96-105.

Muller-Parker, G., Cook, C.B. and D'Elia, C.F. (1990). Feeding affects phosphate fluxes in the symbiotic sea anemone *Aiptasia pallida*. *Marine Ecology Progress Series*, 60: 283-290.

Muller-Parker, G. and Davy, S.K. (2001). Temperate and tropical algal-sea anemone symbioses. *Invertebrate Biology*, 120: 104-123.

Muller-Parker, G., Lee, K.W. and Cook, C.B. (1996). Changes in the ultrastructure of symbiotic zooxanthellae (*Symbiodinium* sp, Dinophyceae) in fed and starved sea anemones maintained under high and low light. *Journal of Phycology*, 32: 987-994.

Mumby, P.J., Dahlgren, C.P., Harborne, A.R., Kappel, C.V., Micheli, F., Brumbaugh, D.R., et al. (2006). Fishing, trophic cascades, and the process of grazing on coral reefs. *Science*, 311: 98-101.

Mumby, P.J., Green, E.P., Edwards, A.J. and Clark, C.D. (1997). Coral reef habitat mapping: How much detail can remote sensing provide? *Marine Biology*, 130: 193-202.

Mumby, P.J., Harborne, A.R., Hedley, I.D., Zychaluk, K. and Blackwell, P.G. (2006). Revisiting the catastrophic die-off of the urchin *Diadema antillarum* on Caribbean coral reefs: Fresh insights on resilience from a simulation model. *Ecological Modelling*, 196: 131–148.

Mumby, P.J., Hastings, A. and Edwards, H.J. (2007). Thresholds and the resilience of Caribbean coral reefs. *Nature*, 450: 98–101.

Mumby, P.J. and Steneck, R.S. (2008). Coral reef management and conservation in light of rapidly-evolving ecological paradigms. *Trends in Ecology and Evolution*, 23: 555–563.

Mumby, P.J., Wolf, N.H., Bozec, Y.M., Chollett, I. and Halloran, P.R. (2014). Operationalizing the resilience of coral reefs in an era of climate change. *Conservation Letters*, 7: 176–187.

Munday, P.L. (2004). Habitat loss, resource specialisation, and extinction on coral reefs. *Global Change Biology*, 10: 1642–1647.

Munday, P.L., Jones, G.P. and Caley, M.J. (1997). Habitat specialisation and the distribution and abundance of coral-dwelling gobies. *Marine Ecology Progress Series*, 152: 227–239.

Munday, P.L., Jones, G.P. and Caley, M.J. (2001). Interspecific competition and coexistence in a guild of coral-dwelling fishes. *Ecology*, 82: 2177–2189.

Munday, P.L., Jones, G.P., Pratchett, M.S. and Williams, A.J. (2008). Climate change and the future for coral reef fishes. *Fish and Fisheries*, 9: 1–25.

Munday, P.L., Jones, G.P., Sheaves, M., Williams, A.J. and Hoby, G. (2007). Vulnerability of fishes on the Great Barrier Reef to climate change. In: J. Johnson and P. Marshall (eds), *Climate Change and the Great Barrier Reef*. Great Barrier Reef Marine Park Authority, pp. 357–392.

Munk, W.H. and Sargent, M.C. (1954). Adjustment of Bikini Atoll to ocean waves. *U.S. Geological Survey Professional Paper*, 260: 275–280.

Murray, S.P., Roberts, H.H., Conlon, D.M. and Rudder, G.M. (1977). Nearshore current fields around coral islands: Control on sediment accumulation and reef growth. *Proceedings of the 3rd International Coral Reef Symposium*, 2: 53–59.

Muscatine, L. (1967). Glycerol excretion by symbiotic algae from corals and *Tridacna* and its control by the host. *Science*, 156: 516–519.

Muscatine, L. and Cernichiari, E. (1969). Assimilation of photosynthetic products of zooxanthellae by a reef coral. *Biological Bulletin*, 137: 506–523.

Muscatine, L. and D'Elia, C.F. (1978). The uptake, retention, and release of ammonium by reef corals. *Limnology and Oceanography*, 23: 725–734.

Muscatine, L., Falkowski, P.G., Dubinsky, Z., Cook, P.A. and McCloskey, L.R. (1989). The effect of external nutrient resources on the population dynamics of zooxanthellae in a reef coral. *Proceedings of the Royal Society of London. Series B, Biological Sciences*, 236: 311–324.

Muscatine, L., Falkowski, P.G., Porter, J. and Dubinsky, Z. (1984). Fate of photosynthetically fixed carbon in light- and shade-adapted colonies of the symbiotic coral *Stylophora pistillata*. *Proceedings of the Royal Society of London. Series B, Biological Sciences*, 222: 181–202.

Muscatine, L., Gates, R.D. and Lafontaine, I. (1994). Do symbiotic dinoflagellates secrete lipid droplets? *Limnology and Oceanography*, 39: 925–929.

Muscatine, L., Goiran, C., Land, L., Jaubert, J., Cuif, J.P. and Allemand, D. (2005). Stable isotopes ($\delta^{13}C$ and $\delta^{15}N$) of organic matrix from coral skeleton. *Proceedings of the National Academy of Sciences of the United States of America*, 102: 1525–1530.

Muscatine, L. and Hand, C. (1958). Direct evidence for the transfer of materials from symbiotic algae to the tissues of a coelenterate. *Proceedings of the National Academy of Sciences of the United States of America*, 44: 1259–1263.

Muscatine, L., McCloskey, L.R. and Marian, R.E. (1981). Estimating the daily contribution of carbon from zooxanthellae to coral animal respiration. *Limnology and Oceanography*, 26: 601–611.

Muthiga, N.A. and Szmant, A.M. (1987). The effects of salinity stress on the rates of aerobic respiration and photosynthesis in the hermatypic coral *Siderastrea siderea*. *Biological Bulletin*, 173: 539–551.

Muyzer, G., Brinkhoff, T., Nibel, U., Santegoeds, C., Schäfer, H. and Wawer, C. (1987). Denaturing gradient gel electrophoresis (DGGE) in microbial ecology. In: A.D.L. Akkermans, J.D. van Elsas and F.J. de Bruin (eds), *Molecular Microbial Ecology Manual*, Section 3.4.4. Kluwer Academic Publishers, pp. 1–27.

Nadon, M.O., Baum, J.K., Williams, I.D., McPherson, J.M., Zgliczynski, B.J., Richards, B.L., et al. (2012). Re-creating missing population baselines for Pacific reef sharks. *Conservation Biology*, 26: 493–503.

Nahon, S., Richoux, N.B., Kolasinski, J., Desmalades, M., Ferrier-Pagès, C.F., Lecellier, G., et al. (2013). Spatial and temporal variations in stable carbon ($\delta^{13}C$) and nitrogen ($\delta^{15}N$) isotopic composition of symbiotic scleractinian corals. *PLOS ONE*, 8: 881247.

Nash, K.L., Graham, N.A.J., Jennings, S., Wilson, S.K. and Bellwood, D.R. (2016). Herbivore cross-scale redundancy supports response diversity and promotes coral reef resilience. *Journal of Applied Ecology*, 53: 646–655.

Nash, K.L., Welsh, J.Q., Graham, N.A.J. and Bellwood, D.R. (2015). Home-range allometry in coral reef fishes: Comparison to other vertebrates, methodological issues and management implications. *Oecologia*, 177: 73–83.

Negri, A.P. and Heyward, A.J. (2000). Inhibition of fertilization and larval metamorphosis of the coral *Acropora millepora* (Ehrenberg, 1834) by petroleum products. *Marine Pollution Bulletin*, 41: 420–427.

Neil, D.T. (1996). Sediment concentrations in streams and coastal waters in the North Queensland humid tropics: Land use, rainfall and wave resuspension contributions. In: H.M. Hunter, A.G. Eyles and G.E. Rayment (eds), *Downstream Effects of Land Use*. Queensland Department of Natural Resources, pp. 97–101.

Neil, D.T., Orpin, A.R., Ridd, P.V. and Yu, B. (2002). Sediment yield and impacts from river catchments to the Great Barrier Reef lagoon. *Marine Freshwater Research*, 53: 733–752.

Newton, K., Cote, I.M., Pilling, G.M., Jennings, S. and Dulvy, N.K. (2007). Current and future sustainability of island coral reef fisheries. *Current Biology*, 17: 1-4.

Nguyen-Kim, H., Bouvier, T., Bouvier, C., Doan-Nhu, H., Nguyen-Ngos, L., Rochelle-Newall, E., et al. (2014). High occurrence of viruses in the mucus layer of scleractinian corals. *Environmental Microbiology Reports*, 6: 675-682.

Niebuhr, M. (1792). *Travels through Arabia and Other Countries in the Far East, Performed by M. Niebuhr, Now a Captain of Engineers in the Service of the King of Denmark*, Vol. 1. Libraire du Liban.

Nitschke, M.R., Davy, S.K. and Ward, S. (2016). Horizontal transmission of *Symbiodinium* cells between adult and juvenile corals is aided by benthic sediment. *Coral Reefs*, 35: 335-344.

NOAA. (2001). Oil Spills in Coral Reefs: *Planning and Response Considerations*. National Oceanic and Atmospheric Administration.

Nugues, M.M. and Bak, R.P.M. (2006). Differential competitive abilities between Caribbean coral species and a brown alga: A year of experiments and a long-term perspective. *Marine Ecology Progress Series*, 315: 75-86.

Odum, H.T. and Odum, E.P. (1955). Trophic structure and productivity of a wind ward coral reef community on Eniwetok Atoll. *Ecological Monographs*, 25: 291-320.

Orpin, A.R. and Ridd, P.V. (2012). Exposure of inshore corals to suspended sediments due to wave-resuspension and river plumes in the central Great Barrie Reef: A reappraisal. *Continental Shelf Research*, 47: 55-67.

Palumbi, S.R. (1997). Molecular biogeography of the Pacific. *Coral Reefs*, 16: 47-52.

Palumbi, S.R., Barshis, D.J., Traylor-Knowles, N. and Bay, R.A. (2014). Mechanism of reef coral resistance to future climate change. *Science*, 344: 895-898.

Pandolf, J.M., Jackson, J.B.X.C., Baron, N., Bradbury, R.H., Guzman, H.M., Hughes, T.P., Kappel, C. V., et al. (2005). Are US coral reefs on the slippery slope to slime? *Science*, 307: 1725-1726.

Paracer, S. and Ahmadjian, V. (2000). *Symbiosis: An Introduction to Biological Associations*. Oxford University Press.

Pari, N., Peyrot-Clausade, M. and Hutchings, P.A. (2002). Bioerosion of experimental substrates on high islands and atoll lagoons (French Polynesia) five years of exposure. *Journal of Experimental Marine Biology and Ecology*, 276: 109-127.

Parkinson, J.E. and Coffroth, M.A. (2015). New species of Clade B *Symbiodinium* (Dinophyceae) from the Greater Caribbean belong to different functional guilds: *S. aenigmaticum* sp. nov., *S. antillogorgium* sp. nov., *S. endomadracis* sp. nov., and *S. pseudominutum* sp. nov. *Journal of Phycology*, 51: 850-858.

Parmentier, E., Berten, L., Rigo, P., Aubrun, F., Nedelec, S.L., Simpson, S.D., et al. (2015). The influence of various reef sounds on coral-fish larvae behavior. *Journal of Fish Biology*, 86: 1507-1518.

Parmentier, E. and Das, K. (2004). Commensal vs. parasitic relationship between Carapinifish and their hosts: Some further insight through $\delta^{13}C$ and $\delta^{15}N$ measurements. *Journal of Experimental Marine Biology Ecology*, 310: 47-58.

Parmentier, E. and Vandewalle, P. (2005). Further insight on carapid-holothuroid relationships. *Marine Biology*, 146: 455–465.

Patten, N.L., Harrison, P.I. and Mitchell, J.G. (2008). Prevalence of virus-like particles within the staghorn coral (*Acropora muricata*) from the Great Barrier Reef. *Coral Reefs*, 27: 569–580.

Patten, N.L., Mitchell, J.G., Middelboe, M., Eyre, B.D., Seuront, L., Harrison, P.L., et al. (2008). Bacterial and viral dynamics during a mass coral spawning period on the Great Barrier Reef. *Aquatic Microbial Ecology*, 50: 209–220.

Patten, N.L., Seymour, J.R. and Mitchell, J.G. (2006). Flow cytometric analysis of virus-like particles and heterotrophic bacteria within coral-associated reef water. *Journal of the Marine Biology Association of the United Kingdom*, 86: 563–566.

Paul, J.H., Kose, J.B., Jiang, S.C., Kellogg, C.A. and Dickson, L. (1993). Distribution of viral abundance in the reef environment of Key Largo, Florida. *Applied Environ mental Microbiology*, 59: 718–724.

Paulay, G and Meyer, C. (2006). Dispersal and divergence across the greatest ocean region: Do larvae matter? *Integrative and Comparative Biology*, 46: 269–281.

Pauly, D. (1995). Anecdotes and the shifting baseline syndrome. *Trends in Ecology and Evolution*, 10: 430.

Pearse, V.B. (1971). Sources of carbon in the skeleton of the coral *Fungia scutaria*. In: Lenhoff, H.M. and Muscatine, L. (eds), *Experimental Coelenterate Biology*. University of Hawaii Press, pp. 239–245.

Peng, S.-E., Chen, W.-N.U., Chen, H.-K., Lu, C.-Y., Mayfield, A.B., Fang, L-S, et al. (2011). Lipid bodies in coral-dinoflagellate endosymbiosis: Proteomic and ultrastructural studies. *Proteomics*, 11: 3540–3555.

Perry, C.T. and Morgan, K.M. (2016). Bleaching drives collapse in reef carbonate budgets and reef growth potential on southern Maldives reefs. *Scientific Reports*, 7: 40581.

Perry, C.T., Murphy, G.N., Graham, N.A.J., Wilson, S.K., Januchowski-Hartley, F.A. and East, H.K. (2015). Remote coral reefs can sustain high growth potential and may match future sea-level trends. *Scientific Reports*, 5: 18289.

Perry, C.T., Smithers, S.G., Kench, P.S. and Pears, B. (2014). Impacts of Cyclone Yasi on nearshore, terrigenous sediment-dominated reefs of the central Great Barrier Reef, Australia. *Geomorphology*, 222: 92–105.

Perry, C.T., Steneck, R.S., Murphy, G.N., Kench, P.S., Edinger, E.N., Smithers, S.G., et al. (2015). Regional-scale dominance of non-framework building corals on Caribbean reefs affects carbonate production and future reef growth. *Global Change Biology*, 21: 1153–1164.

Peters, E.C. (1997). Diseases of coral reef organisms. In: C. Birkeland (ed.), *Life and Death of Coral Reefs*. Chapman & Hall, pp. 114–139.

Pettay, D.T., wham, D.C., Smith, R.T., Iglesias-Prieto, R. and Lajeunesse, T.C. (2015). Microbial invasion of the Caribbean by an Indo-Pacific coral zooxanthella. *Proceedings of the National Academy of Sciences of the United States of America*, 112: 7513–7518.

Pichon, M. (1978). Recherches sur les peuplements a dominance d'anthozoaires dans les recifs coralliens de Tulear (Madagascar). *Atoll Research Bulletin*, 222: 1-447.

Pickard, G.L. (1986). Effects of wind and tide on upper-layer currents at Davies Reef, Great Barrier Reef, during Mecor (July-August 1984). *Australian Journal Marine Freshwater Research*, 37: 545-565.

Pierrehumbert, R. T. (1995). Thermostats, radiator fins and the local runaway green house. *Journal Atmospheric Sciences*, 52: 1784-1806.

Pile, A.J. (1997). Finding Reiswig's missing carbon: Quantitication of sponge feeding using dual-beam flow cytometry. *Proceedings of the* 8th *International Coral Reef Symposium*, 2: 1403-1410.

Pile, A.J., Grant, A., Hinde, R. and Borowitzka, M.A. (2003). Heterotrophy on ultraplankton communities is an important source of nitrogen for a sponge-rhodophyte symbiosis. *Journal Experimental Biology*, 206: 4533-4538.

Pile, A.J., Pattron, M.R. and Witman, J.D. (1996). In situ grazing on plankton <10 μm by the boreal sponge Mycale lingua. *Marine Ecology Progress Series*, 141: 95-102.

Piller, W.E. and Kleemann, K. (1992). Distribution and composition of coral reefs in and outside the northern bay of Safaga, Red Sea, Egypt. *Proceedings of the* 7th *International Coral Reef Symposium*, 1: 582.

Pilling, G.M., Harley, S.J., Nicol, S., Williams, P. and Hampton, J. (2015). Can the tropical Western and Central Pacific tuna purse seine fishery contribute to Pacific Island population food security? *Food Security*, 7: 67-81.

Piniak, G.A. and Lipschultz, F. (2004). Effects of nutritional history on nitrogen assimilation in congeneric temperate and tropical scleractinian corals. *Marine Biology*, 145: 1085-1096.

Pochon, X. and Gates, R.D. (2010). A new *Symbiodinium* clade (Dinophyceae) from soritid foraminifera in Hawai'i. *Molecular Phylogenetics and Evolution*, 56: 492-497.

Pomeroy, L.R. (1974). The ocean's food web, a changing paradigm. *BioScience*, 24: 499-504.

Pomeroy, L.R. and Kuenzler, E.J. (1969).Phosphorus turnover by coral reef animals. In: D.J. Nelson and F. C. Evans (eds), *Proceedings of the Second Annual Symposium on Radioecology*. Clearinghouse for Federal Scientific and Technical Information, National Bureau of Standards, U.S. Department of Commerce, pp. 474-482.

Pomeroy, L.R., Williams, P.B., Azam, F. and Hobbie, J.E. (2007). The microbial loop. *Oceanography*, 20: 28-33.

Pomeroy, R.S. and Berkes, F. (1997). Two to tango: The role of government in fisheries co-management. *Marine Policy*, 21: 465-480.

Porat, D. and Chadwick-Furman, N.E. (2004). Effects of anemonefish on giant sea anemones: Expansion behavior, growth survival. *Hydrobiologia*, 530: 513-520.

Porat, D. and Chadwick-Furman, N.E. (2005). Effects of anemonefish on giant sea anemones: Ammonium uptake, zooxanthella content and tissue regeneration. *Marine and Freshwater Behaviour and Physiology*, 38: 43-51.

Porter, J.W. (1974). Zooplankton feeding by the Caribbean reef-building coral *Montastrea cavernosa*. *Proceedings of the 2nd International Coral Reef Symposium*, 2: 111–125.

Porter, J.W., Battey, J. and Smith, G.I. (1982). Perturbation and change in coral reef communities. *Proceedings of the National Academy of Science of the United States*, 79: 1678–1681.

Porter, J.W., Muscatine, L., Dubinsky, Z. and Falkowski, P.G. (1984). Primary production and photoadaptation in light-adapted and shade-adapted colonies of the symbiotic coral, *Stylophora pistillata*. *Proceedings of the Royal Society of London Series B*, *Biological Sciences*, 222: 161–180.

Porter, J.W. and Porter, K.G. (1977). Quantitative sampling of demersal plankton migrating from different substrates. *Limnology and Oceanography*, 22: 553–556.

Porter, J.W. and Tougas, J.I. (2001). Reef ecosystems: Threats to their biodiversity. In: S.A. Levin (ed.), *Encyclopedia of Biodiversity*, Vol. 5. Academic Press, pp. 73–95.

Pratchett, M.S., Caballes, C., Rivera-Posada, J.A. and Sweatman, H.P.A. (2014). Limits to understanding and managing outbreaks of crown-of-thorns starfish (*Acanthaster* spp.). *Oceanography and Marine Biology*, 52: 133–200.

Pratchett, M.S., Munda, P.L., Wilson, S.K., Graham, N.A.J., Cinner, J.E., Bellwood, D.R., et al. (2008). Effects of climate-induced coral bleaching on coral-reef fishes: Ecological and economic consequences. *Oceanography and Marine Biology*, 46: 1–96.

Pratchett, M.S., Wilson, S.K. and Baird, A.H. (2006). Declines in the abundance of Chaetodon butterflyfishes following extensive coral depletion. *Journal of Fish Biology*, 69: 1269–1280.

Pratchett, M.S., Wilson, S.K., Berumen, M.I. and McCormick, M.I. (2004). Sublethal effects of coral bleaching on an obligate coral feeding butterlyfish. *Coral Reefs*, 23: 352–356.

Precht, W.E. (2006). *Coral Reef Restoration Handbook*. Taylor and Francis.

Precht, W.F. and Aronson, R.B. (2004). Climate flickers and range shifts of reef corals. *Frontiers in Ecology and the Environment*, 2: 307–314.

Precht, W.F. and Aronson, R.B. (2006). Death and resurrection of Caribbean coral reefs: A palaeoecological perspective. In: I.M. Cote and J.D. Reynolds (eds), *Coral Reef Conservation*. Cambridge University Press, pp.40–77.

Preston, G.L. (1997). Exploitation, ecology and management of fisheries for sea cucumbers (béche-de-mer). Paper presented at the Sea Cucumber (Bèche-de Mer) Fishery Management Workshop, Brisbane, 8–9 December 1997.

Price, A.R.G., Evans, L.E., Rowlands, N. and Hawkins, J.P. (2013). Negligible recovery in Chagos holothurians (sea cucumbers). *Aquatic Conservation*: *Marine and Freshwater Ecosystems*, 23: 811–819.

Price, A.R.G., Harris, A., McGowan, A., Venkatachalam, A. and Sheppard, C.R.C. (2010). Chagos feels the pinch: Assessment of holothurian (sea cucumber) abundance, illegal harvesting and conservation prospects in British Indian Ocean Territory. *Aquatic Conservation*: *Marine and Freshwater Ecosystems*, 20: 117–126.

Purcell, S.W., Eriksson, H. and Byrne, M. (2016). Rotational zoning systems in multi species sea cucumber fisheries. *SPC Bêche-de-Mer Information Bulletin*, 36: 3–8.

Purdy, E.G. (1974). Reef configurations: Cause and effect. In: L.E. Laporte (ed.), *Reefs in Time and Space*. Special Publication 18. Society of Economic Paleontologists and Mineralogists, pp. 9–76.

Purkis, S.J. (2005). A "reef up" approach to classifying coral habitats from IKONOS imagery. *IEEE Transactions on Geoscience and Remote Sensing*, 43: 1375–1390.

Purkis, S.J, Graham, N.A.J. and Riegl, B.M. (2007). Predictability of reef fish diversity and abundance using remote sensing data in Diego Garcia (Chagos Archipelago). *Coral Reefs*, 27: 167–178.

Purkis, S. J. and Riegl, B. (2005). Spatial and temporal dynamics of Arabian Gulf coral assemblages quantified from remote-sensing and in-situ monitoring data. *Marine Ecology Progress Series*, 287: 99–113.

Putnam, H.M., Stat, M., Pochon, X. and Gates, R.D. (2012). Endosymbiotic flexibility associates with environmental sensitivity in scleractinian corals. *Proceedings of the Royal Society of London. Series B, Biological Sciences*, 279: 4352–4361.

Radford, C.A., Stanley, I.A. and Jeffs, A.G. (2014). Adjacent coral reef habitats produce different underwater sound signatures. *Marine Ecology Progress Series*, 505: 19–28.

Raikar, V. and Wafar, M. (2006). Surge ammonium uptake in macroalgae from a coral atoll. *Journal of Experimental Marine Biology and Ecology*, 339: 236–240.

Raina, J.B., Tapiolas, D., Motti, C.A., Foret, S., Seemann, T., Tebben, J., et al. (2016). Isolation of an antimicrobial compound produced by bacteria associated with reef-building corals. *PeerJ*, 4: e2275.

Ralph, P.J., Larkum, A.W.D. and Kuhl, M. (2007). Photobiology of endolithic microorganisms in living coral skeletons: 1. Pigmentation, spectral reflectance and variable chlorophyll fluorescence analysis of endoliths in the massive corals *Cyphastrea serailia*, *Porites lutea* and *Goniastrea australensis*. *Marine Biology*, 152: 395–404.

Randall, J.E. and Randall, H.A. (1960). Examples of mimicry and protective resemblance in tropical marine fishes. *Bulletin of Marine Science*, 10: 444–480.

Rasher, D.B., Hoey, A.S. and Hay, M.E. (2013). Consumer diversity interacts with prey defenses to drive ecosystem function. *Ecology*, 94: 1347–1358.

Reading, J.E., Myers-Miller, R.L., Baker, D.M., Fogel, M., Raymundo, L.J. and Kim, K. (2013). Link between sewage-derived nitrogen pollution and coral disease severity in Guam. *Marine Pollution Bulletin*, 73: 57–63.

Reis, J.B., Stanley, S.M. and Hardie, L.A. (2006). Scleractinian corals produce calcite, and grow more slowly, in artificial Cretaceous seawater. *Geology*, 34: 525–528.

Reiswig, H.M. (1971). Particle feeding in natural populations of three marine demosponges. *Biological Bulletin*, 141: 568–591.

Renema, W., Bellwood, D.R., Braga, J.C., Bromfield, K., Hall, R., Johnson, K.G., et al. (2008). Hopping hotspots: Global shifts in marine biodiversity. *Science*, 321: 654–657.

Richards, Z.T., Beger, M., Pinca, S. and Wallace, C.C. (2008). Bikini Atoll coral biodiversity five decades after nuclear testing. *Marine Pollution Bulletin*, 56: 503–515.

Richardson, L.L. (2004). Black band disease. In: E. Rosenberg and Y. Loya (eds), *Coral Health and Disease*. Springer, pp. 323–336.

Riegl, B. (2002). Effects of the 1996 and 1998 positive sea-surface temperature anomalies on corals, coral diseases and fish in the Arabian Gulf (Dubai, UAE). *Marine Biology*, 140: 29–40.

Riegl, B. and Branch, G.M. (1995). Effects of sediment on the energy budgets of four scleractinian (Bourne 1900) and five alcyonacean (Lamouroux 1816) corals. *Journal of Experimental Marine Biology Ecology*, 186: 259–275.

Riegl, B. and Piller, W.E. (2003). Possible refugia for reefs in times of environmental stress. *International Journal Earth Science*, 92: 520–531.

Rinkevich, B. (1989). The contribution of photosynthetic products to coral reproduction. *Marine Biology*, 101: 259–263.

Rinkevich, B. (2008). Management of coral reefs: We have gone wrong when neglecting active reef restoration. *Marine Pollution Bulletin*, 56: 1821–1824.

Rioia Nieto, R. and Sheppard, C.R.C. (2008). Effects of management strategies on the landscape ecology of a Marine Protected Area. *Ocean and Coastal Management*, 51: 397–404.

Risk, M.J. and Sluka, R. (2000). The Maldives: A nation of atolls. In: T.R. McClanaham, C.R.C. Sheppard, and D.O. Obura (eds), *Coral Reefs of the Indian Ocean: Their Ecology and Conservation*. Oxford University Press, pp. 325–351.

Ritchie, K.B. and Smith, G.W. (1997). Physiological comparisons of bacteria communities from various species of scleractinian corals. *Proceedings of the 8th International Coral Reef Symposium*, 1: 521–526.

Ritchie, K.B. and Smith, G.W. (2004). Microbial communities of coral surface mucopolysaccharide layers. In: E. Rosenberg and Y. Loya (eds), *Coral Health and Disease*. Springer, pp. 259–264.

Rivera-Posada, J., Pratchett, M.S., Aguilar, C., Grand, A. and Caballes, C.F. (2014). Bile salts and the single-shot lethal injection method for killing crown-of-thorns sea stars (*Acanthaster planci*). *Ocean and Coastal Management*, 102: 383–390.

Roberts, C.M. (1995). Rapid build-up of fish biomass in a Caribbean marine reserve. *Conservation Biology*, 9: 816–826.

Roberts, C.M. (1997). Connectivity and management of Caribbean coral reefs. *Science*, 278: 1454–1457.

Roberts, C.M. (2003). Our shifting perspective on the oceans. *Oryx*, 37: 166–177.

Roberts, C.M. (2007). *The Unnatural History of the Seas*. Island Press.

Roberts, C.M., McClean, C.J., Veron, J.E., Hawkins, J.P., Allen, G.R., McAllister, D.E., et al. (2002). Marine biodiversity hotspots and conservation priorities for tropical reefs. *Science*, 295: 1280–1284.

Roberts, H.H., Murray, S.P. and Suhayda, J.N. (1977). Physical processes on a fore reef shelf environment. *Proceedings of the 3rd International Coral Reef Symposium*, 2: 507–515.

Roberts, H.H. and Suhayda, J.N. (1983). Wave-current interactions on a shallow reef (Nicaragua, Central America). *Coral Reefs*, 1: 209–214.

Roberts, H.H., Wilson, P.A. and Lugo-Fernández, A. (1992). Biologic and geologic responses tophysical processes: Examples from modern reef systems of the Caribbean-Atlantic region. *Continental Shelf Research*, 12: 809–834.

Roberts, J.M., Fixter, L.M. and Davies, P.S. (2001). Ammonium metabolism in the symbiotic sea anemone *Anemonia viridis*. *Hydrobiologia*, 461: 25–35.

Roberts, J.M., Wheeler, A.J., Freivald, A. and Cairns, S.D. (2009). *Cold-Water Corals: The Biology and Geology of Deep-Sea Coral Habitats*. Cambridge University Press.

Rocha, L.A. and Bowen, B.W. (2008). Speciation in coral reef fishes. *Journal of Fish Biology*, 72: 1101–1121.

Rodriguez-Lanetty, M., Loh, W., Carter, D. and Hoegh-Guldberg, O. (2001). Latitudinal variability in symbiont specificity within the widespread scleractinian coral *Plesiastrea versipora*. *Marine Biology*, 138: 1175–1181.

Rodriguez-Troncoso, A.P., Carpizo-Ituarte, E., Pettay, D.T., Warner, M.E. and Cupul-Magana, A.L. (2014). The effects of an abnormal decrease in temperature on the Eastern Pacific reef-building coral *Pocillopora verrucosa*. *Marine Biology*, 161: 131–139.

Rogers, A., Harbourne, A.R., Brown, C.J., Bozec, Y.-M., Castro, C., Chollett, I., et al. (2014). Anticipative management for coral reef ecosystem services in the 21st century. *Global Change Biology*, 21: 504–514.

Rogers, C.S. (1990). Responses of reef corals and organisms to sedimentation. *Marine Ecology Progress Series*, 62: 185–202.

Rogers, C.S. and Miller, J. (2006). Permanent "phase shifts" or reversible declines in coral cover? Lack of recovery of two coral reefs in St John, US Virgin Islands. *Marine Ecology Progress Series*, 306: 103–114.

Rohwer, F. (2010). *Coral Reefs in the Microbial Seas*. Plaid Press.

Rohwer, F. and Kelley, S. (2004). Culture-independent analyses of coral-associated microbes. In: E. Rosenberg and Y. Loya (eds), *Coral Health and Disease*. Springer, pp.265–278.

Rohwer, F., Seguritan, V., Azam, F. and Knowlton, N. (2002). Diversity and distribution of coral-associated bacteria. *Marine Ecology Progress Series*, 243: 1–10.

Rosenberg, E. and Loya, Y. (eds). (2004). *Coral Health and Disease*. Springer.

Rosic, N.N., Pernice, M., Dove, S., Dunn, S. and Hoegh-Guldberg, O. (2011). Gene expression profiles of cytosolic heat shock proteins Hsp70 and Hsp90 from symbiotic dinoflagellates in response to thermal stress: Possible implications for coral bleaching. *Cell Stress and Chaperones*, 16: 69–80.

Ross, S.W. and Quattrini, A.M. (2007). The fish associated with deep coral banks off the southeastern United States. *Deep Sea Research Part I*, 54: 975–1007.

Rougerie, F., Fagerstrom, J.A. and Andrie, C. (1992). Geothermal endo-upwelling: A solution to the reef

nutrient paradox? *Continental Shelf Research*, 12: 785–798.

Rovelli, L., Attard, K., Bryant, L.D., Flögel, S., Stahl, H.J., Roberts, J.M., et al. (2015). Benthic O_2 uptake of two cold-water coral communities estimated with the noninvasive eddy-correlation technique. *Marine Ecology Progress Series*, 525: 97–104.

Rowan, R. (1991). Molecular systematics of symbiotic algae. *Journal of Phycology*, 27: 661–666.

Rowan, R. (2004). Coral bleaching: Thermal adaptation in reef coral symbionts. *Nature*, 430: 742.

Rowan, R. and Knowlton, N. (1995). Intraspecific diversity and ecological zonation in coral algal symbiosis. *Proceedings of the National Academy of Science of the United States of America*, 92: 2850–2853.

Rowan, R., Knowlton, N., Baker, A. and Jara, J. (1997). Landscape ecology of algal symbionts creates variation in episodes of coral bleaching. *Nature*, 388: 265–269.

Rowan, R. and Powers, D.A. (1991a). A molecular genetic classification of zooxanthellae and the evolution of animal-algal symbioses. *Science*, 251: 1348–1351.

Rowan, R. and Powers, D.A. (1991b). Molecular genetic identification of symbiotic dinoflagellates (zooxanthellae). *Marine Ecology Progress Series*, 71: 65–73.

Rowan, R. and Powers, D.A. (1992). Ribosomal-RNA sequences and the diversity of symbiotic dinoflagellates (zooxanthellae). *Proceedings of the National Academy of Science of the United States of America*, 89: 3639–3643.

Ruddle, K. (1996). Traditional management of reef fishing. In: N.V.C. Polunin and C.M. Roberts (eds), *Reef Fisheries*. Chapman & Hall, pp. 137–160.

Ruppert, E.E., Fox, R.S. and Barnes, R.D. (2004). *Invertebrate Zoology: A Functional Evolutionary Approach* (7th edition). Thomson, Brooks/Cole.

Ruttenberg, B.J. and Lester, S.E. (2015). Patterns and processes in geographic range size in coral reef fishes. In: C. Mora (ed.), *Ecology of Fishes on Coral Reefs*. Cambridge University Press, pp. 97–103.

Rützler, K. (1978). Sponges in coral reefs. In: D.E. Stoddart and J.E. Johannes (eds), *Coral Reefs: Research Methods*. Monographs on Oceanographic Methodology 5.UNESCO, pp. 299–313.

Sadally, S.B., Taleb-Hossenkhan, N. and Bhagooli, R. (2014). Spatio-tempora variation in density of microphytoplankton genera in two tropical coral reefs of Mauritius. *African Journal of Marine Science*, 36: 423–438.

Sadovy, Y.J. (2005). Trouble on the reef: The imperative for managing vulnerable and valuable fisheries. *Fish and Fisheries*, 6: 167–185.

Sadovy, Y.J. and Cheung, W.L. (2003). Near extinction of a highly fecund fish: The one that nearly got away. *Fish and Fisheries*, 4: 86–99.

Sadovy, Y.J. and Domeier, M.L. (2005). Are aggregation fisheries sustainable? Reef fish fisheries as a case study. *Coral Reefs*, 24: 254–262.

Sadovy, Y.J., Donaldson, T., Graham, T.R., McGilvray, F., Muldoon, G.J.,Phillips, M.J., et al. (2003). *While Stocks Last: The Live Reef Food Fish Trade*. Asian Development Bank.

Sadovy, Y.J. and Vincent, A.C.J. (2002). Ecological issues and the trades in live reef fishes. In: P.F. Sale (ed.), *Coral Reef Fishes: Dynamics and Diversity in a Comples Ecosystem.* Academic Press, pp. 391-420.

Saka, A., Legendre, L., Gosselin, M., Niquil, N. and Delesalle, B. (2002). Carbor budget of the planktonic food web in an atoll lagoon (Takapoto, French Polynesia). *Journal of Plankton Research*, 24: 301-320.

Sale, P.F. (1977). Maintenance of high diversity in coral reef fish communities. *The American Naturalist*, 111: 337-359.

Sale, P.E. (2002). *Coral Reef Fishes: Dynamics and Diversity in a Complex Ecosystem.* Academic Press.

Sale, P.E. (2008). Management of coral reefs: Where we have gone wrong and what we can do about it. *Marine Pollution Bulletin*, 56: 805-809.

Salih, A., Larkum, A., Cox, G., Kuhl, M. and Hoegh-Guldberg, O. (2000). Fluorescent pigments in corals arephotoprotective. *Nature*, 408: 850-853.

Sandberg, P.A. (1983). An oscillating trend inPhanerozoic non-skeletal carbonate mineralogy. *Nature*, 305: 19-22.

Sansone, F.J., Tribble, G.W., Andrews, C.C. and Chanton, J.P. (1990). Anaerobic diagenesis within Recent, Pleistocene and Eocene marine carbonate frameworks. *Sedimentology*, 37: 997-1009.

Santos, S.R., Taylor, D.J., Kinzie, R.A., III, Hidaka, M., Sakai, K. and Coffroth, M.A. (2002). Molecular phylogeny of symbiotic dinoflagellates inferred from partial chloroplast large subunit (23S)-rDNA sequences. *Molecular Phylogenetics and Evolution*, 23: 97-111.

Sara, M., Bavestrello, G., Cattaneo-Vietti, R. and Cerrano, C. (1998). Endosymbiosis in sponges: Relevance for epigenesis and evolution. *Symbiosis*, 25: 57-70.

Saxby, T., Dennison, W.C. and Hoegh-Guldberg, O. (2003).Photosynthetic responses of the coral *Montipora digitata* to cold temperature stress. *Marine Ecology Progress Series*, 248: 85-97.

Scheffers, S.R., Nieuwland, G., Bak, R.P.M. and van Duyl, F.C. (2004). Removal of bacteria and nutrient dynamics within the coral reef framework of Curaçao (Netherlands Antilles). *Coral Reefs*, 23: 413-422.

Schiel, D.R., Kingsford, M.J. and Choat, J.H. (1986). Depth distribution and abundance of benthic organisms and fishes at the subtropical Kermadec Islands. *New Zealand Journal Marine Freshwater Research*, 20: 521-535.

Schill, S.R., Raber, G.T., Roberts, J.J.,Treml, E.A., Brenner, J. and Halpin, P.N. (2015). No reef is an island: Integrating coral reef connectivity data into the design of regional-scale marine protected area networks. *PLOS ONE*, 10: e0144199.

Schlever, M.H. (2000). South African coral communities. In: T.R. McClanahan, C.R.C. Sheppardand D.O. Obura (eds), *Coral Reefs of the Indian Ocean: Their Ecology and Conservation.* Oxford University Press, pp. 83-105.

Schleyer, M.H. and Celliers, L. (2005). Modelling reef zonation in the Greater St Lucia Wetland Park, South

Africa. *Estuarine and Coastal Shelf Science*, 63: 373–384.

Schleyer, M.H., Kruger, A. and Celliers, L. (2008). Long-term community changes on high-latitude coral reefs in the Greater St Lucia Wetland Park. South Africa. *Marine Pollution Bulletin*, 56: 493–502.

Schleyer, M.H. and Tomalin, B.J. (2000). Ecotourism and damage on South African coral reefs with an assessment of their carrying capacity. *Bulletin Marine Science*, 67: 1025–1042.

Schlichter, D., Kampmann, H. and Conrady, S. (1997). Trophic potential and photoecology of endolithic algae living within coral skeletons. *Marine Ecology*, 18: 299–317.

Schmidt, H.E. (1973). The vertical distribution and diurnal migration of some zooplankton in the Bay of Eilat (Red Sea). *Helgoland Marine Research*, 24: 333–340.

Schoenberg, C.H.L. and Wilkinson, C.R. (2001). Induced colonization of corals by a clionid bioeroding sponge. *Coral Reefs*, 20: 69–76.

Schoenberg, D.A. and Trench, R.K. (1980a). Genetic variation in *Symbiodinium* (= *Gymnodinium*) *microadriaticum* Freudenthal, and specificity in its symbiosis with marine invertebrates. I. Isoenzyme and soluble protein patterns of axeniccultures of *S. microadriaticum*. *Proceedings of the Royal Society of London. Series B, Biological Sciences*, 207: 405–427.

Schoenberg, D.A. and Trench, R.K. (1980b). Genetic variation in *Symbiodinium* (= *Gymnodinium*) *microadriaticum* Freudenthal, and specificity in its symbiosis with marine invertebrates. II. Morphological variation in *S. microadriaticum*. *Proceedings of the Royal Society of London. Series B, Biological Sciences*, 207: 429–444.

Schoenberg, D.A. and Trench, R.K. (1980c). Genetic variation in *Symbiodinium* (= *Gymnodinium*) *microadriaticum* Freudenthal, and specificity in its symbiosis with marine invertebrates. III. Specificity and infectivity of *Symbiodinium microadriaticum*. *Proceedings of the Royal Society of London. Series B, Biological Sciences*, 207: 445–460.

Schofield, P.J. (2009). Geographic extent and chronology of the invasion of nonnative lionfish (*Pterois volitans* [Linnaeus 1758] and *P. miles* [Bennett 1828]) in the Western North Atlantic and Caribbean Sea. *Aquatic Invasions*, 4: 473–479.

Schonberg, C.H.L. and Loh, W.K. (2005). Molecular identity of the unique symbiotic dinoflagellates found in the bioeroding demosponge *Cliona orientalis*. *Marine Ecology Progress Series*, 299: 157–166.

Schreiber, U. (2004). Pulse-amplitude-modulation (PAM) fluorometry and saturation pulse method: An overview. In: G.C. Papageorgiou and Govindjee (eds), *Chlorophyll Fluorescence: A Signature of Photosynthesis*. Kluwer Academic Publishers, pp. 279–319.

Schubert, R., Schellnhuber, H.-J., Buchmann, N., Epiney, A., Grießhammer, R., Kulessa, M., et al. (2007). *The Future Oceans: Warming up, Rising High, Turning Sour: Special Report*. German Advisory Council on Global Change. Available at <http://www.wbgu.de/fileadmin/user-upload/wbgu.de/templates/dateien/veroeffentlichungen/sondergutachten/sn2006/wbgu_sn2006_en.pdf>.

Schuhmacher, H. (1992). Impact of some corallivorous snails on stony corals in the Red Sea. *Proceedings of* *the 7th International Coral Reef Symposium*, 2: 840–846.

Schuhmacher, H. (1997). Soft corals as reef builders. *Proceedings of the 8th International Coral Reef Symposium*, 1: 499–502.

Schuhmacher, H. (2002). Use of artificial reefs with special reference to the rehabilitation of coral reefs. *Bonner Zoologische Monographien*, 50: 81–108.

Scoffin, T.P. (1993). The geological effects of hurricanes on coral reefs and the interpretation of storm deposits. *Coral Reefs*, 12: 203–221.

Scott, F.J., Wetherbee, R. and Kraft, G.T. (1984). The morphology and development of some prominently stalked southern Australian Halymeniaceae (Cryptonemiales, Rhodophyta). II. The sponge-associated genera *Thamnoclonium* Kuetzing and *Codiophyllum* Gray. *Journal of Phycology*, 20: 286–295.

Seveso, D., Montano, S., Strona, G., Orlandi, I., Galli, P. and Vai, M. (2013). Exploring the effect of salinity changes on the levels of Hsp60 in the tropical coral *Seriatopora caliendrum. Marine Environmental Research*, 90: 96–103.

Seymour, J.R., Patten, N., Bourne, D.G. and Mitchell, J.G. (2005). Spatial dynamics of virus-like particles and heterotrophic bacteria within a shallow coral reef system. *Marine Ecology Progress Series*, 288: 1–8.

Shashar, N., Banaszak, A.T., Lesser, M.P. and Amrami, D. (1997). Coral endolithic algae: Life in aprotected environment. *Pacific Science*, 51: 167–173.

Sheppard, C.R.C. (1979). Interspecific aggression between reef corals with reference to their distribution. *Marine Ecology Progress Series*, 1: 237–247.

Sheppard, C.R.C. (1981). The groove and spur structures of Chagos atolls and their coral zonation. *Estuarine Coastal Shelf Science*, 12: 549–560.

Sheppard, C.R.C. (1985). Unoccupied substrate in the central Great Barrier Reef Role of coral interactions. *Marine Ecology Progress Series*, 25: 259–268.

Sheppard, C.R.C. (1988). Similar trends, different causes: Responses of corals to stressed environments in Arabian seas. *Proceedings of the* 6 *International Cora Reef Symposium*, 3: 297–302.

Sheppard, C.R.C. (1995). The shifting baseline syndrome. *Marine Pollution Bulletin*, 30: 766–767.

Sheppard, C.R.C. (1996). Making a mark in the scientific aid business. *Marine Pollution Bulletin*, 32: 692–693.

Sheppard, C.R.C. (2000). Coral reefs of the Western Indian Ocean: An overview. In: T.R. McClanahan, C. R.C. Sheppard and D.O. Obura (eds), *Coral Reefs of the Western Indian Ocean: Their Ecology and Conservation.* Oxford University Press, pp. 3–38.

Sheppard, C.R.C. (2003a). Environmental carpetbaggers. *Marine Pollution Bulletin*, 46: 1–2.

Sheppard, C.R.C. (2003b). Predicted recurrences of mass coral mortality in the Indian Ocean. *Nature*, 425: 294–297.

Sheppard. C.R.C. (2003c). Rates and totals: Population pressures on habitats. *Marine Pollution Bulletin*, 46: 1517–1518.

Sheppard, C.R.C. (2007). Extinction muddles and swindles. *Marine Pollution Bulletin*, 54: 1309-1310.

Sheppard, C.R.C. (2008). Coral reefs. In: *Bahrain Marine Habitat Atlas*. Geomatec.

Sheppard. C.R.C, (2016). Coral reefs in the Gulfare mostly dead now, but can we do anything about it? *Marine Pollution Bulletin*, 105: 593-598.

Sheppard, C.R.C., Dixon, D., Gourlay, M., Sheppard, A.L.S. and Payet, R. (2005).Coral mortality increases wave energy reaching shores protected by reef flats: Examples from the Seychelles. *Estuarine, Coastal and Shelf Science*, 64: 223-234.

Sheppard, C.R.C., Harris, A. and Sheppard, A.L.S. (2008). Archipelago-wide coral recovery patterns since 1998 in Chagos, central Indian Ocean. *Marine Ecology Progress Series*, 362: 109-117.

Sheppard, C.R.C. and Loughland, R. (2002). Coral mortality, recovery and temperature patterns in the extreme tropical conditions of the Arabian Gulf. *Aquatic Ecosystem Health and Management*, 5: 395-402.

Sheppard, C.R.C., Matheson, K., Bythell, I.C., Murphy, P., Blair-Myers, C. and Blake, B. (1995). Habitat mapping in the Caribbean for management and conservation: Use and assessment of aerial photography. *Aquatic Conservation: Marine and Freshwater Ecosystems*, 5: 277-298.

Sheppard, C.R.C. and Obura, D. (2005). Corals and reefs of Cosmoledo and Aldabra atolls: Extent of damage, assemblage shifts and recovery following the severe mortality of 1998. *Journal Natural History*, 39: 103-121.

Sheppard, C.R.C., Price, A.R.G. and Roberts, C.J. (1992). *Marine Ecology of the Arabian Area: Patterns and Processes in Extreme Tropical Environments*. Academnic Press.

Sheppard, C.R.C. and Rioja-Nieto, R. (2005). Sea surface temperature 1871—2099 in 38 cells in the Caribbean region. *Marine Environmental Research*, 60: 389-396.

Sheppard, C.R.C. and Sheppard, A.L.S. (1985). Reefs and coral assemblages of Saudi Arabia. 1. The central Red Sea at Yanbu al Sanaiyah. *Fauna of Saudi Arabia*, 7: 17-36.

Sheppard, C.R.C., Spalding, M., Bradshaw. C. and Wilson, S. (2002). Erosion vs, recovery of coral reefs after 1998 El Niño: Chagos reefs, Indian Ocean. *Ambio*, 31: 40-48.

Shinn, E.A., Smith, G.W., Prospero, J.M., Betzer, P., Hayes, M.L., Garrison, V., et al. (2000). African dust and the demise of Caribbean coral reefs. *Geophysical Research Letters*, 27: 3029-3032.

Shoguchi, E., Shinzato, C., Kawashima, T.I., Gyoja, F., Mungpakdee, S., Koyanagi, R., et al. (2013). Draft assembly of the *Symbiodinium minutum* nuclear genome reveals dinoflagellate gene structure. *Current Biology*, 23: 1399-1408.

Siebeck, U.E. (2004). Communication in coral reef fishes: The role of ultraviolet colour patterns for the territorial behaviour of *Pomacentrus amboinensis*. *Animal Behaviour*, 68: 273-282.

Siebeck, U.E. and Marshall, N.I. (2001). Ocular media transmission of coral reef fish: Can coral reef fish see ultraviolet light? *Vision Research*, 41: 133-149.

Siebeck, U.E., Wallis, G.M. and Litherland, L. (2008). Colour vision in coral reef fish. *Journal of Experimental Biology*, 211: 354-360.

Silverstein, R.N., Cunning, R. and Baker, A.C. (2015). Change in algal symbiont communities afterbleaching, not prior heat exposure, increases heat tolerance of reef corals. *Global Change Biology*, 21: 236-249.

Simpson, S.D., Meekan, M., Montgomery, J., McCauley, R. and Jeffs, A. (2005).Homeward sound. *Science*, 308: 221.

Smith, D.C. and Douglas, A.E. (1987). *The Biology of Symbiosis.* Edward Arnold.

Smith, D.I., Suggett, D.J. and Baker, N.R. (2005). Isphotoinhibition of zooxanthellae photosynthesis the primary cause of thermal bleaching in corals? *Global Change Biology*, 11: 1-11.

Smith, G.J. and Muscatine, L. (1999). Cell cycle of symbiotic dinoflagellates: Variation in G(1) phase-duration with anemone nutritional status and macronutrient supply in the *Aiptasiapulchella-Symbiodinium pulchrorum* symbiosis. *Marine Biology*, 134: 405-418.

Smith, G.W., Ives, L.D., Nagelkerken, I.A. and Ritchie, K.B. (1996). Caribbean sea far mortalities. *Nature*, 383: 487.

Smith, G.W. and Weil, E. (2004). Aspergillosis of gorgonians. In: E. Rosenberg and Y Loya (eds), *Coral Health and Disease*. Springer, pp.279-287.

Smith, S.H. (1988). Cruise ships: A serious threat to coral reefs and associated organisms. *Ocean and Shoreline Management*, 11: 231-248.

Smithers, S.G. and Woodroffe, C.D. (2000). Microatolls as sea-level indicators on mid-ocean atoll. *Marine Geology*, 168: 61-78.

Smithers, S.G. and Woodroffe, C.D. (2001). Coral microatolls and 20th century sea level in the eastern Indian Ocean. *Earth and Planetary Science Letters*, 191: 173-184.

Sneed, J.M., Ritson-Williams, R. and Paul, V.J. (2015). Crustose coralline algal species host distinct bacterial assemblages on their surfaces. *ISME Journal*, 9: 2527-2536.

Soetart, K., Mobn, C., Rengstorf, A., Grehan, A. andvan Oevelen, D. (2016). Ecosystem engineering creates a direct nutritional link between 600-m deep cold-water coral mounds and surface productivity. *Scientific Reports*, 6: 35057.

Sorokin, Y.I. (1993). *Coral Reef Ecology.* Springer.

Souter. D.W. and Linden, O.(2000). The health and future of coral reef systems. *Ocean and Coastal Management*, 43: 657-688.

Spalding, M.D., Ravilious, C. and Green, E.P. (2001). *World Atlas of Coral Reefs.* University of California Press.

Stafford-Smith, M.G. (1992). Mortality of the hard coral *Leptoria phrygia* under persistent sediment influx. *Proceedings of the International Coral Reef Symposium*, 1: 289-299.

Stafford-Smith, M.G. (1993). Sediment-rejection efficiency of 22 species of Australian scleractinian corals. *Marine Biology*, 115: 229-243.

Stafford-Smith, M.G. and Ormond, R.E.G. (1992). Sediment-rejection mechanisms of 42 species of Australian

scleractinian corals. *Australian Journal Marine Freshwater Research*, 43: 683–705.

Starzak, D.E., Quinnell, R.G., Nitschke, M.R. and Davy, S.K., (2014). The influence of symbiont type on photosynthetic carbon flux in a model cnidarian-dinoflagellate symbiosis. *Marine Biology*, 161: 711–724.

Stat, M., Carter, D. and Hoegh-Guldberg, O. (2006). The evolutionary history of *Symbiodinium* and scleractinian hosts: Symbiosis, diversity, and the effect of climate change. *Perspectives in Plant Ecology, Evolution and Systematics*, 8: 23–43.

Stehli, F.G. and Wells, J.W. (1971). Diversity and age patterns in hermatypic corals *Systematic Zoology*, 20: 115–118.

Steneck, R.S. (1998). Human influences on coastal ecosystems: Does overfishing create trophic cascades? *Trends in Ecology and Evolution*, 13: 429–430.

Steneck, R.S. and Dethier, M.N. (1994). A functional group approach to the structure of algal-dominated communities. *Oikos*, 69: 476–498.

Steuber, T. (2002). Plate tectonic control on the evolution of Cretaceous platform carbonate production. *Geology*, 30: 259–262.

Stevenson, C., Katz, L.S., Micheli, F., Block, B., Heiman, K.W., Perle, C., et al. (2007). High apex predator biomass on remote Pacific islands. *Coral Reefs*, 26: 47–51.

Stoddart, D.R. (ed.). (2007). Tsunamis and coral reefs. *Atoll Research Bulletin*, 544: 1–163.

Streamer, M., McNeil, Y.R. and Yellowlees, D. (1993).Photosynthetic carbon dioxide fixation in zooxanthellae. *Marine Biology*, 115: 195–198.

Streit, R.P., Hoey, A.S. and Bellwood, D.R. (2015). Feeding characteristics reveal functional distinctions among browsing herbivorous fishes on coral reefs. *Coral Reefs*, 34: 1037–1047.

Suhayda, J.N. and Roberts, H.H. (1977). Wave action and sediment transport on fringing reefs. *Proceedings of the 3rd International Coral Reef Symposium*, 2: 65–70.

Sutherland, K.P. and Ritchie, K.B. (2004). White pox disease of the Caribbean Elkhorn coral, *Acropora palmata*. In: E. Rosenberg and Y. Loya (eds), *Coral Health and Disease*. Springer, pp. 289–300.

Sutton, D.C. and Hoegh-Guldberg, O. (1990). Host-zooxanthella interactions in four temperate marine invertebrate symbioses: Assessment of effect of host extracts or symbionts. *Biological Bulletin*, 178: 175–186.

Sweet, M.J. and Sere, M.G. (2016). Ciliate communities consistently associated with coral diseases. *Journal of Sea Research*, 113: 119–131.

Sweetman, A.K., Thurber, A.R., Smith, C.R., Levin, L.A., Mora, C., Wei, C.-L., et al. (2017). Global climate change effects on deep seafloor ecosystems. *Elementa: Science of the Anthropocene*, 5: 4.

Tambutté, S., Holcomb, M., Ferrier-Pagès, C., Reynaud, S., Tambutté, E., Zocola, D., et al. (2011). Coral biomineralization: From the gene to the environment. *Journal of Experimental Marine Biology Ecology*, 408: 58–78.

Tchernov, D., Gorbunov, M.Y., de Vargas, C., Yadav, S.N., Milligan, A., Haggblom, M., et al. (2004).

Membrane lipids of symbiotic algae are diagnostic of sensitivity to thermal bleaching in corals. *Proceedings of the National Academy of Science of the United States of America*, 101: 13531–13535.

Teh, L.S.L., Teh, L.C.L. and Sumaila, U.R. (2013). A global estimate of the number of coral reef fishers. *PLOS ONE*, 8: e65397.

Thomas, T., Moitinho-Silva, L., Lurgi, M., Björk, J.R., Easson, C., Astudillo-García, C., et al. (2016). Diversity, structure and convergent evolution of the global sponge microbiome. *Nature Communications*, 7: 11820.

Thompson, A.R. (2004). Habitat and mutualism affect the distribution and abundance of a shrimp-associated goby. *Marine Freshwater Research*, 55: 105–113.

Thompson, J.R., Rivera, H.E., Closek, C.I. and Medina, M. (2015). Microbes in the coral holobiont: Partners through evolution, development, and ecological interactions. *Frontiers in Cellular and Infection Microbiology*, 4: 176.

Thurber, R.L.V. and Correa, A.M.S. (2011). Viruses of reef-building scleractinian corals. *Journal of Experimental Marine Biology Ecology*, 408: 102–113.

Titlyanov, E. A., Titlyanova, T. V., Leletkin, V. A., Tsukahara, J., vanWoesik, R. and Yamazato, K. (1996). Degradation of zooxanthellae and regulation of their density in hermatypic corals. *Marine Ecology Progress Series*, 139: 167–178.

Tout, I., Jeffries, T.C., Webster, N.S., Stocker, R., Ralph, P.J. and Seymour, J.R. (2014). Variability in microbial community composition and function between different niches within a coral reef. *Microbial Ecology*, 67: 540–552.

Trapido-Rosenthal, H., Zielke, S., Owen, R., Buxton, L., Boeing, B., Bhagooli, R. et al. (2005). Increased zooxanthellae nitric oxide synthase activity is associated with coral bleaching. *Biological Bulletin*, 208: 3–6.

Trautman, D.A. and Hinde, R. (2001). Sponge/algal symbioses: A diversity of associations. In: J. Seckbach (ed.), *Symbiosis*. Kluwer Academic Publishers, pp. 521–537.

Tremblay, P., Maguer, J.F., Grover, R. and Ferrier-Pagès, C. (2015). Trophic dynamics of scleractinian corals: Stable isotope evidence. *Journal of Experimental Biology*, 218: 1223–1234.

Trenberth, K. (2005). Uncertainty in hurricanes and global warming. *Science*, 308: 1753–1754.

Trench, R.K. (1971). The physiology and biochemistry of zooxanthellae symbiotic with marine coelenterates. II. Liberation of fixed ^{14}C by zooxanthellae in vitro. *Proceedings of the Royal Society of London. Series B, Biological Sciences*, 177: 237–250.

Trench, R.K. (1993), Microalgal-invertebrate symbioses: A review. *Endocytobiosi Cell Research*, 9: 135–175.

Tribollet, A. Langdon, C., Golubic, S. and Atkinson, M. (2006). Endolithic microflora are major primary producers in dead carbonate substrates of Hawaiian coral reefs. *Journal of Phycology*, 42: 292–303.

Tudhope, A.W. and Risk, M.J. (1985). Rate of dissolution of carbonate sediments by microboring organisms,

Davies Reef, Australia. *Journal of Sedimentary Petrology*, 55: 440–447.

Turon, X., Galera, J. and Uriz, M.J. (1997). Clearance rates and aquiferous systems in two sponges with contrasting life-history strategies. *Journal of Experimental Zoology*, 278: 22–36.

Ullman, W.J. and Sandstrom, M.W. (1987). Dissolved nutrient fluxes from the nearshore sediments of Bowling Green Bay, Central Great Barrier Reef Lagoon (Australia). *Estuarine*, *Coastal and Shelf Science*, 24: 289–303.

Unson, M.D. and Faulkner, D.J. (1993). Cyanobacterial symbiont biosynthesis of chlorinated metabolites from *Dysidea herbacea* (Porifera). *Experientia*, 49: 349–353.

Unson, M.D., Holland, N.D. and Faulkner, D.J. (1994). A brominated secondary metabolite synthesized by the cyanobacterial symbiont of a marine sponge and accumulation of the crystalline metabolite in the sponge tissue. *Marine Biology*, 119: 1–11.

Usher, K.M., Fromont, I., Sutton, D.C. and Toze, S. (2004). The biogeography and phylogeny of unicellular cyanobacterial symbionts in sponges from Australia and the Mediterranean. *Microbial Ecology*, 48: 167–177.

Uthicke, S., Furnas, M.J. and Lønborg, C. (2014). Coral reefs on the edge? Carbon chemistry on inshore reefs of the Great Barrier Reef. *PLOS ONE*, 9: e109092.

Uthicke, S. and Klumpp, D.W. (1998). Microphytobenthos community production at a near-shore coral reef: Seasonal variation and response to ammonium recycled by holothurians. *Marine Ecology Progress Series*, 169: 1–11.

Uthicke, S. and McGuire, K. (2007). Bacterial communities in Great Barrier Reef calcareous sediments: Contrasting 16S rDNA libraries from nearshore and outer shelf reefs. *Estuarine Coastal Shelf Science*, 72: 188–200.

Uthicke, S., Schaffelke, B. and Byrne, M. (2009). A boom-bustphylum? Ecological and evolutionary consequences of density variations in echinoderms. *Ecological Monographs*, 79: 3–24.

van Hooidonk, R., Maynard, J., Tamelander, J., Gove, J., Ahmadia, G., Raymundo, L., et al. (2016). Local-scale projections of coral reef futures and implications of the Paris Agreement. *Scientific Reports*, 6: 39666.

Van Woesik, R., De Vantier, L.M. and Glazebrook, J.S. (1995). Effects of Cyclone "Joy" on nearshore coral communities of the Great Barrier Reef. *Marine Ecology Progress Series*, 128: 261–270.

Van Woesik, R., Tomascik, T. and Blake, S. (1999). Coral assemblages and physicochemical characteristics of the Whitsunday Islands: Evidence of recent community changes. *Marine Freshwater Research*, 50: 427–440.

Vaughan, G.O. and Burt, J.A. (2016). The changing dynamics of coral reef science in Arabia. *Marine Pollution Bulletin*, 105: 441–458.

Vega Thurber, R., Payet, J.P., Thurber, A.R. and Correa, A.M.S. (2017). Virus-host interactions and their roles in coral reef health and disease. *Nature Reviews Microbiology*, 15: 205–216.

Venn, A.A., Wilson, M.A., Trapido-Rosenthal, H.G., Keely, B.J. and Douglas, A.E.(2006). The impact of coral bleaching on the pigment profile of the symbiotic alga, *Symbiodinium*. *Plant, Cell and Environment*, 29: 2133–2142.

Venn, A.A., Loram, J.E. and Douglas, A.E. (2008).Photosynthetic symbioses in animals. *Journal of Experimental Botany*, 59: 1069–1080.

Veron, J.E.N. (1993). *A Biogeographic Database of Hermatypic Corals*. Australian Institute of Marine Science Monograph Series 10. Australian Institute of Marine Science.

Veron, J.E.N. (1995). *Corals in Space and Time: The Biogeography and Evolution of the Scleractinia*. University of New South Wales Press.

Veron, J.E.N. (2000). *Corals of the World* (3 vols). Australian Institute Marine Sciences.

Veron, J.E.N. (2007). *A Reef in Time: The Great Barrier Reef from Beginning to End.* Harvard University Press.

Veron, J.E.N. (2008). Mass extinctions and ocean acidification: Biological constraints on geological dilemmas. *Coral Reefs*, 27: 459–472.

Veron, J.E.N., Stafford-Smith, M., DeVantier, L. and Turak, E. (2015). Overview of distribution patterns of zooxanthellate Scleractinia. *Frontiers in Marine Science*, 1: 81.

Vine, P.J. (1973). Crown of thorns (*Acanthaster planci*) plagues: The natural causes theory. *Atoll Research Bulletin*, 166: 1–10.

Vogel, S. and LaBarbera, M. (1978). Simple flow tanks for research and teaching. *Bioscience*, 28: 638–643.

Vogler, C., Benzie, J., Lessios, H., Barber, P. and Worhelde, G. (2008). A threat to coral reefs multiplied? Four species of crown-of-thorns starfish. *Biology Letters*, 4: 696–699.

Wainwright, S.A. (1965). Reef communities visited by the South Red Sea Expedition, 1962. *Bulletin of Sea Fisheries Research Station, Israel*, 38: 40–53.

Walker, N.D., Roberts, H.H., Rouse, L.J. and Huh, O.K. (1982). Thermal history of reef-associated environments during a record cold-air outbreak event. *Coral Reefs*, 1: 83–87.

Wang, J.T. and Douglas, A.E. (1998). Nitrogen recycling or nitrogen conservation in an alga-invertebrate symbiosis? *Journal of Experimental Biology*, 201: 2445–2453.

Ware, J.R., Smith, S.V. and Reaka-Kudla, M.L. (1991). Coral reefs: Sources or sinks of atmospheric CO_2? *Coral Reefs*, 11: 127–130.

Warner, M.E., Fitt, W.K. and Schmidt, G.W. (1999). Damage tophotosystem II in symbiotic dinoflagellates: A determinant of coral bleaching. *Proceedings of the National Academy of Science of the United States of America*, 96: 8007–8012.

Watanabe, T., Fukuda, I., China, K., and Isa, Y. (2003). Molecular analyses of protein components of the organic matrix in the exoskeleton of two scleractinian coral species. *Comparative Biochemistry and Physiology Part B*, 136: 767–774.

Webster, N.S., Luter, H.M., Soo, R.M., Botté, E.S., Simister, R.L., Abdo, D., et al. (2013). Same,

same but different: Symbiotic bacterial associations in GBR sponges. *Frontiers in Microbiology*, 3: 444.

Webster, N.S. and Taylor, M.W. (2012). Marine sponges and their microbial symbionts: Love and other relationships. *Environmental Microbiology*, 14: 335-346.

Webster, P.J., Holland, G.J., Curry, J.A. and Chang, H.R. (2005). Changes in tropical cyclone number, duration and intensity in a warming environment. *Science*, 309: 1844-1846.

Wegley, L., Yu, Y., Breitbart, M., Casas, V., Kline, D.I. and Rohwer, F. (2004). Coral-associated archaea. *Marine Ecology Progress Series*, 273: 89-96.

Weil, E. (2004). Coral reef diseases in the wider Caribbean. In: E. Rosenberg and Y. Loya (eds), *Coral Health and Disease*. Springer, pp. 35-68.

Weis, V.M. (1991). The induction of carbonic anhydrase in the symbiotic sea anemone *Aiptasia pulchella*. *Biological Bulletin*, 180: 496-504.

Weis, V.M. (2008). Cellular mechanisms of cnidarian bleaching: Stress causes the collapse of symbiosis. *Journal of Experimental Biology*, 211: 3059-3066.

Weis, V.M., Davy, S.K., Hoegh-Guldberg, O., Rodriguez-Lanetty, M. and Pringle, J. (2008). Cell biology in model systems as the key to understanding corals. *Trends in Ecology and Evolution*, 23: 369-376.

Wellington, G.M. and Victor, B.C. (1989). Planktonic larval duration of one hundred species of Pacific and Atlantic damselfishes (Pomacentridae). *Marine Biology*, 101: 557-567.

Wellstead, J.R. (1840). *Travels to the City of the Caliphs, along the Shores of the Persiar Gulf and Mediterranean. Including a tour of the Island of Socotra*, Vols 1 and 2. Henry Colburn.

Wiebe, W.J. (1985). Nitrogen dynamics on coral reefs. *Proceedings of the* 5th *International Coral Reef Symposium*, 3: 401-406.

Wilcox, T.P. (1998). Large-subunit ribosomal RNA systematics of symbiotic dinoflagellates: Morphology does not recapitulate phylogeny. *Molecular Phylogenetics and Evolution*, 10: 436-448.

Wilkerson, F.P. and Kremer, P. (1992). DIN, DON and PO_4 flux by a medusa with algal symbionts. *Marine Ecology Progress Series*, 90: 237-250.

Wilkerson, F.P. and Trench, R.K. (1986). Uptake of dissolved inorganic nitrogen by the symbiotic clam *Tridacna gigas* and the coral *Acropora* sp. *Marine Biology*, 93: 237-246.

Wilkinson, C.R. (1980). Cyanobacteria symbiotic in marine sponges. In: W. Schwemmler and H.E.A. Schenck (eds), *Endocytobiology, Endosymbiosis and Cell Biology*. De Gruyter, pp. 993-1002.

Wilkinson, C.R. (1983). Net primary productivity in coral reef sponges. *Science*, 219: 410-412.

Wilkinson, C.R. (1984). Immunological evidence for the Precambrian origin of bacterial symbioses in marine sponges. *Proceedings of the Royal Society of London. Series B, Biological Sciences*, 220: 509-517.

Wilkinson, C.R. (1987). Interocean differences in size and nutrition of coral reef sponge populations. *Science*, 236: 1654-1657.

Wilkinson, C.R. (1996). Global change and coral reefs: Impacts on reefs, economies and human cultures. *Global Change Biology*, 2: 547-558.

Wilkinson, C.R. (1998). The role of sponges in coral reefs. In: C. Lévi (ed.), *Sponges of the New Caledonian Lagoon*. Orstom, pp. 55–60.

Wilkinson, C.R. (ed.). (2004). *Status of Coral Reefs of the World* (2 vols). Global Coral Reef Monitoring Network.

Wilkinson, C.R. and Fay, P. (1979). Nitrogen fixation in coral reef sponges with symbiotic cyanobacteria. *Nature*, 279: 527–529.

Wilkinson, C.R., Lindén, O., Cesar, H.S.J., Hodgeson, G., Rubens, J. and Strong, A.E. (1999). Ecological and socioeconomic impacts of the 1998 coral mortality in the Indian Ocean: An ENSO impact and a warning of future change? *Ambio*, 28: 188–196.

Wilkinson, C.R. and Sammarco, P.W. (1983). Effects of fish grazing and damselfish territoriality on coral reef algae. II. Nitrogen fixation. *Marine Ecology Progress Series*, 13: 15–19.

Wilkinson, C.R. and Vacelet, J. (1979). Transplantation of marine sponges to different conditions oflight and current. *Journal of Experimental Marine Biology Ecology*, 37: 91–104.

Wilkinson, C.R., Williams, D.M., Sammarco, P.W., Hogg, R.W. and Trott, L.A. (1984). Rates of nitrogen-fixation on coral reefs across the continental-shelf of the Central Great Barrier Reef. *Marine Biology*, 80: 255–262.

Wilkinson, S.P., Fisher, P.L., van Oppen, M.J.H. and Davy, S.K. (2015). Intra-Genomic variation in symbiotic dinoflagellates: Recent divergence or recombination between lineages? *BMC Evolutionary Biology*, 15: 46.

Williams, A.J., Loeun, J., Nicol, S.J., Chavance, P., Ducrocq, M., Harley, S.J., et al. (2013). Population biology and vulnerability to fishing of deep-water Eteline snappers. *Journal of Applied Ichthyology*, 29: 395–403.

Williams, G.J., Knapp, I.S., Maragos, J.E. and Davy, S.K. (2010). Modeling patterns of coral bleaching at a remote Central Pacific atoll. *Marine Pollution Bulletin*, 60: 1467–1476.

Williams, G.J., Price, N.N., Ushijima, B., Aeby, G.S., Callahan, S., Davy, S.K., et al. (2014). Ocean warming and acidification have complex interactive effects on the dynamics of a marine fungal disease. *Proceedings of the Royal Society B: Biological Sciences*, 281: 20133068.

Williamson, D.H., Harrison, H.B., Almany, G.R., Berumen, M.L., Bode, M., Bonin, M.C., et al. (2016). Large-scale, multidirectional larval connectivity among coral reef fish populations in the Great Barrier Reef Marine Park. *Molecular Ecology*, 25: 6039–6054.

Willis, B.L., Page, C.A. and Dinsdale, E. (2004). Coral disease on the Great Barrier Reef. In: E. Rosenberg and Y. Loya (eds), *Coral Health and Disease*. Springer, pp. 69–104.

Wilson, S.K., Bellwood, D.R., Choat, J.H. and Furnas, M.J. (2003). Detritus in the epilithic algal matrix and its use by coral reef fishes. *Oceanography and Marine Biology*, 41: 279–309.

Wilson, S.K., Fisher, R., Pratchett, M.S., Graham, N.A.J., Dulvy, N.K., Turner, R.A., et al. (2008). Exploitation and habitat degradation as agents of change within coral reef fish communities. *Global Change*

Biology, 14: 2796-2809.

Wilson, S.K., Graham, N.A.J., Pratchett, M.S., Jones, G.P. and Polunin, N.V.C. (2006). Multiple disturbances and the global degradation of coral reefs: Are reef fishes at risk or resilient? *Global Change Biology*, 12: 2220-2234.

Wolanski, E. (2001). *Oceanographic Processes of Coral Reefs: Physical and Biological Links in the Great Barrier Reef.* CRC Press.

Wolanski, E., Drew, E., Abel, K.M. and O'Brien, J. (1988). Tidal jets, nutrient upwelling and their influence on the productivity of the alga *Halimeda* in the Ribbon Reefs, Great Barrier Reef. *Estuarine Coastal and Shelf Science*, 26: 169-201.

Wolanski, E. and Gibbs, R.J. (1995). Flocculation of suspended sediment in the Fly River Estuary, Papua New Guinea. *Journal Coastal Research*, 11: 754-762.

Wolanski, E. and Hamner, W.M. (1988). Topographically controlled fronts in the ocean and their biological influence. *Science*, 241: 177-181.

Wolanski, E. and Pickard, G.L. (1983). Upwelling by internal tides and Kelvin wave at the continental shelf break on the Great Barrier Reef. *Australian Journal of Marine Freshwater Research*, 34: 65-80.

Wolanski, E. and Spagnol, S. (2000). Pollution by mud of Great Barrier Reef coastal waters. *Journal of Coastal Research*, 16: 1151-1156.

Wolfe, K., Graba-Landry, A., Dworjanyn, S.A. and Byrne, M. (2015). Larval starvation to satiation: Influence of nutrient regime on the success of *Acanthaster planci. PLOS ONE*, 10: e0122010.

Wommack, K.E. and Colwell, R.R. (2000). Virioplankton: Viruses in aquatic ecosystems. *Microbiology and Molecular Biology Reviews*, 64: 69-114.

Wood-Charlson, E.M., Weynberg, K.D., Suttle, C.A., Roux, S. and van Oppen, M.J.H. (2015). Metagenomic characterization of viral communities in corals: Mining biological signal from methodological noise. *Environmental microbiology*, 17: 3440-3449.

Wooldridge, S.A. and Brodie, J.E. (2015). Environmental triggers for primary out breaks of crown-of-thorns starfish on the Great Barrier Reef, Australia. *Marine Pollution Bulletin*, 101: 805-815.

Wright, V.P. and Burgess, P.M. (2005). The carbonate factory continuum, facies mosaics and microfacies: An appraisal of some of the key concepts underpinning carbonate sedimentology. *Facies*, 51: 17-23.

Wulff, J.L. (2006). Ecological interactions of marine sponges. *Canadian Journal of Zoology*, 84: 146-166.

Wulff, J.L. and Buss, L.W. (1979). Do sponges help hold coral reefs together? *Nature*, 281: 474-475.

Yahel, G., Post, A.F., Fabricius, K.E., Marie, D., Vaulot, D. and Genin, A. (1998).Phytoplankton distribution and grazing near coral reefs. *Limnology and Oceanography*, 43: 551-563.

Yahel, G., Sharp, J.H., Marie, D., Häse, C. and Genin, A. (2003). In situ feeding and elementremoval in the symbiont-bearing sponge *Theonella swinhoei*: Bulk DOC is the major source for carbon. *Limnology and Oceanography*, 48: 141-149.

Yahel, R., Yahel, G., Berman, T., Jaffe, J.S. and Genin, A. (2005). Diel pattern with abrupt crepuscular changes of zooplankton over a coral reef. *Limnology and Oceanography*, 50: 930–944.

Yahel, R., Yahel, G. and Genin, A. (2005). Near-bottom depletion of zooplankton over coral reefs: I: Diurnal dynamics and size distribution. *Coral Reefs*, 24: 75–85.

Yamano, H., Kayanne, H., Yonekura, N. and Nakamura, H. (1998). Water circulation in a fringing reef located in a monsoon area: Kabira Reef, Ishigaki Island, southwest Japan. *Coral Reefs*, 17: 89–99.

Yancey, P.H., Heppenstall, M., Ly, S., Andrell, R.M., Gates, R.D., Carter, V.L., et al. (2010). Betaines and dimethylsulfoniopropionate as major osmolytes in cnidaria with endosymbiotic dinoflagellates. *Physiological and Biochemical Zoology*, 83: 167–173.

Yoshioka, R.M., Kim, C.J.S., Tracy, A.M., Most, R. and Harvell, C.D. (2016). Linking sewage pollution and water quality to spatial patterns of *Porites lobata* growth anomalies in Puako, Hawaii. *Marine Pollution Bulletin*, 104: 313–321.

Zahn, L.P. and Bolton, L. (1985). The distribution, abundance and ecology of the blue coral *Heliopora coerulea* (Pallas) in the Pacific. *Coral Reefs*, 4: 125–134.

缩略词(ABBREVIATIONS)

NADP-谷氨酸脱氢酶(NADP-GDH, NADP-glutamate dehydrogenase)
变性梯度凝胶电泳(DGGE, Denaturing gradient gel electrophoresis)
病毒样颗粒(VLP, Virus-like particle)
超氧化物歧化酶(SOD, Superoxide dismutase)
大堡礁(GBR, Great Barrier Reef)
单线态氧($^1O_2^*$, Singlet oxygen)
地理信息系统(GIS, Geographic information system)
浮游植物净产量(PTNP, Phytoplankton total net production)
浮游植物微粒净产量(PPNP, Phytoplankton particulate net production)
高通量测序(HTS, High-throughput sequencing)
谷氨酰胺合成酶/谷氨酰胺 2-氧戊二酸酰胺转移酶(GS/GOGAT, Glutamine synthetase/glutamine 2-oxoglutarate amido transferase)
光合单位(PSU, Photosynthetic unit)
光合有效辐射(PAR, Photosynthetically active radiation)
光合系统 II(PSII, Photosystem II mechanism)
活性氧(ROS, Reactive oxygen species)
海水表层温度(SST, Sea surface temperature)
海洋保护区(MPA, Marine protected area)
海洋使用权制度(CMT, Customary marine tenure)
黑带病(BBD, Black band disease)
环境影响评价(EIA, Environmental impact assessment)
结壳珊瑚藻(CCA, Crustose coralline algae)
聚合酶链式反应(PCR, Polymerase chain reaction)
抗坏血酸过氧化物酶(APX, Ascorbate peroxidase)
可溶性无机氮(DIN, Dissolved inorganic nitrogen)
可溶性无机磷(DIP, Dissolved inorganic phosphorus)
可溶性有机碳(DOC, Dissolved organic carbon)

可溶性有机氮(DON, Dissolved organic nitrogen)
可溶性有机磷(DOP, Dissolved organic phosphorus)
可溶性有机物(DOM, Dissolved organic matter)
可溶性活性磷(SRP, Soluble reactive phosphorus)
颗粒有机氮(PON, Particulate organic nitrogen)
颗粒有机磷(POP, Particulate organic phosphorus)
累积气旋能量指数(ACE, Accumulated cyclone energyindex)
类噬细胞菌-黄杆菌-拟杆菌群(CFB, Cytophaga-Flavobacteria-Bacteroidetes)
临时章鱼禁捕区(NTZ, No take zone)
脉冲调幅荧光法(PAM, Pulse amplitude modulation fluorometry)
美国国家海洋与大气管理局(NOAA, National Oceanic and Atmospheric Administration)
能量耗散指数(PDI, Power dissipation index)
宿主释放因子(HRF, Host release factor)
太平洋岛屿国家和地区(PICT, Pacific Island countries and territories)
微粒有机物(POM, Particulate organic matter)
文石饱和度(Ω_{arag}, Aragonite saturation state)
相容性有机渗透物(COO, Compatible organic osmolyte)
悬沙浓度中值(SSC, Suspended sediment concentration)
自适应白化假说(ABH, Adaptive bleaching hypothesis)
紫外线辐射(UV, Ultraviolet)

物种学名(SCIENTIFIC NAMES)

滨珊瑚属(*Porites*)
鹿角珊瑚属(*Acropora*)
非六珊瑚属(*Madracis*)
蔷薇珊瑚属(*Montipora*)
杯形珊瑚属(*Pocillopora*)
扁脑珊瑚属(*Platygyra*)
鹿角杯形珊瑚(*Pocillopora damicornis*)
孔石藻属(*Porolithon*)
石叶藻属(*Lithophyllum*)
石珊瑚目(Scleractinia)
群体海葵目(Zoanthidea)
角珊瑚目(Antipatharia)
八放珊瑚亚纲(Octocorallia)
柱星珊瑚科(Stylasteridae)
Lophelia pertusa
Madrepora oculate
Solenosmilia variabilis
Goniocorlla dumosa
Enallopsammia profunda
六放珊瑚(Hexacorals)
八放珊瑚(Octocorals)
苍珊瑚属(*Heliopora*)
多孔螅属(*Millepora*)
笙珊瑚属(*Tubipora*)
苍珊瑚(*Heliopora coerulea*)
笙珊瑚(*Tubipora musica*)
短指软珊瑚属(*Sinularia*)
Millepora alcicornis
柱星珊瑚属(*Stylaster*)
侧孔珊瑚属(*Distichopora*)
Stylaster roseus
Millepora complanata
圆菊珊瑚属(*Montastrea*)
Dichocoenia
脑珊瑚属(*Meandrina*)
Eusmilia
瓣叶珊瑚属(*Lobophyllia*)
杯形珊瑚科(Pocilloporidae)
石芝珊瑚属(*Fungia*)
陀螺珊瑚属(*Turbinaria*)
摩羯鹿角珊瑚(*Acropora cervicornis*)
斯托科斯角孔珊瑚(*Goniopora stokesi*)
筒星珊瑚属(*Tubastraea*)
角孔珊瑚属(*Goniopora*)
盔形珊瑚属(*Galaxea*)
褶叶珊瑚科(Mussidae)
真叶珊瑚属(*Euphyllia*)
软珊瑚目(Alcyonacea)
Pseudopterogorgia acerosa
叶形软珊瑚属(*Lobophytum*)
肉芝软珊瑚属(*Sarcophyton*)
Efflatounaria
棘穗软珊瑚属(*Dendronephthya*)
多孔动物门(Porifera)

钙质海绵纲(Calcarea)
寻常海绵纲(Demospongiae)
Verongula gigantea
Callyspongia longissima
Aplysina fulva
Negombata magnifica
穿贝海绵科(Clionidae)
旋星海绵科(Spirastrellidae)
Cliona caribbaea
Cliona lampa
穿贝海绵属(*Cliona*)
红穿贝海绵(*Cliona delitrix*)
红棘海星(*Protoreaster linckii*)
口足目(Stomatopoda)
地纹芋螺(*Conus geographus*)
绿藻门(Chlorophyta)
褐藻门(Phaeophyta)
红藻门(Rhodophyta)
仙掌藻属(*Halimeda*)
团扇藻属(*Padina*)
马尾藻属(*Sargassum*)
喇叭藻属(*Turbinaria*)
蕨藻属(*Caulerpa*)
仙菜目(Ceramiales)
Sargassum siliquosum
伴绵藻(*Ceratodictyon spongiosum*)
莳萝蜂海绵(*Haliclona cymiformis*)
全楔草属(*Thalassodendron*)
针叶藻(*Syringodium isoetifolium*)
海毛草(*Thalassia hemprichii*)
红树属(*Rhizophora*)
白骨壤(*Avicennia marina*)
小星珊瑚属(*Leptastrea*)
穴孔珊瑚属(*Alveopora*)
有孔虫(Foraminifera)
网格铁星珊瑚(*Siderastrea savignyana*)
瘤形滨珊瑚(*Porites nodifera*)
小叶刺星珊瑚(*Cyphastrea microphthalma*)
柱状珊瑚(*Stylophora pistillata*)
扁缩滨珊瑚(*Porites compressa*)
佛手滨珊瑚(*Porites furcata*)
Siderastrea siderea
哈里森滨珊瑚(*Porites harrisoni*)
矛枝鹿角珊瑚(*Acropora aspera*)
团块滨珊瑚(*Porites lobata*)
束毛藻属(*Trichodesmium*)
Nizamuddinia zanardinii
石枝藻属(*Lithothamnion*)
直纹合叶珊瑚(*Symphyllia recta*)
联合瓣叶珊瑚(*Lobophyllia hemprichii*)
盾形陀螺珊瑚(*Turbinaria peltata*)
加德纹珊瑚(*Gardineroseris planulata*)
澄黄滨珊瑚(*Porites lutea*)
颗石藻(Coccolithophores)
翼足类(Pteropods)
甲壳类动物(Crustaceans)
软体动物(Molluscs)
棘皮动物(Echinoderms)
Pachythecalis major
Montastraea cavernosa
Exaiptasia pallida
甲藻门(Dinophyta)
裸甲藻目(Gymnodiniales)
Symbiodinium microadriaticum
多孔同星珊瑚(*Plesiastrea versipora*)
Symbiodinium natans

Symbiodinium voratum
Symbiodinium pilosum
Symbiodinium microadriaticum
Symbiodinium linucheae
Symbiodinium minutum
Symbiodinium goreauii
Symbiodinium psygmophilum
Symbiodinium "*fitti*"
Symbiodinium trenchii
Symbiodinium kawagutii
Orbicella faveolata
Symbiodinium thermophilum
Symbiodinium "*glynni*"
Orbicella annularis
Orbicella faveolata
楯形石芝珊瑚(*Fungia scutaria*)
Manicina areolata
襟疣海葵(*Anthopleura elegantissima*)
Orbicella franksi
Acropora palmata
Madracis mirabilis
菊花珊瑚属(*Goniastrea*)
Diploria strigose
芥末滨珊瑚(*Porites astreoides*)
美丽鹿角珊瑚(*Acropora muricata*)
短尾噬菌体科(Podoviridae)
肌尾噬菌体科(Myoviridae)
去氧核糖核苷酸病毒科(Phycodnaviridae)
痘病毒科(Poxviridae)
Ostreobium quekettii
Ostreobium constrictum
Anthosigmella varians
Chondrilla australiensis
隐鱼科(Carapidae)
纤细隐鱼(*Encheliophis gracilis*)
Culcita discoidea
糙海参(*Holothuria scabra*)
蛇目海参(*Holothuria argus*)
麦氏双锯鱼(*Amphiprion mccullochi*)
樱蕾篷锥海葵(*Entacmaea quadricolor*)
鮣科(Echeneidae)
酸杆菌科(Acidobacteriaceae)
γ-变形杆菌(γ-Proteobacteria)
δ-变形杆菌(δ-Proteobacteria)
α-变形杆菌(α-Proteobacteria)
巨大鞘丝藻(*Lyngbya majuscula*)
聚球蓝细菌属(*Synechococcus*)
原绿球蓝细菌属(*Prochlorococcus*)
萨氏曲霉(*Aspergillus sydowii*)
交链孢霉属(*Alternaria*)
曲霉属(*Aspergillus*)
枝孢菌属(*Cladosporium*)
旋孢腔菌属(*Cochliobolus*)
弯孢霉属(*Curvularia*)
镰刀菌属(*Fusarium*)
腐殖霉属(*Humicola*)
青霉菌属(*Penicillium*)
海洋喇叭虫(*Maristentor dinoferus*)
钩状游仆虫(*Euplotes uncinatus*)
放射虫(Radiolarians)
Marginopora vertebralis
双壁藻属(*Diploneis*)
菱形藻属(*Nitzschia*)
双眉藻属(*Amphora*)
舟形藻属(*Navicula*)
Thalassia testudinum

马鞍藻属(*Campylodiscus*)
足囊藻属(*Podocystis*)
三角藻属(*Triceratium*)
胸隔藻属(*Mastogloia*)
冈比亚藻属(*Gambierdiscus*)
Coolia
蛎甲藻属(*Ostreopsis*)
毒性甘比尔鞭毛虫(*Gambierdiscus toxicus*)
丹麦细柱藻(*Leptocylindrus danicus*)
丛生盔形珊瑚(*Galaxea fascicularis*)
圆筒星珊瑚(*Tubastraea aurea*)
Astrophyton muricatum
坚齿鱼 pycnodonts
隆头鱼科(Labridae)
蝴蝶鱼科(Chaetodontidae)
紫额锦鱼(*Thalassoma purpureum*)
罗伯逊锦鱼(*Thalassoma robertsoni*)
大印矶塘鳢(*Eviota sigillata*)
安邦雀鲷(*Pomacentrus amboinensis*)
黑斑小丑鱼(*Amphiprion melanopus*)
Pomacentrus ambionensis
Pristipomoides
双斑光鳃鱼(*Chromis margaritifer*)
Acanthaster planci
Acanthaster
Acanthaster mauritiensis
Acanthaster cf. *solaris*
蝴蝶鱼属(*Chaetodon*)
核果螺属(*Drupella*)
魔鬼蓑鲉(*Pterois volitans*)
毒鲉属(*Synanceia*)
纵带盾齿鳚(*Aspidontus taeniatus*)
裂唇鱼(*Labroides dimidiatus*)
鹦嘴鱼科(Scaridae)
刺尾鱼科(Acanthuridae)
栉齿刺尾鱼(*Ctenochaetus striatus*)
鹦嘴鱼属(*Scarus*)
马鹦嘴鱼属(*Hipposcarus*)
鹦鲷属(*Sparisoma*)
大鹦嘴鱼属(*Bolbometopon*)
鲸鹦嘴鱼属(*Cetoscarus*)
绿鹦嘴鱼属(*Chlorurus*)
雌性绿鹦鲷(*Sparisoma viridelampulum*)
驼峰大鹦嘴鱼(*Bolbometopon muricatum*)
钝头鹦嘴鱼(*Scarus rubroviolaceus*)
眼带篮子鱼(*Siganus puellus*)
单角鼻鱼(*Naso unicornis*)
鲸鲨(*Rhincodon typus*)
乌尾鮗(Caesionidae)
光鳃鱼属(*Chromis*)
风信子鹿角珊瑚(*Acropora hyacinthus*)
三纹蝴蝶鱼(*Cheatodon trifascialis*)
羊鱼科(Mullidae)
刺鲀科(Diodontidae)
斑点管口鱼(*Aulostomus maculatus*)
波纹钩鳞鲀(*Balistapus undulatus*)
鼻鱼属(*Naso*)
绿鹦鲷(*Sparisoma viride*)
鮨科(Serranidae)
笛鲷科(Lutjanidae)
裸颊鲷科(Lethrinidae)
眼斑龙虾(*Panulirus argus*)
新西兰岩龙虾(*Jasus edwardii*)
天鹅龙虾(*Panulirus cygnus*)
棘皮动物门(Echinodermata)
海参纲(Holothuroidea)

楯手目(Aspidochirotida)
绿刺参(*Stichopus chloronotus*)
大马蹄螺(*Trochus niloticus*)
砗磲科(Tridacnidae)
雀鲷科(Pomacentridae)
鰕虎鱼科(Gobiidae)
赤点石斑鱼(*Epinephelus akaara*)
豹纹鳃棘鲈(*Plectropomus leopardus*)
波纹唇鱼(*Cheilinus undulatus*)
驼背鲈(*Cromileptes altivelis*)
金焰笛鲷(*Lutjanus fulviflamma*)
尼罗罗非鱼(*Oreochoromis niloticus*)
珠母贝(*Pinctada margaritifera*)
遮目鱼(*Chanos chanos*)
褐点石斑鱼(*Epinephelus fuscoguttatus*)
斜带石斑鱼(*Epinephelus coioides*)
鳃棘鲈属(*Plectropomus*)
珍鲹(*Caranx ignobilis*)
虹彩鹦嘴鱼(*Scarus guacamaia*)
沙雷氏菌(*Serratia marcescens*)
Diploria
颤藻属(*Oscillatoria*)
冠海胆属(*Diadema*)
Diadema antillarum
Gorgonia ventalina
Pseudoptera
同双星珊瑚(*Diploastrea heliopora*)
铁星珊瑚属(*Siderastrea*)
虫黄藻属(*Symbiodinium*)
浪花鹿角珊瑚(*Acropora cytherea*)
Lophelia
Agaricia tenuifolia
柳珊瑚目(Gorgonacea)
Orbicella
同孔珊瑚属(*Isopora*)
Isopora palifera
Acropora pharaonis
粗野鹿角珊瑚(*Acropora humilis*)
柱状珊瑚属(*Stylophora*)
Acropora palifera
蜂巢珊瑚属(*Favia*)
扁脑珊瑚属(*Platygyra*)
角蜂巢珊瑚属(*Favites*)
尖吻鲀(*Oxymonacanthus longirostris*)
穿贝海绵(*Cliona tenuis*)
沙门氏菌(*Serratia marsescens*)